河南省"十四五"普通高等教育规划教材
高等学校给排水科学与工程专业系列教材

给水排水管网系统

陆建红　主编
鲁智礼　蒋蒙宾　副主编
张　智　主审

中国建筑工业出版社

图书在版编目(CIP)数据

给水排水管网系统 / 陆建红主编；鲁智礼，蒋蒙宾
副主编. — 北京：中国建筑工业出版社，2024.5
河南省"十四五"普通高等教育规划教材　高等学校
给排水科学与工程专业系列教材
ISBN 978-7-112-29551-7

Ⅰ.①给… Ⅱ.①陆… ②鲁… ③蒋… Ⅲ.①给水管
道－管网－高等学校－教材②排水管道－管网－高等学校
－教材 Ⅳ.①TU991.33②TU992.23

中国国家版本馆 CIP 数据核字（2023）第 253463 号

本书按照《高等学校给排水科学与工程本科专业指南》TML-JPS-081003-2023 要求进行编写，在系统阐述城市给水排水系统的功能组成、规划布置与工作原理的基础上，详细介绍了给水管网系统、污水管道系统、雨水管渠系统、合流制管渠系统、给水排水管网优化设计、管线综合设计、给水排水管道材料及附属构筑物、给水排水管网的管理与维护等内容，附有部分工程案例及每章的思考题和作业，采用二维码提供线上形式的部分案例及课程思政等内容。

本书由高校与企业联合编写，可作为高等学校给排水科学与工程、环境工程、水务工程及相关专业的教材，也可供从事相关工作的工程技术人员参考。

本书配有电子课件，免费提供给选用本书的授课教师，需要者请发邮件至 jckj@cabp.com.cn 索取（标注书名和作者名），联系电话（010）58337285，也可到建工书院 http://edu.cabplink.com 下载。

责任编辑：王美玲　勾淑婷
责任校对：李美娜

河南省"十四五"普通高等教育规划教材
高等学校给排水科学与工程专业系列教材
给水排水管网系统
陆建红　主编
鲁智礼　蒋蒙宾　副主编
张　智　主审

*

中国建筑工业出版社出版、发行（北京海淀三里河路 9 号）
各地新华书店、建筑书店经销
北京红光制版公司制版
北京市密东印刷有限公司印刷

*

开本：787 毫米×1092 毫米　印张：21　字数：506 千字
2023 年 12 月第一版　2023 年 12 月第一次印刷
定价：**50.00** 元（赠数字资源、教师课件）
ISBN 978-7-112-29551-7
（42290）

前　　言

给水排水管网为城市运行发展提供基础支撑与保障，是重要的市政基础设施，在服务人民美好生活与推动经济社会高质量发展中起着重要作用。给水排水管网发挥水的输送、贮存与调节功能，是城镇水系统的主要组成部分；它遍及城区，通过管道（渠）将取水工程、净水厂、用户、污水处理厂等各要素节点连接起来，共同组成城镇水系统。城镇建设发展过程与给水排水管网系统密切关联。近些年，海绵城市、黑臭水体、漏损治理、综合管廊、污水处理提质增效等重点热点问题都是给水排水管网工程的延伸、拓展或深化；以提升城市及其水系统运行效能为目的的智慧城市、智慧水务建设也多以给水排水管网为基础开展，给水排水管网系统的发展进入新的阶段。

"给水排水管网系统"是高等学校给排水科学与工程专业的核心课程。该课程不仅讲授给水排水管网的知识，还将泵站、净水厂、污水处理厂等串联起来，帮助学生建立完整的城市水系统和水的社会循环的概念，因此在给排水科学与工程专业人才培养课程体系中具有关键作用与地位。

本教材理论与实践并重，从城市水系统角度阐述给水排水管网系统运行设计原理，从行业工程需要出发训练学生的方案设计与运营管理的相关知识与技能，培养学生城市水系统整体观念与解决复杂给水排水管网工程问题的能力。为便于学生加深对课程内容的理解和提高实际应用能力，书中采用二维码方式提供了一定数量的给水排水管网工程相关案例及课程思政等内容，同时每章均列有思考题和习题，可供学生练习使用。

本书编写单位为华北水利水电大学和郑州市规划勘测设计研究院有限公司；由华北水利水电大学陆建红任主编，鲁智礼和蒋蒙宾任副主编，参加编写人员及具体分工如下：前言由蒋蒙宾编写，第1、2、3章由鲁智礼编写，第4、5、10章由肖恒编写，第6章的6.1~6.6由陆建红编写，第6章的6.7~6.10和第7章的7.1~7.3由袁伟编写，第7章的7.4~7.5和第9章由王玉霞编写，第8章的8.1~8.3和8.5~8.7由米晓编写，第8章的8.4由侯煜塾编写，第11章由王刚亮编写，第12、13章由范振强编写。全书由陆建红统稿。

本书由重庆大学张智教授主审。张智教授对本书进行了全面审核，并提出了宝贵的意见和建议，在此表示衷心的感谢！

本书得到河南省"十四五"普通高等教育规划教材和华北水利水电大学规划教材建设项目的支持，并得到了诸多高校及由我校给排水科学与工程专业毕业现从事给水排水管网工作的众多校友的大力支持，在此表示由衷的感谢！

本书参考了大量书目、规范、标准和文献，并使用了"参考文献"中许多经典素材和文字材料，在此向相关作者表示诚挚的感谢！

限于编者水平，书中不足之处在所难免，恳请广大读者批评指正。

目　　录

第1章 绪 论

1.1 给水排水系统

1.1.1 给水排水系统的功能

给水排水系统是为人们的生活、生产和消防提供用水和排除废水的设施总称。它是现代化城镇最重要的基础设施之一,其完善程度是城市社会文明、经济发展和现代化水平的重要标志。给水排水系统的功能是向各种不同类别的用户供应满足其水量、水质和水压需求的用水,同时承担用户排出的废水和降水的收集、输送、处理、利用和排放,达到消除废水中污染物质对人体健康的危害,保护环境,保障人民生命安全和生活生产正常秩序的目的。

给水排水系统可分为给水系统和排水系统两个组成部分。

(1) 给水系统

给水系统是为人们的生活、生产和消防提供用水的各项构筑物和输配水管网组成的系统。根据用户使用水的目的,通常将给水分为生活用水、工业生产用水、市政用水和消防用水4类。

生活用水是人们在各类生活活动中直接使用的水,包括居民生活用水、公共设施用水和工业企业职工生活用水等。居民生活用水是指城镇中居民在家庭生活中的饮用、烹饪、洗涤、冲厕和洗浴等日常生活用水,是保障居民日常生活、身体健康、家庭清洁卫生和生活舒适的重要条件。公共设施用水是指娱乐场所、宾馆、浴室、商业、学校和机关办公楼等公共建筑和场所的用水,其特点是用水量大,用水地点集中,该类用水的水质要求与居民生活用水相同。工业企业职工生活用水是指工业企业区域内从事生产和管理工作的人员在工作时间内的饮用、烹饪、洗涤、冲厕和洗浴等生活用水,该类用水的水质要求与居民生活用水相同,用水量则根据工业企业的生产工艺、生产条件、工作人员数量、工作时间安排等因素而不同。

工业生产用水是指工业生产过程中为满足生产工艺和产品质量要求所用的水,可分为产品用水(水成为产品或产品的一部分)、工艺用水(水作为溶剂、载体等)和辅助用水(冷却、清洗等)等。工业企业生产类别和工艺繁多,系统庞大复杂,对水量、水质和水压的要求差异很大。

市政用水是指城镇中道路浇洒、清洗、绿化浇灌和公共清洁等的用水。对水质没有特殊要求,但不得引起环境污染;市政用水量应根据路面、绿化、气候和土壤等条件确定。

消防用水是指扑灭火灾所用的水,对水质没有特殊要求,用水量虽然不大,但很重要。

(2) 排水系统

生活用水和工业生产用水等在被用户使用以后,水质受到不同程度的污染,成为污水或废水。这些污废水携带着不同来源和不同种类的污染物质,会给人体健康、生活环境和自然生态环境带来严重危害,需要及时妥善地收集和处理,然后才可排放到天然水体或者重复利用。另外，城镇化地区的降水会形成大量的地表径流，造成地面积水，甚至洪涝灾害，需要建设雨水排水系统及时将其排除。为此而建设的收集、输送、处理、利用和排放等设施以一定方式组合而成的总体称为排水系统。

根据来源的不同，废水可分为生活污水、工业废水和降水 3 种类型。

生活污水包括居民日常生活污水、公共设施的生活污水和工业企业内的生活污水。生活污水中含有大量有机污染物，如蛋白质、脂肪、碳水化合物、尿素、氨氮和洗涤剂等，以及常在粪便中出现的寄生虫卵、传染病菌和病毒等病原微生物。这类污水受污染程度比较严重，是废水处理的主要对象。

工业废水是指工业企业在生产过程中产生的废水。由于工业企业的生产类别、工艺过程、使用的原材料及用水成分的不同，工业废水的水质差别很大。按照污染程度的不同，工业废水可分为生产废水和生产污水。生产废水是指在使用过程中受到轻度污染或水温稍有增高的水，如大量的工业用水在工业生产过程中被用作冷却和洗涤，受到较轻微的污染或水温变化，这类废水往往经过简单处理后可在生产中重复使用，或者直接排放。生产污水是指生产中受到严重污染的水，这类废水多半具有危害性，如许多化工生产废水含有浓度很高的污染物质，甚至含有氰化物、铬、汞、铅、镉等有毒有害物质，必须进行严格的处理后才能排放或在生产中使用。废水中的有毒有害物质往往是宝贵的工业原料，对这种废水应尽量回收利用，在减轻污水污染的同时，也为国家创造财富。

降水是指大气降水，包括液态降水（如雨、露）和固态降水（如雪、霜、冰雹）。液态降水主要指降雨，降雨形成大量的地表径流，若不及时排除，可造成地面积水，影响居民的生活和交通，甚至形成洪涝灾害，使居住区、工厂、仓库、道路等遭受淹没，造成生命和财产的损失。冲洗街道和消防用水等形成的污水，由于其性质和雨水相似，也并入雨水。雨水虽然一般比较清洁，不需处理，可就近排入水体，但降雨初期形成的雨水径流因挟带着大气、屋面和地面上的各种污染物质，污染较严重，应予以控制。有的国家对污染严重地区的雨水径流排放作了严格要求，如工业区、高速公路、机场等处的暴雨径流要经过沉淀、撇油等处理后排放。虽然雨水的径流量大，处理较困难，但进行适当处理后再排放水体是必要的。在水资源缺乏的地区，应尽可能对降水进行收集和利用。

城镇给水排水系统概化图如图 1-1 所示。

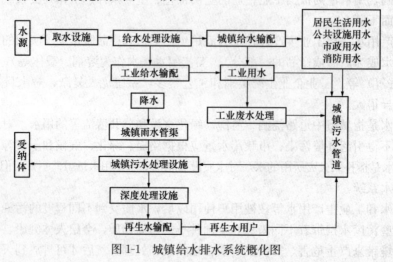

图 1-1　城镇给水排水系统概化图

2

给水排水系统应具有水量保障、水质保障和水压保障 3 个主要功能。

（1）水量保障

水量保障是向指定的用水地点及时可靠地提供满足用户需求的用水量，并将用户排出的废水（包括生活污水和工业废水）和雨水及时可靠地收集并输送到指定地点。

思政案例1：给水
排水系统的功能

（2）水质保障

水质保障是向指定用水地点供给符合质量要求的水，并按相关水质标准将废水排入受纳体。水质保障的措施主要包括 3 个方面：①采用适当的给水处理措施使供水（包括水的循环利用）水质达到或超过用户所要求的用水质量；②通过设计和运行管理中的物理和化学等手段控制贮水和输配水过程中的水质变化；③采用适当的污水处理措施使污水水质达到排放要求，保护环境不受污染。

（3）水压保障

水压保障是为用户的用水提供符合标准的用水压力，使用户在任何时间都能取得充足的水量；同时，使排水系统具有足够的高程和压力，使污水能够顺利输送至指定地点。在地形高差较大的地方，应充分利用地形高差所形成的重力提供供水所需的压力和排水所需的输送能量。在地形平坦的地区，给水压力一般采用水泵加压，必要时还需要通过阀门或减压设施降低水压，以保证用水设施安全和用水舒适；排水一般采用重力输送，必要时用水泵提升高程，或者通过跌水消能设施降低高程，以保证排水系统的通畅和稳定。

1.1.2　给水排水系统的组成

给水排水系统可划分为原水取水系统、给水处理系统、给水管网系统、排水管网系统、废水处理系统、废水排放系统和重复利用系统 7 个子系统。

（1）原水取水系统

原水取水系统包括水资源（如江河、湖泊、水库、海洋等地表水资源，浅层地下水、深层地下水等地下水资源及复用水资源等）、取水设施、提升设备和原水输水管（渠）等，用以从选定的水源取水。

（2）给水处理系统

给水处理系统包括各种采用物理、化学、生物等方法的水质净化设备和构筑物，用以将原水取水系统输送来的水进行处理，以满足用户对水质的要求。生活饮用水一般采用混凝、沉淀、过滤和消毒等常规处理工艺和设施，工业用水一般采用冷却、软化、淡化、除盐等工艺和设施。

（3）给水管网系统

给水管网系统包括清水输水管道、配水管网、水量调节设施（清水池、水塔等）和水压调节设施（泵站、减压阀等）等，用以将给水处理系统处理后符合相关水质标准的水输送给用户，又称为输水与配水系统，简称输配水系统。

（4）排水管网系统

排水管网系统包括排水收集设施、排水管网、排水调节池、提升泵站、排水输水管渠和排放口等，用以对用户排出的污废水和雨水进行收集和输送至指定地点。

思政案例2：排水
管网系统

3

（5）废水处理系统

废水处理系统包括各种采用物理、化学、生物等方法的水质净化设备和构筑物，分为一级处理、二级处理、深度处理和再生水处理，用以将用户排出的废水进行处理，以满足排放和重复利用的要求。由于废水的水质差异大，采用的废水处理工艺各不相同。常用的物理处理工艺有筛滤、沉淀、气浮、曝气、过滤和反渗透等，常用的化学处理工艺有中和、氧化、混凝、吸附、离子交换和电渗析等，常用的生物处理工艺有活性污泥处理、生物滤池、氧化沟等。

（6）废水排放系统

废水排放系统包括废水受纳体（如水体、土壤等）和最终处置设施，如排放口、稀释扩散设施、隔离设施等，用以将废水处理系统处理后水质符合相关标准的废水进行排放。

（7）重复利用系统

重复利用系统包括再生水输配系统和再生水用户等，用以将废水处理系统处理后水质符合相关标准的再生水进行重复利用。

一般情况下，城镇给水排水系统的组成如图1-2所示。

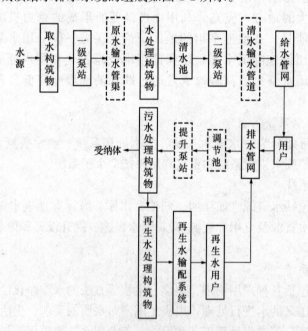

图1-2　城镇给水排水系统组成示意图

一般情况下，城镇给水排水系统如图1-3所示。

1.1.3　给水系统的分类

根据不同的分类依据，给水系统可有以下几种分类：

（1）按水源种类分类

按水源种类，给水系统分为地表水给水系统和地下水给水系统。

地表水给水系统是以地表水（江河、湖泊、水库、海洋等）为水源的给水系统。如图1-4所示，取水构筑物1从江河取水，经一级泵站2送往水处理构筑物3，处理后的清水贮存在清水池4中，二级泵站5从清水池取水，经管网6供应用户。有时，为了调节水

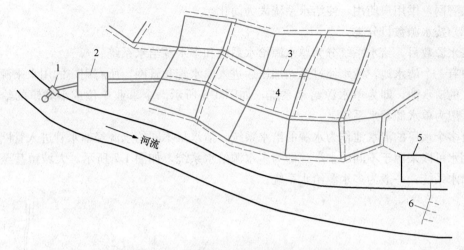

图 1-3　城镇给水排水系统示意图

1—水源取水系统；2—给水处理系统；3—给水管网系统；

4—排水管网系统；5—废水处理系统；6—排放系统

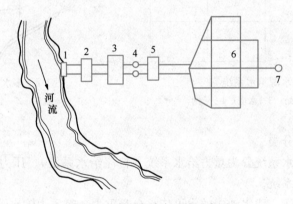

图 1-4　地表水给水系统示意图

1—取水构筑物；2——级泵站；3—水处理构筑物；4—清水池；5—二级泵站；6—管网；7—水塔或高地水池

量和保持管网水压，可根据需要建造水塔或高地水池 7。

地下水给水系统是指以地下水（浅层地下水、深层地下水等）为水源的给水系统，常以凿井方式提取地下水，如图 1-5 所示。地下水的水质较好，一般经消毒后即可由泵站加

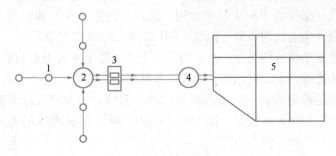

图 1-5　地下水给水系统示意图

1—管井群；2—集水池；3—泵站；4—水塔；5—管网

压送入管网，供用户使用，使给水系统大为简化。

(2) 按水源数目分类

按水源数目，给水系统分为单水源给水系统和多水源给水系统。

只有一个清水池，清水经过泵站加压后进入输水管和管网，所有用户的用水来源于一个水厂的清水池，即为单水源给水系统，如图1-6所示。企事业单位或小城镇的给水系统，一般为单水源给水系统。

有多个水厂的清水池作为水源的给水系统，清水从不同的水源经输水管进入管网，用户的用水可以来源于不同的水厂，即为多水源给水系统，如图1-7所示。大城镇甚至跨城镇的给水系统，一般为多水源给水系统。

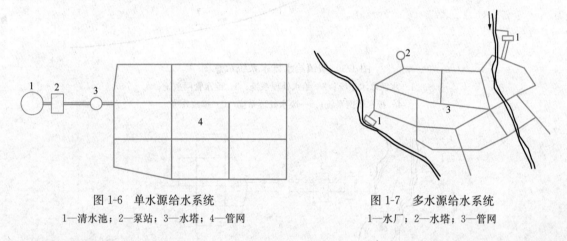

图1-6　单水源给水系统　　　　　　　图1-7　多水源给水系统

1—清水池；2—泵站；3—水塔；4—管网　　　1—水厂；2—水塔；3—管网

(3) 按供水方式分类

按供水方式，给水系统分为重力给水系统（自流给水系统）、压力给水系统（水泵给水系统）和混合给水系统。

如水源处地势较高，清水池中的水可依靠自身重力，经重力输水管进入管网并供用户使用，即为重力给水系统。重力给水系统无动力消耗，运行经济。

压力给水系统是指清水池的水由泵站加压送出，经输水管进入管网供用户使用，甚至要通过多级加压将水送至更远或更高处的用户使用。

(4) 按使用目的分类

按使用目的，给水系统分为生活给水系统、生产给水系统和消防给水系统。

生活给水系统是指供给居民生活中饮用、烹饪、洗涤、冲厕和洗浴等用水的给水系统。其水质须符合《生活饮用水卫生标准》GB 5749—2022的要求。

生产给水系统是指供给各类生产企业的产品生产过程中所需用水的系统，包括冷却用水、产品和原料洗涤等用水，其水质、水压、水量因产品种类、生产工艺不同而不同。

消防给水系统是指为满足消防需求而设的给水系统，对水质要求不高，但必须满足《建筑设计防火规范（2018年版）》GB 50016—2014对水量和水压的要求，一般不单独设置。

(5) 按系统构成方式分类

按系统构成方式，给水系统分为统一给水系统和分系统给水系统。

统一给水系统是在整个供水区域内，以统一的水质和水压，用同一给水系统供给生活、生产和消防等各种用水的给水系统。目前绝大多数城镇采用统一给水系统，如图1-3所示。统一给水系统的水质应符合《生活饮用水卫生标准》GB 5749—2022，其特点是系统简单，管理方便。

分系统给水系统是在供水区地形高差较大或功能分区比较明显，且用水量又很大时采用的互相独立的给水系统。如大中城镇的工业生产用水往往很大，当工业用水的水质和水压要求与生活饮用水的要求不同时，可根据具体条件考虑分质、分压等分系统给水系统。小城市中的工业用水量在总供水量中所占比例一般较小，仍可按一种水质和水压统一给水；城镇内工厂位置分散，用水量又少，即使水质要求和生活饮用水稍有差别，也可采用统一给水系统。分系统给水系统又可分为分质给水系统、分压给水系统、分区给水系统和分地区给水系统等。

① 分质给水系统

城镇中个别用水量大，水质要求不同的工业用水，可考虑按水质要求进行分质供水，形成分质给水系统。例如，城镇用水中有大量的工业用水，供水水质要求比城镇生活用水水质要求低，为了减少城镇供水规模，节省净水费用，将工业用水单独设置为工业给水系统，其余用水合并为另一系统，即采用分质给水系统；城镇污水经处理达到现行相关标准规定后作为厕所便器冲洗、城镇绿化、洗车等用水时，可另设生活杂用水系统；沿海地区可利用海水作为冲厕用水，另设海水给水系统等。分质给水系统，可以是同一水源，经过不同的水处理工艺和管网，将不同水质的水供给各类用户；也可以是不同水源，地表水经简单沉淀后，供工业生产用水，地下水经消毒后供生活用水等，如图1-8所示。

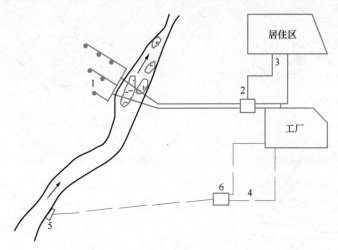

图1-8　分质给水系统

1—管井；2—泵站；3—生活给水管网；4—生产给水管网；
5—取水构筑物；6—工业用水处理构筑物

② 分压给水系统

当用户对水压的要求不同时，可以采用分压给水系统。如图1-9所示的管网，由同一泵站3内的不同水泵分别供水到水压要求高的高压管网4和水压要求低的低压管网5，以节约能量消耗。

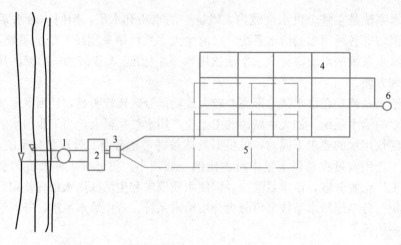

图 1-9 分压给水系统

1—取水构筑物；2—水处理构筑物；3—泵站；4—高压管网；5—低压管网；6—水塔

③ 分区给水系统

城镇的地形起伏较大或大中城市管网延伸很远，形成不同的供水区域时，可采用分区给水或局部加压的给水系统。分区给水有并联分区和串联分区两种布置方式。并联分区为高低两区由同一泵站内的不同水泵分别单独供水，如图 1-10（a）所示；串联分区为高区泵站从低区取水，然后向高区供水，如图 1-10（b）所示。与统一给水系统相比，分区给水系统可降低平均供水压力，避免管网局部水压过高，减少爆管概率和泵站供水能量的浪费。

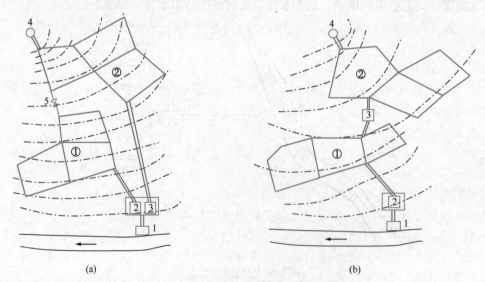

图 1-10　分区给水系统

（a）并联分区；（b）串联分区

①—低区；②—高区；1—取水构筑物；2—低区泵站；3—高区泵站；4—水塔；5—连通阀门

④ 分地区给水系统

取用地下水时，可能考虑就近凿井取水的原则而采用分地区给水系统。如图 1-11 所示，在城区的东、西郊开采地下水，经消毒后由泵站分别就近供给城区居民用水和工业区用水，这种布置节省投资，并且便于分期建设。

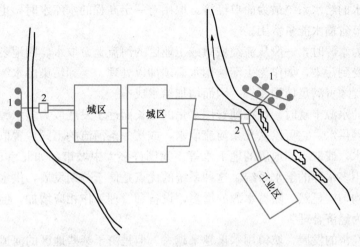

图 1-11　分地区给水系统
1—井群；2—泵站

采用统一给水系统或是分系统给水系统，应根据当地地形、水源条件、城镇规划、城乡统筹、供水规模、水质、水压及安全供水等要求，结合原有给水工程设施，从全局出发，通过技术经济比较后综合考虑确定。

1.1.4　影响给水系统布置的因素

根据当地地形、水源条件、城镇规划、城乡统筹、供水规模、水质、水压和安全供水等要求，给水系统可以有多种布置形式。影响给水系统布置的因素主要有城镇规划、水源条件和地形条件等。

（1）城镇规划

给水系统的布置，应密切配合城镇和工业区的建设规划，做到综合考虑、分期建设，既能及时供应生活、生产和消防用水，又能适应今后发展的需要。

水源选择、给水系统布置和水源卫生防护地带的确定，都应以城镇和工业区的建设规划为基础。城镇规划与给水系统设计的关系极为密切。例如，根据城镇的计划人口数、居住区房屋层数和建筑标准、城镇现状资料和气候等自然条件，可得出整个给水工程的设计用水量；从工业布局可知生产用水量分布及其要求；根据当地农业灌溉、航运和水利等规划资料，水文地质资料，可以确定水源和取水构筑物的位置；根据城镇功能分区，街道位置，用户对水量、水压和水质的要求，可以选定水厂、调节构筑物、泵站和管网的位置；根据城镇地形和供水压力可确定管网是否需要分区给水；根据用户对水质的要求确定是否需要分质供水等。

（2）水源条件

任何城镇，都会因水源种类、水源水质、水源距给水区远近的不同，影响给水系统的布置。

给水水源分地下水和地表水两种。地下水源有浅层地下水和深层地下水等，我国北方地区采用较多。地表水源包括江河水、湖泊水、水库水、海水等，在南方比较普遍。

当地如有丰富的地下水，则可在城镇上游或在给水区内开凿管井或大口井取水。

如水源处于适当的高程，能借重力输水，则可省去泵站。城镇附近山上有泉水时，采用建造泉室供水的给水系统最为简单经济。取用有一定高程的水库水时，也可利用高程以重力输水，以节省输水能量费用。

以地表水为水源时，一般从流经城镇或工业区的河流上游取水。因地表水多半是浑浊的，并且难免受到污染，如作为生活饮用水必须加以处理。受到污染的水源水需经过较复杂的水处理过程才可满足使用要求，因而增加给水成本。

城镇附近的水源丰富时，往往随着用水量的增长而逐步发展成为多水源给水系统，从不同部位向管网供水。它可以从几条河流取水，或从一条河流的不同位置取水，或同时取地表水和地下水，或取不同地层的地下水等。我国许多大中城市，如北京、上海、天津、郑州等，都选用多水源的给水系统。这种系统的优点是便于分期发展，供水比较可靠，管网内水压比较均匀。显然，随着水源的增多，设备和管理工作相应增加，但与单一水源相比，通常仍较为经济合理。

随着国民经济的发展，城镇用水量越来越大。但是由于某些地区的河道在枯水季节河水量锐减甚至断流，多数江河受到污染，有些城镇的地下水水位不同程度地下降，某些沿海城市受到海水倒灌的影响等因素，以致某些地区因就近缺乏水质较好、水量充沛的水源，必须采用大规模、跨流域、长距离调水方式来解决给水问题。

长距离输水工程尚未有明确的定义，一般指输水距离较长、管渠断面较大、水压较高的工程。

天津"引滦入津"工程，是我国最早建设的长距离输水工程，设计输水量为 $32m^3/s$，输水距离 234km，输水工程包括隧洞、河道整治、水库、明渠和暗渠、泵站、输水管和水厂等，规模巨大，效益显著。

南水北调工程是迄今为止世界上规模最大的调水工程，是缓解我国北方地区，尤其是黄淮海流域水资源短缺的国家战略性工程，输水线路长，穿越河流多，工程涉及面广，效益巨大，技术复杂，其规模及难度国内外均无先例。通过跨流域的水资源合理分配，改变我国南涝北旱局面，促进南北方的经济、社会与人口、资源、环境的协调发展。调水工程分东线、中线和西线，分别从长江下游、中游和上游调水。南水北调工程规划的东、中、西线干线总长度达 4350km；2013 年 12 月通水的东线一期工程输水干线全长 1466.5km，从长江下游调水到山东半岛和鲁北地区，补充山东、江苏、安徽等输水沿线地区的城市生活、工业和环境用水，兼顾农业、航运和其他用水；2014 年 12 月通水的中线一期工程输水干线全长 1432km，向华北平原北京、天津在内的 19 个大中城市及 100 多个县（县级市）提供生活、工业用水，兼顾农业用水。

北京第九水厂供水工程、大连"引碧入连"工程、青岛"引黄济青"工程、邯郸"引岳济邯"工程、西安黑河引水工程、上海黄浦江上游引水工程、秦皇岛引水工程等都是 10km 以上的长距离取水工程，这些工程技术相当复杂，投资也很大。

（3）地形条件

地形条件对给水系统的布置有很大影响。中小城镇如地形比较平坦，而工业用水量小、对水压又无特殊要求时，可采用统一给水系统。大中城市被河流分隔时，河流两岸居民和工业用水一般先分别供给，自成给水系统，随着城市的发展，再考虑将两岸给水管网连通，形成多水源的给水系统。取用地下水时，可考虑就近凿井取水的原则，采用分地区供水的系统。地形起伏较大的城镇，可采用分区给水或局部加压的给水系统。

1.1.5 排水系统的体制

生活污水、工业废水和雨水可以采用同一套排水管网系统进行排除，也可以采用两套或两套以上各自独立的排水管网系统进行排除。生活污水、工业废水和雨水的不同排除方式所形成的排水系统称为排水体制。排水体制一般分为合流制和分流制两种基本形式。

（1）合流制排水系统

合流制排水系统是将生活污水、工业废水和雨水混合在同一套管渠内排除的排水系统。根据污水汇集后的处置方式不同，又可把合流制排水系统分为直排式合流制排水系统、截流式合流制排水系统和完全合流制排水系统。

① 直排式合流制排水系统

直排式合流制排水系统是指管道系统的布置就近坡向水体，分若干排出口，混合的污水未经处理直接排入水体，如图 1-12 所示。国内外很多老城市的旧城区在早期几乎都是采用这种合流制排水系统。这是因为以往工业尚不发达，城市人口不多，生活污水和工业废水量不大，直接排入水体，环境卫生和水体污染问题还不是很明显。但是，随着现代化城镇和工业企业的建设和发展，人们生活水平的不断提高，污水量不断增加，水质日趋复杂，造成的水体污染越来越严重。因此，这种直排式合流制排水系统目前不宜采用。

② 截流式合流制排水系统

截流式合流制排水系统是为了改善旧城区直排式合流制排水系统严重污染水体的缺点而采用的一种排水体制。这种系统是沿河岸边敷设一条截流干管，同时在合流干管与截流干管相交前或相交处设置溢流井，并在截流干管下游设置污水处理厂，如图 1-13 所示。晴天和降雨初期，截流干管将所有污水都输送至污水处理厂，经处理达标后排入水体或重复利用；雨天时，随着降雨量的增加，雨水径流量增加，当混合污水量超过截流干管的输水能力后，一部分以雨水占主要比例的混合污水经溢流井溢出，直接排入水体。截流式合流制排水系统较直排式有了较大改进，但在雨天时仍有部分混合污水未经处理直接排入水体，使水体遭受污染。然而，由于截流式合流制排水系统在旧城区的排水系统改造中比较简单易行，节省投资，并能大量减少污染物排放量，因此，在国内外旧合流制排水系统改造时经常采用。

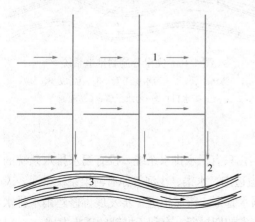

图 1-12　直排式合流制排水系统

1—合流支管；2—合流干管；3—河流

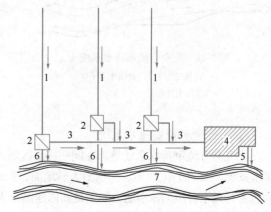

图 1-13　截流式合流制排水系统

1—合流干管；2—溢流井；3—截流干管；4—污水处理厂；5—排水口；6—排放管渠；7—河流

③ 完全合流制排水系统

完全合流制排水系统是将生活污水、工业废水和雨水混合在同一套管渠内排除，并全部送往污水处理厂进行处理，如图 1-14 所示。这种排水体制的卫生条件好，对保护城市水环境非常有利，但工程量较大，初期投资大，污水处理厂的运行管理不便。因此，目前国内采用不多。

（2）分流制排水系统

分流制排水系统是将生活污水、工业废水和雨水分别在两套或两套以上各自独立的管渠内排除的排水系统。分流制排水系统根据不同的分类依据可分为不同的类型。

按排除污水种类的不同，分流制排水系统可分为污水排水系统和雨水排水系统。污水排水系统是排除生活污水和工业废水的排水系统。雨水排水系统是排除雨水和融雪水的排水系统。

按雨水排除方式的不同，分流制排水系统可分为完全分流制排水系统、不完全分流制排水系统和半分流制排水系统。

① 完全分流制排水系统

完全分流制排水系统是指在同一排水区域内，既有污水排水系统，又有雨水排水系统的排水系统，如图 1-15 所示。生活污水和工业废水通过污水排水系统送至污水处理厂，经过处理后再排入水体；雨水通过雨水排水系统直接排入水体。这种排水系统比较符合环境保护的要求，但城镇排水管渠的一次性投资较大，且初期雨水不经处理直接排放，仍会对水体造成一定程度的污染。

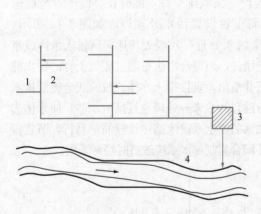

图 1-14　完全合流制排水系统

1—合流支管；2—合流干管；
3—污水处理厂；4—河流

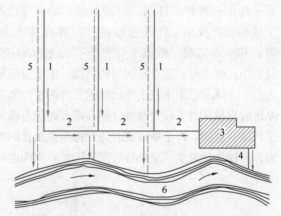

图 1-15　完全分流制排水系统

1—污水干管；2—污水主干管；3—污水处理厂；
4—排水口；5—雨水干管；6—河流

② 不完全分流制排水系统

不完全分流制排水系统是指在同一排水区域内，只有污水排水系统，没有雨水排水系统的排水系统，如图 1-16 所示。雨水沿天然地面、街道边沟、水渠、小河等原有河渠系统排泄，或者为了补充原有河渠输水能力的不足而修建部分雨水管渠，待城镇进一步发展再修建雨水排水系统，使之成为完全分流制排水系统。这样可以节省初期投资，有利于城镇的逐步发展。

③ 半分流制排水系统

半分流制排水系统中既有污水排水系统，又有雨水排水系统，如图 1-17 所示。由于初期雨水污染较严重，进行处理后再排放有利于保护水环境，因此在雨水干管上设置雨水截流井，将初期雨水截至污水管道，送至污水处理厂进行处理。这种排水系统可以更好地保护水环境，但工程费用较高，目前采用不多。

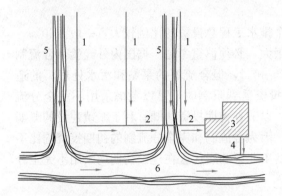

图 1-16　不完全分流制排水系统

1—污水干管；2—污水主干管；3—污水处理厂；
4—排水口；5—明渠或小河；6—河流

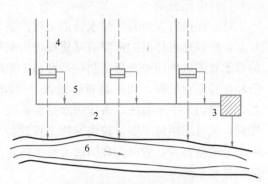

图 1-17　半分流制排水系统

1—污水干管；2—污水主干管；3—污水处理厂；
4—雨水干管；5—初期雨水截流管；6—河流

　　在一个城镇中，有时既有分流制排水系统，又有合流制排水系统，这种排水系统可称为混合制排水系统。混合制排水系统通常是在具有合流制排水系统的城镇中，扩建部分采用了分流制排水系统而出现的。在大城市中，因各区域的自然条件、城市发展和修建情况等可能相差较大，因地制宜地在各区域采用不同的排水体制也是合理的，如美国纽约、中国上海等城市的混合制排水系统便是这样形成的。

1.1.6　选择排水体制时应考虑的因素

　　排水体制的选择是一项复杂且重要的工作，合理选择排水体制是城镇排水系统规划和设计的重要问题。它不仅从根本上影响排水系统的设计、施工和维护管理，而且对城镇规划和环境保护影响深远，同时也影响排水工程的建设投资费用和维护管理费用。通常，排水体制的选择必须符合城镇建设规划，在满足环境保护的前提下，根据当地具体条件，通过技术经济比较确定。

　　（1）城镇规划

　　从城镇规划方面看，合流制仅有一套管渠系统，地下设施相互间的矛盾小，占地面积小，施工方便，但不利于城镇的分期发展。分流制管线多，地下设施的竖向规划矛盾较大，占地面积大，施工复杂，但便于城镇的分期发展。

　　（2）环境保护

　　从环境保护方面看，直排式合流制排水系统不符合卫生要求，在新建城镇中已不再采用。完全合流制排水系统卫生条件好，有利于环境保护，但工程量大，初期投资大，污水处理厂的运行管理复杂，暂不能广泛采用。截流式合流制排水系统相比直排式合流制排水系统减小了环境污染，但在雨天时仍有部分混合污水通过溢流井直接排入水体，环境污染问题依然存在，工程投资介于直排式合流制排水系统与完全合流制排水系统之间，通常被用于旧城区合流制排水系统的改造中。完全分流制排水系统管线多，但卫生条件好，虽然初期雨水对水体污染较严重，但该体制比较灵活，容易适应社会发展需要，在国内外得到推广应用。不完全分流制排水系统的初期投资少，有利于城镇建设的分期发展，在新建城镇中可考虑采用这种体制。半分流制排水系统的卫生条件好，但管渠数量多，建造费用高，一般用于污染比较严重的区域，如某些工业区。

（3）工程投资

从工程投资方面看，排水管道工程占整个排水工程总投资的比例较大，一般占60%~80%，所以排水体制的选择对基建投资影响很大，必须慎重考虑。据国内外经验，合流制的排水管道造价比完全分流制一般要低 20%~40%，但合流制的泵站和污水处理厂的造价却比分流制的高。如果是新建城镇，初期投资受到限制时，可以考虑采用不完全分流制，先建污水排水系统，再建雨水排水系统，以节省初期投资，既有利于城镇建设的分期发展，又可缩短施工期，较快发挥工程效益。因为合流制和完全分流制的初期投资均比不完全分流制要大，所以，我国过去很多新建的工业区和居住区在建设初期均采用不完全分流制排水系统。

（4）维护管理

从维护管理方面看，晴天时污水在合流制管道中只占一小部分过水断面，流速较低，容易产生沉淀，雨天时才接近满管流。根据经验，降雨时管中的沉淀物易被暴雨水流冲走，因此，合流制的管道维护管理费用可以降低。但是，晴天和雨天时流入污水处理厂的水量和水质变化很大，增加了污水处理厂运行管理的复杂性。而分流制系统则可以保持管内的流速相对稳定，不容易发生沉淀，流入污水处理厂的水量和水质变化比合流制小得多，污水处理厂的运行易于控制。

排水体制的选择应根据城镇的总体规划，结合当地的气候特征、地形特点、水文条件、水体状况、原有排水设施、污水处理程度和处理后再生利用等因地制宜地确定。除降雨量少的干旱地区外，新建地区的排水系统应采用分流制。同一城镇的不同地区可采用不同的排水体制。

近年来，我国的给水排水工作者对排水体制的规定和选择，提出了一些有益的看法。最主要的观点归纳起来有两点：一是两种排水体制的污染效应问题，有的认为合流制的污染效应与分流制持平或有所降低，因此认为采用合流制较合理，同时国外有先例。二是已有的合流制排水系统是否要逐步改造为分流制排水系统问题，有的认为将合流制改造为分流制，其费用高而且效果有限，并指出国外排水体制的构成中带有污水处理厂的合流制仍占相当高的比例等。这些问题的解决只有通过大量研究和调查以及不断的工程实践，才能逐步得出科学的论断。

1.1.7　排水系统的布置形式

城镇排水系统在平面上的布置，应根据地形、竖向规划、污水处理厂的位置、土壤条件、河流情况、污水种类和污染程度等因素确定。下面介绍几种以地形为主要考虑因素的布置形式。实际情况下，单独采用一种布置形式较少，通常是根据当地条件，因地制宜地采用多种形式进行综合布置。

（1）正交式

在地势向水体适当倾斜的地区，各排水流域的干管可以最短距离沿与水体垂直相交的方向布置，这种布置形式称为正交式布置，如图 1-18（a）所示。正交布置的干管长度短、管径小，因而经济，污水排出也迅速。但是，由于污水未经处理就直接排放，会使水体遭受严重污染，影响环境。因此，在现代城镇中，这种布置形式仅用于排除雨水。

（2）截流式

在正交式布置的基础上，沿河岸再敷设主干管，并将各干管的污水截流送至污水处理厂，这种布置形式称为截流式布置，如图 1-18（b）所示。截流式是正交式发展、改进的结果。截流式布置对减轻水体污染、改善和保护环境有重要意义。它适用于分流制污水排水系统，将生活污水和工业废水经处理后排入水体；也适用于区域排水系统，区域主干管截流各城镇的污水送至区域污水处理厂进行处理。对于截流式合流制排水系统，雨天有部分混合污水溢入水体，造成一定的水体污染。

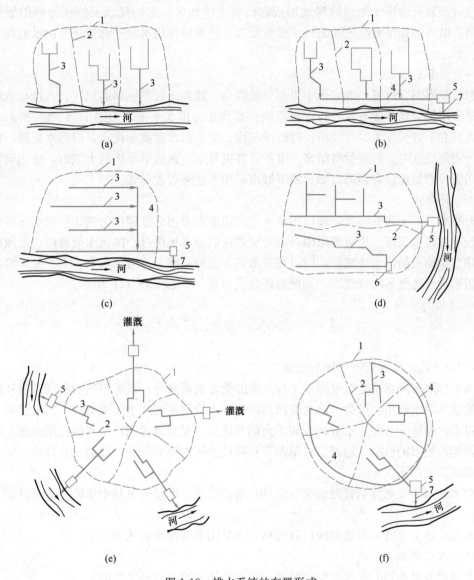

图 1-18　排水系统的布置形式

（a）正交式；（b）截流式；（c）平行式；（d）分区式；（e）分散式；（f）环绕式

1—排水区界；2—排水流域分界线；3—干管；4—主干管；

5—污水处理厂；6—污水泵站；7—出水口

（3）平行式

在地势向河流方向有较大倾斜的地区，为了避免因干管坡度和管内流速过大，使管道受到严重冲刷，可使干管与等高线及河道基本平行，主干管与等高线及河道呈一定斜角敷设，这种布置形式称为平行式布置，如图1-18（c）所示。

（4）分区式

在地势高低相差很大的地区，当污水不能靠重力流至污水处理厂时，可采用分区式布置，如图1-18（d）所示。这时，可分别在高地区和低地区敷设独立的管道系统，高地区的污水靠重力流直接流入污水处理厂，低地区的污水用水泵抽送至高地区干管或污水处理厂。这种布置只能用于个别阶梯地形或起伏很大的地区，它的优点是能充分利用地形排水，节省电力。如果将高地区的污水排至低地区，然后再用水泵一起抽送至污水处理厂是不经济的。

（5）分散式

当城镇周围有河流，或城镇中央部分地势高、地势向周围倾斜的地区，各排水流域的干管常采用辐射状分散布置，各排水流域具有独立的排水系统，如图1-18（e）所示。这种布置具有干管长度短、管径小、管道埋深浅、便于污水灌溉等优点，但污水处理厂和泵站（如需要设置时）的数量将增多，维护管理更复杂。在地形平坦的大城市，采用辐射状分散布置可能是比较有利的，如上海等城市采用了这种布置形式。

（6）环绕式

近年来，由于建造污水处理厂用地不足及建造大型污水处理厂的基建投资和运行管理费用较小型污水处理厂经济等原因，不希望建造数量多规模过小的污水处理厂，而倾向于适度建造规模大的污水处理厂，所以在分散式布置的基础上，沿四周布置主干管，将各干管的污水截流送往污水处理厂，发展为环绕式布置，如图1-18（f）所示。

1.2 给水排水管网系统

1.2.1 给水排水管网系统的功能

给水排水管网系统是给水排水工程设施的重要组成部分，是由不同材料的管道和附属设施构成的输水网络，可分为给水管网系统和排水管网系统两个组成部分。给水管网系统承担供水的输送、分配、水量调节和压力调节任务，起到保障用户用水的作用；排水管网系统承担污废水的收集、输送、水量调节和高程或压力调节任务，起到防止环境污染和防治洪涝灾害的作用。

给水管网系统和排水管网系统均应具有水量输送、水量调节和水压调节3个功能。

（1）水量输送

水量输送是实现一定水量的位置迁移，满足用水与排水的地点要求。

（2）水量调节

水量调节是采用贮水措施解决供水、用水与排水的水量不平衡问题。

（3）水压调节

水压调节是采用加压或减压措施调节水的压力，满足水的输送、使用和排放的能量要求。

1.2.2 给水管网系统的组成

给水管网系统一般由清水输水管道、配水管网、水量调节设施和水压调节设施等组成。

（1）清水输水管道

清水输水管道是指在较长距离内输送清水的管道，在输水过程中一般流量沿程无变化，如将处理后的清水从水厂输送到配水管网的管道、从供水管网向某大用户供水的专线管道、区域给水系统中连接各区域管网的管道等。

由于输水管发生事故将对供水产生较大影响，所以较长距离输水管一般敷设成两条平行管线，并在管线上适当位置设置连通管及安装阀门，以满足正常调度、切换、维修和维护保养，以及某一段管道发生故障时非事故管道能通过设计事故流量的需要，如图1-19所示。输水管道的必要位置还需要安装空气阀、泄水阀和支墩等附属设施，以保证输水管的安全运行和维护保养等。

图 1-19　某输水管道

（2）配水管网

配水管网是指分布在供水区域的配水管道网络。其功能是将来自于较集中点（如输水管道末端或贮水设施等）的水量分配输送到整个供水区域，使用户能从近处接管用水。配水管内流量随用户用水量的变化而变化。配水管网由主干管、干管、支管、连接管和分配管等组成。配水管网中需要安装消火栓、阀门（闸阀、蝶阀、止回阀、空气阀、泄水阀等）和检测仪表（压力表、流量计、水质检测仪等）等附属设施，以保证消防供水和满足生产调度、故障处理、维护保养等管理需要。

（3）水量调节设施

水量调节设施包括各种类型的贮水构筑物，如清水池（图1-20）、高地水池和水塔（图1-21）等，主要作用是调节供水与用水的流量差，也称调节构筑物。水量调节设施也可用于贮存备用水量，以保证消防、检修、停电和事故等情况下的用水，提高系统的供水安全可靠性。

图 1-20　清水池

（4）水压调节设施

水压调节设施分为加压设施和减压设施两种。加压设施主要是水泵，用以将所需水量提升到要求的高度。一般由多台水泵并联组成泵站，如图 1-22 所示。给水管网系统中的泵站包括将处理后的清水从水厂清水池送入清水输水管道或配水管网的送水泵站（又称二级泵站）和设于管网中的加压泵站（又称三级泵站）等。减压设施有减压阀和节流孔板等，用于降低和稳定输配水系统中局部区域的水压，以避免水压过高造成管道或其他设施的漏水、爆裂、水锤破坏，并可提高用水的舒适感。

图 1-21　水塔

图 1-22　送水泵站

1.2.3　排水管网系统的组成

排水管网系统一般由排水收集设施、排水管网、排水调节池、提升泵站、排水输水管（渠）和排放口等构成。

（1）排水收集设施

排水收集设施是排水管网系统的起始点。用户排出的污废水一般直接排到用户的室外检查井，通过连接检查井的排水支管将排水收集到排水管道中，如图 1-23 所示。雨水的收集是通过设在屋面或地面的雨水口（图 1-24）将雨水收集到排水管道中。

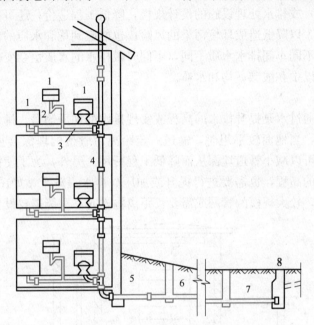

图 1-23　生活污水收集管道系统

1—用水器具；2—存水弯（水封）；3—支管；4—竖管；
5—出户管；6—街区污水管；7—连接支管；8—检查井

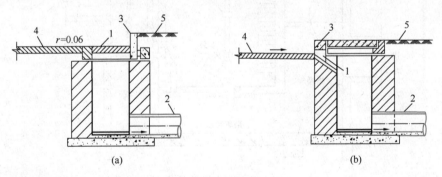

(a)　　　　　　　　　　　　　(b)

图 1-24　道路路面雨水口

（a）平算式雨水口；（b）立算式雨水口

1—进水算；2—雨水口连接管；3—侧石；4—道路；5—人行道

（2）排水管网

排水管网是指分布于排水区域内的排水管道（或渠道）网络，其功能是将收集到的生活污水、工业废水和雨水等输送到处理地点或排放口，以便集中处理或排放。排水管网由支管、干管、主干管等组成，一般顺沿地面高程由高向低布置成树状网络。在排水管网中设置检查井、雨水口、跌水井、水封井、溢流井等附属构筑物，便于系统的稳定运行与维护管理。

（3）排水调节池

排水调节池是指具有一定容积的污水、废水或雨水的贮存设施，用于调节排水管网接收流量与输送水量或处理水量的差值。通过排水调节池可以降低其下游高峰排水流量，从而减小输水管（渠）或排水处理设施的设计规模，降低工程造价；还可在系统发生事故时贮存短时间排水量，以降低造成环境污染的风险；也能起到均和水质的作用，特别是工业废水，不同工厂或不同车间排水水质不同，不同时段排水的水质也会变化，不利于净化处理，排水调节池可以中和酸碱，均和水质。

（4）提升泵站

提升泵站是指通过水泵提升排水的高程或实现排水的加压输送。排水在重力输送过程中，高程不断降低，当地面较平坦时，输送一定距离后管道的埋深会很大，建设费用很高，通过水泵提升可以减小管道埋深从而降低工程费用。另外，为了使排水能够进入处理构筑物或达到排放的高程，也需要进行提升或加压。排水提升泵站如图1-25所示。提升泵站根据需要设置，较大规模的管网或需要长距离输送时，可能需要设置多座泵站。

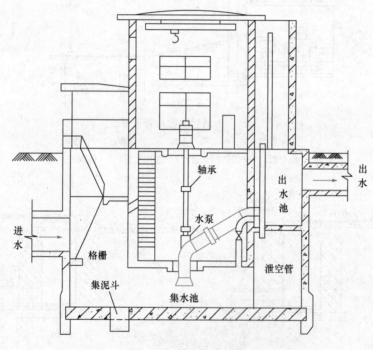

图1-25　排水提升泵站

（5）排水输水管（渠）

排水输水管（渠）是指长距离输送排水的管道或渠道。为了保护环境，排水处理设施往往建在离城镇较远的地区，排放口也选在远离城镇的水体下游，排水都需要长距离输送。

（6）排放口

排放口是排水管网系统的末端，与接纳排水的水体连接，用于将处理达到排放标准后的废水或雨水排入受纳水体，图1-26为某废水排放口。排放口的设置需要保证排放口的

图 1-26　某废水排放口

稳定，或者使废水能够均匀地与受纳水体混合。

思　考　题

1. 什么是给水排水系统？给水排水系统的功能有哪些？
2. 给水排水系统由哪些子系统组成？各子系统包含哪些设施？
3. 什么是给水系统？给水系统由哪几个子系统组成？
4. 什么是排水系统？排水系统由哪几个子系统组成？
5. 按照来源的不同，废水分为哪几类？
6. 根据不同的分类依据，给水系统分别如何分类？
7. 影响给水系统布置的因素有哪些？简要说明如何进行给水系统的选择。
8. 什么是排水体制？排水体制分为哪几类？各类的概念、优缺点和分类是什么？
9. 选择排水体制时应考虑哪些因素？简要说明如何进行排水体制的选择。
10. 排水系统的布置形式有哪几类？各自的适用条件及特点是什么？
11. 给水排水管网系统的功能有哪些？
12. 给水管网系统由哪几部分组成？各组成部分的作用分别是什么？是否在任何情况下都必须包括这几部分？哪种情况下可以省去其中一部分设施？
13. 排水管网系统由哪几部分组成？各组成部分的作用分别是什么？是否在任何情况下都必须包括这几部分？哪种情况下可以省去其中一部分设施？

第2章 给水排水工程规划与布置

2.1 给水排水工程规划原理与工作程序

2.1.1 给水排水工程规划任务

给水排水工程规划是城镇总体规划的重要组成部分，是城镇专业功能规划的重要内容，是针对水资源开发和利用、给水排水系统建设的综合优化功能和工程布局进行的专项规划。给水排水工程规划必须服从《中华人民共和国城乡规划法》的法律规定，属于城镇总体规划的强制性内容。城镇总体规划的期限一般为 20 年。

给水排水工程规划必须与城镇总体规划相协调，规划内容和深度应与城镇规划相一致，充分体现城镇规划和建设的合理性、科学性和可实施性。给水排水工程规划可分为给水工程专项规划和排水工程专项规划。

给水排水工程规划的任务是：

（1）确定给水排水系统的服务范围与建设规模；

（2）确定水资源综合利用与保护措施；

（3）确定系统的组成与体系结构；

（4）确定给水排水主要构筑物的位置；

（5）确定给水排水处理的工艺流程与水质保证措施；

（6）进行给水排水管网规划和干管布置与定线；

（7）确定废水的处置方案及其环境影响评价；

（8）进行给水排水工程规划的技术经济比较，包括经济、环境和社会效益分析。

给水排水工程规划应以规划文本的形式进行表达。规划文本应阐述规划编制的依据和原则，确定近期和远期规划的用水量和排水量的计算依据和方法，以及对规划内容的分项说明；应有必要的附图，使规划的内容和方案更加直观和明确。

给水排水工程规划应遵循远期规划、近远期结合、以近期为主的原则，从城镇总体规划到详细实施方案进行综合考虑，分区、分级进行规划，规划内容应逐级展开和细化。一般近期设计年限宜采用 5～10 年，远期设计年限宜采用 10～20 年。

2.1.2 给水排水工程规划原则

给水排水工程规划应遵循以下原则：

（1）贯彻执行国家及地方法律法规和相关标准

国家及地方政府颁布的《中华人民共和国城乡规划法》《中华人民共和国水法》《中华人民共和国水污染防治法》《中华人民共和国环境保护法》《中华人民共和国海洋环境保护法》《城市供水条例》《城镇排水与污水处理条例》等法律法规，以及《城市给水工程规划规范》GB 50282—2016、《城市排水工程规划规范》GB 50318—2017、《城市给水工程项目规范》GB 55026—2022、《城乡排水工程项目规范》GB 55027—2022、《生活饮用水水源水质标准》CJ/T 3020—1993、《生活饮用水卫生标准》GB 5749—2022、《污水综合排放标准》GB 8978—1996、《海绵城市建设评价标准》GB/T 51345—2018、《防洪标准》GB 50201—2014 等相关规范和标准，是城镇规划的指导方针，在进行给水排水工程规划时，必须认真贯彻执行。

（2）城镇和工业企业规划应兼顾给水排水工程

城镇和工业企业必须建设与其发展需求相适应的给水排水工程。在进行城镇及工业企业规划时应考虑水源条件，在水源缺乏的地区，不宜盲目扩大城镇规模，也不宜设置用水量大的工厂。用水量大的工业企业一般应设在水源较为充沛的地方。对于采用统一给水系统的城镇，一般在给水处理厂附近或地形较低处的建筑高度或层数可以规划得较高些，在远离给水处理厂或地形高处的建筑高度或层数则宜低些。对于工业企业生产用水量占供水量比例较大的城镇，应把同一性质的工业企业适当集中，或者把能复用水的工业企业规划在一起，以便就近统一供应同一水质的水和近距离输送复用，或便于将相近性质的废水集中处理。

（3）给水排水工程规划要服从国土空间规划

城镇给水排水工程规划，应以国土空间规划为依据，与水资源规划、水污染防治规划、生态环境保护规划和防灾规划等相协调，城镇排水规划与城镇给水规划也应相互协调。城镇和工业企业总体规划中的设计规模、设计年限、功能分区布局、城镇人口的发展、城镇直接供水建筑层数及相应的水量、水质、水压资料等，是给水排水工程规划的主要依据。当地农业灌溉、航运、水利和防洪等设施和规划是水源和排水出路选择的重要影响因素；城镇和工业企业的道路规划、地下设施规划、竖向规划、人防工程规划、防洪工程规划等单项工程规划对给水排水工程的规划设计都有影响，要从全局出发，合理安排，增强城市防洪排涝能力，建设海绵城市、韧性城市，构成城镇建设的有机整体。

（4）合理确定近远期规划与建设范围

城镇给水排水工程应按近、远期结合，并应根据城镇远景发展的需要进行规划。例如，近期给水先建一个水源及树状配水管网，远期再逐步发展成多水源及环状配水管网；地表水取水构筑物及取水泵房等土建采用分期施工并不经济，故土建可按远期规模一次建成，但其内部设备则应按近期所需进行安装，投入使用后再分期安装或扩大；在环境容量许可的前提下，排水管网近期可以就近排入水体，远期可采用截流式合流制排水系统并输送到污水处理厂处理，或近期先建污水与雨水合流排水管网，远期另建污水管网和污水处理厂，实现分流制排水系统；排水主干管（渠）一般按远期设计和建设更经济；给水和排水的调节水池并不会随远期供水或排水量同步增大，因为远期水量变化往往较小，如经计算远期水池调节容积增加不多，则可按远期设计和建设。

（5）合理利用水资源和保护环境

给水水源有地表水源和地下水源，在选择前必须对所在地区水资源状况进行认真的勘察和研究，并根据城镇和工业企业总体规划及农、林、渔、水电等各行业用水需要，进行综合规划、合理开发利用，同时要从供水水质的要求、水文地质和取水工程条件等出发，考虑整个给水系统的安全性和经济性。

（6）规划方案应尽可能经济和高效

在保证技术合理和工程可行的前提下，要努力提高给水排水工程投资效益并降低工程项目的运行成本，必要时进行多方面和多方案的技术经济比较分析，选择尽可能经济的工程规划方案。

给水排水系统的体系结构对其经济性具有重要影响，对是否采用分区或分质给水或排水及其实施方案，应进行技术经济方案比较，充分论证；给水系统的供水压力应以满足大多数用户要求考虑，而不能根据个别的高层建筑或水压要求较高的工业企业来确定；在规划排水管网时，也不能因为局部地区地形低而提高整个管网埋深，而应采取局部加压或提升措施。

2.1.3 给水排水工程规划工作程序

给水排水工程规划工作应符合以下程序：

(1) 明确规划任务，确定规划编制依据

了解规划项目的性质，明确规划设计的目的、任务与内容；收集与规划项目有关的方针政策性文件和城镇总体规划文件及图纸；取得给水排水规划项目主管部门给出的正式委托书，签订项目规划任务的合同或协议书。

(2) 收集和调查基础资料，进行现场勘察

图文资料和现状实况是规划的重要依据。在充分掌握必需基础资料的前提下，进行一定深度的调查研究和现场勘察，增加现场概念，加强对水环境、水资源、地形、地质等的认识，为系统布局、厂站选址、管网布置、水的处理与利用等的规划方案奠定基础。

(3) 科学预测用水量和排水量，进行供需平衡分析

在掌握资料与了解现状和规划要求的基础上，经过充分调查研究，合理确定城镇用水定额和排水定额，预测城镇用水量和排水量，并进行水资源与城镇用水量之间的供需平衡分析，为给水排水工程规模的确定提供依据。水量预测应采用多种方法计算，并相互校核，确保数据的科学性。

(4) 制订规划方案，进行多方案比较，选定最优方案

对给水排水工程体系结构、水源与取水点位置、给水处理厂厂址、给水处理工艺、给水排水管网布置、污水处理厂厂址选择、污水处理工艺、污废水最终处置与利用方案等进行规划设计，拟订不同的给水排水工程规划方案，进行技术经济比较，选定高效节能的方案。

(5) 提出分期实施方案，提高投资效益

根据规划期限，提出分期实施规划的步骤和措施，控制和引导给水排水工程有序建设，节省资金，有利于城镇和工业区的持续发展，增强规划工程的可实施性，提高项目投资效益。

(6) 编制规划文件，绘制规划图纸，完成规划成果文本

编制城镇给水排水工程规划文件，明确规划目的，明确工程费用，绘制工程规划图纸，完成规划成果文本。

2.2　城市用水量预测

城市用水量预测是根据一定的理论和方法，预测规划期内城市的最高日用水量，是编制给水工程规划的基础工作和重要内容。

城市用水量预测有多种方法，在进行给水排水工程规划时，要根据具体情况，选择合理可行的方法，必要时，可以采用多种方法计算，然后比较确定。这里仅介绍几种常用的方法。

1. 综合用水量指标法

(1) 城市人口综合用水量指标法

城市人口综合用水量指标法是通过城市单位人口综合用水量指标与规划年限内的设计用水人口数相乘得到城市用水量的方法，可按式（2-1）计算：

$$Q_d = 10^{-3} q_N N \qquad (2-1)$$

式中　Q_d——城市最高日用水量，m^3/d；

q_N——城市单位人口综合用水量指标，$L/（人 \cdot d）$，见附录 1-1；

N——规划用水人口数，人。

(2) 城市建设用地综合用水量指标法

城市建设用地综合用水量指标法是通过城市单位建设用地综合用水量指标与规划年限内的设计城市建设用地面积相乘得到城市用水量的方法，可按式（2-2）计算：

$$Q_d = q_A A \qquad (2-2)$$

式中　q_A——城市单位建设用地综合用水量指标，$m^3/（hm^2 \cdot d）$；

A——规划城市建设用地面积，hm^2。

用水量指标应结合城市的具体情况和各项影响因素进行确定，尤其需要对一定时期用水量和现状用水量进行调查，并对未来用水量的规律进行分析，结合国家及当地对于节水的要求，使预测的用水量尽量切合实际。一般来说，年均气温较高、居民生活水平较高、工业和经济比较发达的城市用水量较高；而水资源缺乏、工业和经济欠发达或年均气温较低的城市用水量较低。

2. 分类计算法

(1) 分类用地计算法

分类用地计算法是根据不同类别用地用水量指标及其相应的用地面积计算得到城市用水量的方法，可按式（2-3）计算：

$$Q_d = \sum q_{Ai} A_i \qquad (2-3)$$

式中　q_{Ai}——不同类别用地用水量指标，$m^3/（hm^2 \cdot d）$，见附录 1-2；

A_i——不同类别用地面积，hm^2。

(2) 分类用水计算法

分类用水计算法是通过不同用途用水量指标及其相应的用水数量计算得到城市用水量的方法，可按式（2-4）计算：

$$Q_d = \sum q_{Ni} N_i \qquad (2-4)$$

式中　q_{Ni}——不同用途用水量指标；

N_i——不同用途用水数量。

3. 数学模型法

数学模型法是在对以往数据总结的基础上，通过找出影响用水量变化的内在因素与用水量之间的关系，建立数学模型，利用数学模型计算得到城市用水量的方法。常用的数学模型法有年增长率法、线性回归法和生长曲线法等。

（1）年增长率法

年增长率法是根据城市用水量年平均增长率计算得到城市用水量的方法，可按式（2-5）计算：

$$Q_d = Q_0 (1 + \delta)^t \tag{2-5}$$

式中　Q_0——基准年的最高日用水量，m^3/d；

　　　δ——城市用水量年平均增长率，一般用百分数表示；

　　　t——规划年限，a。

（2）线性回归法

线性回归法是根据城市用水量年平均增长量计算得到城市用水量的方法，可按式（2-6）计算：

$$Q_d = Q_0 + \Delta Q t \tag{2-6}$$

式中　ΔQ——城市用水量年平均增长量，$m^3/(d \cdot a)$。

（3）生长曲线法

城市发展可能呈现从初始发展到加速发展，最后逐渐减缓的规律，城市用水量也相应呈现出快速增长、等量增长和基本稳定的三个阶段。生长曲线法可用式（2-7）表达：

$$Q_d = \frac{Q_{max}}{1 + ae^{-bt}} \tag{2-7}$$

式中　Q_{max}——城市最高日用水量上限值，m^3/d；

　　　a，b——待定参数。

这些方法均适用于总体规划中的给水工程规划和给水工程专项规划的用水量预测，分类计算法还可适用于控制性详细规划的用水量预测。

2.3　给水管网系统布置

给水管网系统布置主要包括输水管渠定线和配水管网布置，它是给水管网工程规划与设计的主要内容。

2.3.1　给水管网布置原则与形式

1. 给水管网布置原则

给水管网的布置应满足以下要求：

（1）按照城镇总体规划结合当时实际情况布置管网，布置时应考虑给水系统分期建设的可能，并留有充分的发展余地；

（2）管网布置必须保证供水安全可靠，当局部管网发生事故时，断水范围应减到最小；

（3）管线遍布在整个给水区内，保证用户有足够的水量和水压；

（4）力求以最短距离敷设管线，以降低管网造价和供水能量费用。

2. 给水管网布置形式

给水管网的布置形式，可分为树状网和环状网两种基本形式。

树状网如图2-1（a）所示。管网布置呈树状向供水区延伸，管径随所供给用户的减少而逐渐变小，管线总长度较短，投资较少，构造简单。但其供水可靠性差，当管网中任一段管线损坏时，在该管段以后的所有管线均要断水；在树状网的末端，由于用水量的减少，管内水流速度减缓，甚至滞流，致使水质容易变差；树状网易发生水锤破坏管道的事故。

环状网如图 2-1 (b) 所示。管线连接成环状，当任一段管线损坏时，可以关闭附近的阀门使其与其余管线隔开，然后进行检修，不影响其余管线向用户供水，缩小断水区域，从而增加供水可靠性；环状网还可以大大减轻因水锤作用产生的危害。但环状网管线总长度较长，投资较高。

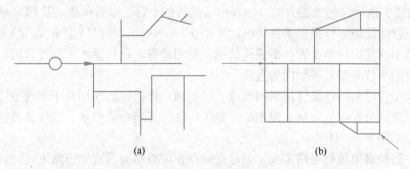

图 2-1　给水管网布置形式

(a) 树状网；(b) 环状网

当前，城镇的给水管网多数是将树状网和环状网结合起来，即在城镇中心地区布置成环状网，在郊区则以树状网形式向四周延伸。供水可靠性要求较高的工矿企业须采用环状网，并用树状网或双管输水到个别较远的车间。

2.3.2　给水管网定线

1. 城镇给水管网定线

给水管网定线是指在地形平面图上确定管线的走向和位置。给水管网由干管、连接管、分配管、进户管组成。定线时一般只限于管网的干管以及干管之间的连接管，不包括从干管到用户的分配管和接到用户的进户管。图 2-2 中，实线表示干管，管径较大，用以输水到各地区。虚线表示分配管，它的作用是从干管取水供给用户和消火栓，管径较小，常由城镇消防流量决定所需最小的管径，一般不小于 100mm。

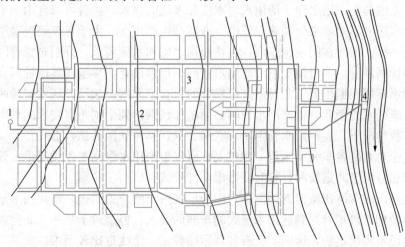

图 2-2　干管和分配管

1—水塔；2—干管/连接管；3—分配管；4—水厂

由于给水管线一般敷设在地下，就近供水给两侧用户，所以管网的形状常随城镇的总平面布置图而定。

城镇给水管网定线取决于城镇规划，供水区的地形，水源和调节构筑物的位置，街区和用户特别是大用户的分布、河流、铁路、桥梁的位置等，考虑的要点如下：

定线时，干管延伸方向应和二级泵站输水到水池、水塔、大用户的水流方向一致，如图 2-2 中的箭头所示。循水流方向，布置一条或数条干管，干管位置应从用水量较大的街区通过。干管的间距，可根据街区情况，采用 500～800m。从经济上来说，给水管网的布置采用一条干管接出许多支管，形成树状网，费用最省，但从供水可靠性着想，以布置几条接近平行的干管并形成环状网为宜。

干管和干管之间的连接管使管网形成了环状网。连接管的作用在于干管损坏时，可以通过连接管重新分配流量，从而缩小断水范围，较可靠地保证供水。连接管的间距可根据街区的大小采用 800～1000m。

干管一般按城镇规划道路定线，但尽量避免在高级路面或重要道路下通过，以减小今后检修时的困难。管线在道路下的平面位置和标高，应符合城镇或厂区地下管线综合设计的要求，给水管线和建筑物、铁路及其他管道的水平净距，均应参照有关规定。

考虑了上述要求，城镇给水管网是由树状网和若干环组成的环状网相结合的形式，管线大致均匀地分布于整个给水区。

管网中还须安排其他一些管线和附属设备。例如，在供水区范围内需敷设分配管，将干管的水送到用户和消火栓。分配管直径至少为 100mm，大城市宜采用 150～200mm，主要原因在于通过消防流量时，分配管中的水头损失不致过大，从而防止火灾地区的水压过低。

城镇内的工厂、学校、医院等用水均从分配管接出，再通过房屋进户管接到用户。一般建筑物用一条进水管，用水要求较高或须满足消防要求的建筑物和建筑物群，有时在不同部位接入两条或数条进水管，以增加供水的可靠性。

2. 工业企业管网定线

工业企业内的管网布置，应根据厂区总图布置和供水安全要求等因素确定。

根据企业内的生产用水和生活用水对水质和水压的要求，两者可以合用一个管网，或者按水质或水压的不同要求分别建立管网。即使是生产用水，由于各车间对水质和水压的要求不完全一样，因此在同一企业内，往往根据水质和水压要求，分别布置管网，形成分质、分压的管网系统。一般情况下消防用水管网不单独设置，尽量同其他管网合并。

生产用水管网根据生产工艺对供水可靠性的要求，采用树状网、环状网或两者相结合的形式。不能断水的企业，生产用水管网必须是环状网，到个别距离较远的车间可用双管代替。大多数情况下，生产用水管网是环状网、双管和树状网的结合形式。

大型工业企业的各车间用水量一般较大，所以生产用水管网不像城镇给水管网那样易于划分干管和分配管，定线和计算时要考虑全部管线。

工业企业内的管网比城镇管网简单，因为厂区内车间位置明确，车间用水量大且比较集中，容易做到以最短管线到达用水量大的车间的要求。但是对于某些工业企业，地面下有各种管道设备和建筑物，地面上又有各种运输设施，定线也比较困难。

2.3.3 输水管渠定线

输水管渠是指从水源至净水厂的原水输水管渠，或净水厂至相距较远给水管网的清水输水管道。选择和确定输水管渠线路的走向和具体位置称为输水管渠定线。当水源、净水厂和给水区的距离较近时，输水管渠的定线问题并不突出。但是由于用水量的快速增长，以及水源污染的日趋严重，为了从水量充沛、水质良好、便于防护的水源取水，就需有几十千米甚至几百千米外取水的远距离输水管渠，定线就比较复杂。

输水管渠的一般特点是距离长，因此与河流、高地、交通路线等的交叉较多。输水管渠定线时，应先在图上初步选定几种可能的定线方案，然后到现场沿线踏勘了解，从投资、施工、管理等方面，对各种方案进行技术经济比较后再作决定。缺乏地形图时，则需在踏勘选线的基础上，进行地形测量，绘出地形图，然后在图上确定管线位置。

输水管渠定线时，必须与城镇建设规划相结合，尽量缩短线路长度，减少拆迁，少占农田，便于管渠施工和运行维护，保证供水安全；应选择最佳的地形和地质条件，尽量沿现有道路定线，以便施工和检修；减少与铁路、公路和河流的交叉；管线避免穿越滑坡、岩层、沼泽、高地下水位和河水淹没与冲刷地区，以降低造价和便于管理。

输水管渠定线时，经常会遇到山嘴、山谷、山岳等障碍物以及穿越河流和干沟等。这时应考虑：在山嘴地段是绕过山嘴还是开凿山嘴；在山谷地段是延长路线绕过还是用倒虹管；遇独山时是从远处绕过还是开凿隧洞通过，穿越河流或干沟时是用过河管还是倒虹管等。即使在平原地带，为了避开工程地质不良地段或其他障碍物，也须绕道而行或采取有效措施穿过。

输水管渠定线时，前述原则难以全部做到，但因输水管渠投资很大，特别是长距离输水时，必须根据具体情况灵活运用。

为保证安全供水，可以用一条输水管渠而在用水区附近建造水池进行流量调节，或者采用两条输水管渠。输水管渠的数量主要根据输水量、事故时需保证的用水量、输水管渠长度、当地有无其他水源和用水量增长等情况确定。供水不许间断时，输水管渠一般不宜少于两条。当输水量小、输水管长或有其他水源可以利用时，可考虑单管渠输水另加调节水池的方案。

输水管渠的输水方式可分成两类：第一类是水源位置低于给水区，例如取用江河水时，需要采用泵站加压输水，根据地形高差、管线长度和水管承压能力等情况，有时需在输水途中设置多级加压泵站；第二类是水源位置高于给水区，例如取用水库水时，有可能采用重力管渠输水。

长距离输水时，一般情况往往是加压输水和重力输水两者的结合形式。有时虽然水源位置低于给水区，但个别地段也可借重力自流输水，水源位置高于给水区时，个别地段也有可能采用加压输水，如图2-3所示，在1、3处设泵站加压，上坡部分如1～2和3～4

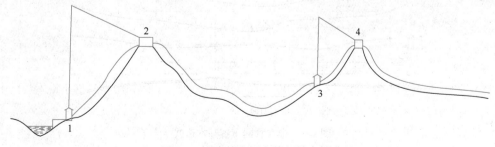

图2-3 重力管和压力管相结合输水

1、3—泵站；2、4—高位水池

段采用压力管，下坡部分根据地形采用无压或有压管渠，以节省投资。

2.4 排水管网系统布置

2.4.1 排水管网系统布置原则与形式

1. 排水管网布置原则

排水管网布置应遵循以下原则：

（1）按照城镇总体规划，结合当地实际情况布置排水管网，要进行多方案技术经济比较；

（2）先确定排水区界、排水流域和排水体制，然后布置排水管网，应按从干管到支管的顺序进行布置；

（3）充分利用地形，采用重力流排除污水和雨水，并使管线最短、埋深最小；

（4）协调好与其他管道、电缆和道路等工程的关系，考虑好与企业内部管网的衔接；

（5）考虑管渠的施工、运行和维护方便；

（6）近远期规划相结合，留有发展余地，考虑分期实施的可能性。

2. 排水管网布置形式

排水管网一般布置成树状网，根据地形不同，可采用平行式和正交式两种基本布置形式。

（1）平行式

排水干管与等高线平行，而主干管则与等高线基本垂直，如图 2-4（a）所示。平行式

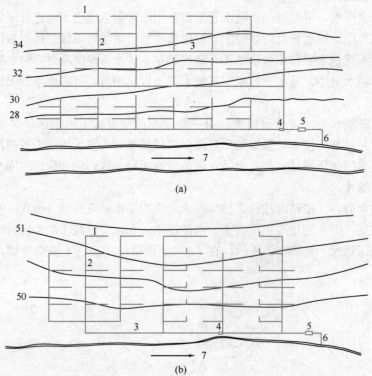

图 2-4 排水管网布置基本形式

（a）平行式布置；（b）正交式布置

1—支管；2—干管；3—主干管；4—泵站；5—污水处理厂；6—排放口；7—河流

布置适用于地形坡度很大的城镇，可以减少管道的埋深，避免设置过多的跌水井，改善干管的水力条件。

（2）正交式

排水干管与地形等高线垂直相交，而主干管与等高线平行敷设，如图2-4（b）所示。正交式适用于地形平坦略向一边倾斜的城镇。

由于各城镇地形差异很大，大中城镇不同区域的地形条件也不相同，排水管网的布置要紧密结合各区域地形特点和排水体制进行，同时要考虑排水管渠流动的特点，即大流量干管坡度小，小流量支管坡度大。实际工程往往结合上述两种布置形式，构成丰富的具体布置形式，如图2-4所示。

2.4.2 污水管网布置

在进行城镇污水管道的规划设计时，先要在城镇总平面图上进行管道系统平面布置，也称定线，主要内容有：确定排水区界，划分排水流域；选择污水处理和出水的位置；拟定污水干管及主干管的路线；确定需要提升的排水区域和设置泵站的位置等。平面布置的正确合理，可为设计阶段奠定良好基础，并节省整个排水系统的投资。

污水管道平面布置，一般按先确定主干管、再定干管、最后定支管的顺序进行。在总体规划中，只确定污水主干管、干管的走向与平面位置。在详细规划中，还要确定污水支管的走向及位置。污水管道定线步骤见7.4.2。

2.4.3 雨水管渠布置

随着城市化进程和路面普及率的提高，地面的存水、滞洪能力大大下降，雨水的径流量增大很快，通过建立一定的雨水贮留系统，一方面可以避免水淹之害，另一方面可以利用雨水作为城镇水源，缓解用水紧张。

城镇雨水管渠系统是由雨水口、雨水管渠、检查井、出水口等构筑物组成的整套工程设施。城镇雨水管渠规划布置的主要内容有：确定排水流域与排水方式，进行雨水管渠的定线；确定雨水泵房、雨水调蓄池、雨水排放口的位置。

雨水管渠系统的布置，要求使雨水能顺畅及时地从城镇和厂区内排出去。具体布置步骤见8.3.1。

思 考 题

1. 给水排水工程规划的任务是什么？规划期限如何划分？
2. 给水排水工程规划包括哪些内容？
3. 城市用水量的预测方法有哪些？
4. 给水管网布置应遵循哪些基本原则？
5. 输水管渠定线应遵循哪些基本原则？
6. 你认为输水管渠定线时可能遇到哪些问题？如何处理？
7. 什么是管网定线？管网定线应考虑哪些管线？
8. 给水管网布置的两种基本形式是什么？试比较它们的优缺点。
9. 排水管网布置应遵循哪些原则？
10. 排水管网布置的两种基本形式是什么？它们各适用于何种地形条件？

第3章 设 计 用 水 量

给水系统设计时，首先须确定该系统在设计年限内达到的设计用水量。设计用水量决定系统中的取水、水处理、泵站和管网等设施的工程建设规模，直接影响整个系统的建设投资和运行费用。

城镇给水系统设计应依据城镇总体规划，遵循远期规划、近远期结合、以近期为主的原则。近期设计年限宜采用5~10年，远期设计年限宜采用10~20年。

3.1 设计用水量组成

设计用水量通常由下列各项组成：

（1）综合生活用水量，包括居民生活用水量和公共设施用水量。

（2）工业企业用水量，包括工业企业生产用水量和职工生活用水量。

（3）浇洒市政道路、广场和绿地用水量。

（4）管网漏损水量。管网漏损水量指给水管网中未经使用而漏掉的水量，包括管道接口不严、管道腐蚀穿孔、水管爆裂、闸门封水圈不严以及消火栓等用水设备的漏水等。

（5）未预见用水量。未预见用水量指在给水设计中对难于预见的因素（如规划的变化及流动人口的用水等）而预留的水量。

（6）消防用水量。

3.2 用 水 量 定 额

3.2.1 用水量定额的概念

用水量定额是确定给水系统设计用水量的主要依据，它可影响给水系统相应设施的规模、工程投资、工程扩建的期限、今后水量的保证等方面，所以必须慎重考虑，结合现状和规划资料并参照类似地区或工业的用水情况确定用水量定额。

用水量定额是指设计年限内达到的用水水平，须从城市规划、工业企业生产情况、居民生活条件和气象条件等方面，结合现状用水调查和节约用水资料分析，进行远近期水量预测。

公民节约用水
行为规范

3.2.2 用水量定额的确定

城镇生活用水和工业用水的增长速度，在一定程度上是有规律的，但如对生活用水采取节约用水措施，对工业用水采取计划用水、提高工业用水重复利用率等措施，可以影响用水量的增长速度，在确定用水量定额时应考虑这种变化。

（1）综合生活用水定额

居民生活用水定额和综合生活用水定额应根据当地国民经济和社会发展、水资源充沛程度、用水习惯，在现有用水定额基础上，结合城市总体规划和给水专业规划，本着节约用水的原则，综合分析确定。城镇人口变动、水价、采用节水设施以及生活水平的提高等都是影响生活用水量的因素，在缺乏实际用水资料的情况下，可参照类似地区或《室外给水设计标准》GB 50013—2018 中的有关规定选用，见附录 2-1～附录 2-4。

思政案例3：节约用水对居民生活用水量定额选择的影响

(2) 工业企业用水定额

工业企业门类很多，生产工艺多种多样，用水量的增长与国民经济发展计划、工业企业规划、工艺的改革和设备的更新等密切相关，因此通过工业用水调查以获得可靠的资料是非常重要的。

工业企业的生产用水定额一般以万元产值用水量和单位产品用水量表示。不同类型的工业，万元产值用水量和单位产品用水量不同。如果城市中用水单耗指标较大的工业多，则万元产值的用水量也高；即使同类工业部门，由于管理水平提高、工艺条件改善和产品结构的变化，尤其是工业产值的增长，单耗指标会逐年降低。提高工业用水重复利用率，重视节约用水等可以降低工业用水单耗。随着工业的发展，工业用水量也随之增长，但用水量增长速度比不上产值的增长速度。工业用水的单耗指标由于水的重复利用率提高而有逐年下降趋势。由于高产值、低单耗的工业发展迅速，因此万元产值用水量在很多城市有较大幅度的下降。生产用水量通常由企业的工艺部门提供。在缺乏资料时，可参考同一类型企业用水指标。在估计工业企业生产用水量时，应按当地水源条件、工业发展情况、工业生产水平，预估将来可能达到的重复利用率。

工业企业内职工生活用水定额根据车间性质决定，一般车间采用 25L/(人·班)，高温车间采用 35L/(人·班)；淋浴用水定额与车间卫生特征有关，一般车间采用 40L/(人·班)，高温车间采用 60L/(人·班)，淋浴时间一般安排在下班后 1h 内。

(3) 浇洒市政道路、广场和绿地用水定额

浇洒市政道路、广场和绿地用水量应根据路面种类、绿化面积、气候和土壤等条件确定。浇洒市政道路和广场用水量可根据浇洒面积按 2.0～3.0L/(m² · d) 计算，浇洒市政绿地用水量可根据浇洒面积按 1.0～3.0L/(m² · d) 计算；浇洒市政道路和广场的次数可考虑为每日 2～3 次，浇洒市政绿地的次数可考虑为每日 1～2 次。

(4) 管网漏损水定额

城镇配水管网的基本漏损水量宜按综合生活用水量，工业企业用水量，浇洒市政道路、广场和绿地用水量之和的 10% 计算，当单位供水量管长值大或供水压力高时，可按《城镇供水管网漏损控制及评定标准》CJJ 92—2016 的有关规定适当增加。

(5) 未预见用水定额

未预见用水量应根据水量预测时难以预见因素的程度确定，宜采用综合生活用水量，工业企业用水量，浇洒市政道路、广场和绿地用水量，管网漏损水量之和的 8%～12%。

(6) 消防用水定额

消防用水只在火灾时使用，历时短暂。消防用水量、水压和火灾持续时间等，应符合《建筑设计防火规范（2018 年版）》GB 50016—2014 和《消防给水及消火栓系统技术规范》GB 50974—2014 的有关规定。城市或居住区的室外消防用水量，应按同一时间内的火灾起数和一起火灾灭火设计流量确定。同一时间内的火灾起数和一起火灾灭火设计流量

不应小于附录3的规定。工厂、仓库和民用建筑的室外消防用水量，应按同一时间内火灾起数和一起火灾灭火所需室外消防用水量确定，见附录4。

3.3 用水量变化

3.3.1 用水量的表达

由于用户的用水量是时刻变化的，设计用水量只能按一定时间范围内的平均值进行计算，通常用以下方式表达：

（1）平均日用水量

在规划年限内，用水量最多的一年的日平均用水量称为平均日用水量，用 $\overline{Q}_d$ 表示，单位为"m^3/d"。该值一般作为水资源规划和确定城市污水量的依据。

（2）最高日用水量

在设计年限内，用水量最多的一年内，用水量最多一日的用水量称为最高日用水量，用 Q_d 表示，单位为"m^3/d"。该值一般作为取水与水处理工程规划和设计的依据。

（3）最高日平均时用水量

在设计年限内，用水量最多的一年内，用水量最多一日的小时平均用水量称为最高日平均时用水量，用 $\overline{Q}_h$ 表示，单位为"m^3/h"或"L/s"。该值实际上是由最高日用水量除以24h得到，相当于对最高日用水量进行了单位换算，也作为取水与水处理工程规划和设计的依据。

（4）最高时用水量

在设计年限内，用水量最多的一年内，用水量最多一日中最大的一小时用水量称为最高时用水量，用 Q_h 表示，单位为"m^3/h"或"L/s"。该值一般作为给水管网规划和设计的依据。

3.3.2 用水量变化系数

各种用水量都是经常变化的，但它们的变化幅度和规律有所不同。

居民生活用水量随着气候、生活习惯和生活节奏等变化，如夏季比冬季多，假期比平日多，白天比夜晚多，在一天内又以早晨起床后和晚饭前后用水最多。用水量也随着用户生活水平、水价、节水技术等而有变化。

工业企业生产用水量的变化一般比生活用水量的变化小，少数情况下变化可能很大。如化工厂和造纸厂等，生产用水量变化较小，而冷却用水和空调用水等受水温、气温和季节影响，用水量变化较大。

不同类别的用水量变化一般具有各自的规律性，可以用变化系数表示。

（1）日变化系数

在一年中，最高日用水量与平均日用水量的比值称为日变化系数，用 K_d 表示，即：

$$K_d = \frac{Q_d}{\overline{Q}_d} = \frac{Q_d}{\dfrac{Q_y}{365}} \tag{3-1}$$

式中　K_d——日变化系数；

　　　Q_d——最高日用水量，m^3/d；

$\bar{Q}_d$——平均日用水量，m^3/d；

Q_y——全年用水量，m^3/a。

（2）时变化系数

最高时用水量与最高日平均时用水量的比值称为时变化系数，用 K_h 表示，即：

$$K_h = \frac{Q_h}{\bar{Q}_h} = \frac{Q_h}{\dfrac{Q_d}{24}} \tag{3-2}$$

式中 K_h——时变化系数；

Q_h——最高时用水量，m^3/h；

$\bar{Q}_h$——最高日平均时用水量，m^3/h。

根据时变化系数和最高日平均时用水量或最高日用水量，可计算得到最高时用水量为：

$$Q_h = K_h \bar{Q}_h = K_h \frac{Q_d}{24} \tag{3-3}$$

城镇供水的时变化系数、日变化系数应根据城镇性质和规模、国民经济和社会发展、供水系统布局，结合现状供水曲线和日用水变化分析确定。当缺乏实际用水资料时，最高日城市综合用水的时变化系数宜采用 1.2～1.6，日变化系数宜采用 1.1～1.5。当二次供水设施较多采用叠压供水模式时，时变化系数宜取大值。城市规模小，用水量小时，变化系数宜取较大的值；反之宜取较小的值。

3.3.3 用水量变化曲线

用水量变化系数只能表示一段时间内最高用水量与平均用水量的比值，要表达更详细的用水量变化情况，就要用到用水量变化曲线，即以时间 t 为横坐标和与该时间对应的用水量 $q(t)$ 为纵坐标数据绘制的曲线。根据不同的目的和要求，可以绘制年用水量变化曲线、月用水量变化曲线、日用水量变化曲线、小时用水量变化曲线和瞬时用水量变化曲线。在供水系统运行管理中，安装自动记录和数字远传水表或流量计，能够连续地实时记录一个区域或用户的用水量，提高供水系统管理的科学水平和经济效益。

给水管网工程设计中，要求管网供水量时刻满足用户用水量，适应任何一天中 24 小时的变化情况，经常需要绘制小时用水量变化曲线，特别是最高日用水量变化曲线。绘制 24 小时用水量变化曲线时，用横坐标表示时间，纵坐标可以采用每小时用水量占全日用水量的百分数。采用这种相对表示方法，有助于供水能力不等的城镇给水系统之间相互比较和参考。

图 3-1 为某大城市的用水量变化曲线图。从图 3-1 中可以看出，最高时用水量发生在上午 8 时～9 时，为最高日用水量的 6.00%；最低时用水量发生在深夜 2 时～4 时，为最高日用水量的 1.63%；最高时用水量约是最低时用水量的 3.7 倍。由于一日中的小时平均用水量比例为 100%/24=4.17%，可以得出，时变化系数 $K_h = 1.44$。

用水量变化曲线一般根据用水量历史数据统计求得，在无历史数据时，可以参考附近城市的实际资料确定。

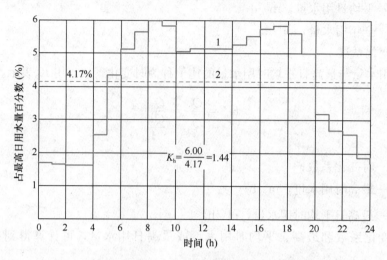

图 3-1　用水量变化曲线
1—用水量变化曲线；2—最高日平均时用水线

3.4　设计用水量计算

城镇设计用水量的计算，应包括设计年限内该给水系统供应的全部用水：综合生活用水，工业企业用水，浇洒市政道路、广场和绿地用水，管网漏损水和未预见用水，但不包括消防用水。

3.4.1　各项用水的设计用水量计算

（1）综合生活用水量

城镇最高日综合生活用水量 Q_1 为：

$$Q_1 = q_1 N_1 f_1 \tag{3-4}$$

式中　Q_1——最高日综合生活用水量，m^3/d；

　　　q_1——最高日综合生活用水定额，$m^3/(人 \cdot d)$，见附录2-3；

　　　N_1——设计年限内的计划人口数，人；

　　　f_1——用水普及率，%。

整个城镇的最高日综合生活用水定额应参照一般居住水平确定。如城镇各给水区的房屋卫生设备类型不同，应划分为不同的用水区域，分别选定用水定额，按实际情况分区计算用水量，然后得各区用水量的总和。一般情况下，城镇计划人口数并不等于实际用水人数，所以应按实际情况考虑用水普及率，以得出实际用水人数。

$$Q_1 = \sum (q_{1i} N_{1i} f_{1i}) \tag{3-5}$$

式中　q_{1i}——各给水区的最高日综合生活用水定额，$m^3/(人 \cdot d)$；

　　　N_{1i}——设计年限内各给水区的计划人口数，人；

　　　f_{1i}——各给水区的用水普及率，%。

（2）工业企业用水量

工业企业用水量为工业企业生产用水量、工业企业内职工生活用水量和淋浴用水量的总和。

最高日工业企业生产用水量可通过以下3种方法进行预测：

① 根据工业用水的以往资料，按历年工业用水增长率推算未来的水量，得到最高日工业企业生产用水量为：

$$Q'_2 = Q_{20}(1 + f_2)^t \qquad (3\text{-}6)$$

② 根据单位工业产值用水量、工业用水量增长率与工业产值的关系，得到最高日工业企业生产用水量为：

$$Q'_2 = q'_2 B(1 + f_2)^t \qquad (3\text{-}7)$$

③ 根据单位产值用水量与用水重复利用率的关系，得到最高日工业企业生产用水量为：

$$Q'_2 = q'_2 B(1 - n) \qquad (3\text{-}8)$$

式中　Q'_2——最高日工业企业生产用水量，m^3/d；

　　　Q_{20}——现状年最高日工业企业生产用水量，m^3/d；

　　　f_2——工业企业生产用水量年平均增长率，%；

　　　q'_2——城市各工业企业最高日用水量定额，$m^3/$万元或 $m^3/$单位产量；

　　　B——各工业企业的产值，万元$/d$ 或产量$/d$；

　　　n——各工业企业用水的重复利用率，%。

如城镇中有几个工业企业，则城镇的最高日工业企业生产用水量为最高日各工业企业生产用水量的总和，即：

$$Q'_2 = \Sigma Q'_{2i} \qquad (3\text{-}9)$$

式中　Q'_{2i}——最高日各工业企业生产用水量，m^3/d。

最高日工业企业内职工生活用水量为：

$$Q''_2 = q''_2 N''_2 n''_2 \qquad (3\text{-}10)$$

式中　Q''_2——最高日工业企业内职工生活用水量，m^3/d；

　　　q''_2——工业企业内职工生活用水定额，$m^3/$（人·班）；

　　　N''_2——每班人数，人；

　　　n''_2——班数，班$/d$。

如每班人数不一样，则最高日工业企业内职工生活用水量应为最高日各班生活用水量总和。

最高日工业企业内职工淋浴用水量为：

$$Q'''_2 = q'''_2 N'''_2 n'''_2 \qquad (3\text{-}11)$$

式中　Q'''_2——最高日工业企业内职工淋浴用水量，m^3/d；

　　　q'''_2——工业企业内职工淋浴用水定额，$m^3/$（人·班）；

　　　N'''_2——每班淋浴人数，人；

　　　n'''_2——班数，班$/d$。

如每班淋浴人数不一样，则最高日工业企业内职工淋浴用水量应为最高日各班淋浴用水量总和。

则最高日工业企业用水量为：

$$Q_2 = Q_2' + Q_2'' + Q_2'''$$ (3-12)

式中　Q_2——最高日工业企业用水量，m^3/d。

（3）浇洒市政道路、广场和绿地用水量

$$Q_3 = q_3' N_3' + q_3'' N_3''$$ (3-13)

式中　Q_3——浇洒市政道路、广场和绿地用水量，m^3/d；

　　q_3'——浇洒市政道路和广场用水定额，$m^3/(m^2 \cdot d)$；

　　q_3''——浇洒市政绿地用水定额，$m^3/(m^2 \cdot d)$；

　　N_3'——浇洒市政道路和广场面积，m^2；

　　N_3''——浇洒市政绿地面积，m^2。

（4）管网漏损水量

$$Q_4 = 10\%(Q_1 + Q_2 + Q_3)$$ (3-14)

式中　Q_4——管网漏损水量，m^3/d。

（5）未预见用水量

$$Q_5 = (8\% \sim 12\%)(Q_1 + Q_2 + Q_3 + Q_4)$$ (3-15)

式中　Q_5——未预见用水量，m^3/d。

（6）消防用水量

$$Q_6 = q_6 n_6 (L/s) = 3.6 q_6 n_6 t (m^3/d) = 7.2 q_6 n_6 (m^3/d)$$ (3-16)

式中　Q_6——消防用水量，L/s 或 m^3/d；

　　q_6——一起火灾灭火设计流量，L/s，见附录3；

　　n_6——同一时间内的火灾起数，见附录3；

　　t——火灾延续时间，h，按2h计。

3.4.2　城镇设计用水量计算

设计年限内城镇的最高日用水量为：

$$Q_d = Q_1 + Q_2 + Q_3 + Q_4 + Q_5$$ (3-17)

最高日平均时用水量为：

$$\bar{Q}_h = \frac{Q_d}{T}$$ (3-18)

最高时用水量为：

$$Q_h = K_h \frac{Q_d}{T} \text{ 或 } Q_h = \sum_{i=1}^{5} \left(K_{hi} \frac{Q_i}{T_i} \right)$$ (3-19)

式中　Q_d——最高日用水量，m^3/d；

　　$\bar{Q}_h$——最高日平均时用水量，m^3/h；

　　Q_h——最高时用水量，m^3/h；

　　T——城镇每天供水小时数，h/d；

　　Q_i——各项用水量，m^3/d；

　　T_i——各项用水每天供水小时数，h/d；

　　K_{hi}——各项用水对应的时变化系数。

由于消防用水量是偶然的，历时短暂，因此，消防用水量不计入设计用水量中，在校核时再考虑。

【例 3-1】辽宁省新建一城市，资料如下：

(1) 城市分为Ⅰ、Ⅱ、Ⅲ 3 个行政区，Ⅰ区 16 万人，Ⅱ区 17 万人，Ⅲ区 13 万人；Ⅰ区室内仅有给水排水设备，Ⅱ区和Ⅲ区室内除了有给水排水设备，还有淋浴和热水设备。

(2) 该城市有工业企业 8 个，用水量情况见表 3-1。

辽宁省某城市工业企业用水量情况表 表 3-1

工厂名称	用水量（m³/d）	用水时间	备注
1、3、8	各 3500	全天均匀使用	水质与生活饮用水相同，水压无特殊要求
2、5	各 3000	8 时～24 时均匀使用	
4、6、7	各 2500	8 时～16 时均匀使用	

求该城市最高日用水量 Q_d、最高日平均时用水量 $\overline{Q}_h$ 和最高时用水量 Q_h。

【解】

最高日综合生活用水量 $Q_1 = q_1 N_1 f_1$

$$= 0.15 \times 16 \times 10^4 \times 100\% + 0.20 \times 30 \times 10^4 \times 100\%$$
$$= 24000 + 60000$$
$$= 84000 \text{m}^3/\text{d}$$

最高日工业企业用水量 $Q_2 = 3500 \times 3 + 3000 \times 2 + 2500 \times 3$
$$= 24000 \text{m}^3/\text{d}$$

浇洒市政道路、广场和绿地用水量 $Q_3 = 10\% \times (Q_1 + Q_2)$
$$= 10\% \times (84000 + 24000)$$
$$= 10800 \text{m}^3/\text{d}$$

管网漏损水量 $Q_4 = 10\% \times (Q_1 + Q_2 + Q_3)$
$$= 10\% \times (84000 + 24000 + 10800)$$
$$= 11880 \text{m}^3/\text{d}$$

未预见用水量 $Q_5 = 10\% \times (Q_1 + Q_2 + Q_3 + Q_4)$
$$= 10\% \times (84000 + 24000 + 10800 + 11880)$$
$$= 13068 \text{m}^3/\text{d}$$

最高日用水量 $Q_d = Q_1 + Q_2 + Q_3 + Q_4 + Q_5$
$$= 84000 + 24000 + 10800 + 11880 + 13068$$
$$= 143748 \text{m}^3/\text{d}$$

最高日平均时用水量 $\overline{Q}_h = \dfrac{Q_d}{T} = \dfrac{143748}{24} = 5989.50 \text{m}^3/\text{h}$

最高时用水量 $Q_h = K_h \dfrac{Q_d}{T} = 1.5 \times \dfrac{143748}{24} = 8984.25 \text{m}^3/\text{h}$

【例 3-2】华北某城市，资料如下：

(1) 居住人口为 30 万人，给水普及率为 90%。

(2) 该城市有工业企业 2 个，用水量情况如下：

企业甲有职工 6000 人，分 3 班制工作，每班 2000 人，其中 500 人在高温车间工作，每班淋浴人数除高温车间的 500 人外，还有一般车间的 1000 人；企业日产值为 5 亿元，万元产值用水量为 2.54m³，企业用水重复利用率为 92%，用水均匀。

企业乙有职工 5000 人，分 2 班制工作，每班 2500 人，均在一般车间工作，每班有 35%的职工需淋浴；生产用水量为 3500m³/d，用水均匀。

求该城市最高日用水量 Q_d、最高日平均时用水量 $\bar{Q}_h$ 和最高时用水量 Q_h。

【解】

(1) 综合生活用水量

$$
\begin{aligned}
Q_1 &= q_1 N_1 f_1 \\
&= 0.20 \times 30 \times 10^4 \times 90\% \\
&= 54000 \text{m}^3/\text{d}
\end{aligned}
$$

(2) 工业企业用水量

工业企业生产用水量：

$$
\begin{aligned}
Q_2' &= Q_{2甲}' + Q_{2乙}' \\
&= q_2' B (1-n) + Q_{2乙}' \\
&= 2.54 \times 5 \times 10^4 \times (1-92\%) + 3500 \\
&= 13660 \text{m}^3/\text{d}
\end{aligned}
$$

工业企业用水量内工作人员生活用水量：

$$
\begin{aligned}
Q_2'' &= Q_{2甲}'' + Q_{2乙}'' \\
&= q_2'' N_{2甲}'' n_{2甲}'' + q_2'' N_{2乙}'' n_{2乙}'' \\
&= (0.025 \times 1500 \times 3 + 0.035 \times 500 \times 3) + (0.025 \times 2500 \times 2) \\
&= 290 \text{m}^3/\text{d}
\end{aligned}
$$

工业企业用水量内工作人员淋浴用水量：

$$
\begin{aligned}
Q_2''' &= Q_{2甲}''' + Q_{2乙}''' \\
&= q_2''' N_{2甲}''' n_{2甲}''' + q_2''' N_{2乙}''' n_{2乙}''' \\
&= (0.040 \times 1000 \times 3 + 0.060 \times 500 \times 3) + 0.040 \times 2500 \times 35\% \times 2 \\
&= 280 \text{m}^3/\text{d}
\end{aligned}
$$

工业企业用水量 $Q_2 = Q_2' + Q_2'' + Q_2''' = 13660 + 290 + 280 = 14230 \text{m}^3/\text{d}$

(3) 浇洒市政道路、广场和绿地用水量

$$
\begin{aligned}
Q_3 &= 10\% \times (Q_1 + Q_2) \\
&= 10\% \times (54000 + 14230) \\
&= 6823 \text{m}^3/\text{d}
\end{aligned}
$$

(4) 管网漏损水量

$$
\begin{aligned}
Q_4 &= 10\% \times (Q_1 + Q_2 + Q_3) \\
&= 10\% \times (54000 + 14230 + 6823) \\
&= 7505 \text{m}^3/\text{d}
\end{aligned}
$$

(5) 未预见用水量

$$
\begin{aligned}
Q_5 &= 10\% \times (Q_1 + Q_2 + Q_3 + Q_4) \\
&= 10\% \times (54000 + 14230 + 6823 + 7505) \\
&= 8256 \text{m}^3/\text{d}
\end{aligned}
$$

最高日用水量：

$$Q_d = Q_1 + Q_2 + Q_3 + Q_4 + Q_5$$

$$= 54000 + 14230 + 6823 + 7505 + 8256$$

$$= 90814 \mathrm{m^3/d}$$

最高日平均时用水量：

$$\bar{Q}_h = \frac{Q_d}{T} = \frac{90814}{24} = 3783.92 \mathrm{m^3/h}$$

最高时用水量：

$$Q_h = K_h \bar{Q}_h = 1.55 \times 3783.92 = 5865.08 \mathrm{m^3/h}$$

思 考 题

1. 设计城镇给水系统时应考虑哪些用水量？分别如何计算？

2. 什么是用水量定额？各项用水量定额如何确定？用水量定额的大小对给水系统有何影响？

3. 给水系统常用的设计用水量有哪些？各自的概念是什么？分别如何计算？

4. 消防用水量为什么可以不计入最高日用水量？

5. 为什么要分析用水量的变化？

6. 常用的用水量变化系数有哪些？各自的概念是什么？《室外给水设计标准》GB 50013—2018 中规定它们的取值范围宜为多少？根据城市规模的大小应如何取值？为什么？它们的大小对设计流量有何影响？

习 题

1. 某城市最高日用水量为 32 万 m³/d，每小时用水量占最高日用水量的百分数见表 3-2，求：

(1) 该城市最高日平均时用水量和最高时用水量；

(2) 该城市的时变化系数；

(3) 绘制该城市的最高日用水量变化曲线；

(4) 拟定一级泵站和二级泵站供水线，确定泵站设计流量。

某城市最高日 24 小时用水量情况表　　　　　　　　表 3-2

时间	0~1	1~2	2~3	3~4	4~5	5~6	6~7	7~8	8~9	9~10	10~11	11~12
用水量（%）	2.64	2.13	1.99	1.89	1.98	2.84	4.36	5.29	5.32	5.29	4.99	4.89
时间	12~13	13~14	14~15	15~16	16~17	17~18	18~19	19~20	20~21	21~22	22~23	23~24
用水量（%）	4.76	4.37	4.33	4.44	4.61	4.62	4.69	4.81	5.40	5.78	5.10	3.48

2. 河南省新建一城市，资料如下：

(1) 该城市用水人口为 60 万人，综合生活用水的每小时用水量占最高日的综合生活用水量的百分数见表 3-3 中第 (2) 列数据。

河南省某城市最高日 24 小时用水量情况表   表 3-3

时间	Q_{1i} (%)	Q_{1i} (m³/h)	Q_{2i} (m³/h)	Q_{3i} (m³/h)	Q_{4i} (m³/h)	Q_{7i} (m³/h)	Q_{hi} (m³/h)
(1)	(2)	(3)	(4)	(5)	(6)	(7)	(8)
0 时～1 时	2.78						
1 时～2 时	1.77						
2 时～3 时	1.78						
3 时～4 时	1.79						
4 时～5 时	1.84						
5 时～6 时	3.04						
6 时～7 时	3.68						
7 时～8 时	5.56						
8 时～9 时	5.09						
9 时～10 时	5.19						
10 时～11 时	4.96						
11 时～12 时	4.95						
12 时～13 时	4.88						
13 时～14 时	4.67						
14 时～15 时	4.12						
15 时～16 时	4.15						
16 时～17 时	4.49						
17 时～18 时	4.97						
18 时～19 时	4.99						
19 时～20 时	4.90						
20 时～21 时	5.00						
21 时～22 时	5.64						
22 时～23 时	5.28						
23 时～24 时	4.48						
合计	100.00						

（2）该城市有工业企业 8 个，用水量情况见表 3-4。

河南省某城市工业企业用水量情况表   表 3-4

工厂名称	用水量（m³/d）	用水时间	备注
1、3、7	各 4000	全天均匀使用	水质与生活饮用水相同，水压无特殊要求
2、5、8	各 3000	8 时～24 时均匀使用	
4、6	各 2600	8 时～16 时均匀使用	

求该城市最高日用水量 Q_d 和最高时用水量 Q_h，并完善表 3-3 中的所有数据。

第4章 给水排水系统的工作原理

4.1 给水排水系统的流量关系

4.1.1 取水构筑物、一级泵站、原水输水管（渠）、净水处理构筑物设计流量

取水构筑物、一级泵站、原水输水管（渠）、净水处理构筑物的设计流量，应按最高日平均时用水量确定，并计入净水厂自用水量，即：

$$Q = (1+\alpha) \frac{Q_d}{T} \tag{4-1}$$

式中 Q——取水构筑物、一级泵站、原水输水管（渠）、净水处理构筑物设计流量，m^3/h；

    α——净水厂自用水系数，净水厂自用水主要是供沉淀池排泥、滤池冲洗等用水，α取决于水源种类、原水水质、水处理工艺和构筑物类型等因素，以地表水为水源时，α可采用$5\%\sim10\%$；以地下水为水源且只需消毒处理而无需其他处理时，可不考虑净水厂自用水；

    T——每天工作小时数，h/d，净水处理构筑物不宜间歇工作，一般按24h均匀工作考虑；只有夜间用水量很小的县镇、农村等才考虑一班或二班制等非全天运转。

取水构筑物、一级泵站和原水输水管（渠）的设计流量，还应计入输水管（渠）的漏损水量。

4.1.2 二级泵站、清水输水管道设计流量

二级泵站、清水输水管道的设计流量与管网中是否设置水塔或高位水池等水量调节设施有关。

1. 管网中不设水量调节设施

当管网中不设水量调节设施时，由于流量无法调节，因此任何小时的二级泵站供水量均应等于用户用水量，二级泵站设计流量应满足最高时用水量要求，否则就会存在不同程度的供水不足现象。在二级泵站的设计中，可通过多台水泵并且大小搭配，以便供给每小时变化的水量，同时保持水泵在高效率范围内运转，也可通过变频水泵调速实现或通过多水源管网分时分级供水解决。

当管网中不设水量调节设施时，清水输水管道的设计流量应按二级泵站最大一级供水量，也就是最高时用水量计算。

2. 管网中设置水量调节设施

当管网中设置水量调节设施时，由于它们能调节二级泵站供水和用户用水之间的流量差，因此二级泵站每小时供水量可以不等于用户用水量，但二级泵站的设计供水线仍应根据用水量变化曲线拟定，实行分级供水，即在不同时段供应不等的水量。

在二级泵站的设计中需要注意以下几点：（1）二级泵站各级供水线尽量接近用水线，以减小水量调节设施的调节容积；（2）二级泵站的分级数不应过多，一般不多于3级，以便于水泵机组的运转管理；（3）二级泵站分级供水时，应注意每级能否选到合适的水泵，以及水泵机组的合理搭配，并尽可能满足目前和今后一段时间内用水量增长的需要。

从图 4-1 所示的二级泵站设计供水线看出，水泵的工作情况分成两级：从 5 时到 20 时，一组水泵运转，流量为最高日用水量的 5.00%；其余时间的水泵流量为最高日用水量的 2.78%。可以看出，每小时泵站供水量并不等于用水量，但一天的泵站总供水量等于最高日用水量，即：$15 \times 5.00\% + 9 \times 2.78\% = 100.0\%$。

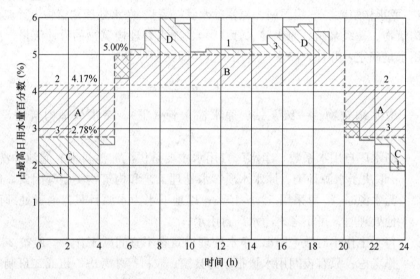

图 4-1　水量调节设施的调节容积计算
1—用水量变化曲线；2——一级泵站供水线；3—二级泵站供水线

当管网中设置水量调节设施时，清水输水管道的设计流量仍应按二级泵站最大一级供水量计算，但不是最高时用水量。如果清水池贮存有消防水量，那么清水输水管道的设计流量还应考虑消防用水量。

4.1.3　给水管网设计流量

给水管网应保证在任何情况下均应满足用户的用水量要求，其设计流量按最高时用水量确定。

4.1.4　排水管网设计流量

1. 分流制排水系统

分流制排水系统中的污水管网设计流量应按旱季设计流量设计，并在雨季设计流量下校核。旱季设计流量应按照最高日最高时的综合生活污水量与工业废水量之和进行设计，雨季设计流量应按照旱季设计流量与截流雨水量之和进行设计。

2. 合流制排水系统

合流制排水系统中，截流井前的排水管网设计流量应按照设计综合生活污水量、设计工业废水量与雨水设计流量之和进行设计，截流后的排水管网设计流量应按照考虑截流倍数的设计综合生活污水量与设计工业废水量之和进行设计。

4.1.5 污水处理构筑物设计流量

污水处理厂的规模应按平均日流量确定。

（1）旱季设计流量应按分期建设的情况分开计算。

（2）当污水为自流进入时，应满足雨季设计流量下运行要求；当污水为提升进入时，应按每期工作水泵的最大组合流量校核管渠配水能力。

（3）提升泵站、格栅和沉砂池应按雨季设计流量计算。

（4）初次沉淀池应按旱季设计流量设计，雨季设计流量校核，校核的沉淀时间不宜小于 30min。

（5）二级处理构筑物应按旱季设计流量设计，雨季设计流量校核。

（6）管渠应按雨季设计流量计算。

4.1.6 水量调节设施的容积

1. 清水池

（1）清水池的作用

给水系统中的一级泵站通常均匀供水，而二级泵站一般为分级供水，所以一、二级泵站的每小时供水量并不相等。为了调节一级泵站供水量与二级泵站供水量之间的差额，必须在一、二级泵站之间建造调节水量的构筑物，即清水池。此外，清水池还贮存 2h 室外消防用水和水厂自用水。

（2）清水池的容积

清水池的有效容积计算，通常采用两种方法：根据 24h 用水量变化曲线推算和凭经验估算。

① 根据 24h 用水量变化曲线推算

清水池的有效容积为：

$$W = W_1 + W_2 + W_3 + W_4 \tag{4-2}$$

式中　W——清水池的有效容积，m^3；

　　　W_1——清水池的调节容积，m^3；

　　　W_2——消防贮水量，m^3，按 2h 火灾延续时间计算；

　　　W_3——水厂自用水量，m^3；

　　　W_4——安全贮水量，m^3。

以图 4-1 为例，一级泵站供水量大于二级泵站供水量这段时间内，即 20 时～次日 5 时，多余的水贮存在清水池中；而在一级泵站供水量小于二级泵站供水量这段时间内，即 5 时～20 时，需取用清水池中的存水，以满足用户用水量的需要。但在一天内，贮存的水量等于取用的水量，即清水池所需调节容积或等于图 4-1 中一级泵站供水量大于二级泵站供水量时累计的 A 部分面积，或等于一级泵站供水量小于二级泵站供水量时累计的 B 部分面积。换言之，清水池调节容积等于一天内累计贮存的水量或累计取用的水量。

② 凭经验估算

在缺乏用水量资料情况下，当给水管网中无水量调节构筑物时，水厂清水池的有效容积，可凭运行经验，按最高日用水量的 10%～20% 确定。对于小型水厂，可取较大的百分数。

清水池设计时应考虑当某个清水池清洗或检修时仍能维持正常生产，以确保供水安全。清水池的个数或分格数不得小于 2 个，并应能单独工作和分别泄空；有特殊措施能保证供水要求时，可修建 1 个。

2. 水塔

（1）水塔的作用

水塔在给水系统中位于二级泵站与用户之间，可调节二级泵站供水量与用户用水量之间的差额。当二级泵站供水量大于用户用水量时，多余的水存入水塔中；而二级泵站供水量小于用户用水量时，需取用水塔中的存水。此外，水塔还贮存 10min 室内消防用水及调节管网中的水压。

（2）水塔的容积

水塔的有效容积计算，通常采用两种方法：根据 24h 用水量变化曲线推算和凭经验估算。

① 根据 24h 用水量变化曲线推算

水塔的有效容积为：

$$W = W_1 + W_2 \qquad\qquad (4-3)$$

式中　W——水塔的有效容积，m^3；

　　W_1——水塔的调节容积，m^3；

　　W_2——水塔的消防贮水量，m^3，按 10min 室内消防用水量计算。

② 凭经验估算

在缺乏用水量资料情况下，水塔的有效容积，可凭运行经验，按最高日用水量的 2.5%～3% 至 5%～6% 计算。城镇用水量大时，可取较小的百分数。

给水系统中的水量调节设施之间存在着密切联系。清水池调节容积取决于一级泵站供水量与二级泵站供水量，水塔调节容积取决于二级泵站供水量与用户用水量。在用户用水量变化曲线和一级泵站供水线一定时，清水池和水塔的调节容积将随着二级泵站供水量的变化而变化。如果二级泵站供水线越接近用水量变化曲线，则二级泵站分级数越多，清水池调节容积增大，但水塔调节容积减小；如二级泵站供水线与用水量变化曲线重合，则水塔调节容积减小为零，即为无水塔给水系统，但清水池调节容积达到最大。反之，清水池调节容积减小，但水塔调节容积增大。由此可见，给水系统中流量的调节由清水池和水塔共同分担，并且通过二级泵站供水线拟定，二者所需的调节容积可以相互转化。由于单位容积的水塔造价远高于清水池造价，所以在工程实践中，一般均增大清水池容积而减小水塔容积，以节省投资。

【例 4-1】已知某城市最高日用水量变化曲线、一级泵站供水线和二级泵站供水线，具体数据见表 4-1。第 1 项为时间；第 2 项为每小时用水量占最高日用水量的比例；第 3 项为一级泵站每小时供水量占最高日供水量的比例；第 4 项和第 5 项分别为无水塔时和有水塔时二级泵站每小时供水量占最高日供水量的比例。求无水塔时清水池调节容积及有水塔时清水池调节容积和水塔调节容积。

【解】清水池和水塔的调节容积采用列表法进行计算，见表 4-1。

（1）无水塔时

无水塔时清水池调节容积计算见第 6 项和第 7 项。第 6 项为第 3 项与第 4 项之差 $(Q_1 - Q_2)$，第 6 项的累计正值或累计负值为清水池调节容积。第 7 项为调节流量累计值

$\Sigma(Q_1-Q_2)$，其最大值为 11.65%，最小值为 −6.33%，则无水塔时清水池调节容积为 11.65%−(−6.33%)=17.98%。

（2）有水塔时

有水塔时清水池调节容积计算见第 8 项和第 9 项。第 8 项为第 3 项与第 5 项之差（Q_1-Q_2），第 8 项的累计正值或累计负值为清水池调节容积。第 9 项为调节流量累计值 $\Sigma(Q_1-Q_2)$，其最大值为 6.95%，最小值为 −5.55%，则有水塔时清水池调节容积为 6.95%−(−5.55%)=12.50%。

水塔调节容积计算见第 10 项和第 11 项。第 10 项为第 5 项与第 2 项之差（Q_2-Q），第 10 项的累计正值或累计负值为水塔调节容积。第 11 项为调节容积累计值 $\Sigma(Q_2-Q)$，其最大值为 5.35%，最小值为 −1.20%，则水塔调节容积为 5.35%−(−1.20%)=6.55%。

清水池和水塔的调节容积计算　　　　　　　　　　　表 4-1

时间	用水量 Q (%)	一级泵站供水量 Q_1 (%)	二级泵站供水量 Q_2 (%)		清水池调节容积 (%)				水塔调节容积 (%)	
			无水塔时	有水塔时	无水塔时		有水塔时			
1.	2	3	4	5	6	7	8	9	10	11
0~1	1.70	4.17	1.70	2.78	2.47	2.47	1.39	1.39	1.08	1.08
1~2	1.67	4.17	1.67	2.78	2.50	4.97	1.39	2.78	1.11	2.19
2~3	1.63	4.16	1.63	2.78	2.53	7.50	1.38	4.16	1.15	3.34
3~4	1.63	4.17	1.63	2.78	2.54	10.04	1.39	5.55	1.15	4.49
4~5	2.56	4.17	2.56	2.77	1.61	11.65	1.40	6.95	0.21	4.70
5~6	4.35	4.16	4.35	5.00	−0.19	11.46	−0.84	6.11	0.65	5.35
6~7	5.14	4.17	5.14	5.00	−0.97	10.49	−0.83	5.28	−0.14	5.21
7~8	5.64	4.17	5.64	5.00	−1.47	9.02	−0.83	4.45	−0.64	4.57
8~9	6.00	4.16	6.00	5.00	−1.84	7.18	−0.84	3.61	−1.00	3.57
9~10	5.84	4.17	5.84	5.00	−1.67	5.51	−0.83	2.78	−0.84	2.73
10~11	5.07	4.17	5.07	5.00	−0.90	4.61	−0.83	1.95	−0.07	2.66
11~12	5.15	4.16	5.15	5.00	−0.99	3.62	−0.84	1.11	−0.15	2.51
12~13	5.15	4.17	5.15	5.00	−0.98	2.64	−0.83	0.28	−0.15	2.36
13~14	5.15	4.17	5.15	5.00	−0.98	1.66	−0.83	−0.55	−0.15	2.21
14~15	5.27	4.16	5.27	5.00	−1.11	0.55	−0.84	−1.39	−0.27	1.94
15~16	5.52	4.17	5.52	5.00	−1.35	−0.80	−0.83	−2.22	−0.52	1.42
16~17	5.75	4.17	5.75	5.00	−1.58	−2.38	−0.83	−3.05	−0.75	0.67
17~18	5.83	4.16	5.83	5.00	−1.67	−4.05	−0.84	−3.89	−0.83	−0.16
18~19	5.62	4.17	5.62	5.00	−1.45	−5.50	−0.83	−4.72	−0.62	−0.78
19~20	5.00	4.17	5.00	5.00	−0.83	−6.33	−0.83	−5.55	0.00	−0.78
20~21	3.19	4.16	3.19	2.77	0.97	−5.36	1.39	−4.16	−0.42	−1.20
21~22	2.69	4.17	2.69	2.78	1.48	−3.88	1.39	−2.77	0.09	−1.11
22~23	2.58	4.17	2.58	2.78	1.59	−2.29	1.39	−1.38	0.20	−0.91
23~24	1.87	4.16	1.87	2.78	2.29	0.00	1.38	0.00	0.91	0.00
累计	100.00	100.00	100.00		17.98		12.50		6.55	

（3）调蓄池与流量的关系

排水系统中调蓄池的最大设计入流量由入流管渠过水能力决定，调蓄池最高水位以不使上游地区溢流积水为控制条件，最高与最低水位间的容积为有效调蓄容积。

4.2 给水排水系统的水质关系

给水排水系统的水质关系主要表现为3个水质标准和3个水质变化过程。

4.2.1 水质标准

给水排水系统的水质标准主要有原水水质标准、给水水质标准和排放水质标准3个。

（1）原水水质标准

作为城镇给水水源，原水水质必须符合《生活饮用水水源水质标准》CJ/T 3020—1993的有关规定，并加强监测、管理与保护，使原水水质能够达到和保持国家标准要求。

（2）给水水质标准

供应城镇用户使用的水，必须达到《生活饮用水卫生标准》GB 5749—2022的相关要求，工业用水和其他用水必须达到有关行业水质标准或用户特定的水质要求。

（3）排放水质标准

废水经过处理后要达到的水质要求，应按照国家废水排放水质标准要求及废水排放受纳水体的承受能力确定。

4.2.2 水质变化过程

给水排水系统的水质变化过程主要是给水处理、用户用水、废水处理过程中产生水质的变化。

（1）给水处理过程

给水处理过程是将原水水质净化或加入有益物质，使之达到给水水质要求的处理过程。

（2）用户用水过程

用户用水过程是用户用水改变水质，水质受到不同程度污染，使之成为污水或废水的过程。

（3）废水处理过程

废水处理过程是对污水或废水进行处理，去除污染物质，使之达到排放水质标准要求的处理过程。

除了上述3个水质变化过程外，由于管道材料的溶解、析出、结垢和微生物滋生等原因，给水管网的水质也会发生变化，虽然其变化并不显著，但在供水水质标准不断提高的今天，给水管网中的水质变化与控制问题也已引起重视并成为专业技术人员研究的对象。

4.3 给水排水系统的水压关系

水压不但是用户用水所要求的，也是给水和排水输送的能量来源。给水排水系统的水压关系实际上就是指水头关系，即包含了高程因素的水压关系，广义地讲就是能量关系。

在给水系统中，从水源开始，水流到达用户前一般要经过多次提升，特殊情况下也可以依靠重力直接输送给用户。给水管网需保持的最小服务水头，通常按需要满足直接供水的建筑物层数的要求来确定，1层为10m，2层为12m，2层以上每层增加4m。泵站、水塔或高位水池是给水系统中保证水压的构筑物，因此，需了解水泵扬程和水塔（或高位水池）高度的确定方法，以满足设计的水压要求。

排水系统首先间接承接给水系统的压力，也就是说，用户用水所处位置越高，排水源头的位能（水头）越大。排水系统往往利用地形进行重力输水，必要时利用水泵提升高程，或者通过跌水消能设施降低高程，以满足水的输送和排放的能量要求。

4.3.1 水泵扬程

水泵扬程等于静扬程与总水头损失之和，可表示为：

$$H_p = H_0 + \sum h \qquad (4\text{-}4)$$

式中 H_p——水泵扬程，m；

H_0——静扬程，m，静扬程根据抽水条件确定，是供水点最低水位与受水点最高水位的高程差；

$\sum h$——总水头损失，m，包括沿程水头损失和局部水头损失。

1. 一级泵站扬程

一级泵站是将原水从水源地送往水厂的前端处理构筑物，一般为混合池，如图4-2所示。一级泵站的静扬程是泵站吸水井最低水位与水厂前端处理构筑物最高水位的高程差；总水头损失包括水泵进水管、出水管及泵站到水厂前端处理构筑物管线的水头损失。一级泵站的扬程可表示为：

$$H_p = H_0 + \sum h = H_0 + h_s + h_d + h_t \qquad (4\text{-}5)$$

式中 H_p——一级泵站扬程，m；

H_0——静扬程，m；

$\sum h$——由最高日平均时供水量确定的从水源地到水厂前端处理构筑物的总水头损失，m；

h_s——由最高日平均时供水量确定的进水管的水头损失，m；

h_d——由最高日平均时供水量确定的出水管的水头损失，m；

h_t——由最高日平均时供水量确定的泵站到水厂前端处理构筑物管线的水头损失，m。

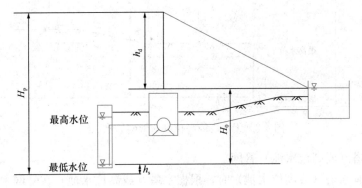

图 4-2 一级泵站扬程计算

2. 二级泵站扬程

二级泵站是将清水从水厂直接送向用户，或先送入水塔（或高位水池）而后流向用户，水泵扬程计算按管网中有无水塔（或高位水池）或水塔（或高位水池）位置而有所不同。

（1）无水塔（或高位水池）管网

无水塔（或高位水池）的管网，由二级泵站直接输水到用户，如图4-3所示。二级泵站的静扬程等于泵站吸水井（或清水池）最低水位与管网控制点所需水压标高的高程差。管网控制点是指管网中控制水压的点，是整个系统中用水压力最难满足的节点，又称为管网最不利点。只要控制点的压力在最高用水量时可以达到最小服务水头（最小自由水头）的要求，那么管网的其他点均可满足最小服务水头的要求。管网控制点通常是距离二级泵站最远点、地形最高点或要求最小服务水头最高点。如系统中某一地点能同时满足这三个条件，这一地点一定是控制点；但在实际工程中，往往只能具备其中的一个或者两个条件，这就需要选出几个可能的地点，通过分析、比较，甚至计算后才能确定。对于单独的高层建筑或在高地上的个别建筑等所需的服务水头，可设局部加压装置来解决，不宜作为整个系统的控制条件。总水头损失包括水泵进水管、出水管、输水管和管网的水头损失。无水塔（或高位水池）时二级泵站扬程可表示为：

$$H_p = H_0 + \sum h_{pC} = Z_C + H_C + h_s + h_c + h_n \tag{4-6}$$

式中　H_p——二级泵站扬程，m；

　　　Z_C——泵站吸水井（或清水池）最低水位与管网控制点 C 的地面标高的高程差，m；

　　　H_C——管网控制点所需的最小服务水头，m；

　　　$\sum h_{pC}$——由最高时用水量确定的从水厂到管网控制点的总水头损失，m；

　　　h_s——由最高时用水量确定的吸水管的水头损失，m；

　　　h_c——由最高时用水量确定的压水管和输水管的水头损失，m；

　　　h_n——由最高时用水量确定的管网的水头损失，m。

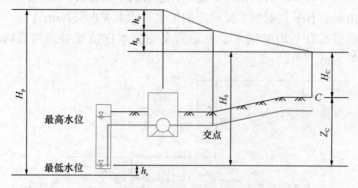

图4-3　无水塔或高位水池管网的水压线

（2）有水塔（或高位水池）管网

当管网中有水塔（或高位水池）时，根据水塔（或高位水池）在管网中的位置可分为3种形式：网前水塔（或高位水池）、网后水塔（或高位水池）或称对置水塔（或高位水池）、网中水塔（或高位水池）。

① 网前水塔（或高位水池）管网

设置网前水塔（或高位水池）的管网，二级泵站供水到水塔（或高位水池），再由水塔（或高位水池）供水至用户，管网控制点的最小服务水头由水塔（或高位水池）的高度来保证，如图 4-4 所示。二级泵站的静扬程等于泵站吸水井（或清水池）最低水位与水塔（或高位水池）最高水位的高程差，总水头损失包括水泵进水管、出水管、泵站到水塔（或高位水池）输水管的水头损失。网前水塔（或高位水池）管网的二级泵站扬程可表示为：

$$H_p = H_0 + \sum h_{pt} = Z_t + H_t + H_{max} + h_s + h_c \tag{4-7}$$

式中　Z_t——泵站吸水井（或清水池）最低水位与设置水塔（或高位水池）处的地面标高的高程差，m；

　　H_t——水塔（或高位水池）高度，即水塔（或高位水池）的水柜底（或池底）高于地面的高度，m；

　　H_{max}——水塔（或高位水池）内的最高水深，m；

　　$\sum h_{pt}$——由最高日平均时用水量确定的从水厂到网前水塔（或高位水池）的总水头损失，m；

　　h_s——由最高日平均时用水量确定的吸水管的水头损失，m；

　　h_c——由最高日平均时用水量确定的压水管和泵站到水塔（或高位水池）输水管的水头损失，m。

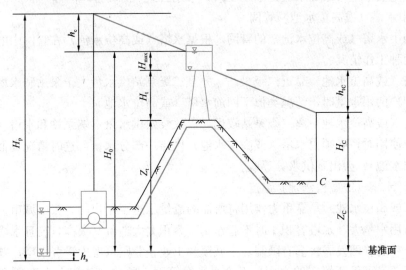

图 4-4　网前水塔（或高位水池）管网的水压线

② 对置水塔（或高位水池）管网

设置对置水塔（或高位水池）的管网，根据二级泵站供水量大于或小于用户用水量，分为最高用水时和最大转输时两种工作情况（图 4-5）。

最高用水时：当二级泵站供水量小于用户用水量时，二级泵站和水塔（或高位水池）同时向管网供水，两者有各自的供水区域，出现供水分界线，在供水分界线上水压最低，管网控制点在供水分界线上，此时二级泵站扬程和水塔（或高位水池）高度均需满足管网

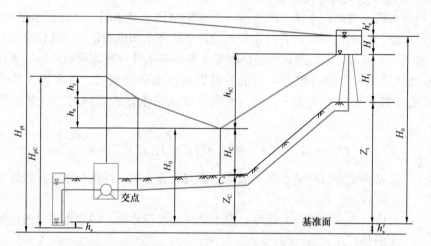

图 4-5　对置水塔（或高位水池）管网的水压线

控制点的最小服务水头。二级泵站供水情况类似于无水塔管网，泵站扬程采用公式（4-6）计算，管网中的水头损失由最高用水时二级泵站负担的供水量确定。

最大转输时：当二级泵站供水量大于用户用水量时，二级泵站既向管网供水，又向水塔（或高位水池）供水，也就是说多余的水贮入水塔（或高位水池），二级泵站扬程要满足水塔（或高位水池）最高水位处水压要求，采用公式（4-7）计算。

③ 网中水塔（或高位水池）管网

设置网中水塔（或高位水池）的管网，根据水塔（或高位水池）在管网中的位置，大致可分为两种工作情况：

当水塔（或高位水池）靠近二级泵站，并且二级泵站供水量大于泵站和水塔（或高位水池）间用户的用水量时，情况类似于网前水塔（或高位水池）；

当水塔（或高位水池）离二级泵站较远，以致泵站供水量不够泵站和水塔（或高位水池）间用户使用时，必须由水塔（或高位水池）供给一部分水量，这时情况类似于对置水塔（或高位水池），会出现供水分界线。

4.3.2　水塔（或高位水池）高度

水塔（或高位水池）是靠重力作用将所需的流量压送至用户的。大中城市一般不设水塔，因城市用水量大，水塔容积小时不起作用，容积太大造价又太高，况且水塔高度一经确定，对今后的管网发展将会有限制。小城镇和工业企业则可考虑设置水塔，既可缩短水泵工作时间，又可保证恒定的水压。不论水塔在管网中的位置如何，水塔高度均可按式（4-8）计算：

$$H_t = H_C + \sum h_{tC} - (Z_t - Z_C) \tag{4-8}$$

式中　$\sum h_{tC}$——由最高用水时水塔负担供水量确定的从水塔到管网控制点的总水头损失，m。

其余符号意义同前。

从式（4-8）可以看出，建造水塔处的地面标高 Z_t 越高，则水塔高度 H_t 越低，造价也越低；当 $H_t = 0$ 时，即变为高位水池，这就是水塔建在高地的原因。

思 考 题

1. 取用地表水源时，给水排水系统中的各项构筑物、设施、设备等的设计流量分别如何考虑？

2. 已知用水量曲线时，怎样定出二级泵站工作线？

3. 无水塔和有水塔的给水系统，二级泵站的设计流量有何差别？

4. 给水系统中的清水池和水塔的作用分别是什么？

5. 清水池和水塔的有效容积的计算方法有哪些？分别是如何计算的？分别适用于什么条件？

6. 在已知 24h 用水量变化曲线时，如何确定无水塔时的清水池有效容积及有水塔时的清水池有效容积和水塔有效容积？

7. 给水排水系统中的水质是如何变化的？哪些水质必须满足国家标准？

8. 什么是管网控制点？它具有什么基本特征？

9. 给水管网计算时，给水区内的最小服务水头根据什么确定？是如何确定的？

10. 画图示意无水塔给水系统在最高用水时的水压线，并写出二级泵站扬程的计算公式。

11. 画图示意网前水塔给水系统在最高用水时的水压线，并写出二级泵站扬程和水塔高度的计算公式。

12. 画图示意对置水塔给水系统在最高用水时和最大转输时的水压线，并写出二级泵站扬程和水塔高度的计算公式。

习 题

1. 某给水系统如图 4-6 所示。已知最高日用水量 Q_d 为 10 万 m^3/d，时变化系数 K_h 为 1.5，净水厂自用水率 α 为 8%。求取水构筑物、一级泵站、原水输水管道、净水处理构筑物、清水池进水管、清水池出水管、二级泵站、清水输水管道、给水管网和用户的设计流量 Q_1、Q_2、Q_3、Q_4、Q_5、Q_6、Q_7、Q_8、Q_9 和 Q_{10}。

地表水源 → 取水构筑物 →(Q_1)→ 一级泵站 →(Q_2)→(Q_3) 水处理构筑物 →(Q_4)→ 清水池 →(Q_5)→(Q_6) 二级泵站 →(Q_7)→(Q_8)→(Q_9) 给水管网 →(Q_{10})→ 用户

图 4-6 某给水系统示意图

2. 某城市最高日用水量为 50 万 m^3/d，无水塔，用水量变化曲线和泵站分级工作线参照图 4-1，求最高日一级泵站（全天均匀工作）和二级泵站的设计流量（m^3/s）。

第 5 章 给水排水管网模型

5.1 给水排水管网模型方法

给水排水管网是一类规模大且复杂多变的管道网络系统，为便于规划、设计和运行管理，应将其简化和抽象为可利用图形和数据表达与分析的数学模型，称为给水排水管网模型。给水排水管网模型主要表达管网系统中各组成部分的拓扑关系和水力特性，将管网简化和抽象为管段和节点两类元素，并赋予工程属性，以便用水力学和数学分析理论等进行分析计算和表达。

管网简化是从实际管网系统中删减一些比较次要的组成部分，使分析和计算集中于主要对象；管网抽象是忽略分析对象的一些具体特征，而将它们视为模型中的元素，只考虑它们的拓扑关系和水力特性。

给水排水管网的简化包括管线的简化和附属设施的简化，根据简化目的的不同，简化的步骤、内容和结果也不完全相同。本节介绍管网简化的一般原则与方法。

5.1.1 给水排水管网简化

(1) 管网简化原则

将给水排水管网简化为管网模型，把工程实际转化为数学问题，最终还是要把结果应用到实际的系统中去。要保证最终应用具有科学性和准确性，管网简化必须满足下列原则。

① 宏观等效原则。宏观等效原则是指对给水排水管网某些局部简化以后，要保持其功能及各元素之间的关系不变。宏观等效原则需根据应用的要求与目的的不同灵活掌握。例如，当简化目标是确定水塔高度或泵站扬程时，两条并联的输水管可以简化为一条管道，而当简化目标是设计出输水管的直径时，就不能将其简化为一条管道了。

② 小误差原则。管网进行简化后，模型计算的工作量减小。通常管网越简化，模型计算工作量越小，但模型计算与实际系统的误差越大。过分简化的管网，计算结果难免与实际情况差别较大，产生较大的计算误差，所以管网简化应将误差控制在允许范围以内，满足工程对模型精度的要求。

(2) 管线简化方法

管线简化可以分为管线省略、管线合并、节点合并和管网分解 4 种方法。

① 管线省略。对于管网中管径较小、水力影响较小的管线，可以考虑省略。省略掉的管线直径与靠近的管线直径之比越小，管线省略后的影响越小；反之亦然。管网中的管径大小是一个相对概念，对于系统规模大或计算精度要求低的管网中可以省略的管线，在系统规模小或计算精度要求高的管网中就不能进行管线省略的简化处理。

② 管线合并。对于管网中管径较小、相互平行、水流方向一致且靠近的管线，可以考虑将管径小的管线合并到管径大的管线。合并的小管线直径与大管线直径之比越小，合

并的管线越靠近，管线合并后的影响越小。管线合并的影响小于管线省略。要根据管网与建模的实际需要进行管线省略或管线合并。

③节点合并。对于管网中相距很近的两个节点，可以考虑合并为一个节点。相近节点合并后减少了节点和管线的数目，使系统简化。特别对于给水管网，为了施工便利和减小水流阻力，管线交叉处往往用两个三通管件代替四通管件（实际工程中很少使用四通），不必将两个三通认为是两个交叉点，而应简化为一个四通交叉点。

④管网分解。只由一条管线连接的两个管网，可以把连接管线断开，分解为相互独立的管网，分别进行计算；由两条管线连接的分支管网，如它位于管网末端且连接管线的流向和流量可以确定，也可进行分解，分别进行计算。如所分解的管网靠近水源，或者流向被分解管网的流量较大，同时，确定连接管线的流量有困难时，由于对主管网的流量影响较大，此时不宜进行管网分解的简化处理。

图 5-1 (a) 为某城市给水管网的全部管线布置，共有 43 个环，管段旁注明管径（以"mm"计）。图 5-1 (b) 表示管网在做简化处理的考虑。图 5-1 (c) 为简化后的管网，环数减少一半，为 23 个环。

(3) 附属设施简化方法

给水排水管网的附属设施包括泵站、调节构筑物（水池、水塔等）、消火栓、减压阀、跌水井、雨水口、检查井等，均可进行简化。具体措施包括：

①删除不影响全局水力特性的设施，如全开的闸阀、排气阀、泄水阀、消火栓等。

②将同一处的多个相同设施合并，如同一处的多个水量调节设施（清水池、水塔、调蓄池等）合并，并联或串联工作的水泵或泵站合并等。

5.1.2 给水排水管网模型元素

经过简化的给水排水管网需要进一步抽象，使之成为仅由节点和管段两类基本元素组成的管网模型。除节点和管段两类基本元素以外，还有管线、环等管网模型元素。在管网模型中，节点与管段相互关联，即节点之间通过管段连通，管段的两端为节点。

1. 节点

节点是管线交叉点、端点或大流量出入点的抽象形式，包括泵站、水塔和高位水池等水源节点，不同管径和不同材质的管线交接点，两管段交点，集中向大用户供水的点等。节点只能传递能量，不能改变水的能量，即节点上水的能量（水头值）是唯一的，但节点可以有流量的输入或输出，如用水的输出、排水的收集或水量调节等。

当管线中间有较大的集中流量时，无论是流出或流入，应在集中流量点处设置节点，因为大流量的位置改变会造成较大的水力计算误差。同理，沿线出流或入流的管线较长时，应将其分成若干条管段，以避免将沿线流量折算成节点流量时出现较大误差。

节点的属性包括构造属性、拓扑属性和水力属性 3 个方面。构造属性是拓扑属性和水力属性的基础，拓扑属性是管段与节点之间的关联关系，水力属性是管段和节点在系统中的水力特征的表现。构造属性通过系统设计确定，主要包括管网构件的几何尺寸、地理位置及高程数据等；水力属性运用水力学理论进行分析和计算。

(1) 构造属性

节点的构造属性有：

① 地面标高，即节点所在地点的地面标高，单位为"m"；

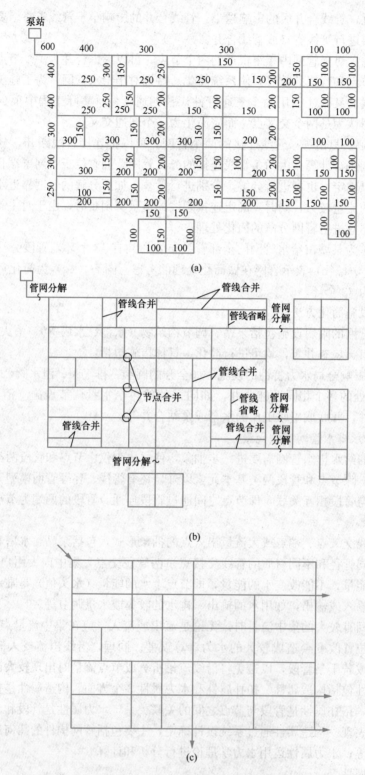

图 5-1　给水管网简化示意图

（a）给水管网布置；（b）管网简化过程；（c）管网简化结果

② 平面位置，可用平面坐标（x，y）表示。

（2）拓扑属性

节点的拓扑属性有：

① 与节点关联的管段及其方向；

② 节点的度，即与节点关联的管段数。

（3）水力属性

节点的水力属性有：

① 节点流量，即从节点流入或流出管网的流量，是带符号值，正值表示流出节点，负值表示流入节点，单位常用"m^3/s"或"L/s"；

② 节点水压，也称节点水头或水压标高，表示流过节点的单位力的水流所具有的机械能，一般采用与节点地面标高相同的高程体系，单位为"m"，对于非满流，节点水压即管渠内水面标高；

③ 自由水头，也称自由水压、服务水头，仅针对有压流，指节点水压高出地面标高的那部分能量，单位为"m"。

2. 管段

两个相邻节点之间的管道称为管段，管网图形由许多管段组成。

管段是管线和泵站等简化后的抽象形式，它只能输送水量，管段中间不允许有流量输入或输出，但水流经管段后可因加压或者摩擦损失产生能量改变。管段中间的流量应运用水力等效的原则折算到管段的两端节点上，通常给水管网将管段沿线配水流量一分为二分别转移到管段两端节点上；而排水管网将管段沿线收集水量折算到管段起端节点。相对而言，给水管网的处理方法误差较小；而排水管网的处理，由于以较大的起点流量为管径设计依据，因此更为安全。

泵站、减压阀、跌水井及阀门等改变水流能量或具有阻力的设施不能置于节点上，因为它们符合管段的抽象特征，而与节点的抽象不相符合。即使这些设施的实际位置可能就在节点上，或者靠近节点，也必须认为它们处于管段上。如排水管网的管渠在流入检查井时如果跌水，应该认为跌水是在管段末端完成的，而不能认为是在节点上完成的，又如给水或排水的泵站，一般都是从水池吸水，则吸水井处为节点，泵站内的水泵和连接管道简化后置于管段上。

泵站、减压阀、跌水井、非全开阀门等则应设于管段上，因为对它们的功能抽象与管段类似，即只引起水的能量变化而没有流量的增加或者损失。

管段的属性也包括构造属性、拓扑属性和水力属性3个方面。

（1）构造属性

管段的构造属性有：

① 管段长度，简称管长，一般以"m"为单位；

② 管道直径，简称管径，一般以"mm"或"m"为单位，非圆管可以采用当量直径表示；

③ 管道粗糙系数，表示管道内壁粗糙程度，与管道材料有关。

（2）拓扑属性

管段的拓扑属性有：

① 管段方向，是一个设定的固定方向（不是流向，也不是泵站的加压方向，但当泵站加压方向确定时一般取其方向）；

② 起端节点，简称起点；

③ 终端节点，简称终点。

（3）水力属性

管段的水力属性有：

① 管段流量，是一个带符号值，正值表示流向与管段方向相同，负值表示流向与管段方向相反，单位常用"m^3/s"或"L/s"；

② 管段流速，即水流通过管段的速度，也是一个带符号值，其方向与管段流量相同，常用单位为"m/s"；

③ 管段扬程，即管段上通过水泵传递给水流的能量增加值，也是一个带符号值，正值表示泵站加压方向与管段方向相同，负值表示泵站加压方向与管段方向相反，单位常用"m"；

④ 管道摩阻，表示管道对水流阻力的大小；

⑤ 管段压降，表示水流从管段起点输送到终点后，其机械能的减少量，因为忽略了流速水头，所以称为压降，亦为节点水压的降低量，常用单位为"m"。

3. 管线

管线不是管网模型的基本元素，可由节点和管段两类基本元素组合而成。若干管段顺序连接形成管线。

4. 环

环也不是管网模型的基本元素，也可由节点和管段两类基本元素组合而成。管段首尾相连构成环，或者说，起点和终点重合的管段构成环。

根据环中是否含有其他环，又可分为基环和大环。环中不含其他环的环称为基环；环中含有其他环的环称为大环，或者说几个基环合成的环称为大环。如无特殊说明，一般情况下的环指的是基环。

根据如图5-2所示的管网图，抽象处理后得到如图5-3所示的由节点和管段两类基本元素组成的管网模型。

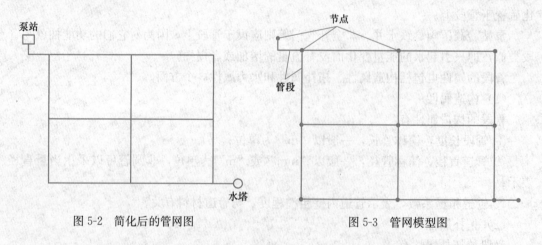

图 5-2 简化后的管网图　　　　　　图 5-3 管网模型图

5.1.3 给水排水管网模型标识

将给水排水管网简化和抽象为管网模型后，应该对其进行标识，以便于以后的分析和计算。标识的内容包括节点、管段、管线和环的命名或编号，节点流量的方向设定、管段方向、管线方向和环的方向等。

1. 节点

（1）节点编号

节点的编号或命名可以用任意符号。为了便于计算机程序处理，通常采用正整数进行编号，编号应尽量连续，以便于用程序顺序操作。如采用连续编号，最大的节点编号即为管网模型中的节点总数。

对如图 5-3 所示的管网模型进行标识，得到管网模型标识图，如图 5-4 所示，如节点 1、2、…、11，其中节点 1 和节点 11 为水源节点。

（2）节点流量的方向设定

节点流量的方向，一般假定流出节点的流量为正值，流入节点的流量为负值。在管网模型中，通常以离开节点的箭头和指向节点的箭头分别表示流出节点的流量和流入节点的流量。如给水管网中大用户的集中流量为流出节点的流量，为正值；水源供水进入管网的节点流量为流入节点的流量，为负值；排水管网中大多数节点的流量都为负值。

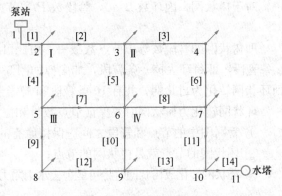

图 5-4 管网模型标识图

2. 管段

（1）管段编号

管段的编号或命名也可以用任意符号。为了便于计算机程序处理，通常采用正整数进行编号，编号应尽量连续，以便于用程序顺序操作。如采用连续编号，最大的管段编号即为管网模型中的管段总数。管段还可以用管段两端节点来进行编号或命名。如管段编号用正整数进行编号，为了区分节点和管段编号，一般在管段编号两边加上中括号，如图 5-4 所示的管段 [1]、[2]、…、[14]，或管段 1—2、2—3、…、10—11。

（2）管段方向的设定

管段的一些属性是有方向性的，如流量、流速、压降等，它们的方向都是根据管段的设定方向而定的，即管段设定方向总是从起点指向终点。

需要特别说明的是，管段设定方向不一定等于管段中水的流向，因为有些管段中的水流方向是可能发生变化的，而且有时在计算前还无法确定流向，必须先假定一个方向，如果实际流向与设定方向不一致，则采用负值表示。也就是说，当管段流量、流速、压降等为负值时，表明它们的方向与管段设定方向相反。

从理论上讲，管段方向的设定可以任意，但为了不出现太多的负值，一般应尽量使管段的设定方向与流向一致。

3. 管线

一般利用已有的节点编号进行管线的编号或命名，如图 5-4 所示的管线 1—2—3—4—7—

10—11。

4. 环

基环的编号或命名，常用的有两种形式，一是利用已有的节点编号，二是用Ⅰ、Ⅱ等数字序号，如图5-4所示的基环2-3-6-5-2或基环Ⅰ，基环3-4-7-6-3或基环Ⅱ。

大环的编号或命名，一般是利用已有的节点编号，如图5-4所示的环Ⅰ和环Ⅱ组成的大环2-3-4-7-6-5-2，环Ⅰ、环Ⅱ、环Ⅲ和环Ⅳ组成的大环2-3-4-7-10-9-8-5-2。

5.1.4 给水排水管网模型元素之间的关系

对于环状网，管段数 P、节点数 J 和环数 L 三者之间存在下列关系：

$$P = J + L - 1 \tag{5-1}$$

如图5-4所示的环状给水管网，共有14条管段、11个节点和4个环，符合式（5-1）的关系。

对于树状网，因环数 $L = 0$，管段数 P 和节点数 J 之间存在下列关系：

$$P = J - 1 \tag{5-2}$$

即树状网的管段数等于节点数减一。由此可知，要将环状网转化为树状网，需要去掉 L 条管段，即每环去掉一条管段，如去掉如图5-4所示管网的管段3-6、4-7、6-9和7-10，则环状网转化为树状网，共有10条管段和11个节点，符合式（5-2）的关系。

环状网转化为树状网时要保证节点数目和位置不变，即：

① 管网图中的节点和管段之间应保持原有的关系，即相互衔接关系不变；

② 环状网的节点就是树状网的节点；

③ 环状网转化成树状网时尽可能舍去水力阻力大的管段，以减少管网平差时的迭代次数。

5.2 管网水力学基本方程组

质量和能量守恒定律用于描述各类物质及其运动规律，也是给水排水管网中水流运动的基本规律。质量守恒定律主要体现在节点上的流量平衡，由此得出节点的流量连续性方程；能量守恒定律主要体现在管段的动能与压能消耗和传递规律，由此得出能量方程。

5.2.1 节点流量方程组

在管网模型中，所有节点都与一条或多条管段相关联。

所谓节点的流量连续性方程，也称连续性方程、节点流量方程或节点方程，是对于管网模型中的任一节点而言，流入该节点的所有流量之和应等于流出该节点的所有流量之和，可以表示为：

$$q_j + \sum q_{ij} = 0 \tag{5-3}$$

式中　q_j——节点 j 的流量，L/s；

　　　q_{ij}——从节点 i 到节点 j 的管段流量，即与节点 j 相连的管段 ij 的流量，L/s，当管段方向离开该节点时取正号，指向该节点时取负号，即管段流量流出节点时取正值，流入节点时取负值；

　　　$\sum q_{ij}$——与节点 j 相连的各管段流量的代数和，L/s。

如管网模型中有 J 个节点，只可以写出类似于式（5-3）的独立方程 $J-1$ 个，因为其中任一方程可从其余方程导出。将管网模型中的 $J-1$ 个连续性方程联立，组成节点流量方程组，简称节点方程组：

$$
\left.\begin{array}{c}
q_1 + \Sigma(q_{ij})_1 = 0 \\
q_2 + \Sigma(q_{ij})_2 = 0 \\
\vdots \\
q_{J-1} + \Sigma(q_{ij})_{J-1} = 0
\end{array}\right\} \tag{5-4}
$$

在列节点方程时要注意以下几点：

（1）管段流量求和时要注意方向，应按管段的设定方向考虑（指向节点取正号，离开节点取负号），而不是按实际流向考虑，因为管段流向与设定方向不同时，流量本身为负值；

（2）一般规定节点流量流出节点时为正值，流入节点时为负值；

（3）管段流量和节点流量应具有同样的单位，一般采用"L/s"或"m³/s"作为流量单位。

如图 5-5 所示的给水管网模型，可列出以下节点流量方程组：

$$
\left.\begin{array}{c}
q_1 + q_{1\text{-}2} + q_{1\text{-}4} - Q = 0 \\
q_2 + q_{2\text{-}3} + q_{2\text{-}5} - q_{1\text{-}2} = 0 \\
q_3 + q_{3\text{-}6} - q_{2\text{-}3} = 0 \\
q_4 + q_{4\text{-}5} - q_{1\text{-}4} = 0 \\
q_5 + q_{5\text{-}6} - q_{2\text{-}5} - q_{4\text{-}5} = 0 \\
q_6 + q_{6\text{-}7} - q_{3\text{-}6} - q_{5\text{-}6} = 0 \\
q_7 - q_{6\text{-}7} = 0
\end{array}\right\} \tag{5-5}
$$

如图 5-6 所示的排水管网模型，可列出以下节点流量方程组：

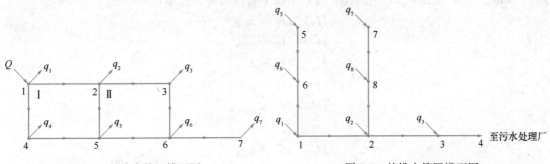

图 5-5　某给水管网模型图　　　　图 5-6　某排水管网模型图

$$
\left.\begin{array}{c}
q_{1\text{-}2} - q_{6\text{-}1} - q_1 = 0 \\
q_{2\text{-}3} - q_{1\text{-}2} - q_{8\text{-}2} - q_2 = 0 \\
q_{3\text{-}4} - q_{2\text{-}3} - q_3 = 0 \\
q_{5\text{-}6} - q_5 = 0 \\
q_{6\text{-}1} - q_{5\text{-}6} - q_6 = 0 \\
q_{7\text{-}8} - q_7 = 0 \\
q_{8\text{-}2} - q_{7\text{-}8} - q_8 = 0
\end{array}\right\} \tag{5-6}
$$

5.2.2 管段压降方程组

在管网模型中，所有管段都与两个节点关联。

所谓管段压降方程，也称管段水头损失方程，是指任一管段两端节点水压之差应等于该管段的压降（给水管网中常称水头损失），可以表示为：

$$H_i - H_j = h_{ij} \tag{5-7}$$

式中 H_i——节点 i 的水压；

H_j——节点 j 的水压；

h_{ij}——管段 ij 的压降（给水管网中常称水头损失）。

根据水头损失计算公式 $h = sq^n$，压降方程可表示管段流量与水头损失的关系或管段流量与节点水压的关系，即：

$$q_{ij} = \left(\frac{h_{ij}}{s_{ij}}\right)^{\frac{1}{n}} = \left(\frac{H_i - H_j}{s_{ij}}\right)^{\frac{1}{n}} \tag{5-8}$$

将式（5-8）代入式（5-3），压降方程又可表示节点流量与水头损失的关系或节点流量与节点水压的关系，即：

$$q_j = \Sigma\left[\pm\left(\frac{h_{ij}}{s_{ij}}\right)^{\frac{1}{n}}\right] = \sum\left[\pm\left(\frac{H_i - H_j}{s_{ij}}\right)^{\frac{1}{n}}\right] \tag{5-9}$$

如管网模型中有 P 条管段，则联立 P 个压降方程，组成管段压降方程组。

在列管段压降方程时要注意以下几点：

（1）应按管段的设定方向判断起点和终点，而不是按实际流向判断，因为管段流向与设定方向相反时，管段压降本身为负值；

（2）管段压降和节点水压应具有同样的单位，一般采用"m"。

如图 5-5 所示的给水管网模型，可列出以下管段压降方程组：

$$\left.\begin{aligned}
H_1 - H_2 &= h_{1\text{-}2} \\
H_2 - H_3 &= h_{2\text{-}3} \\
H_1 - H_4 &= h_{1\text{-}4} \\
H_2 - H_5 &= h_{2\text{-}5} \\
H_3 - H_6 &= h_{3\text{-}6} \\
H_4 - H_5 &= h_{4\text{-}5} \\
H_5 - H_6 &= h_{5\text{-}6} \\
H_6 - H_7 &= h_{6\text{-}7}
\end{aligned}\right\} \tag{5-10}$$

如图 5-6 所示的排水管网模型，可列出以下管段压降方程组：

$$\left.\begin{aligned}
H_1 - H_2 &= h_{1\text{-}2} \\
H_2 - H_3 &= h_{2\text{-}3} \\
H_3 - H_4 &= h_{3\text{-}4} \\
H_5 - H_6 &= h_{5\text{-}6} \\
H_6 - H_1 &= h_{6\text{-}1} \\
H_7 - H_8 &= h_{7\text{-}8} \\
H_8 - H_2 &= h_{8\text{-}2}
\end{aligned}\right\} \tag{5-11}$$

5.2.3 环能量方程组

在管网模型中，所有的环路都是由首尾相连的管段依次组成。

所谓环能量方程，简称环方程，是对于管网模型中的任一环而言，各管段水头损失的代数和等于0，可以表示为：

$$\sum h_{ij} = 0 \tag{5-12}$$

如管网模型中有 L 个环，则联立 L 个环的能量方程，组成环能量方程组，简称环方程组或能量方程组：

$$\left. \begin{array}{l} \sum (h_{ij})_{\mathrm{I}} = 0 \\ \sum (h_{ij})_{\mathrm{II}} = 0 \\ \sum (h_{ij})_{\mathrm{III}} = 0 \\ \sum (h_{ij})_{\mathrm{IV}} = 0 \end{array} \right\} \tag{5-13}$$

在列环方程时要注意以下几点：

(1) 环中各管段的水流要考虑方向，一般规定为顺时针和逆时针方向。

(2) 环中各管段的水头损失要考虑正负值。一般规定管段中水流方向为顺时针的，其产生的水头损失为正值；水流方向为逆时针的，其产生的水头损失为负值。

(3) 公共管段产生的水头损失，在相邻的两个环中，大小相等，方向相反。

如图 5-5 所示的给水管网模型，可列出以下环能量方程组：

$$\left. \begin{array}{l} h_{1\text{-}2} + h_{2\text{-}5} - h_{5\text{-}4} - h_{4\text{-}1} = 0 \\ h_{2\text{-}3} + h_{3\text{-}6} - h_{6\text{-}5} - h_{5\text{-}2} = 0 \end{array} \right\} \tag{5-14}$$

思 考 题

1. 为什么要将给水排水管网模型化？通过哪两种方法进行模型化？

2. 给水排水管网的简化原则有哪些？

3. 给水排水管网的简化方法有哪些？

4. 模型化的给水排水管网由哪几类基本元素组成？它们各有何特点和属性？

5. 模型化的给水排水管网元素如何进行标识？

6. 给水排水管网模型元素之间存在怎样的关系？

7. 给水排水管网水力基本方程组有哪几个？

第 6 章 给水管网系统的设计

6.1 节点设计流量的计算

为了进行给水管网的细部设计，须将管网的设计用水量 Q_h 这个总流量分配到系统中去，也就是要将最高时用水量分配到管网图的每个节点和每条管段上去。

给水管网中任一管段均与若干用水户的配水支管相连接，以向该管段两侧和下游的用水户供水。用水户可分为集中用户和分散用户两类。集中用户是从管网中一个点取得用水且用水量较大的用户，其用水量称为集中流量，如工业企业、事业单位、大型公共建筑等；分散用户是从管段沿线取得用水且用水量较小的用户，其用水量称为沿线流量，如居民生活用水等。

6.1.1 集中流量

集中用户的取水点一般就是管网的节点，或者说，有集中用户的地方，应该作为管网的节点。

集中流量的计算，通常采用两种方法：①在已知所有的集中用户的 24h 用水量的情况下，根据各集中用户 24h 用水量求算。依次把每个集中用户相应时段的用水量相加，得到 24 个时段的总用水量，其中的最大者就是集中流量。②在各集中用户的 24h 用水量不能全部已知的情况下，根据各集中用户最高时用水量求算。在已知所有集中用户的最高时用水量时，将每个集中用户的最高时用水量相加，即可得到集中流量；在已知所有集中用户的最高日用水量时，先利用时变化系数计算出最高时用水量，然后将最高时用水量相加，即可得到集中流量。第二种方法计算得到的集中流量是偏大的，因为不同用户的用水高峰时间可能不同。

6.1.2 沿线流量

分散用户从管段沿线取水，数量很多但水量较小，且水量不等，情况比较复杂。如果按照实际用水情况来计算管网，几乎不可能，并且因用户用水量经常变化也没有必要。因此，计算时往往加以简化，为此我们引入比流量的概念。

在管网计算时，假定分散用户的用水量均匀分布在全部干管上，由此算出干管线单位长度的流量，称为长度比流量，简称比流量，以 q_s 表示：

$$q_s = \frac{Q_h - \sum q_c}{\sum l_e} \tag{6-1}$$

式中　q_s——比流量，L/（s·m）；

　　　Q_h——管网设计用水量，L/s；

　　　$\sum q_c$——集中流量总和，L/s；

　　　$\sum l_e$——管段计算长度总和，m。

管段计算长度的计算分为 3 种情况：①两侧均配水的管段，计算长度按实际长度计算。②只有一侧配水的管段，计算长度按实际长度的一半计算。③两侧均不配水的管段，计算长度按0计算。管段穿越广场、公园等无建筑物地区时不配水。

由式（6-1）可知，管段计算长度总和一定时，比流量随用水量的增减而变化，用水量大时比流量也大，而最高用水时和最大转输时的比流量也不同，所以在管网计算时须按不同用水量情况分别计算比流量。城镇人口密度和房屋卫生设备条件不同的用水区，也应该根据各区的用水量和干管总长度，分别计算其比流量，以得到较为接近实际用水的结果。

实际情况下，用水量并不是均匀分布的，所以按照用水量全部均匀分布在干管上的假定求出的长度比流量存在一定的缺陷，它忽视了沿线供水人数和用水量的差别，与各管段的实际配水量并不一致，为此提出了另一种按管段的供水面积计算比流量的方法，即将式（6-1）中的管段计算长度总和替换为供水区总面积，得到以单位面积计算的比流量，即面积比流量，以 q_A 表示：

$$q_A = \frac{Q_h - \sum q_c}{\sum A} \tag{6-2}$$

式中　q_A——面积比流量，L/（s·m²）；

　　　$\sum A$——供水区总面积，m²。

供水面积的划分有两种方法：①对角线法。该方法适用于供水分布均匀情况，街区长边和短边的管段两侧供水面积均为相应的三角形，如图6-1（a）所示。②等分角线法。该方法适用于供水分布不均匀的情况，街区长边的管段两侧供水面积为梯形，街区短边的管段两侧供水面积为三角形，如图6-1（b）所示。

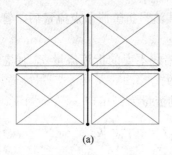 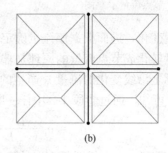

图6-1　供水面积计算示意图
（a）对角线法；（b）等分角线法

利用供水面积计算比流量的方法比较准确，但计算较为复杂，对于干管分布比较均匀、干管间距大致相同的管网，没有必要按面积比流量方法计算。通常情况下，仍按长度比流量进行计算。

根据比流量可以得到各管段的沿线流量，计算公式为：

$$q_l = q_s l_e \tag{6-3}$$

或

$$q_l = q_A A \tag{6-4}$$

式中　q_l——沿线流量，L/s；

　　　l_e——管段计算长度，m；

　　　A——供水区面积，m²。

所有沿线流量计算完后，应核算流量平衡，即核算是否满足式（6-5）：

$$\Sigma q_l = Q_h - \Sigma q_c \qquad (6-5)$$

式中　Σq_l——沿线流量总和，L/s。

如有较大误差，则应检查计算过程中的错误；如误差较小，可能是小数尾数四舍五入造成的计算精度误差，则可不进行调整。

6.1.3　节点流量

给水管网中任一管段的流量由沿线流量和转输流量两部分组成。沿线流量 q_l 是指该管段沿线的分散用户所取用的水量；转输流量 q_t 是指通过该管段输水到以后管段的流量。沿线流量由于沿线配水，所以管段中的流量顺水流方向逐渐减小，到管段末端减小为零；而转输流量沿整个管段不变；所以到管段末端只剩下转输流量。如图 6-2 所示，管段 1-2 起端 1 的流量等于沿线流量 q_l 加转输流量 q_t，到末端 2 只有转输流量 q_t，也就是说从管段起点到终点的流量是逐渐减小的。

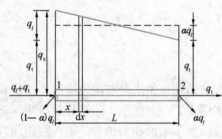

图 6-2　沿线流量折算为
节点流量示意图

上述按照用水量在全部干管上均匀分布的假定求出的沿线流量，只是计算方法上的一种简化，实际上每一管段的沿线流量是沿线发生变化的。对于流量变化的管段，难以确定管径，所以有必要将沿线变化的流量转化为一个沿线不变的流量，为此我们引入节点流量的概念。节点流量是指从沿线流量折算得出的并且假设是在节点集中流出的流量。

沿线流量折算成节点流量后，管段中的流量不再沿线发生变化，进而根据该流量确定管径。

沿线流量转化成节点流量的原理是求出一个沿线不变的折算流量 q，使它产生的水头损失等于实际上沿线变化的流量 q_x 产生的水头损失。

由图 6-2 可知，通过管段 1-2 中任一断面上的流量为：

$$q_x = q_t + \frac{L-x}{L}q_l = \left(\gamma + \frac{L-x}{L}\right)q_l \qquad (6-6)$$

式中　q_x——管段 1-2 中任一断面上的流量，L/s；

　　　L——管段 1-2 的长度，m；

　　　x——管段 1-2 中任一断面与起端 1 的距离，m；

　　　γ——转输流量与沿线流量的比值，即 $\gamma = \dfrac{q_t}{q_l}$。

管段 $\mathrm{d}x$ 中的水头损失为：

$$\mathrm{d}h = a\left(\gamma + \frac{L-x}{L}\right)^n q_l^n \mathrm{d}x \qquad (6-7)$$

式中　a——管段的比阻。

积分得到管段 1-2 的水头损失为：

$$h_l = \int_0^L \mathrm{d}h = \int_0^L a\left(\gamma + \frac{L-x}{L}\right)^n q_l^n \mathrm{d}x = \frac{1}{n+1}\left[(\gamma+1)^{n+1} - \gamma^{n+1}\right]aLq_l^n \qquad (6-8)$$

图 6-2 中的水平虚线表示沿线不变的折算流量 q，可表达为：

$$q = q_t + \alpha q_l = (\gamma + \alpha)q_l \tag{6-9}$$

式中 α——折算系数，是把沿线流量折算成在管段两端节点流出的流量，即节点流量的系数。

折算流量 q 所产生的水头损失为：

$$h_q = aLq^n = (\gamma + \alpha)^n aLq_l^n \tag{6-10}$$

按照沿线流量产生的水头损失 h_l 和折算流量产生的水头损失 h_q 相等的条件，即式（6-8）等于式（6-10），可得出折算系数 α 为：

$$\alpha = \sqrt[n]{\frac{(\gamma + 1)^{n+1} - \gamma^{n+1}}{n + 1}} - \gamma \tag{6-11}$$

通常情况下，圆管水流处于阻力平方区，则 $n = 2$，代入式（6-11），并简化，得：

$$\alpha = \sqrt{\gamma^2 + \gamma + \frac{1}{3}} - \gamma \tag{6-12}$$

由式（6-12）可知，折算系数 α 只与 γ 有关。在管网末端的管段，转输流量 q_t 为零，则 $\gamma = 0$，代入式（6-12），得：

$$\alpha = \sqrt{\frac{1}{3}} = 0.577$$

在管网前端的管段，转输流量 q_t 远大于沿线流量 q_l，则 $\gamma \to \infty$，折算系数 $\alpha \to 0.50$。

由此可见，因管段在管网中的位置不同，γ 不同，折算系数 α 也不同。一般，在靠近管网前端的管段，因转输流量远大于沿线流量，α 接近于 0.5；靠近管网末端的管段，值大于 0.5。为便于管网计算，通常统一采用 α 为 0.5，即将沿线流量折半作为管段两端的节点流量，已能满足实际工程的计算精确要求。

因此，管网中任一节点的节点流量等于与该节点相连各管段的沿线流量总和的一半，即：

$$q_{lj} = \alpha \sum q_l = 0.5 \sum q_l \tag{6-13}$$

式中 q_{lj}——节点流量，L/s。

所有节点流量计算完后，应核算流量平衡，即核算是否满足式（6-14）：

$$\sum q_{lj} = Q_h - \sum q_c \tag{6-14}$$

式中 $\sum q_{lj}$——节点流量总和，L/s。

如有较大误差，则应检查计算过程中的错误；如误差较小，可能是小数尾数四舍五入造成的计算精度误差，则可直接调整某些节点流量，使流量达到平衡。

6.1.4 节点设计流量

为了便于分析计算，规定所有流量只能从节点处流入或流出，管段沿线不再有流量进出。这样，管网图上只有集中在节点的流量，包括集中用户的集中流量和分散用户的沿线流量折算得到的节点流量。集中流量和节点流量都从节点流出，均为正值。节点设计流量为集中流量和节点流量总和，即：

$$q_j = q_{lj} + q_c \tag{6-15}$$

式中 q_j——节点设计流量，L/s。

所有节点设计流量计算完后，应核算流量平衡，即核算 $\sum q_j$ 是否等于 Q_h。如有较大误差，则应检查计算过程中的错误；如误差较小，可能是小数尾数四舍五入造成的计算精度误差，则可直接调整某些节点设计流量，使流量达到平衡。

【例 6-1】 如图 6-3（a）所示的给水管网，供水区的范围如虚线所示，长度比流量为 q_s，求各管段沿线流量 q_l 和各节点流量 q_{lj}。

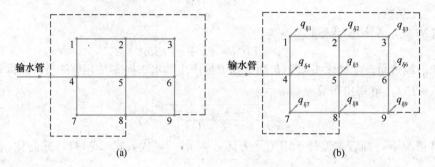

图 6-3　节点流量计算示意图

(a) 给水管网图；(b) 节点流量示意图

【解】 各管段沿线流量分别为：

$$q_{l1-2} = q_s l_{e1-2}$$
$$q_{l2-3} = q_s l_{e2-3}$$
$$q_{l1-4} = q_s l_{e1-4}$$
$$q_{l2-5} = q_s l_{e2-5}$$
$$q_{l3-6} = q_s l_{e3-6}$$
$$q_{l4-5} = q_s l_{e4-5}$$
$$q_{l5-6} = q_s l_{e5-6}$$
$$q_{l4-7} = q_s l_{e4-7}$$
$$q_{l5-8} = q_s l_{e5-8}$$
$$q_{l6-9} = q_s l_{e6-9}$$
$$q_{l7-8} = q_s l_{e7-8}$$
$$q_{l8-9} = q_s \times \frac{1}{2} l_{e8-9}$$

各节点流量分别为：

$$q_{lj1} = 0.5(q_{l1-2} + q_{l1-4})$$
$$q_{lj2} = 0.5(q_{l1-2} + q_{l2-3} + q_{l2-5})$$
$$q_{lj3} = 0.5(q_{l2-3} + q_{l3-6})$$
$$q_{lj4} = 0.5(q_{l1-4} + q_{l4-5} + q_{l4-7})$$
$$q_{lj5} = 0.5(q_{l2-5} + q_{l4-5} + q_{l5-6} + q_{l5-8})$$
$$q_{lj6} = 0.5(q_{l3-6} + q_{l5-6} + q_{l6-9})$$
$$q_{lj7} = 0.5(q_{l4-7} + q_{l7-8})$$
$$q_{lj8} = 0.5(q_{l5-8} + q_{l7-8} + q_{l8-9})$$
$$q_{lj9} = 0.5(q_{l6-9} + q_{l8-9})$$

【例 6-2】 如图 6-4 所示，某镇最高时用水量为 220.00L/s，其中工厂的最高时用水量为 70.00L/s，由节点 3 集中供给。已知 $l_{1-2} = l_{2-3} = 800m$，$l_{3-4} = l_{3-5} = 600m$。求供水区

各节点设计流量。

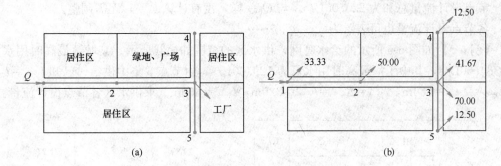

图 6-4 节点设计流量计算示意图

(a) 给水管网图；(b) 节点设计流量示意图

【解】管段计算长度总和为：

$$\sum l_e = l_{1-2} + \frac{1}{2}l_{2-3} + \frac{1}{2}l_{3-4} + \frac{1}{2}l_{3-5} = 800 + \frac{1}{2} \times 800 + \frac{1}{2} \times 600 + \frac{1}{2} \times 600 = 1800 \text{m}$$

管段长度比流量为：

$$q_s = \frac{Q_h - \sum q_c}{\sum l_e} = \frac{220.00 - 70.00}{1800} = 0.08333 \text{L/(s·m)}$$

根据 $q_l = q_s l_e$ 求出各管段沿线流量：

$$q_{l1-2} = q_s l_{1-2} = 0.08333 \times 800 = 66.66 \text{L/s}$$

$$q_{l2-3} = q_s \times \frac{1}{2}l_{2-3} = 0.08333 \times \frac{1}{2} \times 800 = 33.33 \text{L/s}$$

$$q_{l3-4} = q_s \times \frac{1}{2}l_{3-4} = 0.08333 \times \frac{1}{2} \times 600 = 25.00 \text{L/s}$$

$$q_{l3-5} = q_s \times \frac{1}{2}l_{3-5} = 0.08333 \times \frac{1}{2} \times 600 = 25.00 \text{L/s}$$

沿线流量总和为 149.99L/s，与 $Q_h - \sum q_c$ 相差 0.01L/s，属于计算误差，不进行调整，继续计算节点流量。

根据 $q_j = 0.5\sum q_l$ 求出各节点流量：

$$q_{lj1} = 0.5q_{l1-2} = 0.5 \times 66.66 = 33.33 \text{L/s}$$

$$q_{lj2} = 0.5(q_{l1-2} + q_{l2-3}) = 0.5 \times (66.66 + 33.33) = 50.00 \text{L/s}$$

$$q_{lj3} = 0.5(q_{l2-3} + q_{l3-4} + q_{l3-5}) = 0.5 \times (33.33 + 25.00 + 25.00) = 41.67 \text{L/s}$$

$$q_{lj4} = 0.5q_{l3-4} = 0.5 \times 25.00 = 12.50 \text{L/s}$$

$$q_{lj5} = 0.5q_{l3-5} = 0.5 \times 25.00 = 12.50 \text{L/s}$$

节点流量总和为 150.00L/s，与 $Q_h - \sum q_c$ 一样，没有计算误差，无需调整。

根据 $q_j = q_{lj} + q_c$ 求出各节点设计流量：

$$q_{j1} = q_{lj1} + q_{c1} = 33.33 + 0.00 = 33.33 \text{L/s}$$

$$q_{j2} = q_{lj2} + q_{c2} = 50.00 + 0.00 = 50.00 \text{L/s}$$

$$q_{j3} = q_{lj3} + q_{c3} = 41.67 + 70.00 = 111.67 \text{L/s}$$

$$q_{j4} = q_{lj4} + q_{c4} = 12.50 + 0.00 = 12.50 \text{L/s}$$

$$q_{j5} = q_{lj5} + q_{c5} = 12.50 + 0.00 = 12.50 \text{L/s}$$

节点设计流量总和为 220.00L/s，与 Q_h 一样，没有计算误差，无需调整。

各节点设计流量也可表示为 q_1、q_2、……。

【例 6-3】 如图 6-5 所示的给水管网，供水区的范围如虚线所示。某城镇最高时用水量为 384.00L/s，其中工厂最高时用水量为 129.00L/s，由节点 6 集中供给。已知 $l_{1-2} = l_{2-3} = l_{4-5} = l_{5-6} = 650$m，$l_{1-4} = l_{2-5} = l_{3-6} = 820$m，$l_{6-7} = 300$m。求供水区各节点设计流量。

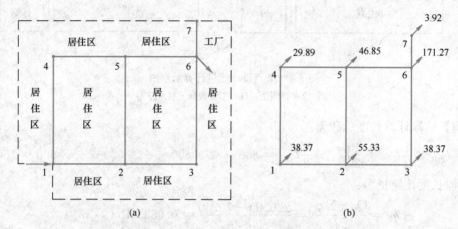

图 6-5 华北某城镇给水管网节点设计流量计算示意图
(a) 给水管网图；(b) 节点设计流量示意图

【解】 管段计算长度总和为：

$$\sum l_e = l_{1-2} + l_{2-3} + l_{1-4} + l_{2-5} + l_{3-6} + \frac{1}{2}l_{4-5} + l_{5-6} + \frac{1}{2}l_{6-7}$$

$$= 650 + 650 + 820 + 820 + 820 + \frac{1}{2} \times 650 + 650 + \frac{1}{2} \times 300$$

$$= 4885\text{m}$$

比流量为：

$$q_s = \frac{Q_h - \sum q_c}{\sum l_e} = \frac{384.00 - 129.00}{4885} = 0.05220 \text{L/(s} \cdot \text{m)}$$

根据 $q_l = q_s l_e$ 求出各管段沿线流量：

$$q_{l1-2} = q_s l_{1-2} = 0.05220 \times 650 = 33.93 \text{L/s}$$

$$q_{l2-3} = q_s l_{2-3} = 0.05220 \times 650 = 33.93 \text{L/s}$$

$$q_{l1-4} = q_s l_{1-4} = 0.05220 \times 820 = 42.80 \text{L/s}$$

$$q_{l2-5} = q_s l_{2-5} = 0.05220 \times 820 = 42.80 \text{L/s}$$

$$q_{l3-6} = q_s l_{3-6} = 0.05220 \times 820 = 42.80 \text{L/s}$$

$$q_{l4-5} = q_s \cdot \frac{1}{2} l_{4-5} = 0.05220 \times \frac{1}{2} \times 650 = 16.97 \text{L/s}$$

$$q_{l5-6} = q_s l_{5-6} = 0.05220 \times 650 = 33.93 \text{L/s}$$

$$q_{l6-7} = q_s \cdot \frac{1}{2} l_{6-7} = 0.05220 \times \frac{1}{2} \times 300 = 7.83 \text{L/s}$$

沿线流量总和为 254.99L/s，与 $Q_h - \sum q_c$ 相差 0.01L/s，属于计算误差，不进行调整，继续计算节点流量。

根据 $q_{lj} = 0.5 \sum q_l$ 求出各节点流量，具体计算见表 6-1。节点流量总和为 255.01L/s，与 $Q_h - \sum q_c$ 相差 0.01L/s，属于计算误差，则将节点 6 的节点流量由 42.28L/s 调整为 42.27L/s，表中数据为调整后数据。

根据 $q_j = q_{lj} + q_c$ 求出各节点设计流量，具体数值见表 6-1。节点设计流量总和为 384.00L/s，与 Q_h 一样，没有计算误差，无需调整。

节点流量和节点设计流量计算表 (例 6-3)　　　　　　　　　　表 6-1

节点编号	节点流量 q_{li} （L/s）	集中流量 q_c （L/s）	节点设计流量 q_j （L/s）
1	$0.5(q_{l1-2} + q_{l1-4}) = 0.5 \times (33.93 + 42.80) = 38.37$	0.00	38.37
2	$0.5(q_{l1-2} + q_{l2-3} + q_{l2-5}) = 0.5 \times (33.93 + 33.93 + 42.80) = 55.33$	0.00	55.33
3	$0.5(q_{l2-3} + q_{l3-6}) = 0.5 \times (33.93 + 42.80) = 38.37$	0.00	38.37
4	$0.5(q_{l1-4} + q_{l4-5}) = 0.5 \times (42.80 + 16.97) = 29.89$	0.00	29.89
5	$0.5(q_{l2-5} + q_{l4-5} + q_{l5-6}) = 0.5 \times (42.80 + 16.97 + 33.93) = 46.85$	0.00	46.85
6	$0.5(q_{l3-6} + q_{l5-6} + q_{l6-7}) = 0.5 \times (42.80 + 33.93 + 7.83) = 42.28$(调整为 42.27)	129.00	171.27
7	$0.5 q_{l6-7} = 0.5 \times 7.83 = 3.92$	0.00	3.92
合计	255.00	129.00	384.00

6.2　管段设计流量的计算

管段计算时，任一管段的计算流量实际上包括该管段两侧的沿线流量和通过该管段输水到以后管段的转输流量。为了初步确定每一管段的设计流量，必须按照设计年限内的最高时用水量进行流量分配，得出各管段流量后，才能据此流量确定管径和进行水力计算，所以流量分配是管网计算中的一个重要环节。

求出管网的节点流量后，就可以进行管网的流量分配。

管网的流量分配须遵循连续性方程，即流入某节点的所有流量之和应等于流出该节点的所有流量之和。下面从树状网和环状网两种情况进行分述。

6.2.1　树状网管段设计流量

对于单水源的树状网，从水源供水到各节点只有一个水流方向。对于每一个节点，遵循水流的连续性原理列连续性方程，即可得到每一管段的设计流量。

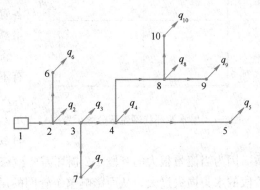

图 6-6　树状网管段设计流量计算示意图

如图 6-6 所示的树状网，管段 4-5、管段 8-9、管段 8-10、管段 4-8、管段 3-4、管段 2-3 和管段 1-2 的设计流量分别为：

$$q_{4-5} = q_5$$

$$q_{8-9} = q_9$$

$$q_{8-10} = q_{10}$$
$$q_{4-8} = q_8 + q_{8-9} + q_{8-10} = q_8 + q_9 + q_{10}$$
$$q_{3-4} = q_4 + q_{4-5} + q_{4-8} = q_4 + q_5 + q_8 + q_9 + q_{10}$$
$$q_{2-3} = q_3 + q_4 + q_5 + q_7 + q_8 + q_9 + q_{10}$$
$$q_{1-2} = q_2 + q_3 + q_4 + q_5 + q_6 + q_7 + q_8 + q_9 + q_{10}$$

可以看出，对于单水源的树状网，任一管段的设计流量等于该管段以后（顺水流方向）所有节点流量之和。

树状网的流量分配比较简单，各管段的流量易于确定，并且每一管段只有唯一的流量值。

6.2.2　环状网管段设计流量

环状网的流量分配比较复杂，因为各管段流量与以后各节点流量没有直接的联系，并且在一个节点上连接几条管段，与任一节点相连的流量包括该节点的节点流量及流入和流出该节点的管段流量。所以环状网流量分配时，到任一节点的水流情况较为复杂，不可能像树状网一样，每一管段得到唯一的流量值；环状网的管段流量分配不具有唯一性，这也是两者之间的主要区别之一。

环状网的流量分配仍须遵循水流的连续性原理，即连续性方程。下面从单水源环状网和多水源环状网两种情况分述环状网的流量分配。

1. 单水源环状网的流量分配

如图 6-7 所示的单水源环状网，初拟各管段水流方向后，对节点 1 列连续性方程，得：

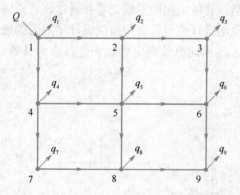

图 6-7　单水源环状网流量分配示意图

$$Q = q_1 + q_{1-2} + q_{1-4}$$
或　　　$$Q - q_1 = q_{1-2} + q_{1-4}$$

可以看出，对节点 1 而言，即使进入管网的总流量 Q 和节点流量 q_1 已知，与节点 1 相连的各管段流量仍得不到确定的值，如 q_{1-2} 和 q_{1-4}，虽然两者之和等于 $Q - q_1$，是一个确定值，但每一管段的流量，可以有不同的分配流量，也就是有不同的管段流量。如管段 1-2 分配很大的流量 q_{1-2}，而另一管段 1-4 分配很小的流量 q_{1-4}，仍满足 $q_{1-2} + q_{1-4} = Q - q_1$，保持水流的连续性，这时敷管费用虽然比较经济，但和安全供水产生矛盾。因为当流量很大的管段 1-2 损坏需要检修时，全部流量必须在管段 1-4 中通过，使该管段的水头损失过大，从而影响整个管网的供水量或水压，所以这样分配并不合理。

环状网可以有很多不同的流量分配方案，但是都应保证供给用户有所需的水量，并且满足节点流量平衡的条件。因为流量分配的不同，所以每一方案所得的管径也有差异，管网总造价也不相等，但一般不会有明显的差别。

根据研究结果，认为在现有的管线造价指标下，环状网只能得到近似而不是优化的经济流量分配方案，详见第 10 章。如在流量分配时，使环状网中某些管段的流量为零，即将环状网改成树状网，才能得到最经济的流量分配，但是树状网并不能保证安全供水。

综上所述，环状网流量分配时，应同时照顾经济性和可靠性。经济性是指流量分配后得到的管径，应使设计年限内的管网建设投资费用和运行管理费用之和为最小。可靠性是指能向用户不间断地供水，并且保证应有的水量、水压和水质。在实际工程中，往往很难兼顾经济性和可靠性这两个方面，一般只能在满足可靠性的要求下，力求管网造价最为经济。

环状网流量分配的步骤总结如下：

① 选定管网控制点。根据整个管网的供水情况等，选定整个管网的控制点。管网控制点是管网正常工作时和事故时必须保证所需水压的点，一般选在供水区内离二级泵站最远或地形较高之处。

② 初拟各管段水流方向。根据整个管网的供水情况及管网控制点的位置等，确定管网的主要供水方向，进而初步拟定各管段的水流方向。

③ 尽量均衡分配平行干管流量。为了可靠供水，从二级泵站到控制点之间选定几条主要的平行干管线；按照水流连续性原理，考虑最短线路供水原则及供水可靠性要求，给这些平行干管分配大致相近的流量。这样，当其中一条干管损坏，流量由其他干管转输时，不会使这些干管中的流量增加过多。

④ 尽量较少分配连接管段流量（相对干管流量而言）。与干管线垂直的连接管，其作用主要是沟通平行干管之间的流量，有时起一些输水作用，有时只是就近供水到用户，平时流量一般不大，只有在干管损坏时才转输较大的流量，因此连接管中可分配相对于相连干管流量而言较少的流量。

由于实际管网的管线错综复杂，大用户位置不同，上述原则必须结合具体条件，分析水流情况加以运用。

2. 多水源环状网的流量分配

对于多水源环状网，首先要根据每一水源的供水量确定其大致供水区域，初步确定各水源的供水分界线；然后从各水源开始，在各自的供水区内，循供水主流方向按每一节点符合水流连续性原理的条件，以及经济和安全可靠供水的考虑，进行流量分配。位于供水分界线上各节点的流量，往往由几个水源同时供给；各水源的供水量应为该水源供水范围内的所有节点流量与供水分界线上由该水源供给的节点流量之和。

环状网流量分配后即可得出各管段设计流量，由此流量即可确定管径。

6.3 管径的确定

确定管网中每一管段的直径是给水管网设计的主要内容之一。管段的直径应按管段设计流量确定。

管段流量与管径之间存在以下关系：

$$q = Av = \frac{\pi D^2}{4} v \tag{6-16}$$

式中　　q——管段流量，m^3/s；

　　　　A——过水断面面积，m^2；

　　　　v——管中水流流速，m/s；

　　　　D——管段直径，m。

由式（6-16）可得：

$$D = \sqrt{\frac{4q}{\pi v}} \tag{6-17}$$

由式（6-17）可知，管径不仅与管段流量有关，而且与流速的大小有关。如管段流量已知，而流速未定，管径仍然无法确定。所以即使已知管段流量，也要选定流速之后才能确定管径。

为了防止管网因水锤现象出现事故，最大流速不应超过 $2.5 \sim 3m/s$；在输送浑浊的原水时，为了避免水中悬浮物质在水管内沉积，最小流速通常不得小于 $0.6m/s$。可见技术上允许的流速范围是比较大的。因此，需在上述流速范围内，根据当地的经济条件，考虑管网造价和运行管理费用，来选定合适的流速。

6.3.1 水泵供水管网的管径确定

设 C 为一次投资的管网造价，或管网建设投资费用，M 为每年运行管理费用，则在投资偿还期 t 年内的总费用 W_t 为：

$$W_t = C + Mt \tag{6-18}$$

式中　W_t——投资偿还期内的总费用，元；

　　　C——管网造价或管网建设投资费用，元；

　　　M——年运行管理费用，元/a；

　　　t——投资偿还期，a，可参照我国城市基础设施建设项目的投资计算期，取值 $15 \sim 20a$。

运行管理费用包括运行费 M_1 和折旧大修费 M_2，折旧大修费与管网造价有关，按管网造价的百分数计，代入式（6-18），可得：

$$W_t = C + (M_1 + M_2)t = C + (M_1 + pC)t \tag{6-19}$$

式中　M_1——年运行费，元/a，主要考虑电费，其他费用相对较小，可忽略不计；

　　　M_2——年折旧大修费，元/a，按管网造价的百分数计，可表示为 pC；

　　　p——年折旧大修费率，一般取 $2.5\% \sim 3.0\%$。

如以一年为基础求出管网建设投资总费用 W_t 的年平均值，即有条件地将管网造价折算为一年的费用，则得年费用折算值为：

$$W = \frac{C}{t} + M = \left(\frac{1}{t} + p\right)C + M_1 \tag{6-20}$$

式中　W——年费用折算值，元/a。

由式（6-20）可知，公式等号右边的第 1 项与管网造价相关，第 2 项与电费相关。当流量相同时，如果流速取得小些，管径相应增大，管网造价增加，式（6-20）中等号右边的第 1 项增大；但管中的水头损失相应减小，水泵所需扬程相应降低，式（6-20）中等号右边的第 2 项减小。反之亦然。可见，管网造价和电费都与管径和流速有关。年费用折算值 W 与管径 D 及年费用折算值 W 与流速 v 的关系，分别如图 6-8 和图 6-9 所示。

由图 6-8 和图 6-9 可知，年费用折算值随管径和流速的大小而变化，均为一条下凹的曲线，说明存在年费用折算值的最小值，即相应于曲线的最低点对应的纵坐标值，对应于最小年费用折算值的管径和流速就是最经济的。年费用折算值最小所对应的管径和流速即为经济管径 D_e 和经济流速 v_e。

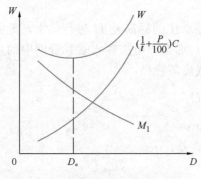
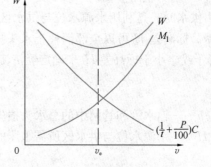

图 6-8　年费用折算值与管径的关系　　　　图 6-9　年费用折算值与流速的关系

各城市的经济流速值应按当地、当时的管材和管件价格、施工费用、电价等条件进行确定，不宜直接套用其他城市的数据，也不宜直接套用该城市其他时期的数据。管网中各管段的经济流速也不一样，还需根据管网图形、该管段在管网中的位置、该管段流量和管网总流量的比例等因素进行确定。因为经济流速计算复杂，有时简便地应用"界限流量表"确定经济管径，详见第 10 章。

水管有标准管径，如 200mm、250mm……分档不多，按经济管径法算出的不一定是标准管径，此时可选用相近的标准管径。

由于实际管网的复杂性，加之情况在不断变化，例如流量在不断增长，管网逐步扩展，水管价格、电价等经济指标也在变化，要从理论上计算管网造价和年运行管理费用相当复杂且有一定的难度。在条件不具备时，设计中可采用平均经济流速来确定管径，得出的是近似的经济管径，见表 6-2。

平均经济流速　　　　　　　　　　　　　表 6-2

管径（mm）	100~400	≥400
平均经济流速（m/s）	0.6~0.9	0.9~1.4

在选取经济流速和确定管径时，需考虑以下原则：

① 一般大管径可取较大的平均经济流速，小管径可取较小的平均经济流速。

② 首先定出管网所采用的最小管径（由消防流量确定），按经济流速确定的管径小于最小管径时，一律采用最小管径。

③ 连接管属于管网的构造管，应注重安全可靠性，其管径应由管网构造来确定，即按与它连接的次要干管管径相当或小一号确定。

④ 由管径和管道比阻之间的关系可知，当管径较小时，管径缩小或放大一号，水头损失增减明显，甚至会大幅度增减，而所需管材费用变化不大；当管径较大时，管径缩小或放大一号，水头损失增减不是很明显，而所需管材费用变化较大。因此，在确定管网管径时，一般对于管网前端的大口径管道可按较大的或略高于平均经济流速来确定管径，对于管网末端较小口径的管道，可按较小的或略低于平均经济流速来确定管径。特别是对确定水泵扬程影响较大的管段，适当降低流速，使管径放大一号，比较经济。

⑤ 含管材价格、施工费用等的管线造价较高而电价相对较低时，可取较大的经济流速和较小的管径；反之取较小的经济流速和较大的管径。

6.3.2 重力供水管网的管径确定

重力供水时，是利用水源水位与供水区所需水压的标高差 H 进行供水，无需抽水所需的电费。标高差 H 可以全部消耗于水头损失，那么，可按输水管和管网中的总水头损失 $\sum h$ 等于或略小于标高差 H 来确定经济流速或经济管径：

$$\sum h \leqslant H \tag{6-21}$$

式中　$\sum h$——输水管和管网中的总水头损失，m；

　　　H——水源水位与供水区所需水压的标高差，m。

6.4　水头损失的计算

管网的总水头损失包括沿程水头损失和局部水头损失，即：

$$h = h_\mathrm{f} + h_l \tag{6-22}$$

式中　h——管网的总水头损失，m；

　　　h_f——管网的沿程水头损失，m；

　　　h_l——管网的局部水头损失，m。

大量的计算表明，管网的局部水头损失一般不超过沿程水头损失的 $5\% \sim 10\%$，所以在管网水力计算中，主要考虑沿程水头损失，忽略局部水头损失，或将局部水头损失按沿程水头损失的 $5\% \sim 10\%$ 计算。下面介绍几种国内外使用较为广泛的沿程水头损失计算公式。

6.4.1 沿程水头损失的计算

（1）谢才（Chezy）公式

管渠沿程水头损失通常用谢才公式计算，其形式为：

$$h_\mathrm{f} = \frac{v^2}{C^2 R} l \tag{6-23}$$

式中　v——过水断面平均流速，m/s；

　　　C——谢才系数；

　　　R——过水断面水力半径，m，即过水断面面积与湿周之比；对于圆管满流，水力半径为管径 D 的 $\frac{1}{4}$，即 $R = \dfrac{D}{4}$；

　　　l——管渠长度，m。

（2）达西—韦伯（Darcy-Weisbach）公式

对于圆管满流，沿程水头损失通常用达西—韦伯公式计算，其形式为：

$$h_\mathrm{f} = \lambda \frac{l}{D} \frac{v^2}{2g} \tag{6-24}$$

式中　λ——沿程阻力系数，$\lambda = \dfrac{8g}{C^2}$；

　　　D——管道计算内径，m；

　　　g——重力加速度，m/s²。

（3）海曾—威廉（Hazen-Williams）公式

海曾—威廉公式适用于较光滑的圆管满流紊流计算，其形式为：

$$h_f = \frac{10.67q^{1.852}}{C_h^{1.852}D^{4.87}}l \tag{6-25}$$

式中　q——管段流量，m^3/s；

　　C_h——海曾—威廉系数，其值见表6-3。

（4）曼宁（Manning）公式

谢才系数 C 与水流流态有关，是上述公式在实际工程中得到正确应用的关键。为了正确使用上述公式进行不同条件和不同流态的水力计算，科学工作者开展了长期的科学研究。

曼宁引入管渠粗糙系数 n，并给出了式（6-26）中的谢才系数 C 的计算公式，称为曼宁公式，适用于明渠、非满管流或较粗糙的管道水力计算，公式为：

$$C = \frac{1}{n}R^{\frac{1}{6}} \tag{6-26}$$

式中　n——粗糙系数，其值见表6-3。

管道沿程水头损失水力计算参数值　　表6-3

管道种类		海曾—威廉系数 C_h	粗糙系数 n
钢管、铸铁管	水泥砂浆内衬	120～130	0.011～0.012
	涂料内衬	130～140	0.0105～0.0115
	旧钢管、旧铸铁管（未做内衬）	90～100	0.014～0.018
混凝土管	预应力混凝土管（PCP）	110～130	0.012～0.013
	预应力钢筒混凝土管（PCCP）	120～140	0.011～0.0125
矩形混凝土管道		—	0.012～0.014
塑料管材（聚乙烯管、聚氯乙烯管、玻璃纤维增强树脂夹砂管等），内衬塑料的管道		140～150	—

（5）巴甫洛夫斯基（Н. Н. Павловский）公式

巴甫洛夫斯基将曼宁公式中的常数指数 $\frac{1}{6}$ 改进为粗糙系数 n 和水力半径 R 的函数，提高了曼宁公式的准确度，适用于明渠、非满管流或较粗糙的管道水力计算，公式为：

$$C = \frac{1}{n}R^y \tag{6-27}$$

式中　$y = 2.5\sqrt{n} - 0.13 - 0.75\sqrt{R}(\sqrt{n} - 0.10)$。

（6）柯尔勃洛克—怀特（Colebrook-White）公式

柯尔勃洛克—怀特公式适用于各种流态，是适用性和计算精度最高的公式之一，其形式为：

$$C = -17.7\lg\left(\frac{e}{14.8R} + \frac{C}{3.53Re}\right) \tag{6-28}$$

$$\frac{1}{\sqrt{\lambda}} = -2\lg\left(\frac{e}{3.7D} + \frac{2.51}{Re\sqrt{\lambda}}\right) \tag{6-29}$$

式中　e——管壁当量粗糙度，m，见表6-4；

　　　Re——雷诺数。

　　式（6-28）和式（6-29）为隐函数形式，等号两侧都有未知数，须用迭代法求解。

常用管壁当量粗糙度 e（mm） 表6-4

管壁材料	光滑	平均	粗糙
玻璃拉成的材料	0	0.003	0.006
钢、PVC 或 AC	0.015	0.03	0.06
有覆盖的钢	0.03	0.06	0.15
镀锌管、陶土管	0.06	0.015	0.3
铸铁或水泥衬里	0.15	0.3	0.6
预应力混凝土或木管	0.3	0.6	1.5
铆接钢管	1.5	3	6
结瘤的给水主管线或脏的污水管道	6	15	30
毛砌石头或土渠	60	150	300

6.4.2　沿程水头损失计算公式的比较与选用

沿程水头损失计算公式都是在一定的实验基础上建立起来的，由于实验条件的差别，各公式的适用条件和计算精度有所不同。对上述几个计算公式进行分析比较如下：

（1）谢才公式和达西—韦伯公式为管渠水力计算的经典公式，已经成为管网水力计算的基本公式，谢才系数 C 和沿程阻力系数 λ 的科学计算和应用是管网水力计算正确性的关键。

（2）柯尔勃洛克—怀特公式适用于较广的流态范围，可以认为其具有较高的精确度。其缺点是计算过程比较烦琐和费时，但在应用计算机进行计算时，已经不再有困难。

（3）巴甫洛夫斯基公式是对曼宁公式的修正和改进，其计算结果的准确性得到了进一步的提高。该公式具有较宽的适用范围，特别是对于较粗糙的管道和较大范围的水流流态，仍能保持较准确的计算结果，最佳适用范围为 1.0mm≤e≤5.0mm。与柯尔勃洛克—怀特公式类似，其缺点是计算过程比较烦琐，人工计算困难。

（4）曼宁公式简捷明了，应用方便，特别适用于较粗糙的非满管流和明渠均匀流的水力计算，最佳适用范围为 0.5mm≤e≤4.0mm。

（5）海曾—威廉公式特别适用于给水管网的水力计算，应用广泛，具有较高的计算精度。

正确选用沿程水头损失计算公式，具有重要经济价值和工程意义。实践证明，由于计算公式本身的某些缺陷和系数值在选用上的差别，应用不同的计算公式所产生的计算结果有时相差较大。如果公式选用不当，可能导致设计者选用不合理的管径和水泵扬程等，使水头损失和水泵扬程偏离实际，造成不应有的经济损失，降低工程投资效益，从而不能保证供水的经济性和可靠性。究竟应选用哪种公式，系数如何选择，应参照实际的科学测定和有关规定。

6.4.3　沿程水头损失公式的指数形式

将沿程水头损失计算公式写成指数形式，有利于统一计算公式的表达形式，简化管网水力计算，也便于计算机程序设计和编程。沿程水头损失计算公式的指数形式为：

$$h_f = \frac{kq^n}{D^m}l = alq^n = sq^n \tag{6-30}$$

式中　k，n，m——参数，由不同计算公式转化的指数公式，具有各自对应的参数计算值，见表6-5；

　　　　　a——管道比阻，即单位管长的摩阻系数，s^2/m^6，$a = \frac{k}{D^m}$；

　　　　　s——管道摩阻，s^2/m^5，$s = al = \frac{kl}{D^m}$。

表 6-5

沿程水头损失指数公式的参数值

参数	海曾—威廉公式	曼宁公式
k	$\dfrac{10.67}{C_h^{1.852}}$	$10.29n^2$
n	1.852	2.0
m	4.87	5.333

注：本表通过曲线拟合求得，适用范围 $T = 10 \sim 25℃$；$D = 0.1 \sim 1.0m$；$v = 0.5 \sim 2.5m/s$。

6.5　树状网水力计算

树状网的计算比较简单。因为树状网的供水线路唯一，或者说水流方向唯一，每一管段流量容易确定，只要在每一节点应用节点连续性方程，无论从水源起顺水流方向推算或从管网控制点起向水源方向逆向推算，或者应用单水源树状网的任一管段设计流量等于该管段以后所有节点流量之和，都只能得到唯一的管段流量，所以树状网只有唯一的流量分配。

单水源树状网的水力计算步骤：

（1）计算节点设计流量；

（2）计算管段设计流量；

（3）确定管段直径；

（4）计算水头损失；

（5）确定水泵扬程和水塔高度。

【例6-4】某城镇供水区用水人口为3.1万人，最高日用水量定额为120L/(人·d)，时变化系数为1.6，建筑物标准层数为5层。节点4接某工厂，工业用水量为650.0m³/d，两班制，均匀使用。城市地形平坦，地面标高为106.02m，管网计算图如图6-10所示。泵站（节点1）到节点2的管段为输水管道，两侧无用户；泵站吸水井最低水位标高为105.70m，泵站内的水头损失为2.58m。管材采用涂料内衬的铸铁管。

【解】（1）计算节点设计流量

① 计算管网设计用水量

综合生活用水量为：

$$Q_1 = qNf = 0.120 \times 31000 \times 100\% = 3720.0m^3/d$$

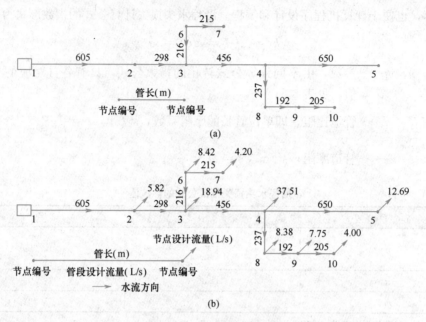

图 6-10　树状网计算图

（a）树状网计算图；（b）树状网计算结果图

工业企业用水量为：

$$Q_2 = 650.0 \text{m}^3/\text{d}$$

浇洒市政道路、广场和绿地用水量为：

$$Q_3 = 10\%(Q_1 + Q_2) = 437.0 \text{m}^3/\text{d}$$

管网漏损水量为：

$$Q_4 = 10\%(Q_1 + Q_2 + Q_3) = 480.7 \text{m}^3/\text{d}$$

未预见水量为：

$$Q_5 = 10\%(Q_1 + Q_2 + Q_3 + Q_4) = 528.8 \text{m}^3/\text{d}$$

最高日用水量为：

$$Q_d = \sum_{i=1}^{5} Q_i = 3720.0 + 650.0 + 437.0 + 480.7 + 528.8 = 5816.5 \text{m}^3/\text{d}$$

最高时用水量为：

$$Q_h = K_h \frac{Q_d}{T} = 1.6 \times \frac{5816.5}{24} = 387.77 \text{m}^3/\text{h} = 107.71 \text{L/s}$$

② 计算集中流量总和

大用户的集中流量总和为：

$$\Sigma q_c = K_{h2} \frac{Q_2}{T_2} = 1.0 \times \frac{650.0}{16} = 40.625 \text{m}^3/\text{h} = 11.28 \text{L/s}$$

③ 计算管段计算长度总和

管段 1-2 为输水管，两侧无用户，不配水，计算长度为 0；其余管段两侧均配水，计算长度为实际长度。管段计算长度总和为 2469m，具体计算见表 6-6。

④ 计算长度比流量

$$q_s = \frac{Q_h - \sum q_c}{\sum l_e} = \frac{107.71 - 11.28}{2469} = 0.03906 \text{L}/(\text{s} \cdot \text{m})$$

⑤ 计算沿线流量

根据 $q_l = q_s l_e$ 求出各管段沿线流量，具体数值见表 6-6。

管段计算长度和沿线流量计算表 表 6-6

管段编号	实际长度 l (m)	计算长度 l_e (m)	沿线流量 q_l (L/s)
1-2	605	0	0.000
2-3	298	298	11.640
3-4	456	456	17.811
4-5	650	650	25.389
3-6	216	216	8.437
6-7	215	215	8.398
4-8	237	237	9.257
8-9	192	192	7.500
9-10	205	205	8.007
合计	3074	2469	96.439

⑥ 计算节点流量

根据 $q_{lj} = 0.5 \sum q_l$ 求出各节点流量，节点流量总和为 96.439L/s，与 $(Q_h - \sum q_c)$ 一样。具体计算见表 6-7。

⑦ 计算节点设计流量

根据 $q_j = q_{lj} + q_c$ 求出各节点设计流量，节点设计流量总和为 107.71L/s，与 Q_h 一样。具体数值见表 6-7。

节点流量和节点设计流量计算表（例 6-4） 表 6-7

节点编号	节点流量 q_{lj} (L/s)	集中流量 q_c (L/s)	节点设计流量 q_j (L/s)
2	$0.5(q_{l1-2} + q_{l2-3}) = 0.5 \times (0.00 + 11.640) = 5.82$	0.00	5.82
3	$0.5(q_{l2-3} + q_{l3-4} + q_{l3-6}) = 0.5 \times (11.640 + 17.811 + 8.437) = 18.94$	0.00	18.94
4	$0.5(q_{l3-4} + q_{l4-5} + q_{l4-8}) = 0.5 \times (17.811 + 25.389 + 9.257) = 26.23$	11.28	37.51
5	$0.5 q_{l4-5} = 0.5 \times 25.389 = 12.69$	0.00	12.69
6	$0.5(q_{l3-6} + q_{l6-7}) = 0.5 \times (8.437 + 8.398) = 8.42$	0.00	8.42
7	$0.5 q_{l6-7} = 0.5 \times 8.398 = 4.20$	0.00	4.20
8	$0.5(q_{l4-8} + q_{l8-9}) = 0.5 \times (9.257 + 7.500) = 8.38$	0.00	8.38
9	$0.5(q_{l8-9} + q_{l9-10}) = 0.5 \times (7.500 + 8.007) = 7.75$	0.00	7.75
10	$0.5 q_{l9-10} = 0.5 \times 8.007 = 4.00$	0.00	4.00
合计	96.43	11.28	107.71

（2）计算管段设计流量

根据单水源树状网的任一管段设计流量等于该管段以后所有节点流量之和，求出各管段流量，具体数据见表 6-8。

（3）确定管段直径

根据管段设计流量与平均经济流速初步选定管径，各管段直径和实际流速见表 6-8。

（4）计算水头损失

水头损失按海曾—威廉公式计算，海曾—威廉系数取 130，各管段的 $1000i$ 和水头损失见表 6-8。

水力计算表 表 6-8

管段编号	实际管长 L (m)	管段流量 q (L/s)	计算管径 (mm)	公称直径 DN (mm)	计算内径 D (mm)	实际流速 v (m/s)	海曾—威廉系数 C_w	$1000i$	水头损失 h (m)
1-2	605	107.71	390	400	400	0.86	130	1.81	1.10
2-3	298	101.89	380	400	400	0.81	130	1.64	0.49
3-4	456	70.33	316	300	300	1.00	130	3.35	1.53
4-5	650	12.69	134	150	149	0.73	130	4.24	2.76
3-6	216	12.62	134	150	149	0.72	130	4.20	0.91
6-7	215	4.20	77	100	99	0.55	130	4.01	0.86
4-8	237	20.13	169	200	199	0.65	130	2.43	0.58
8-9	192	11.75	129	150	149	0.67	130	3.68	0.71
9-10	205	4.00	75	100	99	0.52	130	3.66	0.75

该树状管网共有 3 条管线：管线 1-2-3-4-5、管线 1-2-3-6-7 和管线 1-2-3-4-8-9-10，这 3 条管线的总水头损失分别为：

$$\Sigma h_{1-2-3-4-5} = h_{1-2} + h_{2-3} + h_{3-4} + h_{4-5} = 5.88\text{m}$$

$$\Sigma h_{1-2-3-6-7} = h_{1-2} + h_{2-3} + h_{3-6} + h_{6-7} = 3.36\text{m}$$

$$\Sigma h_{1-2-3-4-8-9-10} = h_{1-2} + h_{2-3} + h_{3-4} + h_{4-8} + h_{8-9} + h_{9-10} = 5.16\text{m}$$

3 条管线末端节点的地面标高和所需最小服务水头均相同。

根据管线的总水头损失、管线末端节点的地面标高和所需最小服务水头三者之和最大者为管网控制点，得到该树状管网的控制点为节点 5，即干管线为管线 1-2-3-4-5，支管线为管线 1-2-3-6-7 和管线 1-2-3-4-8-9-10。

（5）确定水泵扬程

水泵扬程为：

$$H_p = (Z_C + H_C - Z_p) + \Sigma h_{pC} = (106.02 + 24.00 - 105.70) + (2.58 + 5.88) = 32.78\text{m}$$

可根据干管上各支管接出处节点的水压标高得到各支线的允许水力坡度，并在此基础上进行各支线管段直径的优化，以充分利用已有的水头，降低工程建设成本。本例中两条支线的管径均不可减小，已为较优化方案。

对计算过程而言，各管段的流速 v 和 $1000i$ 不需单独求出，但它们是管网水力计算中很重要的两个参数，用以判断管径选择是否合理，所以建议单独列出。一般情况下，各管段的流速 v 可参照表 6-2 中的平均经济流速进行控制，$1000i$ 不超过 $3\sim5$，小管径的

$1000i$ 可适当大些，大管径的 $1000i$ 可适当小些。

6.6 环状网水力计算

6.6.1 环状网计算原理

环状网水力计算方法可分为 3 种：

（1）解环方程组。以管网中各管段流量为未知量，先在满足连续性方程的基础上初步分配流量，然后多次调整各管段流量以使各环同时满足能量方程，得出各管段流量。

（2）解节点方程组。以管网中各节点水压为未知量，先在满足能量方程的基础上初步拟定各节点水压，然后多次调整各节点水压以使各管段流量同时满足连续性方程，得出各节点水压。

（3）解管段方程组。以管网中各管段流量为未知量，直接应用连续性方程和能量方程，得出各管段流量。

1. 环方程组解法

环状网在进行管段流量的初步分配时，各节点流量符合连续性方程的要求；但在选定管径和求得各管段水头损失以后，每环往往不能满足能量方程的要求。因此解环方程组的环状网计算过程，就是在按初分流量确定的管径的基础上，反复校正各管段流量，直到同时满足连续性方程和能量方程时为止，这一计算过程称为管网平差。也就是说，平差就是求解 $J-1$ 个线性连续性方程和 L 个非线性能量方程组，以得到 P 个管段的流量。一般情况下，不能用直接法求解非线性能量方程组，而须用逐步近似法求解。

解环方程组有多种方法，常用的解法有哈代—克罗斯法和牛顿·拉夫森迭代法。L 个非线性能量方程可表示为：

$$\left.\begin{aligned}
F_1(q_1, q_2, \cdots, q_g) &= 0 \\
F_2(q_h, q_{h+1}, \cdots, q_k) &= 0 \\
\vdots \\
F_L(q_m, q_{m+1}, \cdots, q_p) &= 0
\end{aligned}\right\} \tag{6-31}$$

方程数等于环数 L，即每环一个方程，它包括该环的各管段流量，如式（6-31）方程组包含了管网中的全部管段流量。函数 F 有相同形式的 $\sum s_i |q_i|^{n-1} q_i$ 项，两环公共管段的流量同时出现在两邻环的方程中。

求解的过程是，首先初步分配各管段流量得到各管段的初分流量 $q_i^{(0)}$，分配时须满足节点流量平衡的要求，由此流量按经济流速选定管径，求出各管段的水头损失。此时每环如不满足能量方程，则对各管段的初分流量 $q_i^{(0)}$ 增加校正流量 Δq_i，再将 $q_i^{(0)} + \Delta q_i$ 代入式（6-31）中计算，目的是使各管段的初分流量逐步趋近于实际流量。代入得：

$$\left.\begin{aligned}
F_1(q_1^{(0)} + \Delta q_1, q_2^{(0)} + \Delta q_2, \cdots, q_g^{(0)} + \Delta q_L) &= 0 \\
F_2(q_h^{(0)} + \Delta q_1, q_{h+1}^{(0)} + \Delta q_2, \cdots, q_k^{(0)} + \Delta q_L) &= 0 \\
\vdots \\
F_L(q_m^{(0)} + \Delta q_1, q_{m+1}^{(0)} + \Delta q_2, \cdots, q_p^{(0)} + \Delta q_L) &= 0
\end{aligned}\right\} \tag{6-32}$$

将函数 F 展开，保留线性项得：

$$F_1(q_1^{(0)}, q_2^{(0)}, \cdots, q_g^{(0)}) + \left(\frac{\partial F_1}{\partial q_1}\Delta q_1 + \frac{\partial F_1}{\partial q_2}\Delta q_2 + \cdots + \frac{\partial F_1}{\partial q_g}\Delta q_L\right) = 0$$

$$F_2(q_h^{(0)}, q_{h+1}^{(0)}, \cdots, q_k^{(0)}) + \left(\frac{\partial F_2}{\partial q_h}\Delta q_1 + \frac{\partial F_2}{\partial q_{h+1}}\Delta q_2 + \cdots + \frac{\partial F_2}{\partial q_k}\Delta q_L\right) = 0 \qquad (6\text{-}33)$$

$$\vdots$$

$$F_L(q_m^{(0)}, q_{m+1}^{(0)}, \cdots, q_p^{(0)}) + \left(\frac{\partial F_L}{\partial q_m}\Delta q_1 + \frac{\partial F_L}{\partial q_{m+1}}\Delta q_2 + \cdots + \frac{\partial F_L}{\partial q_p}\Delta q_L\right) = 0$$

式（6-33）中的第一项与式（6-31）形式相同，只是用管段的初分流量 $q_i^{(0)}$ 代替管段流量 q_i，两者均表示各环在初步分配流量时的管段水头损失代数和，或称为闭合差 $\Delta h_i^{(0)}$，即：

$$\Sigma h_i^{(0)} = \Sigma s_i \, |q_i^{(0)}|^{n-1} q_i^{(0)} = \Delta h_i^{(0)} \qquad (6\text{-}34)$$

闭合差 $\Delta h_i^{(0)}$ 越大，说明各管段的初分流量与实际流量相差越大。

在式（6-33）中未知量是校正流量 Δq_i，它的系数是 $\dfrac{\partial F_i}{\partial q_i}$，即相应环对的偏导数。按初分流量 $q_i^{(0)}$，相应系数为 $ns_i \, (q_i^{(0)})^{n-1}$。

由上求得的是 L 个线性的方程组 Δq_i，而不是 L 个非线性的 q_i 方程组。

$$\Delta h_1 + ns_1 \, (q_1^{(0)})^{n-1}\Delta q_1 + ns_2 \, (q_2^{(0)})^{n-1}\Delta q_2 + \cdots + ns_g \, (q_g^{(0)})^{n-1}\Delta q_L = 0$$

$$\Delta h_2 + ns_h \, (q_h^{(0)})^{n-1}\Delta q_1 + ns_{h+1} \, (q_{h+1}^{(0)})^{n-1}\Delta q_2 + \cdots + ns_k \, (q_k^{(0)})^{n-1}\Delta q_L = 0 \qquad (6\text{-}35)$$

$$\vdots$$

$$\Delta h_L + ns_m \, (q_m^{(0)})^{n-1}\Delta q_1 + ns_{m+1} \, (q_{m+1}^{(0)})^{n-1}\Delta q_2 + \cdots + ns_p \, (q_p^{(0)})^{n-1}\Delta q_L = 0$$

综上所述，管网计算的任务是解 L 个线性的 Δq_i 方程组，每一方程表示一个环的校正流量，求解的是满足能量方程时的校正流量 Δq_i。由于初步分配流量时已经符合连续性方程，所以求解以上线性方程组时，必然同时满足 $J-1$ 个连续性方程。此后即可用迭代法来求解。

为了求解式（6-35）的线性方程组，可以采用提出的各环的管段流量用校正流量 Δq_i 调整的迭代方法，现以图 6-11 的四环管网为例，说明解环方程组的方法。

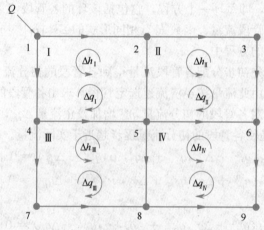

图 6-11　解环方程组的管网计算图

设初步分配的管段流量为 q_{ij}，取水头损失计算公式 $h = sq^n$ 中的 $n=2$，则 4 个环可列出 4 个能量方程，以求解 4 个未知的校正流量 Δq_{I}、Δq_{II}、Δq_{III}、Δq_{IV}：

$$
\left.
\begin{aligned}
& s_{1-2}\,(q_{1-2} + \Delta q_{\mathrm{I}})^2 + s_{2-5}\,(q_{2-5} + \Delta q_{\mathrm{I}} - \Delta q_{\mathrm{II}})^2 \\
& - s_{5-4}\,(q_{5-4} + \Delta q_{\mathrm{I}} - \Delta q_{\mathrm{III}})^2 - s_{4-1}\,(q_{4-1} + \Delta q_{\mathrm{I}})^2 = 0 \\
& s_{2-3}\,(q_{2-3} + \Delta q_{\mathrm{II}})^2 + s_{3-6}\,(q_{3-6} + \Delta q_{\mathrm{II}})^2 \\
& - s_{6-5}\,(q_{6-5} + \Delta q_{\mathrm{II}} - \Delta q_{\mathrm{IV}})^2 - s_{5-2}\,(q_{5-2} + \Delta q_{\mathrm{II}} - \Delta q_{\mathrm{I}})^2 = 0 \\
& s_{4-5}\,(q_{4-5} + \Delta q_{\mathrm{III}} - \Delta q_{\mathrm{I}})^2 + s_{5-8}\,(q_{5-8} + \Delta q_{\mathrm{III}} - \Delta q_{\mathrm{IV}})^2 \\
& - s_{8-7}\,(q_{8-7} + \Delta q_{\mathrm{III}})^2 - s_{7-4}\,(q_{7-4} + \Delta q_{\mathrm{III}})^2 = 0 \\
& s_{5-6}\,(q_{5-6} + \Delta q_{\mathrm{IV}} - \Delta q_{\mathrm{II}})^2 + s_{6-9}\,(q_{6-9} + \Delta q_{\mathrm{IV}})^2 \\
& - s_{9-8}\,(q_{9-8} + \Delta q_{\mathrm{IV}})^2 - s_{8-5}\,(q_{8-5} + \Delta q_{\mathrm{IV}} - \Delta q_{\mathrm{III}})^2 = 0
\end{aligned}
\right\}
\tag{6-36}
$$

将式（6-36）按二项式定理展开，并略去 Δq_i^2 项，整理得：

$$
\left.
\begin{aligned}
& (s_{1-2}q_{1-2}^2 + s_{2-5}q_{2-5}^2 - s_{5-4}q_{5-4}^2 - s_{4-1}q_{4-1}^2) + 2\,(\textstyle\sum |s_{ij}q_{ij}|)_{\mathrm{I}}\,\Delta q_{\mathrm{I}} \\
& - 2s_{2-5}q_{2-5}\Delta q_{\mathrm{II}} - 2s_{5-4}q_{5-4}\Delta q_{\mathrm{III}} = 0 \\
& (s_{2-3}q_{2-3}^2 + s_{3-6}q_{3-6}^2 - s_{6-5}q_{6-5}^2 - s_{5-2}q_{5-2}^2) + 2\,(\textstyle\sum |s_{ij}q_{ij}|)_{\mathrm{II}}\,\Delta q_{\mathrm{II}} \\
& - 2s_{6-5}q_{6-5}\Delta q_{\mathrm{IV}} - 2s_{5-2}q_{5-2}\Delta q_{\mathrm{I}} = 0 \\
& (s_{4-5}q_{4-5}^2 + s_{5-8}q_{5-8}^2 - s_{8-7}q_{8-7}^2 - s_{7-4}q_{7-4}^2) + 2\,(\textstyle\sum |s_{ij}q_{ij}|)_{\mathrm{III}}\,\Delta q_{\mathrm{III}} \\
& - 2s_{4-5}q_{4-5}\Delta q_{\mathrm{I}} - 2s_{5-8}q_{5-8}\Delta q_{\mathrm{IV}} = 0 \\
& (s_{5-6}q_{5-6}^2 + s_{6-9}q_{6-9}^2 - s_{9-8}q_{9-8}^2 - s_{8-5}q_{8-5}^2) + 2\,(\textstyle\sum |s_{ij}q_{ij}|)_{\mathrm{IV}}\,\Delta q_{\mathrm{IV}} \\
& - 2s_{5-6}q_{5-6}\Delta q_{\mathrm{II}} - 2s_{8-5}q_{8-5}\Delta q_{\mathrm{III}} = 0
\end{aligned}
\right\}
\tag{6-37}
$$

式（6-37）中括号内为初分流量条件下各环的闭合差 Δh_i，则得到下列线性方程组：

$$
\left.
\begin{aligned}
& \Delta h_{\mathrm{I}} + 2\,(\textstyle\sum |s_{ij}q_{ij}|)_{\mathrm{I}}\,\Delta q_{\mathrm{I}} - 2s_{2-5}q_{2-5}\Delta q_{\mathrm{II}} - 2s_{5-4}q_{5-4}\Delta q_{\mathrm{III}} = 0 \\
& \Delta h_{\mathrm{II}} + 2\,(\textstyle\sum |s_{ij}q_{ij}|)_{\mathrm{II}}\,\Delta q_{\mathrm{II}} - 2s_{6-5}q_{6-5}\Delta q_{\mathrm{IV}} - 2s_{5-2}q_{5-2}\Delta q_{\mathrm{I}} = 0 \\
& \Delta h_{\mathrm{III}} + 2\,(\textstyle\sum |s_{ij}q_{ij}|)_{\mathrm{III}}\,\Delta q_{\mathrm{III}} - 2s_{4-5}q_{4-5}\Delta q_{\mathrm{I}} - 2s_{5-8}q_{5-8}\Delta q_{\mathrm{IV}} = 0 \\
& \Delta h_{\mathrm{IV}} + 2\,(\textstyle\sum |s_{ij}q_{ij}|)_{\mathrm{IV}}\,\Delta q_{\mathrm{IV}} - 2s_{5-6}q_{5-6}\Delta q_{\mathrm{II}} - 2s_{8-5}q_{8-5}\Delta q_{\mathrm{III}} = 0
\end{aligned}
\right\}
\tag{6-38}
$$

解得每环的校正流量为：

$$
\left.
\begin{aligned}
\Delta q_{\mathrm{I}} &= \frac{1}{2\,(\textstyle\sum |s_{ij}q_{ij}|)_{\mathrm{I}}} (2s_{2-5}q_{2-5}\Delta q_{\mathrm{II}} + 2s_{5-4}q_{5-4}\Delta q_{\mathrm{III}} - \Delta h_{\mathrm{I}}) \\
\Delta q_{\mathrm{II}} &= \frac{1}{2\,(\textstyle\sum |s_{ij}q_{ij}|)_{\mathrm{II}}} (2s_{6-5}q_{6-5}\Delta q_{\mathrm{IV}} + 2s_{5-2}q_{5-2}\Delta q_{\mathrm{I}} - \Delta h_{\mathrm{II}}) \\
\Delta q_{\mathrm{III}} &= \frac{1}{2\,(\textstyle\sum |s_{ij}q_{ij}|)_{\mathrm{III}}} (2s_{4-5}q_{4-5}\Delta q_{\mathrm{I}} + 2s_{5-8}q_{5-8}\Delta q_{\mathrm{IV}} - \Delta h_{\mathrm{III}}) \\
\Delta q_{\mathrm{IV}} &= \frac{1}{2\,(\textstyle\sum |s_{ij}q_{ij}|)_{\mathrm{IV}}} (2s_{5-6}q_{5-6}\Delta q_{\mathrm{II}} + 2s_{8-5}q_{8-5}\Delta q_{\mathrm{III}} - \Delta h_{\mathrm{IV}})
\end{aligned}
\right\}
\tag{6-39}
$$

解线性 Δq_i 方程组有多种方法，本质上都要求以最小的计算工作量达到所需的精度。

由式（6-39）可知，任一环的校正流量 Δq_i 由两部分组成：一部分是受到邻环影响的校正流量，如式（6-39）括号内的前两项；另一部分是消除本环闭合差 Δh_i 的校正流量。这里不考虑通过邻环传来的其他各环的校正流量的影响，如图 6-11 中的环 Ⅰ，只计邻环Ⅱ和Ⅲ通过公共管段 2-5、5-4 传过来的校正流量 Δq_{II} 和 Δq_{III}，而不计环Ⅳ校正时对环Ⅰ

所产生的影响。

如果忽略环与环之间的相互影响，即每环调整流量时，不考虑邻环的影响，将式（6-39）中邻环的校正流量略去不计，可使运算简化，则每环的校正流量为：

$$\left.\begin{aligned}
\Delta q_{\mathrm{I}} &= -\frac{\Delta h_{\mathrm{I}}}{2\left(\sum |s_{ij}q_{ij}|\right)_{\mathrm{I}}} \\
\Delta q_{\mathrm{II}} &= -\frac{\Delta h_{\mathrm{II}}}{2\left(\sum |s_{ij}q_{ij}|\right)_{\mathrm{II}}} \\
\Delta q_{\mathrm{III}} &= -\frac{\Delta h_{\mathrm{III}}}{2\left(\sum |s_{ij}q_{ij}|\right)_{\mathrm{III}}} \\
\Delta q_{\mathrm{IV}} &= -\frac{\Delta h_{\mathrm{IV}}}{2\left(\sum |s_{ij}q_{ij}|\right)_{\mathrm{IV}}}
\end{aligned}\right\} \tag{6-40}$$

写成通式为：

$$\Delta q_i = -\frac{\Delta h_i}{2\sum |s_{ij}q_{ij}|} \tag{6-41}$$

当水头损失计算公式 $h = sq^n$ 中的 $n \neq 2$ 时，校正流量计算公式为：

$$\Delta q_i = -\frac{\Delta h_i}{n\sum |s_{ij}q_{ij}^{n-1}|} \tag{6-42}$$

采用海曾—威廉公式时，$n=1.852$，则：

$$\Delta q_i = -\frac{\Delta h_i}{1.852\sum |s_{ij}q_{ij}^{0.852}|} \tag{6-43}$$

计算时，可在管网计算图上标注闭合差 Δh_i 和校正流量 Δq_i 的方向和大小。校正流量 Δq_i 的方向与闭合差 Δh_i 的方向相反，正值用顺时针方向的箭头表示，负值用逆时针方向的箭头表示。

流量调整后，各环闭合差将减小，如仍不符合要求的精度，则应根据调整后的流量求出新的校正流量 $q_{ij}^{(n+1)}$：

$$q_{ij}^{(n+1)} = q_{ij}^{(n)} + \Delta q_i^{(n)} \tag{6-44}$$

继续平差，直至每一节点均满足连续性方程 $q_j + \sum q_{ij} = 0$ 为止。

在平差过程中，某一环的闭合差可能改变符号，或闭合差的绝对值可能变大，这是因为推导校正流量公式时略去了 Δq_i^2 项及各环之间的相互影响。

综上所述，可得应用哈代—克罗斯法求解环方程组的步骤如下：

（1）根据供水区的用水情况，拟定环状网各管段的水流方向，按照节点连续性方程，考虑最短线路供水原则及供水可靠性要求进行流量分配，得初步分配的管段流量 $q_{ij}^{(0)}$。

（2）根据初分流量 $q_{ij}^{(0)}$ 和界限流量（表 10-4）确定各管段直径 D_{ij}。

（3）应用水头损失计算公式计算各管段水头损失 $h_{ij}^{(0)}$。

（4）假定各环内水流为顺时针方向管段的水头损失为正，逆时针方向管段的水头损失为负，计算每环各管段水头损失代数和 $\sum h_{ij}^{(0)}$。如 $\sum h_{ij}^{(0)} \neq 0$，其差值即为第一次闭合差 $\Delta h_i^{(0)}$。

（5）验证每环闭合差 $\Delta h_i^{(0)}$ 是否满足能量方程 $\sum h_{ij}^{(0)} = 0$ 的计算精度要求。

（6）如每环闭合差均满足计算精度要求，则计算水泵扬程 H_p 和水塔高度 H_t 等，计算结束。

（7）如有任一环闭合差不满足计算精度要求，说明初分流量 $q_{ij}^{(0)}$ 有误差，需要进行流

量校正，计算每环各管段的 $\left| s_{ij} q_{ij}^{(0)} \right|$ 及其总和 $\sum \left| s_{ij} q_{ij}^{(0)} \right|$，求出每环的校正流量 $\Delta q_i^{(0)}$，据此调整各管段流量，得到第一次校正的管段流量：

$$q_{ij}^{(1)} = q_{ij}^{(0)} + \Delta q_s^{(0)} - q_n^{(0)} \tag{6-45}$$

式中　$\Delta q_s^{(0)}$ —— 本环的校正流量；

　　　$\Delta q_n^{(0)}$ —— 邻环的校正流量。

回到第（3）步，用此流量重新计算各管段水头损失和各环闭合差，直至每环闭合差均满足计算精度要求为止。

手工计算时，每环闭合差要求小于 0.5m，大环闭合差小于 1.0m；应用计算机计算时，闭合差的计算精度可考虑 0.001m。

2. 节点方程组解法

节点方程组解法是以管网中各节点压力值 H_j 为未知数建立的方程，是用节点水压 H_j（或两节点之间管段的水头损失 h_{ij}）表示管段流量 q_{ij} 的管网计算方法。

求解的过程是，首先根据能量方程 $\sum h_{ij} = 0$ 初步拟定各节点水压 H_j，故此时已满足能量方程。根据压降方程计算各管段流量 q_{ij}，再代入 $J-1$ 个，判断每一节点是否满足连续性方程 $q_j + \sum q_{ij} = 0$ 的条件。如每一节点均满足 $q_j + \sum q_{ij} = 0$，则计算水泵扬程 H_p 和水塔高度 H_t 等，计算结束；如有任一节点不满足 $q_j + \sum q_{ij} = 0$，则要计算节点水压校正值 ΔH_j：

$$\Delta H_j = -\frac{2\Delta q_j}{\sum \dfrac{1}{\sqrt{s_{ij} h_{ij}}}} = -\frac{2(q_j + \sum q_{ij})}{\sum \dfrac{1}{\sqrt{s_{ij} h_{ij}}}} \tag{6-46}$$

除水压一定的节点外，其余节点都要按 ΔH_j 进行水压的校正，得到新的节点水压 $H_j^{(n+1)}$：

$$H_j^{(n+1)} = H_j^{(n)} + \Delta H_j^{(n)} \tag{6-47}$$

继续平差，直至每一节点均满足连续性方程 $q_j + \sum q_{ij} = 0$ 为止。

可见，解节点方程组要联立 $J-1$ 个线性连续性方程进行求解，方程个数比解环方程组要多，计算过程更复杂；直接求解的是各节点水压 H_j。

综上所述，应用哈代—克罗斯法求解节点方程组的计算步骤为：

（1）根据泵站和管网控制点的水压标高，初步拟定各节点的初始水压 $H_j^{(0)}$，此时已满足能量方程 $\sum h_{ij}^{(0)} = 0$。

（2）根据压降方程计算各管段流量 $q_{ij}^{(0)} = \left(\dfrac{h_{ij}^{(0)}}{s_{ij}}\right)^{\frac{1}{2}} = \left(\dfrac{H_i^{(0)} - H_j^{(0)}}{s_{ij}}\right)^{\frac{1}{2}}$。

（3）将 $q_{ij}^{(0)}$ 代入 $J-1$ 个节点的 $q_j + \sum q_{ij}^{(0)}$。

（4）验证每一节点是否满足连续性方程 $q_j + \sum q_{ij}^{(0)} = 0$ 的计算精度要求。

（5）如每一节点均满足计算精度要求，则假定各节点初始水压 $H_j^{(0)}$ 为所求，计算水泵扬程 H_p 和水塔高度 H_t 等，计算结束。

（6）如有任一节点不满足计算精度要求，则要计算节点水压校正值 $\Delta H_j^{(0)}$：

$$\Delta H_j^{(0)} = -\frac{2\Delta q_j^{(0)}}{\sum \dfrac{1}{\sqrt{s_{ij} h_{ij}^{(0)}}}} = -\frac{2(q_j + \sum q_{ij}^{(0)})}{\sum \dfrac{1}{\sqrt{s_{ij} h_{ij}^{(0)}}}} \tag{6-48}$$

除水压一定的节点外，其余节点都要按 $\Delta H_j^{(0)}$ 进行水压的校正，得到第一次校正的节点水压 $\Delta H_j^{(1)}$ 为：

$$\Delta H_j^{(1)} = H_j^{(0)} + \Delta H_j^{(0)} \tag{6-49}$$

回到第（2）步重新计算，到每一节点均满足连续性方程的计算精度要求为止。

3. 管段方程组解法

管段方程组是以管网中管段流量 q_{ij} 为未知量建立起来的方程组。管段方程组解法是应用连续性方程和能量方程联立求解，即联立 $J-1$ 个线性连续性方程和 L 个非线性能量方程进行求解的计算方法。

求解的过程是，首先联立 $J-1$ 个线性连续性方程 $q_j + \sum q_{ij} = 0$ 和 L 个非线性能量方程 $\sum h_{ij} = \sum s_{ij} q_{ij}^n = 0$，然后将 L 个非线性能量方程转化为 L 个线性能量方程，则得到 $J+L-1$ 个，即 P 个线性方程组，可解得 P 个 q_{ij}。

可见，解管段方程组要联立 $P=J+L-1$ 个线性方程组求解，方程个数比解环方程组和解节点方程组都要多，计算过程更为复杂；直接求解的是各管段流量 q_{ij}。

环状网水力计算 3 种方法的异同点见表 6-9。

环状网水力计算 3 种方法的异同点　　　　表 6-9

项目	解环方程组	解节点方程组	解管段方程组
求解过程	环方程组解法是以管网中各管段流量 q_{ij} 为未知量，先在满足连续性方程的基础上初步分配流量 q_{ij}，然后多次调整各管段流量 q_{ij} 以使各环满足能量方程，得出各管段流量 q_{ij}	节点方程组解法是以管网中各节点水压 H_j 为未知量，先在满足能量方程的基础上初步拟定各节点水压 H_j，然后多次调整各节点水压 H_j 以使各管段流量 q_{ij} 满足连续性方程，得出各节点水压 H_j	管段方程组解法是以管网中各管段流量 q_{ij} 为未知量，直接应用连续性方程和能量方程，得出各管段流量 q_{ij}
求解方法	逐步近似法	逐步近似法	直接法
原理	$\sum h_{ij} = \sum [s_{ij}(q_{ij} + \Delta q_i)^2] = 0$	$q_{ij} = \left(\dfrac{h_{ij}}{s_{ij}}\right)^{\frac{1}{2}} = \left(\dfrac{H_i - H_j}{s_{ij}}\right)^{\frac{1}{2}}$ $q_i + \sum q_{ij} = 0$	$q_j + \sum q_{ij} = 0$ $\sum h_{ij} = \sum [s_{ij}(q_{ij}^{(0)})^{n-1} q_{ij}] = 0$
直接结果	校正流量 Δq_i	节点水压校正值 ΔH_j	管段流量 q_{ij}
最终结果	管段流量 q_{ij}（管径 D_{ij} 一定）→ 水头损失 h_{ij} → 水泵扬程 H_p、水塔高度 H_t		
方程个数	（L 个）少	（$J-1$ 个）较多	（P 个）最多
计算过程	简单	较复杂	复杂
运算方法	手算（电算更好）	电算	电算

6.6.2　单水源环状网计算

环状网是城镇给水管网的主要形式，环状网水力计算是管网计算的重点。

【例 6-5】某城市供水区用水人口为 5 万人，建筑物标准层数为 5 层。单水源供水管网及节点编号、管段长度、节点流量如图 6-12 所示。最高

思政案例4：
管网平差

时用水量为 219.8L/s，二级泵站吸水井最低水位为 88.53m，节点 1、4 和 7 处地面标高分别为 85.60m、85.53m 和 85.12m。管材采用水泥砂浆内衬的铸铁管。请根据已知条件进行环状网计算。

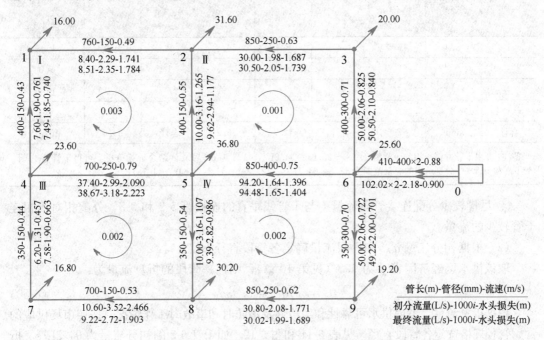

图 6-12　最高时单水源环状网计算图

【解】（1）根据供水区的用水情况，拟定各管段的水流方向。根据水流连续性原理，考虑最短线路供水原则及供水可靠性要求进行管段流量的初步分配，得到初分流量 $q_{ij}^{(0)}$。

① 选定管网控制点。根据供水区地形和用水情况，初步选定北供水区的管网控制点为节点 1，南供水区的管网控制点为节点 7，整个供水区的管网控制点为离泵站最远且地形更高的节点 1。

② 初拟各管段水流方向。北区供水主要方向为节点 6 向西北方向至节点 1，南区供水主要方向为节点 6 向西南方向至节点 7；初步拟定各管段水流方向如图 6-12 所示。

③ 尽量均衡分配"平行"干管流量。为了可靠供水，选定了管线 6-3-2-1、管线 6-5-4-1（或 7）和管线 6-9-8-7 这 3 条"平行"干管线；在分析供水区用水情况（表 6-10）的基础上，根据节点连续性方程，考虑最短线路供水原则及供水可靠性要求，给这 3 条"平行"干管分配大致相近的流量。

干管承担用水情况分析表　　　　　　　　　　　　　　　　表 6-10

干管 6-3			干管 6-9			干管 6-5		
节点编号	承担流量下限（L/s）	承担流量上限（L/s）	节点编号	承担流量下限（L/s）	承担流量上限（L/s）	节点编号	承担流量下限（L/s）	承担流量上限（L/s）
3	20.0	20.0	9	19.2	19.12	5	36.8	36.8
2	15.8	31.6	8	15.1	30.2	4	23.6	23.6

	干管 6-3			干管 6-9			干管 6-5	
节点编号	承担流量下限(L/s)	承担流量上限(L/s)	节点编号	承担流量下限(L/s)	承担流量上限(L/s)	节点编号	承担流量下限(L/s)	承担流量上限(L/s)
1	8.0	16.0	7	8.4	16.8	2	0.0	15.8
						1	0.0	8.0
						8	0.0	15.1
						7	0.0	8.4
合计	43.8	67.6	合计	42.7	66.2	合计	60.4	107.7

备注：3 根干管共需承担的流量为 219.8－25.6＝194.2L/s，1/3 为 64.7L/s。结合上述分析，可得干管 6-3、干管 6-9 和干管 6-5 分别承担的流量范围为 43.8～64.7L/s、42.7～64.7L/s 和 64.7～107.7L/s。

④ 尽量较少分配连接管段流量。与干管线垂直的连接管 5-2 和 5-8，分配相对于相连干管较少的流量。

（2）根据初分流量 $q_{ij}^{(0)}$ 和界限流量确定各管段直径 D_{ij}。

取该供水区经济因素 f 为 0.8（见第 10 章），则任一管段的折算流量为：

$$q_0 = \sqrt[3]{f}q_{ij} = 0.93q_{ij} \tag{6-50}$$

根据折算流量，考虑供水可靠性和经济性及消防时和事故时工作情况，按照市场供应的常用管径规格选定各管段直径，见表 6-11 和图 6-12。如干管 6-5 的初分流量为 94.2L/s，折算流量为 87.45L/s，从界限流量表查得管径为 350mm，考虑到市场供应的常用规格，应选择相邻的 300mm 或 400mm；从用水情况分析可知，干管 6-5 是 3 条平行干管中承担流量最大的干管，故选用 400mm。干管 4-1 和干管 4-7 的初分流量分别为 7.6L/s 和 6.2L/s，折算流量分别为 7.06L/s 和 5.76L/s，从界限流量表查得管径均为 100mm，考虑消防时可能通过较大的流量，而且 100mm 和 150mm 的管材及施工等费用相差不大，故放大到 150mm。连接管 5-2 和连接管 5-8 的初分流量均为 10L/s，折算流量为 9.28L/s，从界限流量表查得管径为 100mm，考虑事故时和消防时可能通过较大的流量，而且 100mm 和 150mm 的管道建设费用相差不大，故放大到 150mm。

（3）应用水头损失计算公式计算各管段水头损失 $h_{ij}^{(0)}$。

水头损失按海曾—威廉公式计算，海曾—威廉系数取 120，各管段的 $1000i$ 和水头损失分别为：

$$(1000i)_{ij} = \frac{10670q_{ij}^{1.852}}{120^{1.852}D_{ij}^{4.87}} \tag{6-51}$$

$$h_{ij} = \frac{10.67q_{ij}^{1.852}}{120^{1.852}D_{ij}^{4.87}}l_{ij} \tag{6-52}$$

计算结果见表 6-11。

（4）假定各环内水流为顺时针方向管段的水头损失为正，逆时针方向管段的水头损失为负，计算 4 个环的闭合差 $\Delta h_i^{(0)}$，计算结果见表 6-11。如 $\Delta h_i^{(0)} > 0$，说明初分流量中顺时针方向的流量多了，逆时针方向的流量少了；反之，$\Delta h_i^{(0)} < 0$，说明初分流量中逆时针

方向的流量多了，顺时针方向的流量少了。

（5）判断 4 个环的闭合差 $\Delta h_i^{(0)}$ 是否小于 0.005m。

各环闭合差均大于 0.005m。

（6）进行流量校正。

计算 4 个环各管段的 $|s_{ij}q_{ij}^{(0)}|$：

$$|s_{ij}q_{ij}^{(0)}| = \frac{h_{ij}^{(0)}}{q_{ij}^{(0)}} \tag{6-53}$$

计算 4 个环的 $\sum|s_{ij}q_{ij}^{(0)}|$。

计算每环的校正流量 $\Delta q_i^{(0)}$：

$$\Delta q_i^{(0)} = -\frac{\Delta h_i^{(0)}}{2\sum|s_{ij}q_{ij}^{(0)}|} \tag{6-54}$$

利用式（6-45）

$$q_{ij}^{(1)} = q_{ij}^{(0)} + \Delta q_{\mathrm{s}}^{(0)} - q_{\mathrm{n}}^{(0)}$$

得到各环各管段第一次校正的管段流量。

计算时应注意两环之间的公共管段，如管段 2-5、管段 4-5、管段 5-6 和管段 5-8。以管段 2-5 为例，为环Ⅰ和环Ⅱ的公共管段，初分流量为 10.00L/s，在环Ⅰ中的第一次校正流量为 $-10.00+0.16-(-0.35)=-9.49$L/s，在环Ⅱ中的第一次校正流量为 $10.00+(-0.35)-0.16=9.49$L/s，也就是说，公共管段的流量在相邻的两个环中，大小相等，方向相反。

回到第（3）步计算水头损失开始，重新计算。

经过 7 次校正后，4 个环的闭合差均小于 0.005m，大环 1-2-3-6-9-8-7-4-1 的闭合差为：

$$\sum h = -h_{1-2} - h_{2-3} - h_{3-6} + h_{6-9} + h_{9-8} + h_{8-7} - h_{7-4} + h_{4-1} = 0.008\text{m}$$

4 个基环和大环的闭合差均小于允许值，计算结束。

计算结果见表 6-11 和图 6-12。

（7）计算水泵扬程。

从泵站到管网的输水管道有两条，每条输水管的流量为 $219.8 \div 2 = 109.9$L/s，选定管径为 400mm，则水头损失为 0.90m。

从节点 6 到管网控制点 1 的水头损失取干管线 6-3-2-1 和干管线 6-5-4-1 的水头损失最大值，则最高时所需的水泵扬程为：

$$H_{\mathrm{p}} = H_0 + \sum h_{\mathrm{pC}} = (85.60 + 24.00 - 88.53) + (0.90 + 4.37) = 26.34\text{m}$$

6.6.3　多水源环状网计算

很多大中城市，由于用水量的增长，往往逐步发展成为多水源给水系统。多水源管网的计算原理虽然与单水源相同，但有其特点。多水源管网中每一水源的供水量，随着供水区用水量、水源的水压及管网中的水头损失而变化，从而存在各水源之间的供水量分配问题。

由于城市地形和保证供水区水压的需要，水塔可能设置在管网末端的高地上，这样就形成了对置水塔给水系统。如图 6-13 所示的对置水塔管网系统，有两种工作情况：

最高时单水源
环状网计算表

最高时单水源环状网计算表

表6-11

环号	管段编号	管段长 l(m)	公称直径(mm)	计算内径(mm)	C_h	初分流量 q(L/s)	初分流量 q_a(L/s)	初分流量 v(m/s)	初分流量 1000i	初分流量 h(cm)	初分流量 sq	第一次校正 q(L/s)	第一次校正 v(m/s)	第一次校正 1000i	第一次校正 h(cm)	第一次校正 sq	第七次校正 q(L/s)	第七次校正 v(m/s)	第七次校正 1000i	第七次校正 h(cm)	第七次校正 sq
I	1-2	760	150	149	120	-8.40	-7.80	-0.48	2.29	-1.741	0.207	-8.40+0.16=-8.24	-0.47	2.21	-1.680	0.204	-8.51	-0.49	2.35	-1.784	0.210
	2-5	400	150	149	120	-10.00	-9.28	-0.57	3.16	-1.265	0.127	-10.00+0.16-(-0.35)=-9.49	-0.54	2.87	-1.149	0.121	-9.62	-0.55	2.94	-1.177	0.122
	5-4	700	250	249	120	37.40	34.72	0.77	2.99	2.090	0.056	37.40+0.16-(-1.09)=38.64	0.79	3.17	2.220	0.057	38.67	0.79	3.18	2.223	0.057
	4-1	400	150	149	120	7.60	7.06	0.44	1.90	0.761	0.100	7.60+0.16=7.76	0.45	1.98	0.791	0.102	7.49	0.43	1.85	0.740	0.099
	Σ									-0.155	0.490				0.182	0.484				0.003	0.488
	Δq_I					$\Delta q_I=-\dfrac{-0.155}{2\times0.490}=0.16\,\mathrm{L/s}$						$\Delta q_I=-\dfrac{0.182}{2\times0.484}=-0.19\,\mathrm{L/s}$					$\Delta q_I=-\dfrac{0.003}{2\times0.488}=-0.00\,\mathrm{L/s}$				
II	2-3	850	250	249	120	-30.00	-27.85	-0.62	1.98	-1.687	0.056	-30.00+(-0.35)=-30.35	-0.62	2.03	-1.723	0.057	-30.50	-0.63	2.05	-1.739	0.057
	3-6	400	300	300	120	-50.00	-46.42	-0.71	2.06	-0.825	0.017	-50.00+(-0.35)=-50.35	-0.71	2.09	-0.836	0.017	-50.50	-0.71	2.10	-0.840	0.017
	6-5	850	400	400	120	94.20	87.45	0.75	1.64	1.396	0.015	94.20+(-0.35)-0.03=93.83	0.75	1.63	1.386	0.015	94.48	0.75	1.65	1.404	0.015
	5-2	400	150	149	120	10.00	9.28	0.57	3.16	1.265	0.127	10.00+(-0.35)-0.16=9.49	0.54	2.87	1.149	0.121	9.62	0.55	2.94	1.177	0.122
	Σ									0.149	0.214				-0.024	0.209				0.001	0.211
	Δq_{II}					$\Delta q_{II}=-\dfrac{0.149}{2\times0.214}=-0.35\,\mathrm{L/s}$						$\Delta q_{II}=-\dfrac{-0.024}{2\times0.209}=0.06\,\mathrm{L/s}$					$\Delta q_{II}=-\dfrac{0.001}{2\times0.211}=-0.00\,\mathrm{L/s}$				
III	4-5	700	250	249	120	-37.40	-34.72	-0.77	2.99	-2.090	0.056	-37.40+(-1.09)-0.16=-38.64	-0.79	3.17	-2.220	0.056	-38.67	-0.79	3.18	-2.223	0.057
	5-8	350	150	149	120	10.00	9.28	0.57	3.16	1.107	0.111	10.00+(-1.09)-0.03=8.88	0.51	2.54	0.890	0.100	9.39	0.54	2.82	0.986	0.105
	8-7	700	150	149	120	10.60	9.84	0.61	3.52	2.466	0.233	10.60+(-1.09)=9.51	0.55	2.88	2.019	0.212	9.22	0.53	2.72	1.903	0.207
	7-4	350	150	149	120	-6.20	-5.76	-0.36	1.31	-0.457	0.074	-6.20+(-1.09)=-7.29	-0.42	1.76	-0.616	0.085	-7.58	-0.44	1.90	-0.663	0.087
	Σ									1.027	0.473				0.073	0.454				-0.002	0.456
	Δq_{III}					$\Delta q_{III}=-\dfrac{1.027}{2\times0.473}=-1.09\,\mathrm{L/s}$						$\Delta q_{III}=-\dfrac{0.073}{2\times0.454}=-0.08\,\mathrm{L/s}$					$\Delta q_{III}=-\dfrac{-0.002}{2\times0.456}=0.00\,\mathrm{L/s}$				
IV	5-6	850	400	400	120	-94.20	-87.45	-0.75	1.64	-1.396	0.015	-94.20+0.03-(-0.35)=-93.83	-0.75	1.63	-1.386	0.015	-94.48	-0.75	1.65	-1.404	0.015
	6-9	350	300	300	120	50.00	46.42	0.71	2.06	0.722	0.014	50.00+0.03=50.03	0.71	2.06	0.723	0.014	49.22	0.70	2.00	0.701	0.014
	9-8	850	250	249	120	30.80	28.59	0.63	2.08	1.771	0.058	30.80+0.03=30.83	0.63	2.09	1.774	0.058	30.02	0.62	1.99	1.689	0.056
	8-5	350	150	149	120	-10.00	-9.28	-0.57	3.16	-1.107	0.111	-10.00+0.03-(-1.09)=-8.89	-0.51	2.54	-0.890	0.100	-9.39	-0.54	2.82	-0.986	0.105
	Σ									-0.010	0.197				0.221	0.187				-0.002	0.190
	Δq_{IV}					$\Delta q_{IV}=-\dfrac{-0.010}{2\times0.197}=0.03\,\mathrm{L/s}$						$\Delta q_{IV}=-\dfrac{0.221}{2\times0.187}=-0.59\,\mathrm{L/s}$					$\Delta q_{IV}=-\dfrac{-0.002}{2\times0.190}=0.00\,\mathrm{L/s}$				

① 最高用水时

二级泵站供水量小于管网用水量，管网用水由二级泵站和水塔同时供给，即成为多水源管网，两者有各自的供水区，供水分界线上的水压最低。从管网计算结果可得出两水源的供水分界线经过 8、12、5 等节点，如图 6-13 (a) 中虚线所示。

② 最大转输时

二级泵站供水量大于管网用水量，多余的水通过管网转输入水塔贮存，这时就成为单水源管网，不存在供水分界线。

多水源管网计算时，引入虚环的概念，将多水源管网转变为单水源管网。如图 6-13 所示的虚环由虚节点 0（各水源供水量的汇合点）、该点到泵站和水塔的虚管段及泵站到水塔之间的实管段（如泵站-1-2-3-4-5-6-7-水塔的管段）组成。于是多水源管网可看成是只由虚节点 0 供水的单水源管网。虚管段中没有流量，不考虑摩阻，只表示按某一基准面算起的水泵扬程或水塔水压。虚节点的位置可以任意选定，水压可以假设为零或定值。

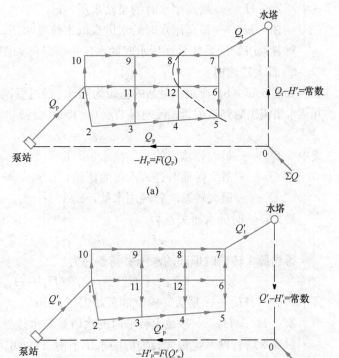

图 6-13　对置水塔管网系统的工作情况
(a) 最高用水时；(b) 最大转输时

由上可见，两个水源可构成一个虚环，同理，三个水源可构成两个虚环，以此类推，n 个水源可构成 $n-1$ 个虚环。

对置水塔管网系统的流量和水压平衡条件，分两种情况进行分析：

① 最高用水时

如图 6-13 (a) 所示，从虚节点 0 流向泵站的流量即为泵站供水量 Q_p，从虚节点 0 流向水塔的流量即为水塔供水量 Q_t，得到最高用水时虚节点 0 的流量平衡条件为：

$$Q_p + Q_t = Q_h \tag{6-55}$$

式中　Q_p——最高用水时的泵站供水量，L/s；

Q_t——最高用水时的水塔供水量，L/s。

也就是各水源供水量之和等于管网的最高时用水量。

最高用水时的水压关系为：

$$H_p = Z_C + H_C - Z_p + \sum h_{pC} \tag{6-56}$$

$$H_t = Z_C + H_C - Z_t + \sum h_{tC} \tag{6-57}$$

得到最高用水时虚环的水压平衡条件为：

$$(Z_p + H_p) - (Z_t + H_t) = \sum h_{pC} - \sum h_{tC} \tag{6-58}$$

式中　$Z_p + H_p$——最高用水时的泵站水压，m；

　　　$Z_t + H_t$——最高用水时的水塔最低水位处水压，m。

对置水塔管网系统最高用水时的水压平衡条件如图 4-5 所示。

② 最大转输时

如图 6-13（b）所示，泵站的流量为 Q'_p，经过管网用水后，以转输流量 Q'_t 流入水塔，并从水塔流出后经过虚管段流向虚节点 0，得最大转输时虚节点 0 的流量平衡条件为：

$$Q'_p = Q'_t + Q' \tag{6-59}$$

式中　Q'_p——最大转输时的泵站供水量，L/s；

　　　Q'_t——最大转输时进入水塔的流量，L/s；

　　　Q'——最大转输时管网用水量，L/s。

最大转输时的水压关系为：

$$H'_p = Z_t + H_t + H_{max} - Z_p + \sum h_{pt} \tag{6-60}$$

得到最大转输时虚环的水压平衡条件为：

$$(Z_p + H'_p) - (Z_t + H_t + H_{max}) = \sum h_{pt} \tag{6-61}$$

式中　$Z_p + H'_p$——最大转输时的泵站水压，m；

　　　$Z_t + H_t + H_{max}$——最大转输时的水塔最高水位处水压，m。

对置水塔管网系统最大转输时的水压平衡条件如图 4-5 所示。

多水源环状网的计算考虑了泵站、管网和水塔的联合工作情况。这时，管网的水力计算除了要满足实节点的连续性方程和 L 个实环的能量方程外，还应满足虚节点的连续性方程和 $n-1$ 个虚环的能量方程。

管网计算时，虚环和实环看作是一个整体，即不分虚环和实环，同时计算。闭合差和校正流量的计算方法与单水源管网相同。如虚环的闭合差为正，则校正流量为负，那么调整流量后，泵站的流量减小，水塔的流量增大，实管段中的流量和水头损失随之增大，因而闭合差减小。虚环和实环同时平差时，流量（Q_p 和 Q_t）重新分配，直至闭合差小于允许值为止，即得水塔和泵站的实际分配流量。

管网计算结果应满足下列条件：

① 每个节点（包括虚节点）应满足连续性方程；

② 每环（包括虚环）应满足能量方程；

③ 各水源供水至分界线处的水压应相同，也就是说从各水源到供水分界线上控制点的水头损失之差应等于水源的水压差，如式（6-58）和式（6-61）所示。

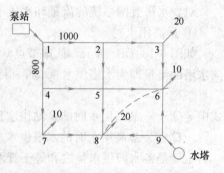

图 6-14　对置水塔管网系统
供水分界线的确定

【例 6-6】某供水区对置水塔管网系统节点编号、管段长度及集中流量如图 6-14 所示。最高日用水量为 10800m³/d，泵站按二级供水设计，0 时～4 时为最高日用水量的 2.5%，4 时～24 时为最高日用水量的 4.5%，最高时用水量为最高日用水量的 5.6%。求水塔的供水范围并绘出供水分界线。

【解】最高时用水量为：

$$Q_h = 5.6\% Q_d = 5.6\% \times 10800 = 604.8 m^3/h = 168.0 L/s$$

最高用水时的泵站供水量为：

$$Q_{hp} = 4.5\% Q_d = 4.5\% \times 10800 = 486.0 m^3/h = 135.0 L/s$$

则最高用水时的水塔供水量为：

$$Q_{ht} = Q_h - Q_{hp} = 168.0 - 135.0 = 33.0 L/s$$

供水区比流量为：

$$q_s = \frac{Q - \sum q_c}{\sum l_e} = \frac{168.0 - (20.0 + 10.0 + 10.0 + 20.0)}{1000 \times 6 + 800 \times 6} = 0.010 L/(s \cdot m)$$

则管段 9-6 的沿线流量为：

$$q_{l9-6} = q_s l_{9-6} = 0.010 \times 800 = 8.0 L/s$$

管段 9-8 的沿线流量为：

$$q_{l9-8} = q_s l_{9-8} = 0.010 \times 1000 = 10.0 L/s$$

得管段 9-6 和管段 9-8 的沿线流量总和为 8.0+10.0=18.0L/s。

水塔供给管段 9-6 和管段 9-8 的沿线流量之后，还剩 33.0−18.0=15.0L/s 的流量；而节点 6 和节点 8 的集中流量共有 10.0+20.0=30.0L/s，所以水塔只能供其中的一半流量。也就是说，供水分界线通过节点 6 和节点 8。由于管网用水量是变化的，水塔中水位随之变动，所以供水分界线也随之移动。

确定供水分界线时应注意以下问题：

① 因为假定沿线流量是在节点流出的，所以供水分界线必须通过节点。

② 供水分界线将环状网分成几部分，在分配流量时应当分别分配，各水源的供水量应等于其供水范围内的各节点流量与供水分界线上由该水源供给的节点流量之和。

③ 供水分界线是管网中节点水压最低的线，与供水分界线相交的管段的水流方向应流向供水分界线，因此供水分界线上的节点流量应由各水源共同供给，各节点应满足连续性方程。

④ 与供水分界线相交的环应满足能量方程。

【例 6-7】某城市多水源给水管网如图 6-15 所示，西厂、东厂和水塔的供水量分别为 493L/s、263L/s 和 66L/s。全城地形平坦，地面标高均为 15.00m。设计水量为 50000m³/d，节点编号、管段长度和节点流量如图 6-15 所示。该城市规定的建筑物标准层数为 6 层。管材采用水泥砂浆内衬的铸铁管。进行环状网水力计算。

【解】（1）根据 3 个水源的供水情况和供水区的用水情况，考虑最短线路供水原则及供水可靠性要求，确定供水分界线，拟定各管段的水流方向。根据连续性方程，进行管段流量的初步分配。

（2）确定各管段直径。

（3）计算各管段水头损失和各环闭合差。

（4）判断每环闭合差是否小于 0.005m。

6 个环的闭合差均大于 0.005m，需进行流量校正。

（5）计算每环的校正流量。

（6）计算各环各管段第一次校正的管段流量。

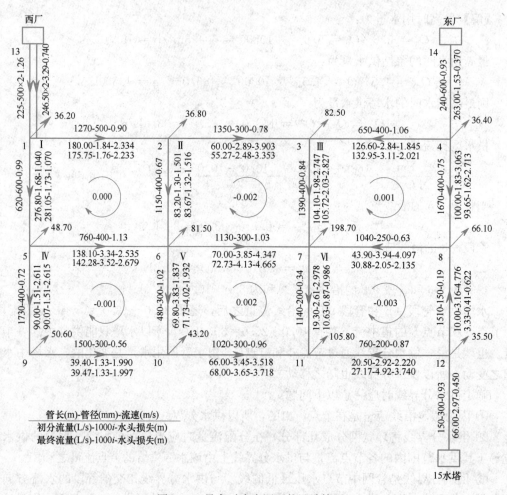

图 6-15　最高时多水源环状网计算图

（7）回到第（3）步，重新计算，直至每环闭合差均小于 0.005m 为止。

计算结果见表 6-12 和图 6-15。

6.6.4　管网校核

管网中各管段直径和水泵扬程是按设计年限内最高日最高时的用水量和水压要求确定的，但是用水量是经常变化的，为了校核所定的管径和水泵是否能够满足不同工作情况下的水量和水压要求，就需要对管网进行消防时、事故时和转输时等其他用水条件下的计算，以确保在不同工况条件下都能安全、经济、合理地供水。

1. 消防校核

消防时的管网校核，是核算根据最高日最高时的用水量和水压要求确定的各管段直径和水泵扬程能否满足消防时的流量和水压要求。

消防校核时，以最高时用水量确定的管径为基础，将消防时所需管网总流量进行流量分配，求出消防时的管段流量和水头损失。

消防时的管网总流量为最高时用水量与消防用水量之和。消防点的节点流量为最高用水时该节点流量与一起火灾灭火设计流量之和，其余节点的节点流量为最高用水时该节点

最高时多水源环状网计算表

表6-12

环号	管段编号	管长 l (m)	公称直径 (mm)	计算内径 (mm)	Ca	初分流量					第八次校正				
						q(L/s)	v(m/s)	$1000i$	h(m)	$\lvert sq \rvert$	q(L/s)	v(m/s)	$1000i$	h(m)	$\lvert sq \rvert$
I	1-2	1270	500	500	120	180.00	0.92	1.84	2.334	0.013	175.75	0.90	1.76	2.233	0.013
	2-6	1150	400	400	120	83.20	0.66	1.30	1.501	0.018	83.67	0.67	1.32	1.516	0.018
	6-5	760	400	400	120	-138.10	-1.10	3.34	-2.535	0.018	-142.28	-1.13	3.52	-2.679	0.019
	5-1	620	600	600	120	-276.80	-0.98	1.68	-1.040	0.004	-281.05	-0.99	1.73	-1.070	0.004
	Σ								0.259	0.053				0.000	0.053
						$\Delta q_{\mathrm{I}} = -\dfrac{0.259}{2 \times 0.053} = -2.44 \mathrm{L/s}$					$\Delta q_{\mathrm{I}} = -\dfrac{0.000}{2 \times 0.053} = 0.00 \mathrm{L/s}$				
II	2-3	1350	300	300	120	60.00	0.85	2.89	3.903	0.065	55.27	0.78	2.48	3.353	0.061
	3-7	1390	400	400	120	104.10	0.83	1.98	2.747	0.026	105.72	0.84	2.03	2.827	0.027
	7-6	1130	300	300	120	-70.00	-0.99	3.85	-4.347	0.062	-72.73	-1.03	4.13	-4.665	0.064
	6-2	1150	400	400	120	-83.20	-0.66	1.30	-1.501	0.018	-83.67	-0.67	1.32	-1.516	0.018
	Σ								0.803	0.172				-0.002	0.170
						$\Delta q_{\mathrm{II}} = -\dfrac{0.803}{2 \times 0.172} = -2.33$(小数点后计算后的结果为 -2.34)L/s 所有数据参与计算后的结果为 -2.34 L/s					$\Delta q_{\mathrm{II}} = -\dfrac{-0.002}{2 \times 0.170} = 0.01 \mathrm{L/s}$				
III	3-4	650	400	400	120	-126.60	-1.01	2.84	-1.845	0.015	-132.95	-1.06	3.11	-2.021	0.015
	4-8	1670	400	400	120	100.00	0.80	1.83	3.063	0.031	93.65	0.75	1.62	2.713	0.029
	8-7	1040	250	250	120	43.90	0.89	3.94	4.097	0.093	30.88	0.63	2.05	2.135	0.069
	7-3	1390	400	400	120	-104.10	-0.83	1.98	-2.747	0.026	-105.72	-0.84	2.03	-2.827	0.027
	Σ								2.568	0.165				0.001	0.140
						$\Delta q_{\mathrm{III}} = -\dfrac{2.568}{2 \times 0.165} = -7.78$(小数点后计算后的所 有数据参与计算后的结果为 -7.79)L/s					$\Delta q_{\mathrm{III}} = -\dfrac{0.001}{2 \times 0.140} = 0.00 \mathrm{L/s}$				

环号	管段 管号	管长 (m)	公称直径 (mm)	计算内径 (mm)	C_n	初分流量 q(L/s)	v(m/s)	$1000i$	h(m)	sq	第八次校正 q'(L/s)	v(m/s)	$1000i$	h(m)	sq
IV	5-6	760	400	400	120	138.10	1.10	3.34	2.535	0.018	142.28	1.13	3.52	2.679	0.019
	6-10	480	300	300	120	69.80	0.99	3.83	1.837	0.026	71.73	1.02	4.02	1.932	0.027
	10-9	1500	300	300	120	-39.40	-0.56	1.33	-1.990	0.051	-39.47	-0.56	1.33	-1.997	0.051
	9-5	1730	400	400	120	-90.00	-0.72	1.51	-2.611	0.029	-90.07	-0.72	1.51	-2.615	0.029
	Σ								-0.230	0.124				-0.001	0.125

$$\Delta q_{IV} = -\frac{-0.230}{2\times0.124} = 0.93\text{L/s} \qquad \Delta q_{IV} = -\frac{-0.001}{2\times0.125} = 0.00\text{L/s}$$

环号	管段 管号	管长 (m)	公称直径 (mm)	计算内径 (mm)	C_n	初分流量 q(L/s)	v(m/s)	$1000i$	h(m)	sq	第八次校正 q'(L/s)	v(m/s)	$1000i$	h(m)	sq
V	6-7	1130	300	300	120	70.00	0.99	3.85	4.347	0.062	72.73	1.03	4.13	4.665	0.064
	7-11	1140	200	199	120	19.30	0.62	2.61	2.978	0.154	10.63	0.34	0.87	0.986	0.093
	11-10	1020	300	300	120	-66.00	-0.93	3.45	-3.518	0.053	-68.00	-0.96	3.65	-3.718	0.055
	10-6	480	300	300	120	-69.80	-0.99	3.83	-1.837	0.026	-71.73	-1.02	4.02	-1.932	0.027
	Σ								1.969	0.296				0.002	0.239

$$\Delta q_{V} = -\frac{1.969}{2\times0.296} = -3.33\text{L/s} \qquad \Delta q_{V} = -\frac{0.002}{2\times0.239} = 0.00\text{L/s}$$

环号	管段 管号	管长 (m)	公称直径 (mm)	计算内径 (mm)	C_n	初分流量 q(L/s)	v(m/s)	$1000i$	h(m)	sq	第八次校正 q'(L/s)	v(m/s)	$1000i$	h(m)	sq
VI	7-8	1040	250	250	120	-43.90	-0.89	3.94	-4.097	0.093	-30.88	-0.63	2.05	-2.135	0.069
	8-12	1510	150	149	120	-10.00	-0.57	3.16	-4.776	0.478	-3.33	-0.19	0.41	-0.622	0.187
	12-11	760	200	199	120	20.50	-0.66	2.92	2.220	0.108	27.17	-0.87	4.92	3.740	0.138
	11-7	1140	200	199	120	-19.30	-0.62	2.61	-2.978	0.154	-10.63	-0.34	0.87	-0.986	0.093
	Σ								-9.631	0.833				-0.003	0.487

$$\Delta q_{VI} = -\frac{-9.631}{2\times0.833} = 5.78\text{L/s} \qquad \Delta q_{VI} = -\frac{-0.003}{2\times0.487} = 0.00\text{L/s}$$

最高时多水源
环状网计算表

流量。如果按照消防要求，同一时间内的火灾起数只有1起，则消防点为最高用水时的控制点；如果有2起，则有2个消防点，一处在最高用水时的控制点，另一处在离二级泵站较远或靠近大用户的节点处。消防时的节点自由水头不得低于$10mH_2O$。虽然消防时所需水压比最高用水时所需最小服务水头小很多，但因消防时通过管网的流量增大，各管段水头损失相应增加，需要的水泵扬程可能增大，按最高用水时确定的两泵扬程有可能不满足消防时的需要，这时可通过放大个别管段的直径，以减小水头损失，来满足水压要求；如果消防时所需水泵扬程与最高用水时水泵扬程相差较大，需设专用消防泵供消防时使用。

【例6-8】对例6-5的环状网进行消防校核计算。

【解】（1）消防时管网流量计算。

供水区用水人口为5万人，则消防用水量为：

$$Q_6 = qn = 30 \times 2 = 60L/s$$

消防时管网总流量为：

$$Q_x = Q_h + Q_6 = 219.8 + 60 = 279.8L/s$$

消防点选在节点1和节点7，节点流量分别为46.0L/s和46.8L/s；其余节点的节点流量为最高用水时该节点流量。

（2）进行管段流量的初步分配。

注意此时的管径不能改变。

（3）计算各管段水头损失和各环闭合差。

（4）判断每环闭合差是否小于0.005m。

各环闭合差均大于0.005m，需进行流量校正。

（5）计算每环的校正流量。

（6）计算各环各管段第一次校正的管段流量。

（7）回到第（3）步，重新计算。

经过6次校正后，4个环的闭合差均小于0.005m，计算结束。

计算结果见表6-13和图6-16。

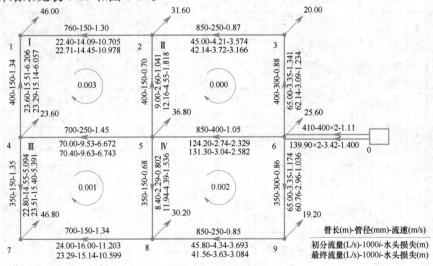

图6-16 消防时单水源环状网计算图

表 6-13

消防时单水源环状网计算表

环号	管段编号	管长 l(m)	公称直径(mm)	计算内径(mm)	C_h	初分流量 q(L/s)	v(m/s)	1000i	h(m)	|sq|	第一次校正 q(L/s)	v(m/s)	1000i	h(m)	|sq|	第六次校正 q(L/s)	v(m/s)	1000i	h(m)	|sq|
I	1-2	760	150	149	120	-22.40	-1.29	14.09	-10.705	0.478	(-22.40)+(-0.59)=-22.99	-1.32	14.79	-11.237	0.489	-22.71	-1.30	14.45	-10.978	0.483
	2-5	400	150	149	120	-9.00	-0.52	2.60	-1.041	0.116	(-9.00)+(-0.59)-3.30=-12.89	-0.74	5.06	-2.025	0.157	-12.16	-0.70	4.55	-1.818	0.149
	5-4	700	250	249	120	70.00	1.44	9.53	6.672	0.095	70.00+(-0.59)-(-0.14)=69.54	1.43	9.42	6.591	0.095	70.40	1.45	9.63	6.743	0.096
	4-1	400	150	149	120	23.60	1.35	15.51	6.206	0.263	23.60+(-0.59)=23.01	1.32	14.80	5.919	0.257	23.29	1.34	15.14	6.057	0.260
	Σ								1.132	0.952				-0.751	0.998				0.003	0.989
						$\Delta q_{\mathrm{I}}=\dfrac{-1.132}{2\times0.952}=-0.59\,\mathrm{L/s}$					$\Delta q_{\mathrm{I}}=\dfrac{-0.751}{2\times0.998}=0.38\,\mathrm{L/s}$					$\Delta q_{\mathrm{I}}=\dfrac{0.003}{2\times0.989}=0.00\,\mathrm{L/s}$				
II	2-3	850	250	249	120	-45.00	-0.92	4.21	-3.574	0.079	(-45.00)+3.30=-41.70	-0.86	3.65	-3.105	0.074	-42.14	-0.87	3.72	-3.166	0.075
	3-6	400	300	300	120	-65.00	-0.92	3.35	-1.341	0.021	(-65.00)+3.30=-61.70	-0.87	3.05	-1.218	0.020	-62.14	-0.88	3.09	-1.234	0.020
	6-5	850	400	400	120	124.20	0.99	2.74	2.329	0.019	124.20+3.30-(-4.08)=131.57	1.05	3.05	2.592	0.020	131.30	1.05	3.04	2.582	0.020
	5-2	400	150	149	120	9.00	0.52	2.60	1.041	0.116	9.00+3.30-(-0.59)=12.89	0.74	5.06	2.025	0.157	12.16	0.70	4.55	1.818	0.149
	Σ								-1.545	0.234				0.294	0.271				0.000	0.264
						$\Delta q_{\mathrm{II}}=\dfrac{-1.545}{2\times0.234}=3.30\,\mathrm{L/s}$					$\Delta q_{\mathrm{II}}=\dfrac{0.294}{2\times0.271}=-0.54\,\mathrm{L/s}$					$\Delta q_{\mathrm{II}}=\dfrac{0.000}{2\times0.264}=0.00\,\mathrm{L/s}$				
III	4-5	700	250	249	120	-70.00	-1.44	9.53	-6.672	0.095	(-70.00)+(-0.14)-(-0.59)=-69.54	-1.43	9.42	-6.591	0.095	-70.40	-1.45	9.63	-6.743	0.096
	5-8	350	150	149	120	8.40	0.48	2.29	0.802	0.095	8.40+(-0.14)-(-4.08)=12.34	0.71	4.67	1.634	0.132	11.94	0.68	4.39	1.536	0.129
	8-7	700	400	400	120	24.00	1.38	16.00	11.203	0.467	24.00+(-0.14)=23.86	1.37	15.84	11.086	0.465	23.29	1.34	15.14	10.599	0.455
	7-4	350	150	149	120	-22.80	-1.31	14.55	-5.094	0.223	(-22.80)+(-0.14)=-22.94	-1.32	14.72	-5.150	0.225	-23.51	-1.35	15.40	-5.391	0.229
	Σ								0.239	0.881				0.979	0.916				0.001	0.909
						$\Delta q_{\mathrm{III}}=\dfrac{0.239}{2\times0.881}=-0.14\,\mathrm{L/s}$					$\Delta q_{\mathrm{III}}=\dfrac{0.979}{2\times0.916}=-0.53\,\mathrm{L/s}$					$\Delta q_{\mathrm{III}}=\dfrac{0.001}{2\times0.909}=0.00\,\mathrm{L/s}$				
IV	5-6	850	400	400	120	-124.20	-0.99	2.74	-2.329	0.019	(-124.20)+(-4.08)-3.30=-131.57	-1.05	3.05	-2.592	0.020	-131.30	-1.05	3.04	-2.582	0.020
	6-9	350	300	300	120	65.00	0.92	3.35	1.174	0.018	65.00+(-4.08)=60.92	0.86	2.97	1.041	0.017	60.76	0.86	2.96	1.036	0.017
	9-8	850	250	249	120	45.80	0.94	4.34	3.693	0.081	45.80+(-4.08)=41.72	0.86	3.66	3.107	0.074	41.56	0.85	3.63	3.084	0.074
	8-5	350	150	149	120	-8.40	-0.48	2.29	-0.802	0.095	(-8.40)+(-4.08)-(-0.14)=-12.34	-0.71	4.67	-1.634	0.132	-11.94	-0.68	4.39	-1.536	0.129
	Σ								1.736	0.213				-0.078	0.244				0.002	0.240
						$\Delta q_{\mathrm{IV}}=\dfrac{1.736}{2\times0.213}=-4.08\,\mathrm{L/s}$					$\Delta q_{\mathrm{IV}}=\dfrac{-0.078}{2\times0.244}=0.16\,\mathrm{L/s}$					$\Delta q_{\mathrm{IV}}=\dfrac{0.002}{2\times0.240}=0.00\,\mathrm{L/s}$				

（8）计算水泵扬程。

从泵站到管网的每条输水管的流量为 $279.8 \div 2 = 139.9 \text{L/s}$，水头损失为 1.40m。

从节点 6 到管网控制点 1 的水头损失取干管线 6-3-2-1 和干管线 6-5-4-1 的水头损失最大值，则消防时所需要的水泵扬程为：

$$H_{px} = H_0 + \sum h_{pC} = (85.60 + 10.00 - 88.53) + (1.40 + 15.39) = 23.86\text{m}$$

2. 事故校核

事故时的管网校核，是核算根据最高日最高时的用水量和水压要求确定的各管段直径和水泵扬程能否满足最不利管段发生故障时的流量和水压要求。

事故校核时，以最高时用水量确定的管径为基础，将事故时所需管网总流量进行流量分配，求出事故时的管段流量和水头损失。

城镇的事故时管网总流量为最高时用水量的 70%，节点流量为最高用水时该节点流量的 70%；工业企业的事故流量按有关规定执行。事故时管网的节点自由水头不得低于最小服务水头。虽然事故时所需流量比最高用水时小，大部分管段的通过流量减少，水头损失减小，但因事故断管可能造成水流方向改变，个别管段尤其是连接管的通过流量增大较多，水头损失增加较多，需要的水泵扬程可能增大，按最高用水时确定的两泵扬程有可能不满足事故时的需要，这时可通过放大个别管段的直径，以减小水头损失，来满足水压要求；如果事故时所需水泵扬程与最高用水时水泵扬程相差较大，需设专用事故泵供事故时使用。

经过核算后不能符合流量和水压时，应在技术上采取措施。如当地给水管理部门有较强的检修能力，损坏的管段能迅速修复，且断水产生的损失较小时，事故时的管网校核要求可适当降低。

【例 6-9】对例 6-5 的环状网进行事故校核计算。

【解】（1）事故时管网流量计算。

事故时管网总流量为：

$$Q_s = 70\% Q_h = 70\% \times 219.8 = 153.86\text{L/s}$$

节点流量为最高用水时该节点流量的 70%。

发生故障的管段应为最不利管段，为最高用水时通过流量最大的管段 5-6。最高用水时的 4 个环减少为 3 个环，原来的环Ⅱ和环Ⅳ合并为一个环。

（2）进行管段流量的初步分配。

事故时，有的管段水流方向与最高用水时相比发生改变，如连接管 2-5、连接管 5-8、干管 1-4 和干管 4-7；管网控制点与最高用水时的管网控制点可能不一样，事故时的控制点变为此工况下的离二级泵站最远点，即节点 4。

（3）计算各管段水头损失和各环闭合差。

（4）判断每环闭合差是否小于 0.005m。

各环闭合差均大于 0.005m，需进行流量校正。

（5）计算每环的校正流量。

（6）计算各环各管段第一次校正的管段流量。

（7）回到第（3）步，重新计算。

经过 5 次校正后，4 个环的闭合差均小于 0.005m，计算结束。

计算结果见表 6-14 和图 6-17。

（8）计算水泵扬程。

从泵站到管网的每条输水管的流量为 153.86÷2＝76.93L/s，水头损失为 0.46m。

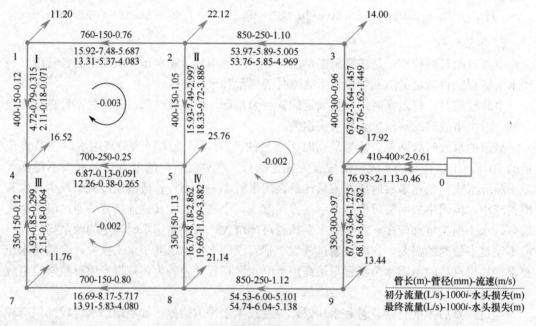

图 6-17　事故时单水源环状网计算图

从节点 6 到管网控制点 4 的水头损失取管线 6-3-2-1-4、管线 6-3-2-5-4、管线 6-9-8-7-4 和管线 6-9-8-5-4 的水头损失的最大值 10.57m，则事故时所需要的水泵扬程为：

$$H_{ps} = H_0 + \sum h_{pC} = (85.53 + 24.00 - 88.53) + (0.46 + 10.57) = 32.03m$$

3. 转输校核

设置对置水塔的管网，转输时的管网校核要核算根据最高日最高时的用水量和水压要求确定的各管段直径和水泵扬程能否满足最大转输时的流量和水压要求。

转输校核时，以最高时用水量确定的管径为基础，将转输时所需管网总流量进行流量分配，求出转输时的管段流量和水头损失。

转输时的管网总流量为最大转输时用水量。一般情况下节点流量随用水量的变化成比例增减，所以最大转输时的节点流量按式（6-62）计算：

$$最大转输时节点流量 = \frac{最大转输时用水量}{最高时用水量} \times 最高用水时该节点流量 \qquad (6-62)$$

转输时管网的节点水压为水塔最高水位处水压。

经过核算后如不能满足最大转输时的要求时，可通过放大个别管段的直径或设置专用转输泵解决。

表 6-14

事故时单水源环状网计算表

环、管段编号	l(m)	公称直径(mm)	计算内径(mm)	C_K	初分流量 q(L/s)	z(m/s)	1000i	h(m)	[sq]	第一次校正 q(L/s)	z(m/s)	1000i	h(m)	[sq]	相互校正 q(L/s)	z(m/s)	1000i	h(m)	[sq]
I 1-2	760	150	149	120	-15.92	0.91	7.48	-5.687	0.357	(-15.92)+2.33=-13.59	0.78	5.58	-4.242	0.312	-13.31	-0.76	5.37	-4.083	0.307
2-5	400	150	149	120	15.93	0.91	7.49	2.997	0.188	15.93+2.33-0.19=18.07	1.04	9.46	3.786	0.209	18.33	1.05	9.72	3.886	0.212
5-4	700	250	249	120	6.87	0.14	0.13	0.091	0.013	6.87+2.33-(-2.61)=11.81	0.24	0.35	0.247	0.021	12.26	0.25	0.38	0.265	0.022
4-1	400	150	149	120	-4.72	0.27	0.79	-0.315	0.067	(-4.72)+2.33=-2.39	0.14	0.22	-0.089	0.037	-2.11	-0.12	0.18	-0.071	0.034
Σ								-2.915	0.625				-0.299	0.580				-0.003	0.574
					$\Delta q_I=\dfrac{-2.915}{2\times0.625}=2.33\text{L/s}$					$\Delta q_I=\dfrac{-0.299}{2\times0.580}=0.26\text{L/s}$					$\Delta q_I=\dfrac{-0.003}{2\times0.574}=0.00\text{L/s}$				
II 2-3	850	250	249	120	-53.97	1.11	5.89	-5.005	0.093	(-53.97)+0.19=-53.78	1.11	5.85	-4.973	0.092	-53.76	-1.10	5.85	-4.969	0.092
3-6	400	300	300	120	-67.97	0.96	3.64	-1.457	0.021	(-67.97)+0.19=-67.78	0.96	3.62	-1.450	0.021	-67.76	-0.96	3.62	-1.449	0.021
6-9	350	300	300	120	67.97	0.96	3.64	1.275	0.019	67.97+0.19=68.16	0.96	3.66	1.281	0.019	68.18	0.97	3.66	1.282	0.019
9-8	850	250	249	120	54.53	1.12	6.00	5.101	0.094	54.53+0.19=54.72	1.12	6.04	5.134	0.094	54.74	1.12	6.04	5.138	0.094
8-5	350	150	149	120	16.70	0.96	8.18	2.862	0.171	16.70+0.19-(-2.61)=19.50	1.12	10.89	3.811	0.196	19.69	1.13	11.09	3.882	0.197
5-2	400	150	149	120	-15.93	0.91	7.49	-2.997	0.188	-15.93+0.19-2.33=-18.07	1.04	9.46	-3.786	0.209	-18.33	-1.05	9.72	-3.886	0.212
Σ								-0.221	0.586				0.019	0.631				-0.002	0.636
					$\Delta q_{II}=\dfrac{-0.221}{2\times0.586}=0.19\text{L/s}$					$\Delta q_{II}=\dfrac{0.019}{2\times0.631}=0.02\text{L/s}$					$\Delta q_{II}=\dfrac{-0.002}{2\times0.636}=0.00\text{L/s}$				
III 4-5	700	250	249	120	-6.87	0.14	0.13	-0.091	0.013	(-6.87)+(-2.61)-2.33=-11.81	0.24	0.35	-0.247	0.021	-12.26	-0.25	0.38	-0.265	0.022
5-8	350	150	149	120	-16.70	0.96	8.18	-2.862	0.171	(-16.70)+(-2.61)-0.19=-19.50	1.12	10.89	-3.811	0.196	-19.69	-1.13	11.09	-3.882	0.197
8-7	700	150	149	120	16.69	0.96	8.17	5.717	0.343	16.69+(-2.61)=14.08	0.81	5.96	4.175	0.296	13.91	0.80	5.83	4.080	0.293
7-4	350	150	149	120	4.93	0.28	0.85	0.299	0.061	4.93+(-2.61)=2.32	0.13	0.21	0.074	0.032	2.15	0.12	0.18	0.064	0.030
Σ								3.064	0.588				0.190	0.545				-0.002	0.542
					$\Delta q_{III}=\dfrac{3.064}{2\times0.588}=2.61\text{L/s}$					$\Delta q_{III}=\dfrac{0.190}{2\times0.545}=0.17\text{L/s}$					$\Delta q_{III}=\dfrac{-0.002}{2\times0.542}=0.00\text{L/s}$				

6.7 给水管网平面图、平差图和等水压线图

给水管网平面图、平差图和等水压线图分别如图 6-18、图 6-19 和图 6-20 所示。

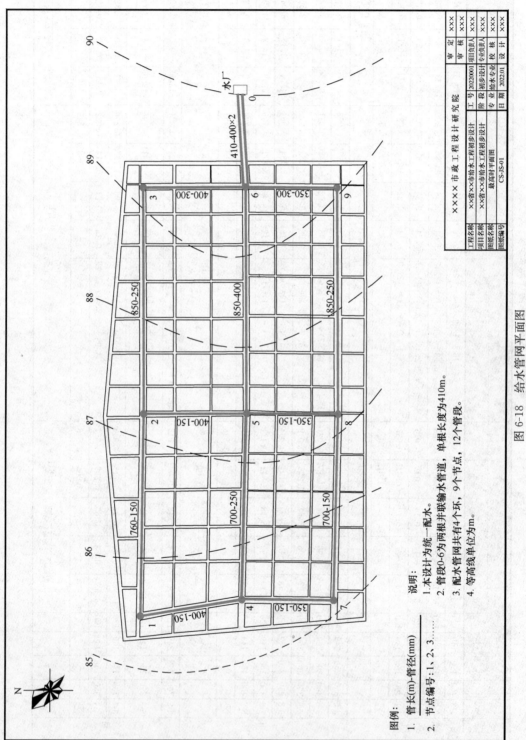

图 6-18 给水管网平面图

图例:
1. ── 管长(m)-管径(mm)
2. ○ 节点编号:1、2、3……

说明:
1. 本设计为统一配水。
2. 管段0-6为两根并联输水管道,单根长度为410m。
3. 配水管网共有4个环、9个节点,12个管段。
4. 等高线单位为m。

工程名称	×××× 市市政工程初步设计			
项目名称	××省××市给水工程初步设计			
图纸名称	××省××市给水工程初步设计			
	最高时给水管网平面图			
图纸编号	CS-JS-01			

审定	×××	项目负责人	×××	
审核	×××	专业负责人	×××	
工号	20220001	校核	×××	
阶段	初步设计	设计	×××	
专业	给水专业			
日期	2022.01			

×××× 市市政工程设计研究院

104

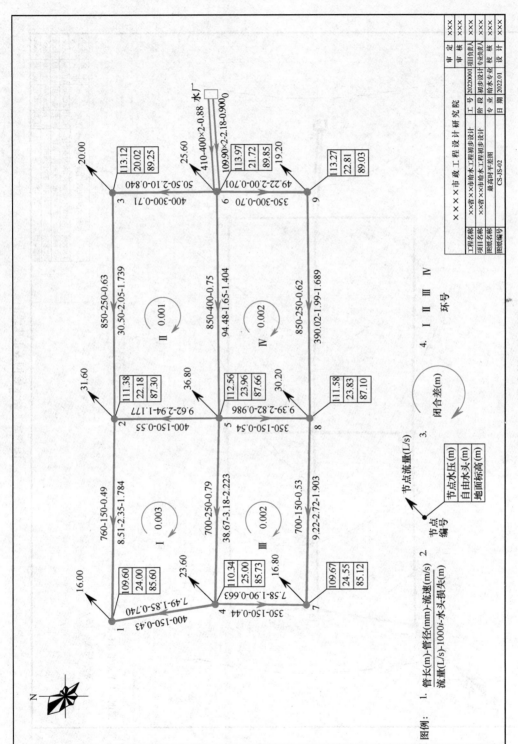

图 6-19 给水管网平差图

图例：

1. 管长(m)-管径(mm)-流速(m/s)
   流量(L/s)-1000i-水头损失(m)

2. 节点
   编号 ● → 节点流量(L/s)

   节点水压(m)
   自由水头(m)
   地面标高(m)

3. ⟲ 闭合差(m)

4. Ⅰ Ⅱ Ⅲ Ⅳ 环号

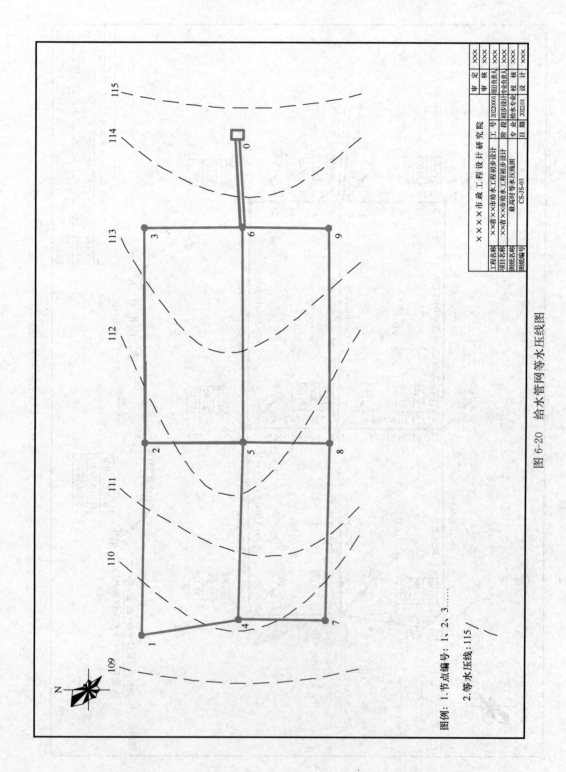

图例: 1. 节点编号: 1、2、3......

2. 等水压线: 115 /

图 6-20 给水管网等水压线图

××××市政工程设计研究院		
工程名称	××省××市给水工程初步设计	工 号 2022X001
项目名称	××省××市给水工程初步设计	阶 段 初步设计
图纸名称	最高时等水压线图	专 业 给水专业
图纸编号	CS-JS-03	日 期 2022.01

审 定	×××
审 核	×××
组负责人	×××
初步设计专业负责人	×××
校 核	×××
设 计	×××

6.8 输水管渠计算

输水管渠是将原水从水源送到相距较远的水厂或将清水（即处理后的水）从水厂送到相距较远的给水管网的管道或渠道。原水输送宜选用管道或暗渠（隧洞）；当采用明渠输送原水时，应有可靠的防止水质污染和水量流失的安全措施。清水输送应采用有压管道（隧洞）。

输水管渠在输水过程中沿程无流量变化。从水源至净水厂的原水输水管渠的设计流量，应按最高日平均时供水量确定，并计入输水管渠的漏损水量和净水厂自用水量。从净水厂至给水管网的清水输水管道的设计流量，应按最高日最高时用水条件，由净水厂负担的供水量计算确定。如输水管渠承担消防用水任务，还应计入消防用水量。

输水管渠系统的输水方式可采用重力式、加压式或两者并用方式，并应通过技术经济比较后选定。

输水管渠的设计内容包括确定输水管渠系统的输水方式，输水管渠的定线，输水管渠的形式及结构，输水管渠的尺寸和条数，连接管渠的尺寸和根数，输水管渠材料及接口方式，附属构筑物、附件的设置等。

输水管渠计算的任务是确定输水管渠的尺寸和水头损失。确定大型输水管渠的尺寸时，应考虑具体埋设条件、管渠材料、附属构筑物数量和特点、平行敷设的输水管渠条数等因素，通过方案比较后确定。

本节主要讨论输水管出现事故时，保证必要的输水量条件下的水力计算问题。

6.8.1 重力供水时的压力输水管

水源在高地时，如水源水位与水厂内水处理构筑物水位的高差足够，可利用水源水位向水厂重力输水。

重力供水时，水源输水量 Q 和位置水头 H 已知。可据此选定管道材料、大小和平行敷设的管线数。水管材料可根据计算内压和埋管条件决定。平行敷设的管道条数，应从可靠性要求和管道建造费用两方面进行对比分析。除了多水源供水或有水池可以调节水量的情况下，如用一条管道输水，发生事故时，在修复期内会完全停水；如增加平行敷设的管道数，当其中一条损坏时，虽然可以提高事故时的供水量，但建造费用将相应增加。

以下研究重力供水时，由几条平行敷设管线组成的重力输水管系统，在事故时所能供应的流量。

设水源水位标高为 Z，水处理构筑物的水位标高为 Z_0，两者的水位差 $Z-Z_0$ 称为位置水头 H，该水头用以克服输水管的水头损失。

假定输水量为 Q，平行输水管线为 n 条，则每条管线的流量为 $\dfrac{Q}{n}$；设平行管线的直径、长度和管材均相同，则该系统正常供水时的水头损失为：

$$h = s\left(\frac{Q}{n}\right)^2 = \frac{1}{n^2}sQ^2 \tag{6-63}$$

式中　s——每条管线的摩阻，$\mathrm{m \cdot s^2/L^2}$。

当一条管线损坏时，该系统事故时的水头损失为：

$$h_a = s\left(\frac{Q_a}{n-1}\right)^2 = \frac{1}{(n-1)^2}sQ_a^2 \tag{6-64}$$

式中　Q_a——管线损坏时须保证的流量或允许的事故流量，$\mathrm{m^3/s}$。

　　因为重力输水系统的位置水头已定，所以正常时和事故时的水头损失都应等于位置水头 H，即 $h=h_a$，则得事故流量为：

$$Q_a = \frac{n-1}{n}Q = \alpha Q \tag{6-65}$$

式中　α——供水保证率。

平行输水管线数n与
供水保证率α的关系

　　平行输水管线数 $n=1$，即只有 1 条输水管时，则 $\alpha=0$，$Q_a=0$，即事故流量为零，不能保证不间断供水；平行输水管线数 $n=2$，即有 2 条平行输水管时，则 $\alpha=50\%$，事故流量为正常时供水量的一半；平行输水管线数越多，则 α 越大，事故流量也越大。也就是说，随着平行输水管线数的增多，供水可靠性增高。如要满足城市的事故用水量为设计水量的 70% 的要求，则需要 4 条平行输水管。这种做法在实际工程中不可能得到推广使用，因为建造费用太高。实际上，为提高供水可靠性，常采用造价增加不多的方法，即在平行输水管线之间设置连接管，构成环状输水系统，如图 6-21（a）所示。当系统中的某一管段损坏时，无需整条管线全部停水，而只需用阀门关闭损坏的那一段进行检修，其他管段仍可继续供水，如图 6-21（b）所示。

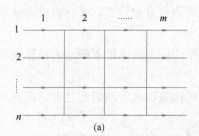
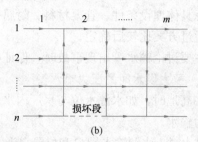

图 6-21　重力输水系统
(a) 正常工作时；(b) 事故时

　　设输水管被连接管分为 m 段，则正常供水时的水头损失为式（6-63）所示：

$$h = s\left(\frac{Q}{n}\right)^2 = \frac{1}{n^2}sQ^2$$

　　当某一管线损坏时，则该系统事故时的水头损失为：

$$h_a = \frac{1}{m}s\left(\frac{Q_a}{n-1}\right)^2 + \frac{m-1}{m}s\left(\frac{Q_a}{n}\right)^2 = \left[\frac{1}{m(n-1)^2} + \frac{m-1}{mn^2}\right]sQ_a^2 \tag{6-66}$$

　　因此得到事故时与正常工作时的流量比为：

$$\frac{Q_a}{Q} = \alpha = \sqrt{\frac{\dfrac{m}{n^2}}{\dfrac{1}{(n-1)^2} + \dfrac{m-1}{n^2}}} \tag{6-67}$$

平行输水管线数n、
连接管段数m与供
水保证率α的关系

　　从式（6-67）可知，输水系统的供水可靠性随着平行输水管线数和连接管段数的增加而增高。如要满足城市的事故用水量为设计水量的 70% 的要求，只需 2 条平行输水管加 2 根连接管，即可达到 71% 的供水保证率，相比于没有连接管时所需的 4 条平行输水管，大大降低了管道建设费用，尤其是长距离输水管道系统。

6.8.2 水泵供水时的压力输水管

水泵供水时，输水管流量 Q 受到水泵扬程的影响；反之，输水量变化也会影响输水管起点的水压。因此水泵供水时的实际流量，应由水泵特性曲线和输水管特性曲线联合求出。

图 6-22 为水泵特性曲线 Q-H_p 和输水管特性曲线 Q-Σh 的联合工作情况。曲线 I 为输水管正常工作时的 Q-Σh 特性曲线，曲线 II 为事故时的特性曲线。当输水管任一段损

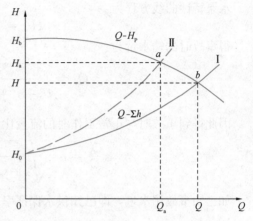

图 6-22 水泵和输水管特性曲线

坏，关闭局部阀门进行检修时，管线阻力增大，使水泵和输水管特性曲线的交点从正常工作时的 b 点移到 a 点，与 a 点相应的横坐标即表示事故时流量 Q_a。水泵供水时，为保证管线损坏时应有的事故流量，可将输水管分段，计算方法如下：

设输水管道系统由两条不同管径的输水管组成，输水管 Q-Σh 特性曲线方程表示为：

$$H = H_0 + (s_p + s_d)Q^2 \tag{6-68}$$

式中　H_0——水泵静扬程，m；

　　　s_p——泵站内管线的摩阻，$\mathrm{m \cdot s^2/L^2}$；

　　　s_d——两条输水管的当量摩阻，$\mathrm{m \cdot s^2/L^2}$，可表示为：

$$\frac{1}{\sqrt{s_d}} = \frac{1}{\sqrt{s_1}} + \frac{1}{\sqrt{s_2}} \tag{6-69}$$

或

$$s_d = \frac{s_1 s_2}{(\sqrt{s_1} + \sqrt{s_2})^2} \tag{6-70}$$

　　　s_1——第一条输水管的摩阻，$\mathrm{m \cdot s^2/L^2}$；

　　　s_2——第二条输水管的摩阻，$\mathrm{m \cdot s^2/L^2}$。

若两条输水管直径相同，即 $s_1 = s_2$，则 $s_d = \dfrac{1}{4}s_1$，为最小值。

水泵 Q-H_p 特性曲线方程为：

$$H_p = H_b - sQ^2 \tag{6-71}$$

式中　H_b——水泵流量为零时的扬程，m；

　　　s——水泵的摩阻，$\mathrm{m \cdot s^2/L^2}$。

得正常工作时的输水量为：

$$Q = \sqrt{\frac{H_b - H_0}{s + s_p + s_d}} \tag{6-72}$$

由式（6-72）可知，因 H_0、s 和 s_p 已定，故减小 H_b 或增大 s_d，均可使水泵流量减小。

第二条输水管任一段损坏时的输水管特性曲线方程为：

$$H_a = H_0 + \left(s_p + \frac{1}{m}s_1 + \frac{m-1}{m}s_d\right)Q_a^2 \tag{6-73}$$

水泵特性曲线方程为:

$$H_{pa} = H_b - sQ_a^2 \qquad (6\text{-}74)$$

得事故时的输水量为:

$$Q_a = \sqrt{\dfrac{H_b - H_0}{s + s_p + s_d + \dfrac{1}{m}(s_1 - s_d)}} \qquad (6\text{-}75)$$

因此得到事故时与正常工作时的流量比为:

$$\dfrac{Q_a}{Q} = \alpha = \sqrt{\dfrac{s + s_p + s_d}{s + s_p + s_d + \dfrac{1}{m}(s_1 - s_d)}} \qquad (6\text{-}76)$$

如已知事故用水量,即已知供水保证率 α,则所需分段数 m 为:

$$m = \dfrac{(s_1 - s_d)\alpha^2}{(s + s_p + s_d)(1 - \alpha^2)} \qquad (6\text{-}77)$$

【例 6-10】某城市从水源泵站到水厂敷设两条铸铁输水管,每条输水管长度为 12400m,管径分别为 250mm 和 300mm,如图 6-23 所示。水泵特性曲线方程为:

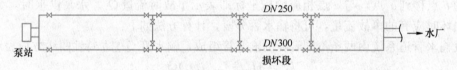

图 6-23　输水管分段数计算

$$H_p = 141.3 - 0.0026Q^2$$

泵站内管线的摩阻为 $s_p = 0.00021 \text{m} \cdot \text{s}^2/\text{L}^2$。

假定 DN300 输水管的一段损坏,试求事故流量为 70% 的设计水量时的分段数及事故时与正常工作时的流量比。

【解】管径为 250mm 和 300mm 的铸铁管摩阻分别为:

$$s_1 = a_1 l_1 = 2.752 \times 10^{-6} \times 12400 = 0.03412 \text{m} \cdot \text{s}^2/\text{L}^2$$
$$s_2 = a_2 l_2 = 1.025 \times 10^{-6} \times 12400 = 0.01271 \text{m} \cdot \text{s}^2/\text{L}^2$$

两条输水管的当量摩阻为:

$$s_d = \dfrac{s_1 s_2}{(\sqrt{s_1} + \sqrt{s_2})^2} = \dfrac{0.03412 \times 0.01271}{(\sqrt{0.03412} + \sqrt{0.01271})^2} = 0.00490 \text{m} \cdot \text{s}^2/\text{L}^2$$

分段数为:

$$m = \dfrac{(s_1 - s_d)\alpha^2}{(s + s_p + s_d)(1 - \alpha^2)} = \dfrac{(0.03412 - 0.00490) \times 0.7^2}{(0.0026 + 0.00021 + 0.00490) \times (1 - 0.7^2)} = 3.64$$

设分成 4 段,即 $m=4$,得事故时流量为:

$$Q_a = \sqrt{\dfrac{H_b - H_0}{s + s_p + s_d + \dfrac{1}{m}(s_1 - s_d)}}$$

$$= \sqrt{\dfrac{141.3 - 40.0}{0.0026 + 0.00021 + 0.00490 + \dfrac{1}{4} \times (0.03412 - 0.00490)}}$$

$$= 82.14 \text{L/s}$$

正常时流量为:

$$Q = \sqrt{\frac{H_b - H_0}{s + s_p + s_d}}$$

$$= \sqrt{\frac{141.3 - 40.0}{0.0026 + 0.00021 + 0.00490}}$$

$$= 114.62 \text{L/s}$$

事故时与正常工作时的流量比为：

$$\alpha = \frac{Q_a}{Q} = \frac{82.14}{114.62} = 71.7\% > 70\%$$

符合要求。

6.9 输水管平面图和纵剖面图

图 6-24 为输水管平面图和纵剖面图。

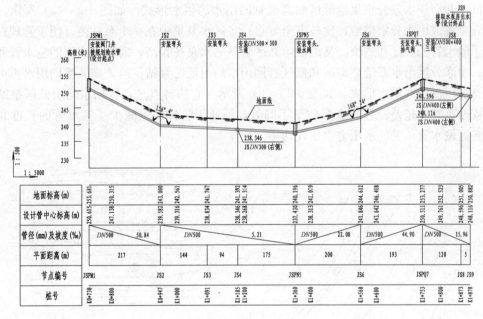

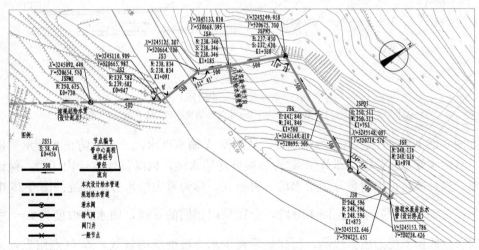

图 6-24 输水管平面图和纵剖面图

111

6.10 分区给水系统

6.10.1 分区给水系统概述

在给水区很大、地形高差显著或远距离输水时，都有必要考虑分区给水。分区给水是将整个给水系统分成若干个区，每区有独立的泵站和管网等，但各区之间又有适当的联系，以保证供水安全可靠和运行调度灵活。

分区给水的原因，主要从技术和经济两个方面进行考虑。在技术方面，要使管网水压分布合理，提高供水可靠性，减少漏水量，调度灵活；在经济方面，需要降低供水费用，少用耐高压管，减少漏水量。

分区给水系统有并联分区和串联分区两种布置形式。并联分区给水系统是由同一泵站内的低压和高压水泵分别供给低区和高区管网用水的供水形式，如图 6-25（a）所示。它的特点是各区用水分别供给，比较安全可靠；各区水泵集中在一个泵站内，便于管理；但增加了输水管的长度和造价，又因供给高区管网的水泵扬程高，需用耐高压的输水管和附件等。串联分区给水系统是高区和低区管网用水均由低区泵站供给，高区管网用水再由高区泵站加压供给的供水形式，如图 6-25（b）所示。它的特点是各区用水均由低区泵站供给，安全可靠性较差；各区水泵位于不同处，不便于管理；但减少了输水管的长度和造价，各区输水管承受的水压力也比较均衡。

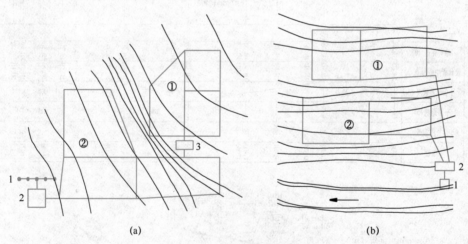

图 6-25　分区给水系统
（a）并联分区；（b）串联分区
①—高区；②—低区；1—取水构筑物；2—水处理构筑物和二级泵站；3—高区泵站

如图 6-26 所示的远距离重力输水管，从水库 A 输水至水池 B。为防止水管承受压力过高，将输水管适当分段（即分区），在分段处建造水池，以降低输水管内压力，保证工作正常，这种减压供水也是分区给水的一种形式，称为重力给水分区系统。图 6-26 中的这种情况，如不设中间水池，即不分段，全线采用相同的管径，则水力坡度为 $i = \dfrac{\Delta Z}{L}$，这时部分管线所承受的压力较高，而在地形高于水力坡度线的管线，如 D 点附近，又将出现负压，显然是不合理的。如将输水管分成 3 段，并在 C 和 D 处设置水池，则 C 点附近水管的工作压力有所下降，D 点附近也不会出现负压，大部分管线的静水压力将显著减小。

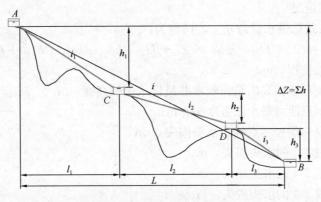

图 6-26　远距离重力输水管分区

将输水管分段并在适当位置设置水池后，不仅可以降低输水管的工作压力，而且可以降低输水管各点的静水压力，使各区的静水压力不超过 h_1、h_2 和 h_3，因此是经济合理的，水池应尽量布置在地形较高的地方，以免出现虹吸管段。

6.10.2　分区给水的能量分析

泵站扬程根据管网控制点所需的最小服务水头和管网中的水头损失确定，除控制点附近地区以外，大部分给水区的管网水压都高于实际所需的水压，多余的水压白白消耗掉了，产生了能量浪费。而在给水系统的运行费用中，电费占很大比例。所以，从给水能量利用程度来评价分区给水系统是有实际意义的，即对给水系统进行能量分析，找出哪些是浪费的能量，分区后如何减少这部分能量，以降低供水的动力费用，并作为选择分区给水的依据。

1. 输水管的供水能量分析

如图 6-27 所示的输水管，沿途有供水，假设地形从泵站起均匀升高，这时管网中的

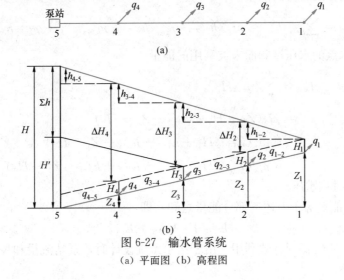

图 6-27　输水管系统

(a) 平面图　(b) 高程图

水压以靠近泵站处为最高，管网控制点为离泵站最远的节点 1，各管段的流量 q_{ij} 和管径 D_{ij} 随着与泵站距离的增大而减小。节点 1～节点 4 的节点流量分别为 q_1、q_2、q_3 和 q_4，所需最小服务水头分别为 H_1、H_2、H_3 和 H_4。

（1）能量利用情况

未分区时，泵站总供水量为 q_{4-5}，扬程为：

$$H_p = Z_1 + H_1 + \sum h_{ij} = Z_1 + H_1 + h_{1-2} + h_{2-3} + h_{3-4} + h_{4-5} \tag{6-78}$$

式中　H_p——泵站扬程，m；

　　　Z_1——控制点地面高出泵站吸水井最低水位的高度，m；

　　　H_1——控制点所需最小服务水头，m；

　　　$\sum h_{ij}$——从泵站到控制点的总水头损失，m；

　　　h_{1-2}——管段 1-2 的水头损失，m；

　　　h_{2-3}——管段 2-3 的水头损失，m；

　　　h_{3-4}——管段 3-4 的水头损失，m；

　　　h_{4-5}——管段 4-5 的水头损失，m。

未分区时泵站供水总能量为：

$$E = \gamma q_{4-5} H_p = \gamma q_{4-5} (Z_1 + H_1 + \sum h_{ij}) = \gamma q_{4-5} (Z_1 + H_1 + h_{1-2} + h_{2-3} + h_{3-4} + h_{4-5})$$
$$\tag{6-79}$$

式中　E——未分区时泵站供水总能量，J；

　　　γ——水的重度，N/m^3；

　　　q_{4-5}——泵站总供水量，m^3/s。

泵站供水总能量 E 由三部分组成：

① 保证最小服务水头所需的能量

$$E_1 = \sum_{i=1}^{4} \gamma q_i (Z_i + H_i) = \gamma q_1 (Z_1 + H_1) + \gamma q_2 (Z_2 + H_2) + \gamma q_3 (Z_3 + H_3) + \gamma q_4 (Z_4 + H_4)$$
$$\tag{6-80}$$

② 克服管道摩阻所需的能量

$$E_2 = \sum_{i=1}^{4} \gamma q_{ij} h_{ij} = \gamma q_{1-2} h_{1-2} + \gamma q_{2-3} h_{2-3} + \gamma q_{3-4} h_{3-4} + \gamma q_{4-5} h_{4-5} \tag{6-81}$$

③ 因各用水点的水压过剩而未被利用的能量

$$\begin{aligned}
E_3 &= \sum_{i=2}^{4} \gamma q_i \Delta H_i \\
&= \gamma q_2 (Z_1 + H_1 + h_{1-2} - Z_2 - H_2) \\
&\quad + \gamma q_3 (Z_1 + H_1 + h_{1-2} + h_{2-3} - Z_3 - H_3) \\
&\quad + \gamma q_4 (Z_1 + H_1 + h_{1-2} + h_{2-3} + h_{3-4} - Z_4 - H_4)
\end{aligned} \tag{6-82}$$

式中　ΔH_i——过剩水压。

水泵供水总能量等于上述三部分能量之和，即：

$$E = E_1 + E_2 + E_3 \tag{6-83}$$

总能量中只有 E_1 得到有效利用。由于给水系统设计时，泵站流量和控制点水压已定，所以 E_1 不能减小。

第二部分能量 E_2 消耗于输水过程中不可避免的水头损失。为了降低这部分能量，必须减小各管段的水头损失，其措施是适当放大管径，所以并不是一种经济的解决办法。

第三部分能量 E_3 未能有效利用，属于浪费的能量，这是统一给水系统无法避免的缺点，因为泵站必须将全部流量按管网控制点所需的水压输送。

统一（未分区）给水系统中供水能量利用的程度，可用必须消耗的能量占总能量的比例来表示，称为能量利用率，计算公式为：

$$\phi = \frac{E_1 + E_2}{E} = 1 - \frac{E_3}{E} \tag{6-84}$$

从式（6-84）看出，为了提高输水能量利用率，只有设法降低未被利用的能量 E_3 值，这就是从经济上考虑分区给水的原因。

（2）能量分配图

如图 6-27 所示的输水管分区时，为了确定分区界线和各区的泵站位置，须绘制泵站供水能量分配图，如图 6-28 所示，方法如下：

① 横坐标表示流量，纵坐标表示水压，建立坐标系。

② 将节点流量 q_1、q_2、q_3 和 q_4 等值顺序按比例绘在横坐标上。各管段流量可从节点流量求出，如管段 3-4 的流量 q_{3-4} 等于 $q_1 + q_2 + q_3$，泵站的供水量即管段 4-5 的流量 q_{4-5} 等于 $q_1 + q_2 + q_3 + q_4$。

③ 在纵坐标上按比例绘出各节点的地面标高 Z_1、Z_2、Z_3、Z_4 和所需最小服务水头 H_1、H_2、H_3、H_4，得到若干以 q_i 为底、相应的 $Z_i + H_i$ 为高的矩形面积，这些面积的总和等于保证最小服务水头所需的能量，即图 6-28 中的 E_1 部分。

④ 在纵坐标上按比例绘出各管段的水头损失 h_{1-2}、h_{2-3}、h_{3-4} 和 h_{4-5}，得到若干以管段流量 q_{ij} 为底、相应水头损失 h_{ij} 为高的矩形面积，这些面积的总和等于克服水管摩阻所需的能量，即图 6-28 中的 E_2 部分。

为了供水到控制点 1，泵站 5 的扬程应为：

$$H = Z_1 + H_1 + \sum h_{ij} = Z_1 + H_1 + h_{1-2} + h_{2-3} + h_{3-4} + h_{4-5} \tag{6-85}$$

所以纵坐标总高度为 H。

⑤ 由于泵站总能量为 $\gamma q_{4-5} H$，即整个矩形面积，所以除了 E_1 和 E_2 外，其余部分面积就是无法利用而浪费的能量。它等于以 q_i 为底、过剩水压 ΔH_i 为高的矩形面积之和，即图 6-28 中的 E_3 部分。

（3）分区界线的确定

假定在如图 6-27 所示的节点 3 处设置加压泵站，将输水管分成两区。分区后，泵站 5 的扬程只需满足节点 3 处的最小服务水头，因此可从未分区时的 H 降低到分区后的 H'。从图 6-27 可以看出，此时过剩水压 ΔH_3 消失，ΔH_4 减小，因而减小了一部分未利用的能量。减小值如图 6-28 中阴影部分面积所示，等于：

$$\gamma(q_3 + q_4)(Z_1 + H_1 + h_{1-2} + h_{2-3} - Z_3 - H_3) = \gamma(q_3 + q_4)\Delta H_3 \tag{6-86}$$

但是，当整条输水管的管径和流量相同时，即沿线无流量分出时，分区后非但不能降低能量费用，基建和设备等各项费用反而增加，管理也趋于复杂。这时只有在输水距离远、管内水压过高时，才因为技术原因考虑分区给水。

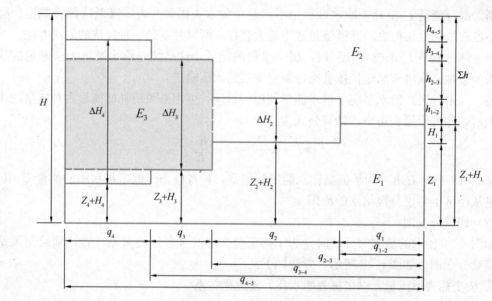

图 6-28　泵站供水能量分配图

图 6-29 为位于平地上的输水管线能量分配图。因沿线各节点（0～10）的配水流量不均匀，从能量图上可以找出最大可能节约的能量为 $0AB3$ 矩形面积。因此加压泵站可考虑设在节点 3 处，节点 3 将输水管分成两区。

远距离输水管是否分区，分区后设多少泵站等问题，须通过方案的技术经济比较方可确定。

2. 给水管网的供水能量分析

如图 6-30 所示的给水管网，假定给水区地形从泵站起均匀升高，全区用水量均匀，要求的最小服务水头相同。

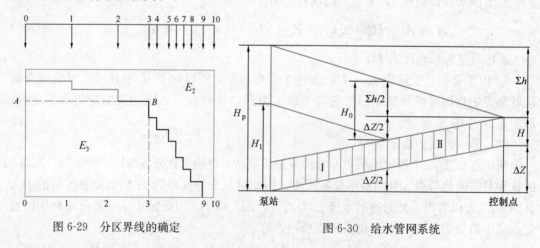

图 6-29　分区界线的确定　　　　　图 6-30　给水管网系统

设管网的总水头损失为 Σh，管网控制点地面标高与泵站吸水井最低水位的高差为 ΔZ。未分区时，泵站总流量为 Q，扬程为：

$$H_p = \Delta Z + H_C + \Sigma h \tag{6-87}$$

泵站供水总能量为：

$$E = \gamma Q H_p = \gamma Q (\Delta Z + H_C + \sum h) \tag{6-88}$$

等分为两区，且为串联分区时，Ⅰ区管网的水泵流量为 Q，扬程为：

$$H_{pⅠ} = \frac{\Delta Z}{2} + H_C + \frac{\sum h}{2} \tag{6-89}$$

Ⅱ区管网的水泵流量为 $\dfrac{Q}{2}$，如Ⅱ区管网的水泵能利用Ⅰ区的水压 H_C 时，则Ⅱ区的水泵扬程为：

$$H_{pⅡ} = \frac{\Delta Z}{2} + \frac{\sum h}{2} \tag{6-90}$$

水泵供水总能量为：

$$E_2 = E_Ⅰ + E_Ⅱ = \gamma \frac{Q}{2} \left(\frac{3}{2} \Delta Z + 2H_C + \frac{3}{2} \sum h \right) \tag{6-91}$$

所节约的能量为：

$$\Delta E = E - E_2 = \gamma \frac{Q}{2} \frac{\Delta Z + \sum h}{2} \tag{6-92}$$

如最小服务水头 H_C 与泵站总扬程 H_p 相比极小时，则所节约的能量近似为：

$$\Delta E = \gamma \frac{Q}{2} \frac{\Delta Z + H + \sum h}{2} = \frac{1}{4} E \tag{6-93}$$

所节约的能量如图 6-31 中阴影部分矩形面积所示，比不分区时最多可以节约 1/4 的供水能量。

由此可见，对于沿线流量均匀分配的管网，最大可能节约的能量为图 6-31 中所示的 E_3 部分中的最大内接矩形面积，相当于将加压泵站设在给水区中部的情况。也就是分成相等的两区时，可使浪费的能量减到最少。

当给水系统等分成 n 区时，泵站供水能量如下：

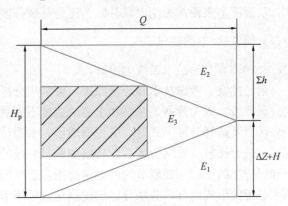

图 6-31　管网分区供水能量分析

① 串联分区时，各区的用水量分别为 Q、$\dfrac{n-1}{n}Q$、$\dfrac{n-2}{n}Q$、$\cdots$、$\dfrac{1}{n}Q$，各区的水泵扬程均为 $\dfrac{1}{n}H_p$，供水总能量为：

$$
\begin{aligned}
E_{n串} &= \gamma Q \frac{1}{n} H_p + \gamma \frac{n-1}{n} Q \frac{1}{n} H_p + \gamma \frac{n-2}{n} Q \frac{1}{n} H_p + \cdots + \gamma \frac{1}{n} Q \frac{1}{n} H_p \\
&= \frac{1}{n^2} [n + (n-1) + (n-2) + \cdots + 1] \gamma Q H_p \\
&= \frac{1}{n^2} \frac{n(n+1)}{2} \gamma Q H_p \\
&= \frac{n+1}{2n} E
\end{aligned}
\tag{6-94}
$$

等分成两区时，则 $n=2$，代入式（6-94），得供水总能量 $E_{2\text{串}}=\frac{3}{4}E$，即较未分区时节约 $\frac{1}{4}$ 的能量；$n\to\infty$ 时，$\lim\limits_{n\to\infty}\dfrac{n+1}{2n}=\dfrac{1}{2}$，得 $E_{n\text{串}}=\dfrac{1}{2}E$，即较未分区时节约 $\frac{1}{2}$ 的能量。故分区数越多，能量节约越多，但最多只能节约 $\frac{1}{2}$ 的能量。

② 并联分区时，各区的用水量均为 $\frac{1}{n}Q$，各区的水泵扬程分别为 $\frac{1}{n}H_{\text{p}}$、$\frac{2}{n}H_{\text{p}}$、$\cdots$、$\frac{n-1}{n}H_{\text{p}}$、$H_{\text{p}}$，供水总能量为：

$$
\begin{aligned}
E_{n\text{并}} &= \gamma\frac{1}{n}Q\frac{1}{n}H_{\text{p}}+\gamma\frac{1}{n}Q\frac{2}{n}H_{\text{p}}+\cdots+\gamma\frac{1}{n}Q\frac{n-1}{n}H_{\text{p}}+\gamma\frac{1}{n}QH_{\text{p}}\\
&= \frac{1}{n^2}\left[1+2+\cdots+(n-1)+n\right]\gamma QH_{\text{p}}\\
&= \frac{1}{n^2}\frac{n(n+1)}{2}\gamma QH_{\text{p}}\\
&= \frac{n+1}{2n}E
\end{aligned}
\tag{6-95}
$$

分区数越多，能量节约越多，但最多也只能节约 $\frac{1}{2}$ 的能量。

从经济上来说，无论串联分区，还是并联分区，分区后可以节省的供水能量相同，最多都只能节约 $\frac{1}{2}$ 的能量。

6.10.3 分区给水系统的设计

前已述及，考虑技术和经济原因，可采用分区给水系统。一般按节约能量的多少来划定分区界线，因为管网、泵站和水池的造价不大受到分界线位置变动的影响，所以考虑是否分区以及选择分区形式时，应根据地形、水源位置、用水量分布等具体条件，拟订若干方案，进行比较。管网分区后，将增加管网系统的造价和管理的复杂性，因此须进行技术上和经济上的比较。如所节约的能量费用多于所增加的造价，则可考虑分区给水。对分区给水系统的形式而言，并联分区的优点是各区用水由同一泵站供给，供水比较可靠，管理也较方便，整个给水系统的工作情况较为简单，设计条件易与实际情况一致；串联分区的优点是输水管长度较短，可用扬程较低的水泵和低压管。因此在选择分区形式时，虽然并联分区和串联分区所节约的能量相近，但应考虑并联分区会增加输水管长度，串联分区将增加泵站的造价和管理费用。

分区给水系统设计的主要任务是确定分区形式和分区界线。

1. 选择分区给水系统的形式

城市地形和水厂位置是选择分区给水系统形式时要考虑的两个主要因素。

（1）城市地形

城市地形是决定分区给水系统形式的主要影响因素。当城市沿河岸发展且狭长时，采用并联分区给水系统为宜，因为增加的输水管长度不多，而高、低两区的泵站可以集中管理，如图 6-32（a）所示。与此相反，当城市垂直于等高线方向延伸时，串联分区更为适宜，如图 6-32（b）所示。

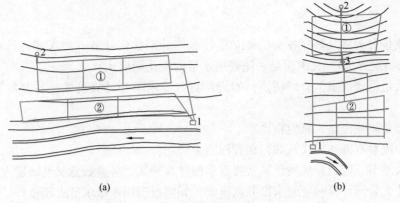

图 6-32 城市延伸方向与分区形式选择

(a) 并联分区；(b) 串联分区

①—高区；②—低区；1—水厂；2—水塔或高地水池；3—加压泵站

（2）水厂位置

水厂位置往往影响分区形式。水厂靠近高区时，宜用并联分区，因增加的输水管长度不多，如图 6-33（a）所示。水厂远离高区时，采用串联分区较好，以免到高区的输水管过长，增加造价，如图 6-33（b）所示。

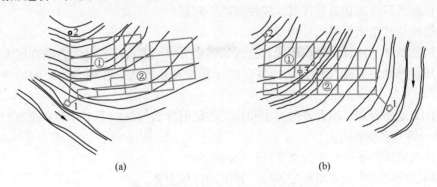

图 6-33 水厂位置与分区形式选择

(a) 并联分区；(b) 串联分区

①—高区；②—低区；1—水厂；2—水塔或高地水池；3—加压泵站

在分区给水系统中，可以采用高地水池或水塔作为水量调节设施。调节容量相同时，高地水池的造价比水塔低；但水池标高应保证该区所需水压。采用水塔或水池需通过方案比较后确定。

2. 划定分区界线

划定分区界线的原则是以节约最大能量为条件进行。具体来说：

（1）对于沿线流量分配均匀的管网，加压泵站一般设在中部；

（2）对于沿线流量分配不均匀的管网，从能量分配图上找出可能节约最大能量的矩形面积。

思 考 题

1. 比流量分为哪几种？各自的概念是什么？分别如何计算（要求掌握计算公式、各参数意义及确定方法）？比流量是否随着用水量的变化而变化？

2. 什么是沿线流量？有何特点？如何计算（要求掌握计算公式、各参数意义及确定方法）？

3. 什么是转输流量？有何特点？

4. 集中流量有哪些形式？如何在管网图上表示？

5. 什么是节点流量？如何计算（要求掌握计算公式、各参数意义及确定方法）？

6. 为什么管网计算时须先求出节点流量？如何根据用水量求节点流量？

7. 根据沿线流量求节点流量的折算系数 α 如何推导得出（同时要求掌握图示）？α 一般在什么范围？

8. 为什么要分配流量？流量分配时应考虑哪些要求？

9. 树状网和环状网的流量分配有何不同？

10. 水泵供水和重力供水时管径的确定有何不同？

11. 什么是经济流速？影响经济流速的主要因素有哪些？设计时可否任意套用？

12. 平均经济流速一般是多少？

13. 根据经济流速初选管径时，应注意哪些问题？

14. 简述树状给水管网的计算步骤。

15. 树状给水管网计算时，干线和支线如何划分？两者确定管径的方法有何不同？

16. 环状网计算有哪几种方法？各自的计算原理是什么？各种方法之间的异同点有哪些？

17. 什么是闭合差？闭合差的大小和正负各说明什么问题？手工计算和电算时闭合差的允许值一般是多少？

18. 什么是管网平差？为什么要进行管网平差？

19. 简述应用哈代—克罗斯法解环方程组的计算步骤。

20. 按最高用水时计算的管网，还应按哪些条件进行核算？各种核算条件下的管网总流量、各节点流量和管网水压分别是如何考虑的？

21. 单水源给水管网和多水源给水管网水力计算时各应满足什么要求？

22. 如何保证输水管渠的供水可靠性？

23. 分区给水的原因有哪些？

24. 分区给水系统的基本形式有哪些？各自的概念是什么？各自的特点有哪些？

25. 泵站供水时所需的能量由哪几部分组成？各部分能量利用情况如何？分区给水后节能效果如何？

26. 如何绘制泵站供水能量分配图？

27. 在给水区地形从泵站起均匀升高，全区用水量均匀，最小服务水头相同的情况下，给水系统等分为 n 区时，相比未分区系统最多可节约多少能量？并写出分析过程。

28. 如沿途无流量分出的输水管，是否能通过分区供水降低能量？

29. 影响分区给水系统形式的主要因素有哪些？

习　题

1. 如图 6-34 所示的树状给水管网，泵站（节点 1）到节点 2 的管段为输水管道，两侧无用户。已知各管段长度分别为 $l_{1-2}=655\mathrm{m}$、$l_{2-3}=464\mathrm{m}$、$l_{3-4}=416\mathrm{m}$、$l_{2-5}=402\mathrm{m}$、$l_{5-6}=328\mathrm{m}$、$l_{3-7}=386\mathrm{m}$，该供水区最高时用水量为 119.76L/s，节点 2～节点 7 的节点流量分别为 25.98L/s、37.98L/s、12.48L/s、21.9L/s、9.84L/s、11.58L/s。求各管段流量 q_{ij}。

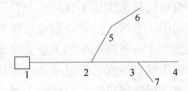

图 6-34　某树状给水管网图

2. 对所给环状给水管网（图 6-35）进行水力计算。

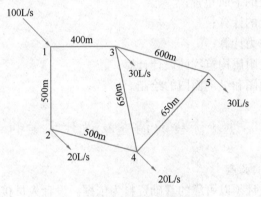

图 6-35　某环状给水管网图

3. 对【例 6-5】所给的单水源环状给水管网进行最高时、消防时和事故时的平差计算及至少 3 种方案的比较，确定最终选定方案，并进行总结。可根据情况分组完成。

4. 对【例 6-6】所给的多水源环状给水管网进行最高时平差计算及至少 3 种方案的比较，确定最终选定方案，并进行总结。可根据情况分组完成。

第7章 污水管道系统的设计

城镇污水由城镇综合生活污水和工业废水组成。综合生活污水包含居民生活污水和公共建筑污水。居民生活污水是指居民日常生活中饮用、烹饪、洗涤、冲厕和洗浴等产生的污水，公共建筑污水是指娱乐场所、宾馆、浴室、商业、学校和机关办公楼等公共建筑和场所产生的污水。工业废水是指工业企业内产生的工业生产废水和生活污水。

污水管道系统是由收集和输送城市污水的管道及其附属构筑物组成的。其设计依据当地城镇（地区）总体规划和排水工程规划进行。设计的主要内容和深度按照基本建设程序及有关的设计规定、规程确定。污水管道系统设计的主要内容包括：

(1) 设计基础资料的调查；

(2) 污水管道系统的平面布置；

(3) 污水设计流量的计算；

(4) 污水管道的水力计算；

(5) 污水管道系统附属构筑物的设计计算；

(6) 污水管道平面图和纵剖面图的绘制。

7.1 设计资料的调查及设计方案的确定

7.1.1 设计资料的调查

污水管道系统的设计须以可靠的基础资料为依据。设计人员接受任务后，首先要熟悉设计任务书或批准文件的内容，明确工程的范围和要求，然后赴现场踏勘，最后分析、核实、收集、补充相关的基础资料。进行污水管道系统的设计时，需要收集调查以下基础资料：

(1) 现状基础资料

① 现有污水、雨水管道系统的布置，排出口位置和高程；污水处理及处置方式；受纳水体的位置及标高；设计区域内各类污水量定额及其主要污染物含量。

② 工程设计区域的总体规划和各专业详细规划，明确排水管线与其他管线在平面上的位置关系，排水管线的走向等。

③ 排水管道沿线道路等级、路面宽度及材料；本地区建筑材料、管道制品、电力供应的情况和价格；建筑、安装单位的等级情况等。

(2) 自然地理资料

① 地质资料

设计区域地质图；排水管道沿线范围内岩土层的类型、深度、分布、工程特性等；场地的稳定性、均匀性、承载力、建筑适宜性等；地下含水层和隔水层的埋藏条件，环境水、土等可能对工程材料的影响；管槽开挖边坡坡度；抗震设计参数等。

② 地貌资料

初步设计阶段，大型排水工程设计要求有设计区域总地形图，比例尺为 1：25000～1：10000，等高线间距 1～2m。中小型设计可采用比例尺 1：10000～1：5000 的总地形图，等高线间距 1～2m。

施工图阶段，要求街区平面图比例尺 1：2000～1：500，等高线间距 0.5～1m；设置排水管道沿线的带状地形图，比例尺 1：1000～1：200；拟建的排水泵站、污水处理厂处，污水管道穿越河流、铁路等特殊地段的地形图，比例尺通常采用 1：500～1：100，等高线间距 0.5～1m；污水处理厂出水口附近河床的横断面图。

③ 气象资料

设计区域的平均气温（极端情况）、平均降雨量、无霜期、全年日照情况等。

④ 水文资料

设计区域所属流域及流域内河流分布情况、河流水质、水功能区划；河流沿线取水、排污情况等。

7.1.2 设计方案的确定

收集调查设计基础资料后，按照工程要求和特点，设计人员对工程中一些原则性的、涉及面较广的问题提出不同的解决办法，如排水体制、污水管道的布置、埋设深度、中途泵站的数目与位置、污水处理工艺、污泥处置方式、排水口位置和形式等，从而形成不同的设计方案。因此，必须对各设计方案进行充分的经济分析与评价，确定出最优的方案。常用的方案技术经济分析与评价的步骤如下：

（1）建立优化设计数学模型

深入分析主要技术经济指标与各种技术经济参数之间的函数关系，即目标函数与相应约束条件的方程，采用数学的符号和语言作表述来建立数学模型。近年来，国内外不少学者在给水排水技术经济模型方面做了很多分析研究工作，鉴于地区之间的差异，各地在实际工作中若已建立的数学模型存在应用上的局限性与适用性，在缺少合适的数学模型的情况下，可以凭经验选择合适的参数。

（2）求解优化设计数学模型

这一过程为优化计算的过程。从技术经济角度讲，首先必须选择有代表意义的主要技术经济指标为评价目标，其次结合当地的实际情况，正确选择适宜的技术经济参数，以便在最好的技术经济情况下进行优选。由于实际工程的复杂性，有时解优化设计数学模型并不一定完全依靠数学优化方法，而用各种近似计算方法，如图解法、列表法等。最后将模型分析结果与实际情形进行比较，验证模型的准确性、合理性和适用性。

（3）方案的优化设计比较

根据技术经济评价原则和方法，综合分析各方案的工程量、投资以及其他技术经济指标，然后进行各方案的技术经济比较。常用的排水工程设计方案技术经济比较方法有逐项对比法、综合比较法、综合评分法、两两对比加权评分法等。

（4）综合评价与方案确定

依据上述技术经济比较结果，评价各设计方案对社会经济、方针政策、社会效益、环境效益等的影响，确定出最佳设计方案。综合评价的指标，根据工程项目的具体情况确定。

以上进行方案技术经济比较与评价的步骤只反映了优化设计分析的一般过程,根据工程实际问题的性质或者受条件限制时,可以适当省略步骤,或者采取其他办法。比如,可省略建立数学模型与优化计算步骤,直接根据经验选择适宜的参数。经过优化设计比较与综合评价后所确定的最佳方案,即为最终的工程设计方案。

7.2 污水设计流量的确定

污水管道及其附属构筑物能保证通过的污水最大流量称为污水设计流量。污水设计流量主要包括生活污水和工业废水两大类。进行污水管道系统设计时常采用最高日最高时污水量为设计流量。合理确定设计流量是污水管道系统设计的主要内容之一,也是做好设计的关键。

在设计上,由于管道的重要程度不同,其设计年限也有差异,一般城市主干管的设计年限较长,一次建成后基本在相当长时间不再扩建,可按远期污水量进行设计。干管、支管、接户管年限可依次略微降低。远期的具体年限应与城市总体规划相协调。

污水管道设计使用年限的选择一般应考虑以下因素:①城市发展方向;②系统将来扩建的可能性;③社会经济因素;④排水设施的使用寿命等。

7.2.1 设计综合生活污水量

设计综合生活污水量 Q_d 按式(7-1)计算:

$$Q_d = \frac{nNK_z}{24 \times 3600} \tag{7-1}$$

式中 Q_d——设计综合生活污水量,L/s;

n——生活污水定额,L/(人·d);

N——设计人口数;

K_z——生活污水量总变化系数。

(1)生活污水定额

居民生活污水定额是指居民每人每天日常生活中饮用、烹饪、洗涤、冲厕和洗浴等产生的污水量,单位为"L/(人·d)"。

综合生活污水是居民生活污水和公共设施污水这两部分的总和。

居民生活污水定额和综合生活污水定额应根据当地采用的居民生活用水定额或综合生活用水定额,结合建筑内部给水排水设施水平确定,可按当地相关用水定额的90%采用,建筑内部给水排水设施水平不完善的地区可适当降低。若当地缺少实际用水定额资料时,可根据《室外给水设计标准》GB 50013—2018 中规定的平均日居民生活用水定额(附录2-2)和平均日综合生活用水定额(附录2-4),并结合当地实际情况进行选用。

(2)设计人口数

设计人口数指污水系统设计期限终期的规划人口数,它是计算污水设计流量的基本数据。设计人口数是由设计区域总体规划确定的。由于城镇性质或规模不同,城镇建设用地(居住、公共管理与公共服务、商业服务业设施、工业、物流仓储、交通设施、公用设施、绿地等用地)和非建设用地分别占城镇总用地的比例和指标有所不同。因此,在计算污水系统的设计人口时,可采用人口密度与服务面积二者的乘积。

人口密度是单位面积土地上居住的人口数，它是表示各地人口的密集程度的指标。通常以每公顷内的常住人口为计算单位，用"人/hm²"表示。

（3）生活污水量总变化系数

流入污水系统的污水量时刻都在变化。不同季节污水量不同，一日之中，不同时间段内的污水量也存在很大的差异。一般来说，居住区的污水量在凌晨时最小，上午6时~8时、中午11时~13时、晚上6时~10时流量相对较大。即使在同一小时内，污水量也是有变化的，但这个变化相对较小，通常假定一小时过程中流入污水系统的污水量是均匀的。

污水量的变化程度通常用变化系数表示，包括日变化系数、时变化系数及总变化系数。

设计年限内，最高日污水量与平均日污水量的比值称为日变化系数，表示为 K_d；

设计年限内，最高日最高时污水量与该日平均时污水量的比值称为时变化系数，表示为 K_h；

设计年限内，最高日最高时污水量与平均日平均时污水量的比值称为总变化系数，表示为 K_z。

显然，按上述定义有：

$$K_z = K_d K_h \tag{7-2}$$

影响生活污水量变化的因素很多，在工程设计阶段，一般难以获得足够的数据来确定生活污水量总变化系数。根据一些城市的污水量实测数据，总变化系数 K_z 的数值主要与污水系统中接纳的污水总量的大小有关。经过长期使用和调整以后，得到了生活污水总变化系数经验数值，表7-1为我国《室外排水设计标准》GB 50014—2021推荐的综合生活污水量总变化系数值。

综合生活污水量总变化系数表 表7-1

平均日流量（L/s）	≤5	15	40	70	100	200	500	≥1000
总变化系数	2.7	2.4	2.1	2.0	1.9	1.8	1.6	1.5

注：1. 当污水平均日流量为中间数值时，总变化系数用内插法求得。

2. 当居住区有实际生活污水量变化资料时，可按实际数据采用。

7.2.2 设计工业废水量

设计工业废水量 Q_m 包括工业企业生活污水及淋浴污水设计流量和工业生产废水设计流量两部分之和，即：

$$Q_m = Q_1 + Q_2 \tag{7-3}$$

式中 Q_m——设计工业废水量，L/s；

Q_1——工业企业生活污水及淋浴污水设计流量，L/s；

Q_2——工业生产废水设计流量，L/s。

（1）工业企业生活污水及淋浴污水的设计流量按式（7-4）计算：

$$Q_1 = \frac{A_1 B_1 K_1 + A_2 B_2 K_2}{3600T} + \frac{C_1 D_1 + C_2 D_2}{3600} \tag{7-4}$$

式中 A_1——一般车间最大班职工人数，人；

A_2——热车间最大班职工人数，人；

B_1——一般车间职工生活污水定额，以30L/（人·班）计；

B_2——热车间职工生活污水定额，以50L/（人·班）计；

K_1——一般车间生活污水量时变化系数，以3.0计；

K_2——热车间生活污水量时变化系数，以2.5计；

C_1——一般车间最大班使用淋浴的职工人数，人；

C_2——热车间最大班使用淋浴的职工人数，人；

D_1——一般车间的淋浴污水定额，以40L/（人·班）计；

D_2——热车间的淋浴污水定额，以60L/（人·班）计；

T——每班工作时数，h。

淋浴时间以60min计。

（2）工业生产废水设计流量按式（7-5）计算：

$$Q_2 = \frac{mMK_z'}{3600T} \tag{7-5}$$

式中 m——生产每单位产品的废水量，L/单位产品；

M——产品的平均日产量；

T——每日生产时数，h；

K_z'——生产废水量总变化系数。

现有工业企业的废水量可根据实测现有车间的废水量求得。在设计新建工业企业时，可参考与其生产工艺过程相似的现有工业企业的数据确定。当不易获得工业废水量的资料时，可依据工业用水定额（在一定时间、一定条件下，生产单位产品或完成单位工作量而消耗的新水量）估计废水量。

各行业的工业废水量标准有很大差别，当生产过程中采用循环给水系统或复用水系统时，生产废水量会有显著降低。因此，工业废水量取决于行业分类、生产过程、生产工艺、单位产品用水量以及工业给水系统等。

工业废水量日变化一般较小，其日变化系数可视为1，时变化系数可实测。表7-2列出了某印染厂生产废水量最大一天中各小时流量的实测值。

从实测资料可以看出，最大时生产废水量为412.28m³，发生在8时~9时，故时变化系数 $K_h = \frac{412.28}{263.81} = 1.56$。

以时间为横坐标，各小时生产废水流量占总流量的百分数为纵坐标，用表7-2的数据绘制成废水流量变化曲线图，如图7-1所示。

各小时废水流量的实测值   表 7-2

时间	排出口流量（m³）			总出口流量	
	1号	2号	3号	（m³）	（%）
0~1	114.64	182.05	5.86	302.55	4.78
1~2	75.57	173.62	5.41	254.60	4.02
2~3	40.35	165.45	12.25	218.05	3.45

时间	排出口流量（m³）			总出口流量	
	1 号	2 号	3 号	（m³）	（%）
3～4	43.92	165.45	10.62	219.99	3.48
4～5	135.04	190.70	9.12	334.86	5.29
5～6	64.57	237.64	6.53	308.74	4.88
6～7	121.23	157.50	7.77	286.50	4.53
7～8	121.23	182.05	7.77	311.05	4.91
8～9	157.50	247.77	7.01	412.28	6.51
9～10	45.24	147.79	6.48	199.31	3.15
10～11	40.35	160.70	5.41	206.46	3.26
11～12	41.05	160.70	5.41	207.16	3.27
12～13	36.99	163.84	5.41	206.24	3.26
13～14	45.39	227.76	6.53	279.68	4.42
14～15	69.28	199.60	5.41	274.29	4.33
15～16	20.14	239.84	6.08	266.06	4.20
16～17	30.17	157.50	6.53	194.20	3.07
17～18	85.72	149.79	9.12	244.63	3.86
18～19	79.56	173.62	7.77	260.95	4.12
19～20	60.06	157.50	6.53	224.09	3.54
20～21	74.20	218.29	7.77	300.26	4.74
21～22	74.20	190.70	9.12	274.02	4.33
22～23	55.74	218.29	8.55	282.58	4.46
23～24	45.39	208.74	6.53	260.66	4.12
合计	1677.53	4476.89	174.99	6329.41	100.00
平均	69.90	186.54	7.29	263.73	4.17

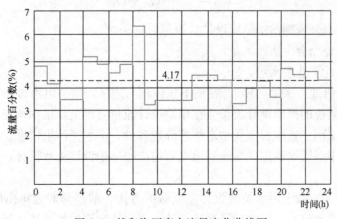

图 7-1 某印染厂废水流量变化曲线图

设计工业废水量应根据工业企业工艺特点确定，工业企业的生活污水量应符合《建筑给水排水设计标准》GB 50015—2019 的有关规定。工业废水量变化系数应根据工业特点和工作班次确定。以下为某些工业废水量的时变化系数，可供参考：

冶金工业 1.0～1.1；化学工业 1.3～1.5；纺织工业 1.5～2.0；食品工业 1.5～2.0；皮革工业 1.5～2.0；造纸工业 1.3～1.8。

7.2.3　入渗地下水量

考虑土质、地下水位、管道和接口材料以及施工质量等因素的影响，当地下水位高于污水管道时，污水系统设计时应适当考虑入渗地下水量。调研发现，由于降雨充沛、地势平缓、地下水位高以及部分区域为流砂性土壤，刚性接口的混凝土管道很容易因为受力不均匀导致接口开裂、错位漏水。

入渗地下水量 Q_u 应根据地下水位情况和管道性质经测算后研究确定。一般按单位管长和管径的入渗地下水量计，也可按平均日综合生活污水和工业废水总量的 10%～15% 计，还可按每天每单位服务面积入渗的地下水量计。

中国市政工程中南设计研究总院有限公司和广州市市政园林局测定过管径为 1000～1350mm 的新铺钢筋混凝土管入渗地下水量，当地下水位高于管底 3.2m，入渗量为 94m³/(km·d)；当地下水位高于管底 4.2m，入渗量为 196m³/(km·d)；当地下水位高于管底 6m，入渗量为 800m³/(km·d)；当地下水位高于管底 6.9m，入渗量为 1850m³/(km·d)。

日本《下水道设施设计指南》（2009 年版，以下简称《日本指南》）规定采用经验数据，按每人每日最大污水量的 10%～20% 计；英国《污水处理厂》BS EN 12255（简称《英国标准》）建议按观测现有管道的夜间流量进行估算；德国水协 DWA 标准规定入渗水量不大于 0.15L/(hm²·s)，如大于则应采取措施减少入渗；美国按 0.01～1.0m³/(d·mm-km)（mm 为管径，km 为管长）计，或按 0.2～28m³/(hm²·d)计。

7.2.4　污水设计总流量

城镇污水设计总流量是设计综合生活污水量、设计工业废水量两部分之和。地下水位较高区域，还应考虑加入入渗地下水量。因此，在旱季时，分流制污水系统设计总流量为：

$$Q_{dr} = Q_d + Q_m + Q_u \qquad (7\text{-}6)$$

式中　Q_{dr}——旱季分流制污水系统设计总流量，L/s；

Q_d——设计综合生活污水量，L/s；

Q_m——设计工业废水量，L/s；

Q_u——入渗地下水量，L/s，在地下水位较高地区，应予以考虑。

分流制污水系统的雨季设计流量应在旱季设计流量基础上，根据调查资料增加截流雨水量。分流制截流雨水量应根据受纳水体的环境容量、雨水受污染情况、源头减排设施规模和排水区域大小等因素确定。分流制污水管道应按旱季设计流量设计，并在雨季设计流量下校核。

上述公式（7-6）确定污水系统设计总流量的方法，前提是假定排出的各种污水都在同一时间内达到最大流量。污水管道系统设计可采用这种简单累加法计算流量，但其他设施如污水处理厂和污水提升泵站也采用此方法计算设计污水量，将很不经济。因为各种污水同时达到最大流量的可能性很小,各种污水流量汇合时,存在互相调节、流量高峰降低的情况,这样就必须考虑各种污水流量的逐时变化,取最大时流量作为总设计流量。按这种综合流量计算法求得的最大污水量,作为污水提升泵站和污水处理厂的设计流量,相对来说是比较经济合理的,但往往缺乏污水量逐时变化资料而不便采用,一般计算设计流量采用式(7-6)。

【例 7-1】某城镇旧城区和新城区居住面积分别为 $61.50hm^2$、$41.20hm^2$,相应的人口密度分别为 520 人/hm^2、440 人/hm^2,平均日生活用水定额分别为 150L/(人·d)、120L/(人·d)。该城镇有甲、乙两个工厂,均分三班制工作,工厂甲一般车间最大班职工数 108 人,热车间最大班职工数 156 人,其中一般车间和热车间使用淋浴职工数分别为38 人和 109 人;工厂乙一般车间最大班职工数 145 人,热车间最大班职工数 150 人,其中一般车间和热车间使用淋浴职工数分别为 50 人和 105 人。工厂甲和工厂乙的日产量分别为 15t、12t,单位产品废水量分别为 $20m^3/t$、$140m^3/t$,生产废水量总变化系数分别为3、1.45。试求该城镇的污水设计流量。

【解】根据居住面积和相应的人口密度,求得旧城区和新城区的设计人口数分别为:

$$N_1 = 61.50 \times 520 = 31980 \text{ 人}$$
$$N_2 = 41.20 \times 440 = 18128 \text{ 人}$$

生活污水定额按生活用水定额的 90% 取,则综合生活污水定额分别为:

$$n_1 = 150 \times 0.9 = 135 \text{L/(人·d)}$$
$$n_2 = 120 \times 0.9 = 108 \text{L/(人·d)}$$

由此求得居住区的平均日平均时生活污水量 $\overline{Q}$ 为:

$$\overline{Q} = \frac{n_1 N_1 + n_2 N_2}{86400} = \frac{135 \times 31980 + 108 \times 18128}{86400} = 72.63 \text{L/s}$$

据表 7-1,求得相应的综合生活污水量总变化系数 K_z 为 1.99,故综合生活污水设计流量 Q_d 为:

$$Q_d = K_z \cdot \overline{Q} = 144.53 \text{L/s}$$

工业企业生活污水的设计流量 Q_{m11} 为:

$$Q_{m11} = \frac{\sum A_{1i} B_{1i} K_{1i} + \sum A_{2i} B_{2i} K_{2i}}{3600T}$$

$$= \frac{108 \times 30 \times 3.0 + 145 \times 30 \times 3.0 + 156 \times 50 \times 2.5 + 150 \times 50 \times 2.5}{3600 \times 8}$$

$$= 2.12 \text{L/s}$$

工业企业淋浴污水的设计流量 Q_{m12} 为:

$$Q_{m12} = \frac{\sum C_{1i} D_{1i} + \sum C_{2i} D_{2i}}{3600}$$

$$= \frac{38 \times 40 + 50 \times 40 + 109 \times 60 + 105 \times 60}{3600}$$

$$= 4.54 \text{L/s}$$

则工厂甲和工厂乙的生活污水及淋浴污水设计流量 Q_{m1} 为:

$$Q_{m1} = Q_{m11} + Q_{m12} = 6.66 \text{L/s}$$

工业生产废水设计流量 Q_{m2} 为:

$$Q_{m2} = \frac{m_1 M_1 K'_{z1} + m_2 M_2 K'_{z2}}{3600T}$$

$$= \frac{20 \times 1000 \times 15 \times 3 + 140 \times 1000 \times 12 \times 1.45}{3600 \times 3 \times 8}$$

$$= 38.61 \text{L/s}$$

则工业废水设计流量 Q_m 为：

$$Q_m = Q_{m1} + Q_{m2} = 6.66 + 38.61 = 45.27 \text{L/s}$$

故该城镇的污水设计流量 Q 为：

$$Q = Q_d + Q_m = 144.53 + 45.27 = 189.80 \text{L/s}$$

7.3 污水管道的水力计算

7.3.1 污水的流动特点

污水管道系统与给水管网的环流贯通情况完全不同，污水是先由支管流入干管，再经干管流入主干管，最后由主干管流入污水处理厂，管径由细到粗，分布类似河网，呈树枝状。污水在管道中是靠管道两端的水面高差由高向低处流动，即污水管中为重力流，管道内部是不承受压力的，而给水管道中为压力流。

流入污水管道系统中的水并非清水，而是含有一定数量的有机和无机物质。其中相对密度较小的物质漂浮在水面并随污水漂流；相对密度较大的物质分布在水流断面上并呈悬浮状态流动；相对密度最大的颗粒物质则沿着管底移动或淤积在管壁上。上述情况与给水管网中水的流动略有不同。

监测表明污水管道中水的流速是有一定变化的，这主要是因为管道中水流经跌水、转弯、变径、变坡等地时水流状态会发生改变，流量可能也在变化，从而流速也就改变。因此污水在管道中的流动是不均匀流。但在除上述情况外的直线管段上，当流量没有较大变化且又无沉积物时，管道内污水的密度、流速、压强等均不随时间改变，可视为恒定流，且管道的断面形状和尺寸不变，流线为相互平行的直线，此时，管道内污水的流动状态可视为均匀流。

总的来说，污水中所含悬浮物质的比例较小，水分占比达 99%，因此在设计阶段可假定污水在管道中的流动遵循一般液体流动规律，并假定管道内水流是均匀流。

7.3.2 污水管道水力计算基本公式

污水管道的设计计算是根据水力学规律，因此称为管道的水力计算。水力计算的目的在于合理经济地选择管径、坡度和埋深。如前所述，如果在设计和施工中注意改善管道的水力条件，可使管内污水的流动状态尽可能地接近均匀流。由于变速流公式计算的复杂性和污水流动的变化不定，即使采用变速流公式计算也很难保证精确。因此设计中为了简化计算工作，污水管道系统的水力计算采用均匀流公式。在恒定流条件下，污水管道有压或无压均匀流公式如下：

流量公式：

$$Q = Av \tag{7-7}$$

流速公式：

$$v = C\sqrt{RI} \tag{7-8}$$

式中　Q——设计流量，m^3/s；

　　　A——水流有效断面面积，m^2；

　　　v——流速，m/s；

　　　R——水力半径，即过水断面面积与湿周的比值，m；

　　　I——水力坡降，等于水面坡度，也等于管底坡度；

　　　C——流速系数或称谢才系数。

C一般按曼宁公式计算，即：

$$C = \frac{1}{n}R^{\frac{1}{6}}$$

将式（6-26）代入式（7-7）和式（7-8），得：

$$v = \frac{1}{n}R^{\frac{2}{3}}I^{\frac{1}{2}} \tag{7-9}$$

$$Q = \frac{1}{n}AR^{\frac{2}{3}}I^{\frac{1}{2}} \tag{7-10}$$

式中　n——粗糙系数。该值根据管渠材料而定，见表 7-3。

排水管渠粗糙系数 　　　　　　　　　　　　　　　　　　　表 7-3

管渠类别	粗糙系数 n
混凝土管、钢筋混凝土管、水泥砂浆抹面渠道	0.013～0.014
水泥砂浆内衬球墨铸铁管	0.011～0.012
石棉水泥管、钢管	0.012
UPVC 管、PE 管、玻璃钢管	0.009～0.010
土明渠（包括带草皮）	0.025～0.030
干砌块石渠道	0.020～0.025
浆砌块石渠道	0.017
浆砌砖渠道	0.015

7.3.3 污水管道设计参数

由水力计算公式（7-7）和式（7-8）可知，设计流量与水流有效断面面积和流速有关，而流速则是管壁粗糙系数、水力半径和水力坡度的函数。为了保证污水管道系统的正常运行，《室外排水设计标准》GB 50014—2021 对这些设计参数作了相应规定，在进行污水管道水力计算时应予遵循。

（1）设计充满度

在设计流量下，污水在管道中的水深 h 和管道直径 D 的比值称为设计充满度，如图 7-2 所示。当 $h/D=1$ 时称为满流，当 $h/D<1$ 时称为非满流。

我国《室外排水设计标准》GB 50014—2021 规定，重力流污水管道应按非满流计算，其最大设计充满度应按表 7-4 的规定取值。这样规定的主要原因是：

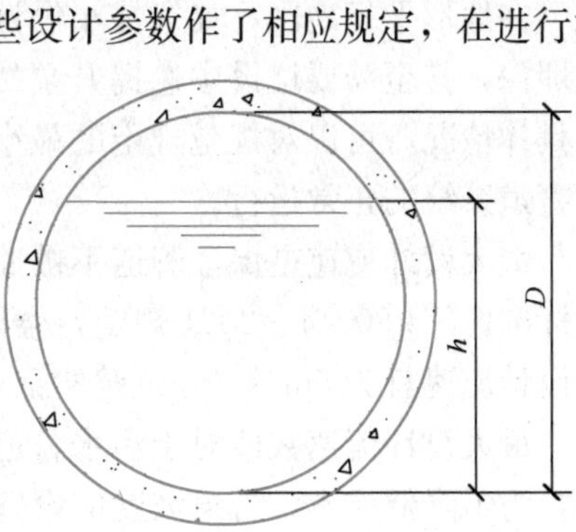

图 7-2　充满度示意图

① 污水中有机物厌氧分解产生的甲烷气体，存在爆炸风险；污水管道内沉积的淤泥可能分解析出硫化氢等有毒有害气体，产生恶臭并造成管道腐蚀。此外，污水中如含有挥发性汽油、苯、石油等易燃液体，如果充满度太大，水面之上空间较小，不利于污水与排水管道中空气间的物质交换，因此需留出适当的空间，以利于管道的通风，排除有毒有害气体。

排水管渠的最大设计充满度 表 7-4

管径或渠高（mm）	最大设计充满度
200～300	0.55
350～450	0.65
500～900	0.70
≥1000	0.75

注：在计算污水管道充满度时，不包括短时突然增加的污水量，但当管径小于或等于300mm时，应按满流复核。

② 污水流量是不断变化的，雨水或地下水也可能通过检查井盖或管道接口渗入污水管道中。因此，有必要保留一部分管道空间，为未预见水量留有余地，避免污水溢出而影响生态环境。

③ 便于管道的疏通和维护管理。

（2）设计流速

管道中污水流速过小时，污水中所含杂质可能下沉，产生淤积；而污水流速过大时，可能产生冲刷现象，甚至损坏管道。为了防止管道中产生淤积与冲刷，设计流速应控制在最大和最小设计流速范围之内。

最小设计流速是指保证管道内不产生淤积的流速。最小设计流速的限值与污水中所含悬浮物的成分和粒度、管道的水力半径、管壁的粗糙系数等有关。当管径一定时，引起污水中悬浮物沉淀的决定因素是充满度，即水深。细管径水深变化大，当水深变小时就容易产生沉淀。粗管径水量大，水深变化小，悬浮物不易沉淀。因此不需要按管径大小分别规定最小设计流速。参考国外经验，根据国内污水管道实际运行情况的观测数据，《室外排水设计标准》GB 50014—2021规定污水管道在设计充满度下的最小设计流速为0.6m/s；含有金属、矿物固体或重油杂质的生产污水管道，其最小设计流速宜适当加大，其值要根据试验或运行经验确定。当设计流速不满足最小设计流速时，应增设防淤积或清淤措施。

在地形平坦地区，如果最小设计流速取值过大，就会增大管道的坡度，从而增加管道的埋深，甚至需要增设中途提升泵站，从而增大工程造价。因此，在平坦地区，要结合当地具体情况，可以对规范规定的最小流速作合理的调整，并制订科学的运行管理规程，保证管道系统的正常运行。

最大设计流速是保证管道不被冲刷损坏的流速，该值与管道材料有关。《室外排水设计标准》GB 50014—2021规定，金属管道的最大设计流速宜为10m/s，非金属管道的最大设计流速宜为5m/s（经试验验证可适当提高）。

最大设计流速数值对于污水管道系统通常是很高的。除非受到地形或者其他约束的控制，为了降低成本，管道坡度应设置尽可能平缓，使设计流速保持接近最小值。

压力管道在排水工程泵站输水中较为适用。使用压力管道，可以减少埋深、缩小管径、便于施工，但应综合考虑管材强度、压力管道长度、水流条件等因素，确定经济流速。

（3）最小管径和最小设计坡度

一般在污水管道系统的支管部分，设计污水量很小，若根据设计流量计算管径，则管径会很小。根据养护经验，管径过小极易堵塞，使管道养护费用增加。而采用较大的管径，可选用较小的管道坡度，使管道埋深减小。因此为了养护工作的方便，降低堵塞风险，便于检查和冲洗，常规定一个允许的最小管径。污水管道在街区和厂区内最小管径为200mm，在街道下为300mm。另外，在工程设计中，管道在坡度变陡处，其管径可根据计算确定后由大变小，但不得超过2级，且不得小于相应条件下的最小管径。

不同于有压管道，重力流排水管道必须按照一定坡度设计。相应于管内流速为最小设计流速时的管道坡度称为最小设计坡度。在污水管道系统设计时，通常保持管道埋设坡度与设计地区的地面坡度基本一致，但管道坡度造成的流速应等于或大于最小设计流速，以防止管道内产生淤积，这一点在地势平坦或管道走向与地面坡度相反时尤为重要。常用管径的最小设计坡度，可按设计充满度下不淤流速控制，当管道坡度不能满足不淤流速要求时，应有防淤、清淤措施。

在进行管道水力计算时，由管段设计流量计算得出的管径小于最小管径时，应直接采用最小管径和相应的最小坡度而不再进行水力计算，这种管段称为不计算管段。在这些管段中，当有适当的冲洗水源时，可考虑设置冲洗井，防止管道内产生淤积或堵塞。

从水力计算公式（7-9）看出，设计坡度与设计流速的平方成正比，与水力半径的2/3次方成反比。由于水力半径等于过水断面与湿周的比值，因此不同管径的污水管道应有不同的最小坡度。管径相同的管道，因充满度不同，其最小坡度也不同。在给定的设计充满度条件下，管径越大，相应的最小设计坡度值越小。《室外排水设计标准》GB 50014—2021规定管径300mm的最小设计坡度为0.003。较大管径的最小设计坡度可按设计充满度下不淤流速控制。在工程设计中，不同管径的钢筋混凝土管的建议最小设计坡度见表7-5。

常用管径的最小设计坡度（钢筋混凝土管非满流）　　　　　表7-5

管径（mm）	最小设计坡度
300	0.0030
400	0.0015
500	0.0012
600	0.0010
800	0.0008
1000	0.0006
1200	0.0006
1400	0.0005
1500	0.0005

（4）埋设深度

污水管道的埋设深度是指管道的内壁底部离开地面的垂直距离，简称为管道埋深。管道的顶部离开地面的垂直距离称为覆土深度，如图 7-3 所示。

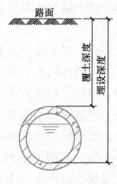

图 7-3　管道埋深示意图

管道埋深是影响管道造价的重要因素，是污水管道的重要设计参数。在实际工程中，污水管道的造价由选用的管道材料、管道直径、施工现场地质条件和管道埋设深度 4 个主要因素决定，污水管网造价占污水工程总投资的 50%～70%，因此合理地确定管道埋设深度可以有效地降低管道建设投资，在土质较差、地下水位较高的地区尤为明显。

但埋设深度也不是越小越好，为了保证污水管道不受外界压力及冰冻的影响和破坏，管道的覆土深度不应小于一定的最小限值，这一最小限值称为最小覆土深度。

污水管道的最小覆土深度，一般应满足下述 3 个因素的要求。

① 防止管道内污水冰冻和因土壤冰冻膨胀而损坏管道

如我国北方寒冷地区最低气温达−40℃以下，最大土壤冰冻深度超过 3m。冰冻层内污水管道埋设深度或覆土厚度，应根据流量、水温、敷设位置等因素确定。一般情况下，即使在冬季，污水温度也不会低于 4℃。根据多年实测资料，满洲里市、齐齐哈尔市、哈尔滨市出户污水管水温介于 4～15℃之间。此外，污水管道按一定的坡度敷设，管内污水具有一定的流速，且不断地流动，污水在管道内是不易冰冻的。由于污水水温的辐射作用，管道周围的泥土也不易冰冻。因此，没有必要把整个污水管道都埋在土壤冰冻线以下。但如果将管道全部埋在冰冻线以上，土壤冰冻膨胀可能会损坏管道基础，从而损坏管道。

《室外排水设计标准》GB 50014—2021 规定：冰冻地区的排水管道宜埋设在冰冻线以下。当该地区或条件相似地区有浅埋经验或采取相应措施时，也可埋设在冰冻线以上，其浅埋数值应根据该地区经验确定，但应保证排水管道安全运行。

② 防止地面荷载破坏管道

埋设在地面下的污水管道承受着覆盖其上的土壤静荷载和地面上行人或车辆运行产生的动荷载作用。为了防止管道因外部荷载影响而损坏，必须保证管道有一定的覆土深度。管顶最小覆土深度应根据管材强度、外部荷载、土壤冰冻深度和土壤性质等条件，结合当地埋管经验确定：人行道下宜为 0.6m，车行道下宜为 0.7m。管顶最大覆土深度超过相应管材承受规定值或最小覆土深度小于规定值时，应采用结构加强管材或采用结构加强措施。

③ 满足街区污水连接管衔接的要求

为了使住宅和公共建筑内产生的污水顺畅地排入污水管网，就必须保证污水干管起点的埋深大于或等于街区内污水支管终点的埋深，污水支管起点的埋深又必须大于或等于建筑物污水出户连接管的埋深。从安装技术方面考虑，保证建筑物首层卫生设备的污水能顺利排出，污水出户连接管的最小埋深一般采用 0.5～0.7m，因此，污水支管起点最小埋深也应有 0.6～0.7m。根据街区污水管道起点最小埋深值，可由图 7-4 和式（7-11）计算出街道管网起点的最小埋设深度。

$$H = h + I \cdot L + Z_1 - Z_2 + \Delta h \tag{7-11}$$

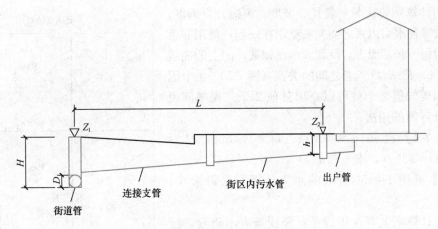

图 7-4　街道污水管最小埋深示意图

式中　H——街道污水管网起点的最小埋深，m；

　　　h——街区污水管起点的最小埋深，m；

　　　Z_1——街道污水管起点检查井处地面标高，m；

　　　Z_2——街区污水管起点检查井处地面标高，m；

　　　I——街区污水管和连接支管的坡度；

　　　L——街区污水管和连接支管的总长度，m；

　　　Δh——连接支管与街道污水管的管内底高差，m。

在具体设计过程中，需要综合考虑上述 3 个影响因素，可以得到 3 个不同的管底埋深或管顶覆土深度值，最大值就是这一管道的允许最小覆土深度或最小埋设深度。

污水管道除了考虑管道的最小埋深外，还应考虑埋深过大问题。由于污水在管道中依靠重力从高处流向低处，当管道的坡度大于地面坡度时，管道的埋深就越来越大，在地形平坦的地区尤为突出。埋深越大，则工程投资越高，施工期也越长。管道允许埋设深度的最大值称为最大允许埋深。该值应根据当地所采用的施工方法（开槽、顶管或盾构施工）和技术经济比较后确定。

7.3.4　污水管道水力计算

进行污水管道水力计算时，通常已知污水设计流量，需要确定所需的管径、流速、充满度和坡度。为获得较为满意的结果，需做到以下两点：①认真分析设计区域的地质条件，在满足相关规范规定设计充满度和设计流速的条件下，所选择的管径能够输送设计的污水流量。②管道坡度可参照地面坡度和最小坡度的规定确定。一方面要使管道尽可能与地面坡度平行，这样可不增大埋深；但同时管道坡度又不能小于最小设计坡度的规定，以免管道内产生淤积；另一方面要避免管道坡度太大而使流速大于最大设计流速，导致管壁受到冲刷。

在具体计算中，已知设计流量 Q 及管壁粗糙系数 n，需要确定管径 D、水力半径 R、充满度 h/D、管道坡度 I 和流速 v。在两个方程式（式 7-7、式 7-9）中，有 5 个未知数，因此必须先假定 3 个求其他 2 个，这样的数学计算较为复杂。为了简化计算，常采用水力计算图（附录 6-1）或水力计算表。

（1）水力计算图

水力计算图将流量、管径、坡度、流速、充满度、粗糙系数等各水力因素之间关系绘制在一起，使用非常方便。对每一张图而言，D 和 n 是已知数，图上的曲线表示 Q、v、I、h/D 四者之间的关系（图7-5）。4 个因素中，只要知道 2 个就可以查出其他 2 个。现举例说明水力计算图的用法。

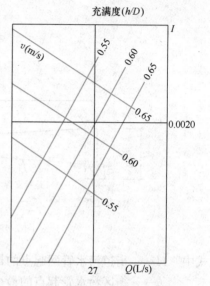

图 7-5 水力计算示意图

【例 7-2】已 知 $n=0.014$、$D=300\text{mm}$、$I=0.004$、$Q=30\text{L/s}$，求 v 和 h/D。

【解】采用 $D=300\text{mm}$ 的水力计算图（附录 6-1 附图 3）。

水力计算图上有 4 组线条：竖线条表示流量，横线条表示水力坡度，从左向右下倾的斜线表示流速，从右向左下倾的斜线表示充满度。每条线上的数字代表相应的数量值。

首先，从纵轴上找到 0.004，从而找出代表 $I=0.004$ 的横线。然后，从横轴上找出代表 $Q=30\text{L/s}$ 的竖线，两条线相交得一点。这一点落在代表流速 v 为 0.8m/s 与 0.85m/s 两条斜线之间，估计 $v=0.82\text{m/s}$；落在 h/D 为 0.5 与 0.55 两条斜线之间，估计 $h/D=0.52$。

【例 7-3】已知 $n=0.014$、$D=400\text{mm}$、$Q=41\text{L/s}$、$v=0.9\text{m/s}$，求 I 和 h/D。

【解】采用 $D=400\text{mm}$ 的水力计算图（附录 6-1 附图 5）。

先找出 $Q=41\text{L/s}$ 的竖线和 $v=0.9\text{m/s}$ 的斜线。两线的交点落在代表 $I=0.0043$ 的横线上，$I=0.0043$；落在 h/D 为 0.35 与 0.4 两条斜线之间，估计 $h/D=0.39$。

【例 7-4】已知 $n=0.014$、$Q=32\text{L/s}$、$D=300\text{mm}$、$h/D=0.55$，求 v 和 I。

【解】采用 $D=300\text{mm}$ 的水力计算图（附录 6-1 附图 3）。

先在图中找出 $Q=32\text{L/s}$ 的竖线和 $h/D=0.55$ 的斜线。两线相交的交点落在 $I=0.0038$ 的横线上，$I=0.0038$；落在 v 为 0.8m/s 与 0.85m/s 两条斜线之间，估计 $v=0.81\text{m/s}$。

（2）水力计算表

污水管道也可采用水力计算表进行计算。表 7-6 为摘录的钢筋混凝土圆形管道（非满流，$n=0.014$）$D=400\text{mm}$ 水力计算表的部分数据。

每一张表的管径 D 和粗糙系数 n 是已知的，表中 Q、v、h/D、I 4 个因素，知道其中任意 2 个便可确定出另外 2 个。

钢筋混凝土圆形管道（非满流，$n=0.014$）$D=400\text{mm}$ 水力计算表　表 7-6

h/D	I (‰)									
	2.2		2.4		2.6		2.8		3.0	
	$Q(\text{L/s})$	$v(\text{m/s})$	$Q(\text{L/s})$	$v(\text{m/s})$	$Q(\text{L/s})$	$v(\text{m/s})$	$Q(\text{L/s})$	$v(\text{m/s})$	$Q(\text{L/s})$	$v(\text{m/s})$
0.10	1.89	0.29	1.98	0.30	2.06	0.31	2.14	0.33	2.21	0.34
0.15	4.41	0.37	4.61	0.39	4.79	0.41	4.97	0.42	5.15	0.44

h/D	I(‰)									
	2.2		2.4		2.6		2.8		3.0	
	Q(L/s)	v(m/s)	Q(L/s)	v(m/s)	Q(L/s)	v(m/s)	Q(L/s)	v(m/s)	Q(L/s)	v(m/s)
0.20	7.94	0.44	8.30	0.46	8.63	0.48	8.96	0.50	9.28	0.52
0.25	12.42	0.51	12.98	0.53	13.51	0.55	14.02	0.57	14.51	0.59
0.30	17.76	0.56	18.55	0.59	19.31	0.61	20.04	0.63	20.74	0.65
0.35	23.85	0.61	24.91	0.64	25.93	0.66	26.91	0.69	27.85	0.71
0.40	30.57	0.65	31.93	0.68	33.23	0.71	34.48	0.73	35.69	0.76
0.45	37.78	0.69	39.46	0.72	41.07	0.75	42.62	0.78	44.12	0.80
0.50	45.35	0.72	47.37	0.75	49.30	0.78	51.16	0.81	52.96	0.84
0.55	53.13	0.75	55.49	0.78	57.75	0.82	59.93	0.85	62.04	0.88
0.60	60.94	0.77	63.65	0.81	66.25	0.84	68.75	0.87	71.16	0.90
0.65	68.61	0.79	71.66	0.83	74.59	0.86	77.40	0.90	80.12	0.93
0.70	75.94	0.81	79.32	0.84	82.56	0.88	85.67	0.91	88.68	0.94
0.75	82.71	0.82	86.39	0.85	89.92	0.89	93.31	0.92	96.59	0.96
0.80	88.66	0.82	92.60	0.86	96.38	0.89	100.02	0.93	103.53	0.96
0.85	93.46	0.82	97.62	0.86	101.61	0.89	105.44	0.92	109.14	0.96
0.90	96.67	0.81	100.97	0.85	105.09	0.88	109.06	0.92	112.89	0.95
0.95	97.46	0.79	101.80	0.83	105.95	0.86	109.95	0.90	113.81	0.92
1.00	90.70	0.72	94.74	0.75	98.61	0.78	102.33	0.81	105.92	0.84

7.4 污水管道的设计计算

7.4.1 确定排水区界，划分排水流域

排水区界是污水管道系统设置的界限，是根据城镇排水规划确定的。凡是采用完善卫生设备的建筑区都应设置污水管道。

在排水区界内，根据地形划分排水流域。通常分两种情况：①丘陵及地形起伏的地区，可按等高线划出分水线，通常分水线与排水流域分界线基本一致。②地形平坦无显著分水线的地区，可依据面积的大小划分，使毗邻区域的管道系统能合理分担排水面积，保证干管在最大合理埋深情况下，区域内绝大部分污水能以重力自流方式接入。通常，每一个排水流域有 1 个或 1 个以上的干管，根据区域地势标明水流方向及污水需要泵提升的地区。

思政案例5：
典型工程案例分析

某城镇排水流域划分情况如图 7-6 所示。该城镇位于河流南北两岸，根据自然地形，该城镇可划分为 4 个独立的排水流域。每个排水流域内至少有 1 根污水干管，Ⅰ、Ⅲ 两区属于河北岸排水区，Ⅱ、Ⅳ 两区为河南岸排水区，南北两区污水分别流入各区污水处理厂，经处理后回用或排入河流。

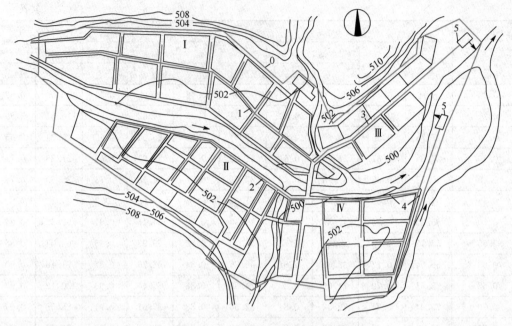

图 7-6　某城镇排水流域划分情况

0—排水区界；Ⅰ、Ⅱ、Ⅲ、Ⅳ—排水流域编号；

1、2、3、4—各排水流域干管；5—污水处理厂

7.4.2　污水管道定线

污水管道定线指在城镇（地区）总平面图上确定污水管道的位置和走向。合理的定线是污水管道系统设计的重要环节之一，是污水管道系统设计经济性的先决条件。管道定线一般按主干管、干管、支管顺序依次进行。定线应遵循的主要原则是：应尽可能地在管线较短和埋深较小的情况下，让最大区域的污水能自流排出。定线时通常考虑的因素有：①地形；②地质条件；③地下管线分布及构筑物的位置；④污水处理厂和出水口位置；⑤排水体制；⑥道路宽度和红线；⑦工业企业和公共建筑物等。

（1）地形

在一定条件下，地形一般是影响管道定线的主要因素。定线时应充分利用地形，使管道走向符合地形趋势，一般宜顺坡排水，取短捷路线。在整个排水区域较低的地方，例如集水线或河岸低处敷设主干管及干管，便于支管的污水自流接入，支管的坡度尽可能与地面坡度一致。在地形平坦地区，应避免小流量的支管长距离平行于等高线敷设，让其尽早接入干管。干管宜与等高线垂直，主干管与等高线平行敷设，如图 1-18（b）所示。由于主干管管径较大，保持最小流速所需坡度相对较小，其走向与等高线平行是合理的。当地形倾向河道的坡度很大时，主干管与等高线垂直，干管与等高线平行，如图 1-18（c）所示，这种布置虽然主干管的坡度较大，但可通过设置跌水井改善干管的水力条件。有时，由于地形的原因还可以布置成几个独立的排水系统。例如，由于地形中间隆起而布置成两个排水系统，或由于地面高程有较大差异而布置成高低区两个排水系统，或因为有河流穿过，沿河流两岸分别布置排水系统。

污水管道中的水流靠重力流动，因此管道须按照一定的坡度敷设。在地形平坦地区，

管线虽然不长，埋深亦会增加很快，不但施工困难增大而且投资成本也增加；当埋深超过一定限值时，需设中间提升泵站，这样会增加基建投资和常年运转费用。因此，在管道定线时需做方案比较，选择最合理的定线位置，既尽量减小埋深，又少建中间提升泵站，从而降低投资和运行成本。

（2）地质条件

考虑地质条件、地下构筑物以及其他障碍物对管道定线的影响，应将管道尤其是主干管布置在坚硬密实的土壤中，尽量避免和减少管道穿越不容易通过的地带和构筑物，如高地、基岩浅露地带、基底土质不良地带、河道、铁路、地下铁道、人防工事以及各种大断面的地下管道等。当必须穿越时，需采取必要的处理或交叉措施，以保证顺利通过。

（3）污水处理厂的位置

污水主干管的走向取决于污水处理厂的位置。因此，城镇规划的污水处理厂的数量与分布位置，将影响主干管的数目和走向。例如，在大城市或地形复杂的城市，可能要建多座污水处理厂分别处理与回用污水，这时就需要敷设多条主干管。在小城市或地形倾向一方的城市，通常只建设一座污水处理厂，则只需敷设一条主干管。若相邻城市联合建造区域污水处理厂，则需相应地建造区域污水管道系统。

污水支管的布置取决于地形及街区建筑特征，并应便于用户接管排水。常见3种形式：①低边式。适用于街区面积不太大，街区污水管网可采用集中出水方式，街道支管敷设在服务街区较低侧的街道下，称为低边式布置，如图7-7（a）所示。②周边式。适用于街区面积较大且地势平坦，宜在街区四周的街道敷设污水支管，建筑物的污水排出管可与街道支管连接，称为周边式布置，如图7-7（b）所示。③穿坊式。街区已按规划确定，街区内污水管网按各建筑的需要敷设，组成一个系统，再穿过其他街区并与所穿街区的污水管网相连，称为穿坊式布置，如图7-7（c）所示。

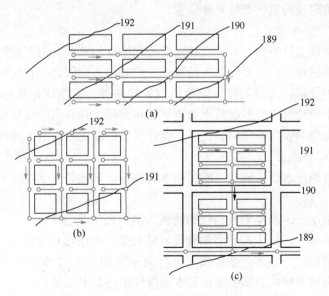

图 7-7　污水支管的布置形式

（a）低边式；（b）周边式；（c）穿坊式

（4）排水体制

排水体制也影响管道定线。分流制系统一般有两套或两套以上的排水管道系统，定线时平面和高程上须互相配合。合流制系统定线时要确定截流干管及溢流井的正确位置。若采用混合体制，则在定线时应考虑两种体制管道的连接方式。

（5）道路宽度

管道定线时还需考虑街道宽度及交通情况。污水干管一般不宜敷设在交通繁忙而狭窄的街道下。道路红线宽度超过 40m 的城镇干道，为了减少连接支管的数量及与其他地下管线的交叉，可考虑在道路两侧布置污水管道。

（6）工业企业和公共建筑物

为了增大上游干管的直径，减小敷设坡度，以致能减少整个管道系统的埋深，可将产生大流量污水的工厂或公共建筑物的污水排出口接入污水干管起端。当有公共建筑物位于管线始端时，除用街坊人口的污水量计算外，还应加入该集中流量进行满流复核，以保证最大流量顺利排泄。

管道定线，可能会形成不同的布置方案。如：①由于地形或河流的影响，把城镇分割成了多个天然的排水区域，可以设计一个集中的排水系统，也可以设计成多个独立分散的排水系统；②当管线遇到高地或其他障碍物时，可以绕行或设置泵站，或设置倒虹管，或采取其他有效的措施；③管道埋深过大时，是否设置中途提升泵站等。上述情况在不同地区、不同城镇的管道定线中都可能出现。因此对于不同的设计方案，需要进行技术经济比较，选用最优的管道定线方案。

污水管道系统的方案确定后，便可形成污水管道的平面布置图。在初步设计时，污水管道系统的总平面图包括干管、主干管的位置和走向，及泵站、污水处理厂、出水口等的位置。施工图设计时，污水管道平面布置图应包括干管、主干管、支管、泵站、污水处理厂、出水口、管道附属构筑物等的具体位置。

7.4.3　划分设计管段

设计管段指设计流量不变，且具有相同管径和坡度的管段。为了简化计算，在划分设计管段时，不需要把每个检查井都作为设计管段的起讫点。因为在直线管段上，为了方便疏通、检查和养护管道，需每间隔一定距离设置检查井。采用同样管径和坡度的连续管段，可以划为一个设计管段。根据污水管道平面布置图，凡有集中流量汇入，有旁侧管道接入的检查井均可作为设计管段的起讫点。设计管段的起讫点应编上编号。

7.4.4　计算设计流量

每一设计管段的污水设计流量可能包括本段流量、转输流量和集中流量等，如图 7-8 所示。

（1）本段流量 q_1——从本管段沿线街坊流入的居民生活污水量；

（2）转输流量 q_2——从上游和旁侧管段转输的居民生活污水量；

（3）集中流量 q_3——从工业企业或大型公共建筑物流入的污水量（包括上游管段转输的集中流量、旁侧管转输的集中流量和本管段接纳的集中流量）。

对于某一设计管段而言，本段流量沿线是逐渐变化的，由管段起点的零逐渐增加到终点的全部流量，为了方便计算和安全考虑，通常假定本段流量集中在起点进入设计管段，接收本管段服务街区的全部污水。

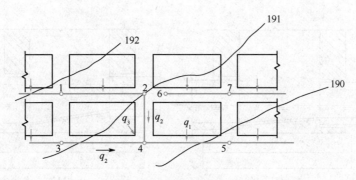

图 7-8　设计管段的设计流量

管段设计流量可用式（7-12）计算：

$$Q_{ij} = (q_1 + q_2)K_z + q_3 \tag{7-12}$$

式中　Q_{ij}——管段设计流量，L/s；

　　　q_1——设计管段的本段流量，L/s；

　　　q_2——设计管段的转输流量，L/s；

　　　q_3——设计管段的集中流量，L/s；

　　　K_z——生活污水量总变化系数。

　　q_1 和 q_2 可按式（7-13）计算：

$$q = q_0 F \tag{7-13}$$

式中　F——设计管段服务的街区面积，hm^2；

　　　q_0——单位面积的生活污水平均流量，即比流量，$L/(s \cdot hm^2)$，可用式（7-14）求得：

$$q_0 = \frac{np}{86400} \tag{7-14}$$

式中　n——居住区生活污水定额，$L/(人 \cdot d)$；

　　　p——人口密度，$人/hm^2$。

从上游管段和旁侧管段流入的平均流量以及集中流量对这一设计管段是不变的。初步设计时，只计算干管和主干管的流量，施工图设计时，还应计算全部支管的流量。

7.4.5　污水管道的衔接

污水管道在转弯、管径或坡度改变、管道交汇、跌水等地方需设置检查井，用于管道的衔接。在设计时，检查井内上下游管道衔接时的高程关系问题必须考虑。

（1）污水管道衔接原则

污水管道衔接时应遵循以下 3 个原则：

① 尽可能提高下游管段的高程，以减少管道埋深，降低造价；

② 避免上游管段中形成回水而造成淤积；

③ 上游管段终端的水面和管底标高都不得低于下游管段起端的水面和管底标高。

（2）污水管道衔接方法

常用的污水管道衔接方法，有水面平接和管顶平接两种，如图 7-9 所示。

① 水面平接。水面平接是指在水力计算中，使上游管段终端和下游管段起端在指定

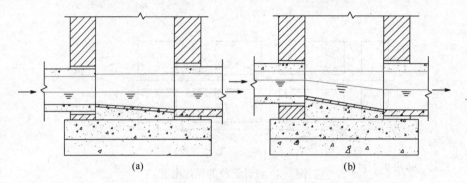

图 7-9　污水管道的衔接

（a）水面平接；（b）管顶平接

的设计充满度下的水面相平，即上游管段终端与下游管段起端的水面标高相同。当上游管段中的水面变化较大时，如采用水面平接，在上游管段内的实际水面标高有可能低于下游管段的实际水面标高，在上游管段中易形成回水。

② 管顶平接。管顶平接是指在水力计算中，使上游管段终端和下游管段起端的管顶标高相同。当上游管段中的水面变化较大时，如采用管顶平接，就不至于在上游管段产生回水（假设上游管段终端设计水面标高高于下游管段起端设计水面标高），但下游管段的埋深将增加。这对于平坦地区或埋深较深的管道，可能是不适宜的。

此外，还有其他特殊的衔接方式，如跌水衔接和提升衔接等。

① 跌水衔接。当地面坡度较大时，为了满足管内流速，设计的管道坡度会小于地面坡度。为了减少上游管段的埋深，并满足下游管段最小覆土深度的要求，可根据地面坡度在管段适当位置设跌水井，采用跌水连接，如图 7-10 所示。干管与旁侧管交会处，若干管的管底标高低于旁侧管道的管底标高很多，为保证干管有良好的水力条件，可在旁侧管道上先设跌水井，然后再与干管相接。

② 提升衔接。当上游管段（一般干管或主干管）终端埋深较大时，为减少系统的埋

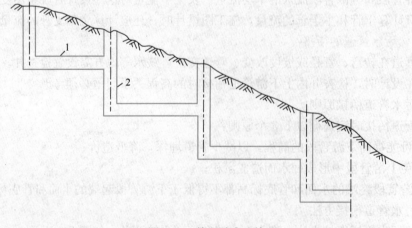

图 7-10　管段跌水连接

1—管段；2—跌水井

深，降低工程投资，通过设置中途提升泵站提升后与下游管段相连的衔接方式，称为提升衔接。

7.4.6 控制点和污水泵站

（1）控制点

控制点指在污水排水区域内，对管道系统的埋深起控制作用的地点。如各条管道的起点大多是这条管道的控制点，这些控制点中离出水口最远的一点，通常就是整个系统的控制点。位于低洼地区的管道起点或埋深较大的工厂排出口，也可能成为整个管道系统的控制点。

安排好控制点的高程。一方面应根据城市竖向规划，保证排水区域内各点的污水都能够排出，并考虑发展，在埋深上适当留有余地；另一方面还应避免因照顾个别控制点而增加全线管道埋深。对于后一点，可采取下列办法和措施：

① 局部管道覆土较浅时，采取加固措施、防冻措施；

② 穿过局部低洼地段时，建成区采用最小管道坡度，新建区将局部低洼地带适当填高；

③ 必要时采用局部设置提升泵站的方法。

（2）污水泵站

在污水管道系统中，由于地形条件等因素的影响，通常可能需设置中途泵站、局部泵站和终点泵站。当上游管道埋深较大时，为提高下游管道的管位而设置的泵站，称为中途泵站，如图7-11（a）所示。将低洼地区的污水抽升到地势较高地区管道中，或将高层建筑地下室、地铁、其他地下建筑等的污水抽送到附近污水管道系统中所设置的泵站称局部泵站，如图7-11（b）所示。此外，污水管道系统终点的埋深通常很大，污水处理厂内污水依靠重力自流，处理后的出水受到受纳水体洪水位的限制，处理构

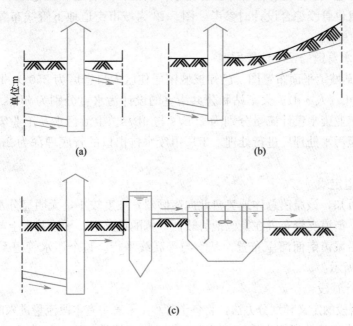

图 7-11　污水泵站的设置地点

（a）中途泵站；（b）局部泵站；（c）终点泵站

筑物一般为半地下式，因此需设置泵站将污水提升，这类泵站称为终点泵站或总泵站，如图 7-11（c）所示。

污水泵站布置在满足城镇总体规划和城镇排水专业规划要求的前提下，还应考虑环境卫生、地质、电源和施工条件等因素，并征询规划、环保、城建等部门的意见，合理布局。

7.4.7　污水管线在街道下的布置

在城市道路下，有许多管线工程，如给水、污水、再生水、雨水、燃气、热力、电力、通信等管线。此外，在道路下还可能有地铁、人防工程、隧道等地下设施。为了合理安排其空间位置，必须在各单项管线工程规划的基础上，进行综合规划，合理利用城市用地，统筹安排工程管线在城市地上和地下的空间位置，协调工程管线之间以及与其他工程之间的关系，规范工程管线布置，以便于施工和日后的维护管理。

管线综合规划的主要内容包括：确定城市工程管线在地下敷设时的排列顺序、平面位置和工程管线之间的最小水平净距、最小垂直净距及在地下敷设时的最小覆土深度；确定城市工程管线架空敷设时管线及线杆的平面位置及其与周围建（构）筑物、道路、相邻工程管线间的最小水平净距和最小垂直净距等。

管线综合规划应与城市的道路交通、轨道交通、城市居住区、城市环境、给水工程、再生水工程、排水工程、热力（制冷）工程、电力工程、燃气工程、通信工程、防洪工程、人防工程和地下空间开发等专业规划相协调。

进行管线综合规划时，所有地下管线应尽量布置在人行道、非机动车道和绿带下，管线标准横断面应根据管线综合规划原则并结合本地区的实际情况进行布置。一般考虑按以下原则执行：雨污水管线布置在路中；电力、通信分两侧布置在辅路或步道；给水与再生水分两侧布置；燃气、热力分两侧布置。附录 7 所列排水管道和其他地下管线（构筑物）的最小净距，可供管线综合设计时参考。图 7-12 为城市街道地下管线布置的实例，图中尺寸以"m"为单位。

7.4.8　污水管道的设计计算举例

图 7-13 为某城镇平面布置图。已知该城镇居住区人口密度为 350 人/hm²，居民生活污水定额为 120L/（人·d）。火车站和公共浴室的设计污水量分别为 3L/s 和 4L/s。工厂甲和工厂乙的工业废水设计流量分别为 25L/s 与 6L/s。生活污水及工业废水（满足排放要求）全部送至污水处理厂进行处理。工厂甲废水排出口的管底埋深为 2m。设计方法和步骤如下：

1. 污水管道定线

从平面图可知，该城镇总体地势自北向南倾斜，坡度较小，无明显分水线，可划分为一个排水区域。街道支管布置在街区地势较低一侧的道路下，干管基本上与等高线垂直布置，主干管则沿城镇南面河岸布置，基本与等高线平行。整个污水管道系统呈截流式布置，如图 7-14 所示。

2. 划分设计管段

根据设计管段的定义和划分方法，将各干管和主干管中有本段流量进入的点（一般定为街区两端）、集中流量及旁侧支管接入的点，作为设计管段起讫点的检查井并编号。例如，本例的主干管长 1200 余米，根据设计流量变化的情况，可划分为 1~2、2~3、3~4、4~5、

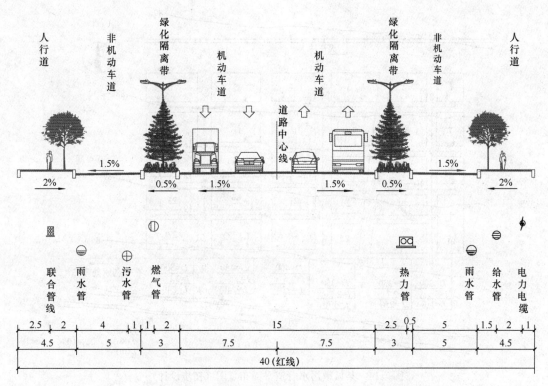

图 7-12 城市街道地下管线的布置（单位：m）

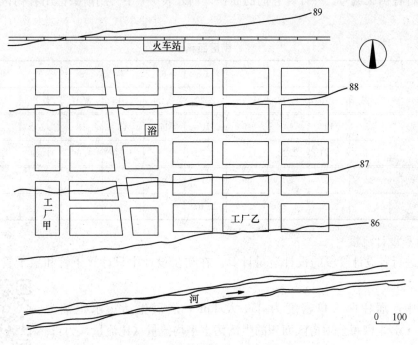

图 7-13 某城镇平面布置图

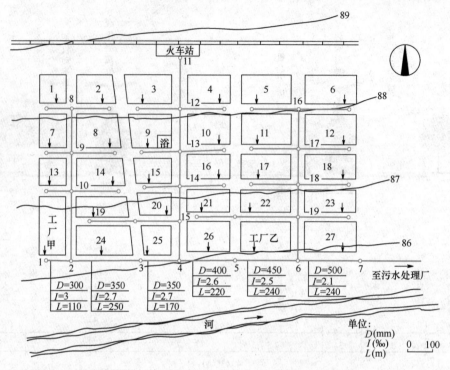

图 7-14 某城镇污水管道平面布置图（初步设计）

5～6，6～7，6 个设计管段。

　　然后将各街区编号，并计算它们的面积，列入表 7-7 中。用箭头标出各街区污水的排出方向。

街区面积　　　　　　　　　　　　　　　　　　　　　　　　　表 7-7

街区编号	1	2	3	4	5	6	7	8	9	10	11
街区面积（hm²）	1.21	1.70	2.08	1.98	2.20	2.20	1.43	2.21	1.96	2.04	2.40
街区编号	12	13	14	15	16	17	18	19	20	21	22
街区面积（hm²）	2.40	1.21	2.28	1.45	1.70	2.00	1.80	1.66	1.23	1.53	1.71
街区编号	23	24	25	26	27						
街区面积（hm²）	1.80	2.20	1.38	2.04	2.40						

　　3. 计算设计流量

　　列表进行各设计管段的设计流量计算。在初步设计中只计算干管和主干管的设计流量，见表 7-8。

　　本例中，居住区人口密度为 350 人/hm²，居民生活污水定额为 120L/（人·d），则每公顷街区面积的生活污水平均流量（比流量）为：

$$q_0 = \frac{350 \times 120}{86400} = 0.486 \text{L/（s·hm²）}$$

污水干管设计
流量计算表

146

管段编号	居住区生活污水量 Q_1 (L/s)								集中流量 q_s (L/s)		设计流量 Q (L/s)
	本段流量				转输流量 q_2 (L/s)	合计平均流量 (L/s)	总变化系数 K_z	生活污水设计流量 Q_1 (L/s)	本段	转输	
	街区编号	街区面积 F (hm²)	比流量 q_0 [L/(s·hm²)]	本段流量 q_1 (L/s)								
1	2	3	4	5	6	7	8	9	10	11	12
1~2	—	—	—	—	—	0.00	—	0.00	25.00		25.00
8~9	—	—	—	—	1.41	1.41	2.70	3.82	—	—	3.82
9~10	—	—	—	—	3.18	3.18	2.70	8.60	—	—	8.60
10~2	—	—	—	—	4.88	4.88	2.70	13.18	—	—	13.18
2~3	24	2.20	0.486	1.07	4.88	5.95	2.67	15.89	—	25.00	40.89
3~4	25	1.38	0.486	0.67	5.95	6.62	2.65	17.54	—	25.00	42.54
11~12	—	—	—	—	—	—	—	0.00	3.00	—	3.00
12~13	—	—	—	—	1.97	1.97	2.70	5.33	—	3.00	8.33
13~14	—	—	—	—	3.92	3.92	2.70	10.58	4.00	3.00	17.58
14~15	—	—	—	—	5.45	5.45	2.69	14.66	—	7.00	21.66
15~4	—	—	—	—	6.85	6.85	2.64	18.10	—	7.00	25.10
4~5	26	2.04	0.486	0.99	13.47	14.47	2.42	35.01	—	32.00	67.01
5~6	—	—	—	—	14.47	14.47	2.42	35.01	6.00	32.00	73.01
16~17	—	—	—	—	2.14	2.14	2.70	5.78	—	—	5.78
17~18	—	—	—	—	4.47	4.47	2.70	12.08	—	—	12.08
18~19	—	—	—	—	6.32	6.32	2.66	16.81	—	—	16.81
19~6	—	—	—	—	8.77	8.77	2.59	22.71	—	—	22.71
6~7	27	2.40	0.486	1.17	23.24	24.40	2.29	55.88	—	38.00	93.88

本例中有 4 个集中流量，工厂甲、工厂乙、火车站和浴室，分别在检查井 1、5、11、13 处流入管道，相应的设计流量为 25L/s、6L/s、3L/s、4L/s。

以设计管段 2~3 为例：如图 7-14 和表 7-8 所示，设计管段 1~2 为主干管的起始管段，只有集中流量（工厂甲经处理后排出的工业废水）25L/s 流入，故设计流量为 25L/s。设计管段 2~3 除转输管段 1~2 的集中流量 25L/s 外，还有本段流量 q_1 和转输流量 q_2 流入。

① q_1：该管段接纳街区 24 的污水，其面积为 2.20hm²（见街区面积表 7-7），故本段流量 $q_1 = q_0 F = 0.486 \times 2.20 = 1.07 \text{L/s}$；

② q_2：该管段的转输流量是从干管 8~9~10~2 流来的生活污水平均流量，其值为 $q_2 = q_0 F = 0.486 \times (1.21+1.70+1.43+2.21+1.21+2.28) = 0.486 \times 10.04 = 4.88 \text{L/s}$；

③ 合计平均流量与 K_z：合计平均流量 $q_1 + q_2 = 1.07 + 4.88 = 5.95 \text{L/s}$。查表 7-1，内插法计算 $K_z = 2.67$。该管段生活污水设计流量 $Q_1 = 5.95 \times 2.67 = 15.89 \text{L/s}$。合计平均流量 $Q = 15.89 + 25 = 40.89 \text{L/s}$。

同理，计算其余管段的设计流量。

4. 进行水力计算

计算完设计流量后，则从上游管段开始，依次进行干管和主干管各设计管段的水力计算。一般列表进行计算，见表 7-9，以干管为例，水力计算步骤如下：

污水干管水力计算表

表 7-9

管段编号	管道长度 L(m)	设计流量 Q(L/s)	管径 D(mm)	管道坡度 I(‰)	流速 (m/s)	充满度 $\frac{h}{D}$	充满度 h(m)	降落量 iL(m)	地面坡度(‰)	标高(m) 地面 起端	标高(m) 地面 终端	标高(m) 水面 起端	标高(m) 水面 终端	标高(m) 管内底 起端	标高(m) 管内底 终端	埋设深度(m) 起端	埋设深度(m) 终端
1																	
1~2	110	25.00	300	3.0	0.71	0.51	0.153	0.330	0.9	86.20	86.10	84.353	84.023	84.200	83.870	2.000	2.230
2~3	250	40.89	350	2.7	0.76	0.55	0.193	0.675	0.2	86.10	86.05	84.013	83.338	83.820	83.145	2.280	2.905
3~4	170	42.54	350	2.7	0.76	0.56	0.196	0.459	0.3	86.05	86.00	83.338	82.879	83.142	82.683	2.908	3.318
4~5	220	67.01	400	2.6	0.84	0.61	0.244	0.572	0.5	86.00	85.90	82.877	82.305	82.633	82.061	3.367	3.840
5~6	240	73.01	450	2.5	0.85	0.53	0.239	0.600	0.4	85.90	85.80	82.249	81.649	82.011	81.411	3.890	4.389
6~7	240	93.88	500	2.1	0.85	0.55	0.275	0.504	0.4	85.80	85.70	81.636	81.132	81.361	80.857	4.439	4.843

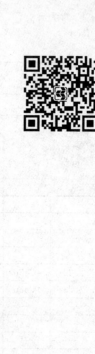

污水干管
水力计算表

148

（1）将各设计管段按编号列入表 7-9 第 1 项。

（2）在管道平面布置图上，量出每一设计管段的长度，列入表 7-9 第 2 项。

（3）将各设计管段的设计流量（表 7-8）列入表 7-9 中第 3 项。设计管段起讫点检查井处的地面标高列入表中第 11、12 项。

（4）计算每一设计管段的地面坡度（地面坡度＝地面高差/距离），作为确定管道坡度时参考。例如，管段 1～2 的地面坡度＝$\dfrac{86.20 - 86.10}{110}$＝0.0009。

（5）确定起始管段的管径 D、设计流速 v、设计坡度 I 及设计充满度 h/D。首先拟采用最小管径 300mm，即查附录 6-1 附图 3（或查水力计算表）。在这张水力计算图中，管径 D 和管道粗糙系数 n 为已知。各管段设计流量已通过计算得到，本例中由于管段的地面坡度很小，为不使整个管道系统的埋深过大，管道坡度宜采用最小设计坡度。相应于 300mm 管径的最小设计坡度为 0.003。当 Q＝25L/s，I＝0.003 时，查图得出 v＝0.71m/s（大于最小设计流速 0.6m/s），h/D＝0.51（小于最大设计充满度 0.55），计算数据符合规范要求。将所确定的管径 D、管道坡度 I、流速 v、充满度 h/D 分别列入表 7-9 的第 4、5、6、7 项。

（6）确定其他设计管段的管径 D、设计流速 v、设计充满度 h/D 和管道坡度 I。通常随着设计流量的增加，下一个管段的管径一般会增大一级或两级（50mm 为一级），或者保持不变，设计流速逐渐增大或保持不变，这样便可根据流量的变化情况确定出管径和流速。根据管径可确定选用的水力计算图或表，在水力计算图或表上，根据 Q 和 v 即可查出相应的 h/D 和 I，若 h/D 和 I 符合设计规范的要求，说明水力计算合理，将计算结果填入表 7-9 相应的项中。在水力计算中，由于 Q、v、h/D、I、D 各水力因素之间存在相互制约的关系，因此在查水力计算图或表时实际存在一个试算过程。

（7）计算各管段起端、终端的水面、管底标高及其埋设深度

1）降落量。设计管段坡度乘以管道长度得到降落量。如管段 1～2 的降落量为 IL＝0.003×110＝0.330m，列入表中第 9 项。

2）设计管段水深。设计管段管径乘以充满度得到管段的水深。如管段 1～2 的水深为 h＝Dh/D＝0.3×0.51＝0.153m，列入表中第 8 项。

3）确定污水管道系统的控制点。本例中离污水处理厂较远的干管起点 8、11、16 及工厂出水口 1 点，都可能成为污水管道系统的控制点。8、11、16 三点的埋深可用最小覆土深度的限值确定，因为地面坡度约 0.0035，可取干管坡度与地面坡度近似，因此干管埋深不会增加太多，整个管线上又无低洼点，故 8、11、16 三点的埋深不能控制整个主干管的埋设深度。故本例中对主干管埋深起决定作用的控制点应是 1 点。1 点是主干管的起始点，它的埋设深度受工厂排出口埋深的控制，定为 2.000m，将该值列入表中第 17 项。

4）求设计管段起、终端的管内底标高，水面标高及埋设深度。

① 设计管段起、终端管内底标高。如管段 1～2 中，1 点的管内底标高等于 1 点的地面标高减去 1 点的埋深，为 86.200－2.000＝84.200m，列入表中第 15 项。2 点的管内底标高等于 1 点管内底标高减降落量，为 84.200－0.330＝83.870m，列入表中第 16 项。

② 设计管段起、终端埋深。设计管段起、终端埋深等于相应的地面标高减去管内底标高。如本例中，1 点埋深已经确定，2 点的埋设深度等于 2 点的地面标高减 2 点的管内

底标高，为 86.100－83.870＝2.230m，列入表中第 18 项。

③ 设计管段起、终端水面标高。设计管段起、终端水面标高等于相应点的管内底标高加水深。如管段 1～2 中 1 点的水面标高为 84.200＋0.153＝84.353m，列入表中第 13 项。2 点的水面标高为 83.870＋0.153＝84.023m，列入表中第 14 项。

④ 下游管段的计算。根据上下游管段在检查井内的衔接方式，可确定下游管段起点的管内底标高。如管段 1～2 与管段 2～3 的管径不同，采用管顶平接。即管段 1～2 中的 2 点与管段 2～3 中的 2 点的管顶标高相同，因此管段 2～3 中的 2 点的管内底标高为 83.870＋0.300－0.350＝83.820m。2 点的管内底标高求出后，按照前述方法即可求出 3 点的管内底标高，2、3 点的水面标高及埋设深度。

管段 2～3 与管段 3～4 管径相同，可采用水面平接，即管段 2～3 与管段 3～4 中的 3 点的水面标高相同。用 3 点的水面标高减去降落量，可求得 4 点的水面标高。然后用 3、4 点的水面标高减去水深，即可求出相应点的管内底标高。进一步根据地面标高和管内底标高可求出 3、4 点的埋深。

5. 绘制污水管道平面图和纵剖面图

污水管道平面图和纵剖面图的绘制方法见 7.5 节。本例题的设计深度仅为初步设计，因此，在水力计算结束后，将计算所得的管径、管道长度、坡度数据标注在图 7-14 上，即为本例题的管道平面图。

同时绘制主干管的纵剖面图，图上标注管径、管道长度、坡度、管内底标高、埋设深度、地面标高等数据，本例题主干管的纵剖面图如图 7-15 所示。

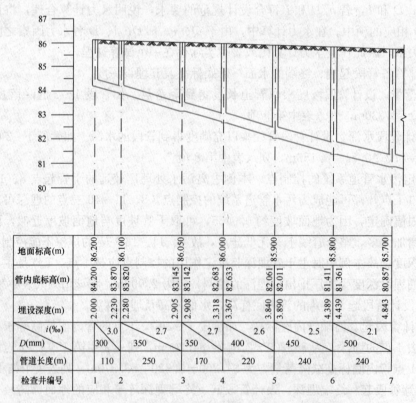

地面标高(m)	86.200	86.100		86.050	86.000		85.900		85.800	85.700
管内底标高(m)	84.200	83.870	83.820	83.145 83.142	82.683 82.633		82.061 82.011		81.411 81.361	80.857
埋设深度(m)	2.000	2.230	2.280	2.905 2.908	3.318 3.367		3.840 3.890		4.389 4.439	4.843
i(‰) / D(mm)		3.0 / 300		2.7 / 350	2.7 / 350		2.6 / 400	2.5 / 450		2.1 / 500
管道长度(m)		110		250	170		220	240		240
检查井编号	1	2		3	4		5	6		7

图 7-15 主干管纵剖面图

7.5 污水管道平面图与纵剖面图

1. 污水管道平面图

污水管道平面图是污水管道系统设计的重要图纸。根据设计阶段的不同，图纸表现的深度亦有所不同。初步设计阶段，污水管道平面图通常采用的比例尺为 1∶10000～1∶5000，图上有地形、地物、河流、风玫瑰或指北针等。已有和设计的污水管道用粗线条表示，在管线上画出设计管段起讫点的检查井并编号，标出各设计管段的服务面积，可能设置的中途泵站、倒虹管或其他的特殊构筑物、污水处理厂、出水口等。初步设计的管道平面图上还应将主干管各设计管段的长度、管径和坡度在图上注明。此外，图上应有管道的主要工程项目表和说明。

施工图阶段，污水管道平面图比例尺常用 1∶5000～1∶1000，图上内容基本同初步设计，而要求更为详细确切。要求标明检查井的准确位置、污水管道与其他地下管线或构筑物交叉点的具体位置和高程、居住区街坊连接管或工厂废水排出管接入污水干管或主干管的准确位置和高程等。图上还应有图例、主要工程项目表和施工说明等。图 7-16（a）为施工设计阶段的一部分管道平面图。

2. 污水管道纵剖面图

污水管道的纵剖面图反映管道沿线的高程位置情况，它是和污水管道平面图相对应的。图上用单线条表示原地面高程线和设计地面高程线，用双线条表示管道高程线，用双竖线表示检查井。图中还应标出沿线支管接入处的位置、管径、高程；其他地下管线、构

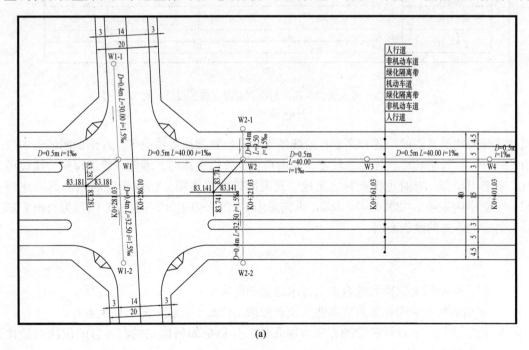

(a)

图 7-16 污水管道平面图与纵剖面图（施工设计）（一）

(a) 平面图

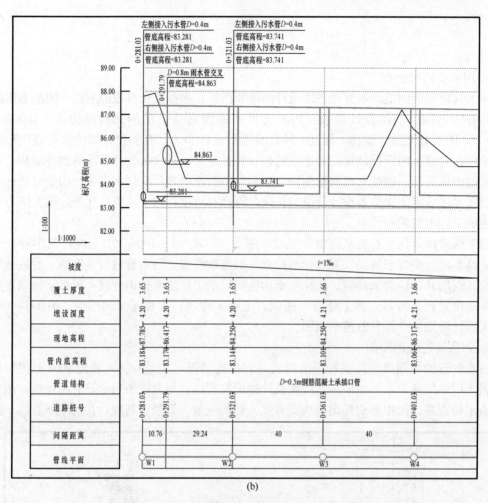

(b)

图 7-16　污水管道平面图与纵剖面图（施工设计）（二）

(b) 纵剖面图

筑物或障碍物交叉点的位置和高程；沿线地质钻孔位置和地质情况等。在剖面图的表中列有检查井号、管道长度、管径、坡度、地面高程、管内底标高、埋深、管道材料、接口形式、基础类型等。有时也将流量、流速、充满度等数据注明。污水管道的纵剖面图比例尺，一般横向采用1：2000～1：500，纵向采用1：200～1：50。图7-16（b）为与图7-16（a）对应的管道的纵剖面图。

思　考　题

1. 居民生活污水定额和综合生活污水定额如何确定？

2. 常用的污水量变化系数有哪些？概念分别是什么？它们之间有何关系？

3. 确定城镇污水设计流量的方法有哪几种？分别是如何确定的？各自的优缺点是什么？通常采用哪种方法？

4. 生活污水设计流量与生活用水设计流量的计算方法有何不同？

5. 在进行污水管道水力计算时，《室外排水设计标准》GB 50014—2021 对哪些参数作了规定，为什么作此规定？

6. 什么是设计充满度？为什么我国污水管道设计时按非满流考虑？

7. 污水管道的覆土深度和埋设深度是否是同一含义？污水管道设计时为什么要限定覆土深度的最小值？

8. 污水管道系统的定线一般按什么顺序进行？污水管道定线时应遵循的主要原则是什么？通常应考虑的因素有哪些？

9. 污水支管的布置形式有哪几种？

10. 什么是污水设计管段？如何划分设计管段？

11. 每一设计管段的污水设计流量可能包括哪些流量？它们的概念分别是什么？如何计算污水管段设计流量？

12. 污水管道在衔接时应遵循哪些原则？常用的衔接方法通常有哪几种？具体含义是什么？衔接时应注意什么问题？

13. 污水管道系统中的泵站有哪几种？

14. 什么是污水管道系统的控制点？污水管道系统控制点常在哪些位置？通常情况下应如何确定控制点的高程？

15. 简要总结污水管道系统的设计计算过程。

16. 污水管道水力计算要考虑哪些问题？

习 题

1. 某肉类联合加工厂每天宰杀活牲畜 260t，废水量定额 7.5m³/t 活畜，总变化系数 1.5，三班制生产，每班 8h。最大班职工人数 600 人，其中在高温及污染严重车间工作的职工占总数的 45%，使用淋浴人数按 80% 计，其余 55% 的职工在一般车间工作，使用淋浴人数按 50% 计。工厂居住区面积 10.0hm²，人口密度 320 人/hm²，生活污水定额 150L/(人·d)，各种污水由管道汇集送至污水处理站，试计算该厂的最高时污水设计流量。

2. 图 7-17 为某企业工业废水干管平面图。图上标记有各生产废水排出口的位置和设计流量、各设计管段的长度、检查井处的地面标高等。排出口 1 的管内底标高为 218.8m，其余各排出口的埋深均不得小于 1.5m。该地区土壤无冰冻。要求列表进行干管的水力计算，并将计算结果标注在平面图上。

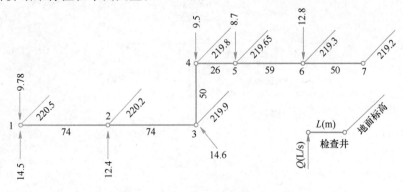

图 7-17 某企业工业废水干管平面图

3. 试根据如图 7-18 所示的某区平面图，布置污水管道，并从工厂接管点至污水处理厂进行管段的水力计算，绘出管道的平面图和纵剖面图。已知：

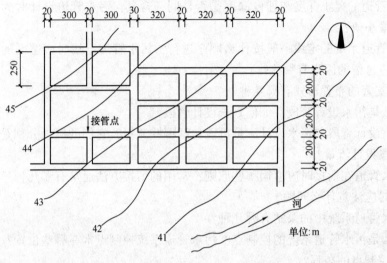

图 7-18　某区平面图

（1）人口密度为 380 人/hm^2；

（2）生活污水定额 130L/（人·d）；

（3）工厂的生活污水和淋浴污水设计流量分别为 7.85L/s 和 5.78L/s，生产废水设计流量为 31.5L/s，工厂排出口地面标高为 43.6m，管底埋深不小于 2.0m，土壤冰冻深度为 0.8m；

（4）沿河岸堤坝顶标高 40.0m。

第8章 雨水管渠系统的设计

降雨尤其是暴雨，会在极短时间内形成大量的地面径流，造成地面积水，若不能及时排除，将会影响居民的生活和交通，甚至形成洪涝灾害。因此，需要建设雨水管渠系统及时排除暴雨形成的地表径流。雨水管渠系统是由雨水口、雨水管渠、检查井、出水口等构筑物所组成的一整套工程设施。雨水管渠系统的任务就是及时地汇集并排除暴雨形成的地面径流，防止城镇居住区与工业企业受淹，以保障城镇人民的生命安全和生活生产活动的正常秩序。

无雨情况下，管渠内无流量。降雨较小时，管内流量可能低于管渠的通水能力；暴雨时，管内流量可能超过管渠的通水能力而成为压力流，甚至溢出地面引起积水。此外，降雨具有一定的随机性，越大的暴雨出现的概率越小，若为了排除会产生严重危害的某一场暴雨的雨水径流量，需耗用巨资建设具有相应排水能力的雨水管渠系统，那么该系统投入使用的机会也许很长时间才会有一次，可能会造成投资浪费。所以合理、经济地进行雨水管渠设计具有重要意义。

同为排水系统的排除对象，但雨水与污水是不同的。从水质上讲，除初期雨水外，雨水水质较污水好；从水量上讲，雨水与污水总量相差较大；从变化情况上讲，污水量变化不大，而雨水量变化剧烈。因此，雨水管渠系统设计和污水管道系统设计存在相似之处，但也有其特点。

雨水管渠系统设计的主要内容包括：

(1) 收集和整理设计基础资料，确定当地暴雨强度公式；

(2) 确定排水区界，划分排水流域；

(3) 进行雨水管渠的定线，确定可能设置的调蓄池、泵站位置；

(4) 根据当地气象与地理条件、工程要求等确定设计参数；

(5) 计算设计流量，进行水力计算；

(6) 绘制管渠平面图和纵剖面图。

8.1 雨量分析与暴雨强度公式

降雨是一种水文过程，降雨的时间和降雨量大小具有一定的随机性，同时又服从一定的统计规律。因此，为了找出表示暴雨特征的降雨历时、暴雨强度与降雨重现期之间的相互关系，作为雨水管渠系统设计的依据，通常需要对降雨过程的多年（一般具有 20 年以上）观测资料进行统计和分析。任何一场暴雨的降雨过程都可用自记雨量计记录中的两个基本数值，即降雨量和降雨历时表示。

8.1.1 雨量分析的几个要素

(1) 降雨量

降雨量可用降雨深度 H（mm）表示，也可用单位面积上的降雨体积（L/hm²）表示。常用的降雨量统计数据计量单位有：

年平均降雨量：指多年观测所得的各年降雨量的平均值。

月平均降雨量：指多年观测所得的各月降雨量的平均值。

年最大日降雨量：指多年观测所得的一年中降雨量最大一日的绝对量。

降雨量数据通常由雨量计在降雨时记录取得，如图 8-1 所示，雨量计所记录的数据为每场雨的累积降雨量（mm）和降雨时间（min）之间的变化关系。以降雨时间为横坐标，累积降雨量为纵坐标绘制的曲线称为降雨量累积曲线。

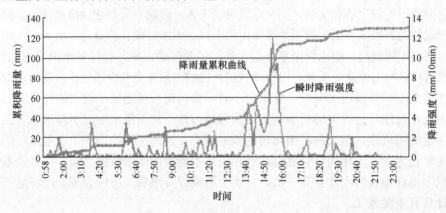

图 8-1 降雨量累积曲线

（2）降雨历时和暴雨强度

在降雨量累积曲线上取某一连续降雨的时段，称为降雨历时。降雨历时可以指一场雨全部降雨的时间，也可以指其中个别的连续时段，用 t 表示，以"min"或"h"计。

在降雨量累积曲线上，将降雨量在某时间段内的增量除以该时间段长度，可得到该降雨时段内的平均降雨量，即单位时间的平均降雨深度，称为降雨强度。图 8-1 中，降雨量累积曲线上某一点的斜率即为该时间的瞬时降雨强度。

如果该降雨历时覆盖了降雨的雨峰时间，则计算的数值即为对应于该降雨历时的暴雨强度。暴雨强度用符号 i 表示，常用单位为"mm/min"，也可为"mm/h"。

$$i = \frac{H}{t} \tag{8-1}$$

在工程上，亦常用单位时间内单位面积上的降雨体积 q 表示，单位为"$L/(s \cdot hm^2)$"。采用以上计量单位时，由于 $1mm/min = 1(L/m^2)/min = 10000(L/min)/hm^2$，可得 i 和 q 之间的换算关系为：

$$q = \frac{10000}{60}i = 167i \tag{8-2}$$

式中　q——暴雨强度，$L/(s \cdot hm^2)$；

　　　i——暴雨强度，mm/min。

暴雨强度是描述暴雨特征的重要指标，也是决定雨水设计流量的主要因素。暴雨强度的数值与所取的连续时间段 t 的跨度和位置有关。在推求暴雨强度公式时，降雨历时常采用 5min、10min、15min、20min、30min、45min、60min、90min、120min、150min、

180min 11 个时段。所取历时长，则与这个历时对应的暴雨强度将小于短历时对应的暴雨强度。在分析暴雨资料时，必须选用对应各降雨历时的最陡的那段曲线，即最大降雨量。

（3）降雨面积和汇水面积

降雨面积是指降雨所笼罩的地面面积，汇水面积是指雨水管渠汇集和排除雨水的地面面积，用 F 表示，单位为"hm^2"或"km^2"。

任一场暴雨在降雨面积上各点的暴雨强度是不相等的，也就是说，降雨是非均匀分布的。但城镇或工厂的雨水管渠或排洪沟汇水面积较小，一般小于 $100km^2$，最远点的集水时间不超过 60min 到 120min。在这种小汇水面积上降雨不均匀分布的影响较小。因此，可假定降雨在整个小汇水面积内是均匀分布的，即在降雨面积内各点的 i 相等。从而可以认为，雨量计所测得的点雨量资料可以代表整个小汇水面积的面雨量资料，即不考虑降雨在面积上的不均匀性。

（4）降雨的频率和重现期

降雨是偶然事件，具有一定的随机性，例如，每年夏季降雨最多这一现象几乎在大多数地方都存在，但具体到某地究竟降多大的雨是偶然的。但是，通过大量观测知道，偶然事件也有一定的规律性，服从一定的统计规律。例如，通过观测可知，特大的雨和特小的雨一般出现的次数很少，即出现的可能性小。因此，可以利用以往观测的资料，用统计方法找出偶然事件变化的规律，作为工程设计的依据。

① 某特定值暴雨强度的频率

某特定值暴雨强度的频率是指等于或大于该值的暴雨强度出现的次数 m 与观测资料总项数 n 之比的百分数，即 $F_m = \dfrac{m}{n} \times 100\%$。

观测资料总项数 n 为降雨观测资料的年数 N 与每年选入的平均雨样数 M 的乘积。若每年只选一个雨样（年最大值法选样），则 $n = N$，$F_m = \dfrac{m}{n} \times 100\%$，称为年频率式。若平均每年选入 M 个雨样（一年多次法选样），则 $n = NM$，$F_m = \dfrac{m}{NM} \times 100\%$，称为次频率式。从公式可知，频率小的暴雨强度出现的可能性小，反之则大。

由于观测资料年限的限制，上述式子计算得出的暴雨强度的频率只能反映一定年限内的经验，不能反映整个降雨的规律，故称为经验频率。从公式看出，对最末项暴雨强度来说，其频率 $F_m = 100\%$，这显然是不合理的，因为无论所取资料年限有多长，终不能代表整个降雨的历史过程，现在观测资料中的极小值，不见得是整个历史过程的极小值。因此年频率计算公式为：

$$F_m = \frac{m}{N+1} \times 100\% \tag{8-3}$$

式中　m——将所有数据从大到小排列后，某个具有一定大小的数据的序号；

　　　F_m——相应于第 m 个数据的经验频率；

　　　N——降雨观测资料的年数。

次频率计算公式为：

$$F_m = \frac{m}{NM+1} \times 100\% \tag{8-4}$$

式中　M——每年选入的平均雨样数。

观测资料的年限越长，经验频率出现的误差也就越小。

在坐标纸上以经验频率为横坐标，暴雨强度为纵坐标，按数据点的分布绘出的曲线表示某特定值暴雨强度发生的频率，称为经验频率曲线，如图 8-2 所示。

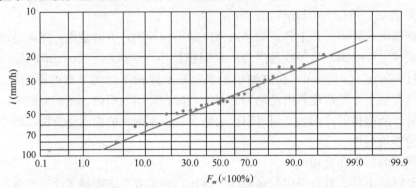

图 8-2　经验频率曲线

② 某特定值暴雨强度的重现期

工程上常用比较容易理解的"重现期"来等效地替代较为抽象的频率概念。某特定值暴雨强度的重现期是指大于等于该值的暴雨强度可能出现一次的平均间隔时间，单位用年（a）表示。重现期与经验频率之间的关系可直接按定义由式（8-5）表示：

$$P = \frac{1}{F_m} \tag{8-5}$$

式中　P——某特定值暴雨强度的重现期，a。

需要指出，重现期是从统计平均的概念引出的。某一暴雨强度的重现期等于 P，并不

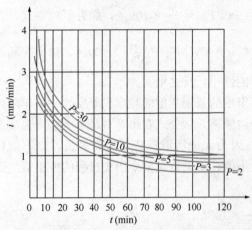

图 8-3　降雨强度、降雨历时和重现期的关系

是说大于等于某暴雨强度的降雨每隔 P 年就会发生一次。P 年重现期是指在相当长的一个时间序列（远远大于 P 年）中，大于等于该指标的数据平均出现的可能性为 $1/P$，而且这种可能性对于这个时间序列中的每一年都是一样的，发生大于等于该暴雨强度的事件在时间序列中的分布也并不是均匀的。对于某一个具体的 P 年时间段而言，大于等于该强度的暴雨可能出现一次，也可能出现数次或根本不出现。重现期越大，降雨强度越大，如图 8-3 所示。

《室外排水设计标准》GB 50014—2021 规定，在编制暴雨强度公式时可采用 20 年以上自记雨量记录。在自记雨量记录纸上，按降雨历时为 5min、10min、15min、20min、30min、45min、60min、90min、120min、150min、180min，每年选择 6~8 场最大暴雨记录，计算暴雨强度 i。将历年各历时的暴雨强度按大小次序排列，并不论年次选择年数的 3~4 倍的最大值作为统计的基础资料。例如，某市有 30 年自记雨量记录。按规定，每

年选择了各历时的最大暴雨强度值6～8个，然后将历年各历时的暴雨强度不论年次而按大小排列，最后选取了资料年数4倍共120组各历时的暴雨强度，列入表8-1。根据公式 $F_m = \dfrac{m}{NM+1} \times 100\%$ 计算各强度组的经验频率。式中的 m 为各强度组的序号数，也就是等于或大于该强度组的暴雨强度出现的次数。NM 为参与统计的暴雨强度的序号总数，本例的序号总数 NM 为120。

　　表8-1为某城市不同历时的暴雨强度统计数据，表达了该市的降雨规律。

某城市不同历时的暴雨强度统计数据　　　　　　　　　　　　表8-1

序号 $\diagdown$ i (mm/min)	\multicolumn{9}{c}{t (min)}	经验频率 F_m (%)	重现期 P (a)
	5	10	15	20	30	45	60	90	120		
1	3.82	2.82	2.28	2.18	1.71	1.48	1.38	1.08	0.97	0.83	120
2	3.60	2.80	2.18	2.11	1.67	1.38	1.37	1.08	0.97	1.65	61
3	3.40	2.66	2.04	1.80	1.64	1.36	1.30	1.07	0.91	2.48	40
4	3.20	2.50	1.95	1.75	1.62	1.33	1.24	1.06	0.86	3.31	30
5	3.02	2.21	1.93	1.75	1.55	1.29	1.23	0.93	0.79	1.00	100
6	2.92	2.19	1.93	1.65	1.45	1.25	1.18	0.92	0.78	4.96	20
7	2.80	2.17	1.88	1.65	1.45	1.22	1.05	0.90	0.77	5.79	17
8	2.60	2.12	1.87	1.63	1.43	1.18	1.01	0.80	0.75	6.61	15
9	2.60	2.11	1.85	1.63	1.43	1.14	1.00	0.77	0.73	7.44	13
10	2.60	2.09	1.83	1.61	1.43	1.11	0.99	0.76	0.72	8.26	12
11	2.58	2.08	1.80	1.60	1.33	1.11	0.99	0.76	0.61	9.09	11
12	2.56	2.00	1.76	1.60	1.32	1.10	0.99	0.76	0.61	9.92	10
13	2.56	1.96	1.73	1.53	1.31	1.08	0.98	0.74	0.60	10.74	9
14	2.54	1.96	1.71	1.52	1.27	1.07	0.98	0.71	0.59	11.57	9
15	2.50	1.95	1.65	1.48	1.26	1.02	0.96	0.70	0.58	17.40	6
16	2.40	1.94	1.60	1.47	1.25	1.02	0.95	0.69	0.58	13.22	8
17	2.40	1.94	1.6	1.45	1.23	1.02	0.95	0.69	0.57	14.05	7
18	2.34	1.92	1.58	1.44	1.23	0.99	0.91	0.67	0.57	14.88	7
19	2.26	1.92	1.56	1.43	1.22	0.97	0.89	0.67	0.57	15.70	6
20	2.20	1.90	1.53	1.40	1.20	0.96	0.89	0.66	0.54	16.53	6
21	2.12	1.90	1.53	1.38	1.17	0.96	0.88	0.64	0.53	17.36	6
22	2.06	1.83	1.51	1.38	1.15	0.95	0.86	0.64	0.53	18.18	6
23	2.04	1.81	1.51	1.36	1.15	0.94	0.85	0.63	0.53	19.00	5
24	2.02	1.79	1.50	1.36	1.15	0.94	0.83	0.63	0.53	19.53	5
25	2.02	1.79	1.50	1.36	1.15	0.93	0.83	0.63	0.53	20.66	5
26	2.00	1.78	1.49	1.35	1.12	0.92	0.83	0.61	0.53	21.49	5
27	2.00	1.74	1.47	1.34	1.12	0.91	0.81	0.61	0.52	22.31	4

序号 \\ i (mm/min)	t (min)									经验频率 $F_{(4)}$ (%)	重现期 P (a)
	5	10	15	20	30	45	60	90	120		
28	2.00	1.67	1.45	1.31	1.11	0.91	0.80	0.61	0.52	23.14	4
...	...	...	...	...	...	...	...	...	...	...	...
58	1.60	1.35	1.13	0.99	0.88	0.70	0.61	0.48	0.40	47.93	2
59	1.60	1.32	1.13	0.99	0.86	0.70	0.60	0.47	0.40	48.76	2
60	1.60	1.30	1.13	0.99	0.85	0.68	0.60	0.47	0.40	49.59	2
...	...	...	...	...	...	...	...	...	...	...	...
90	1.24	1.06	0.92	0.84	0.70	0.58	0.51	0.40	0.34	74.38	1
91	1.24	1.05	0.90	0.83	0.69	0.58	0.50	0.40	0.34	75.21	1
...	...	...	...	...	...	...	...	...	...	...	...
118	1.10	0.95	0.77	0.71	0.61	0.50	0.44	0.33	0.28	97.52	1
119	1.08	0.95	0.77	0.70	0.60	0.50	0.44	0.33	0.28	98.35	1
120	1.08	0.94	0.76	0.70	0.60	0.50	0.44	0.33	0.27	99.17	1

8.1.2 暴雨强度公式

根据数理统计理论，暴雨强度 i（或 q）与降雨历时 t 和重现期 P 之间的关系，可用一个经验函数表示，称为暴雨强度公式。暴雨强度公式是设计雨水管渠的依据，其函数形式可以有多种。根据不同地区的适用情况，可以采用不同的公式。《室外排水设计标准》GB 50014—2021 中规定的暴雨强度公式为：

$$q = \frac{167A_1(1+C\lg P)}{(t+b)^n} \tag{8-6}$$

式中 q——设计暴雨强度，$L/(hm^2 \cdot s)$；

P——设计重现期，a；

t——降雨历时，min；

A_1、C、b、n——地方参数，根据统计方法进行计算确定。

具有 20 年以上自记雨量记录的地区，排水系统设计暴雨强度公式应采用年最大值法，并应按附录 8-1 的规定编制。

当 $b=0$ 时，

$$q = \frac{167A_1(1+C\lg P)}{t^n} \tag{8-7}$$

当 $n=1$ 时，

$$q = \frac{167A_1(1+C\lg P)}{(t+b)} \tag{8-8}$$

我国若干城市的暴雨强度公式见附录 8-2，其他主要城市的暴雨强度公式可参见《给水排水设计手册》第 5 册或各地官方发布的最新暴雨强度公式。

8.2 雨水管渠设计流量的确定

雨水管渠系统的作用是汇集和排除汇水面积上产生的雨水地表径流，最大径流量即为雨水管渠设计流量，它是确定雨水管渠断面尺寸的重要依据。

8.2.1 雨水管渠设计流量计算公式

城镇和工厂中雨水管渠的汇水面积较小，所以可采用小汇水面积上其他排水构筑物计算设计流量的推理公式来计算雨水管渠的设计流量，即：

$$Q = \psi q F \tag{8-9}$$

式中　Q——雨水设计流量，L/s；

　　　ψ——径流系数；

　　　q——设计暴雨强度，L/(s·hm²)；

　　　F——汇水面积，hm²。

式（8-9）假定：①暴雨强度在汇水面积上的分布是均匀的；②单位时间汇水面积的增长为常数；③汇水面积内地面坡度均匀。该公式用于小流域面积计算雨水设计流量，当汇水面积超过 2km² 时，应考虑区域降水面积和地面渗透性能的时空分布不均匀性和管网汇流过程等因素，采用数学模型确定雨水设计流量。下面通过汇流过程的分析，对式（8-9）的应用进行说明。

流域中各地面点上产生的径流沿着坡面汇流至低处，通过沟、溪汇入江河。在城市中，雨水径流由地面流至雨水口，经雨水管渠最终汇入江河。通常将雨水径流从流域的最远点流到出口断面的时间称为流域的集流时间或集水时间。

图 8-4 为一块边界线为 ab、ac 和 bc 弧的扇形流域汇水面积，a 点为集流点（如雨水口、管渠上某一断面）。假定汇水面积内地面坡度均等，则以 a 点为圆心所画的圆弧线 de，fg，hi，…，bc 称为等流时线，每条等流时线上各点的雨水径流流到 a 点的时间是相等的，分别为 τ_1，τ_2，τ_3，…，τ_0，流域边缘线 bc 上各点的雨水径流流到 a 点的时间 τ_0 称为这块汇水面积的集流时间或集水时间。

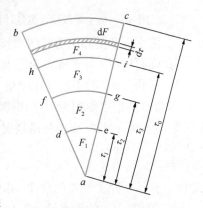

图 8-4　流域汇流过程示意图

在地面点上降雨产生径流后不久（$t < \tau_0$），在 a 点所汇集的径流量仅来自靠近 a 点的小块面积上，离 a 点较远的面积上的雨水此时仅流在中途。随着降雨历时 t 的增长，汇集到 a 点的流量来自越来越大的汇水面积。当 $t = \tau_0$ 时，流域最边缘线上的雨水流到集流点 a，在 a 点汇集的流量来自整个流域，即流域全部面积参与径流。之后（$t > \tau_0$），随着降雨历时的继续增长，汇水面积不再增加。

雨水设计流量 Q 的大小取决于径流系数 ψ、汇水面积 F 和设计暴雨强度 q 三者的大小，集流点的汇水面积随着降雨历时的增加而增加，直至增加到全部面积；而设计暴雨强

度 q 则一般随降雨历时的增长而降低。那么集流点处的雨水径流量在什么时间最大,是设计雨水管道需要研究的重要问题。

根据极限强度理论,在城镇雨水管渠设计中,采用降雨强度和降雨历时都是将尽量大的降雨作为雨水管道的设计流量。由于汇水面积随降雨历时的增长而增加的速度较降雨强度随降雨历时的增长而减小的速度更快,因此,当降雨历时等于汇水面积最远点雨水流到集流点的集流时间 τ_0 时,设计暴雨强度 q、降雨历时 t、汇水面积 F 都是相应的极限值。

当降雨历时 t 小于流域的集流时间 τ_0 时,只有一部分面积参与径流,此时集流点的雨水径流量小于最大径流量。当降雨历时 t 大于集流时间 τ_0 时,流域全部面积已参与汇流,面积不能再增长,而降雨强度则随降雨历时的增长而减小,径流量也随之由最大值逐渐减小。只有当降雨历时 t 等于集流时间 τ_0 时,全面积参与径流,产生最大径流量。全流域径流在集流点出现的流量来自 τ_0 时段内的降雨量。所以雨水管渠的设计流量可用全部汇水面积 F 乘以流域的集流时间 τ_0 时的暴雨强度 q 及地面平均径流系数 ψ 得到。

雨水管渠设计的极限强度理论包括两部分内容:①当汇水面积上最远点的雨水流到集流点时,全面积产生汇流,雨水管渠的设计流量最大;②当降雨历时等于汇水面积上最远点的雨水流到集流点的集流时间时,雨水管渠需要排除的雨水量最大。

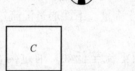

图 8-5 雨水管段设计流量计算

雨水管段的设计流量计算方法有面积叠加法和流量叠加法两种。

(1) 面积叠加法

如图 8-5 所示,A、B、C 为 3 块互相毗邻的区域,面积分别记为 F_A、F_B、F_C,径流系数为 ψ,设雨水从各块面积上最远点分别流入设计断面 1、2、3 所需的集水时间均为 τ_1(min)。并假设:

① 汇水面积随降雨历时的增长而均匀地增加;

② 降雨历时 t 等于或大于汇水面积最远点的雨水流到设计断面的集水时间 τ。

1) 管段 1~2 的雨水设计流量

该管段的汇水面积为 F_A,根据前述内容,当 $t=\tau_1$ 时,A 全部面积上的雨水均汇流至 1 断面,这时管段 1~2 内流量最大。因此,管段 1~2 的设计流量应为:

$$Q_{1-2} = \psi F_A q_1 \ (\text{L/s})$$

式中 q_1——管段 1~2 的设计暴雨强度,即相应于降雨历时 $t=\tau_1$ 的暴雨强度,$\text{L/(s·hm}^2)$。

2) 管段 2~3 的雨水设计流量

该管段的汇水面积为 F_A 和 F_B,当 $t=\tau_1$ 时,全部 B 面积和部分 A 面积上的雨水流到 2 断面,管段 2~3 的雨水流量不是最大。只有当 $t=\tau_1+t_{1-2}$ 时,这时 A 和 B 全部面积上的雨水均流到 2 断面,管段 2~3 的流量达最大值。即:

$$Q_{2-3} = \psi(F_A + F_B)q_2 \ (\text{L/s})$$

式中 q_2——管段 2~3 的设计暴雨强度,即相应于 $t=\tau_1+t_{1-2}$ 的暴雨强度,$\text{L/(s·hm}^2)$;

t_{1-2}——管段 1~2 的管内雨水流行时间,min。

3）管段 3～4 的雨水设计流量

同理得到：

$$Q_{3-4} = \psi(F_A + F_B + F_C)q_3 \ (\text{L/s})$$

式中　q_3——管段 3～4 的设计暴雨强度，即相应于 $t = \tau_1 + t_{1-2} + t_{2-3}$ 的暴雨强度，$\text{L}/(\text{s} \cdot \text{hm}^2)$。

由上可知，各设计管段的雨水设计流量等于该管段承担的全部汇水面积和设计暴雨强度的乘积。而各管段的设计暴雨强度则是相应于该管段设计断面的集水时间的暴雨强度。由于各管段的集水时间不同，所以各管段的设计暴雨强度亦不同。

（2）流量叠加法

1）管段 1～2 的雨水设计流量

分析、计算同面积叠加法。

2）管段 2～3 的雨水设计流量

同样，当 $t = \tau_1$ 时，全部 B 面积和部分 A 面积上的雨水流到 2 断面，管段 2～3 的雨水流量不是最大。只有当 $t = \tau_1 + t_{1-2}$ 时，这时 A 和 B 全部面积上的雨水均流到 2 断面，管段 2～3 的流量达到最大值。B 面积上产生的流量为 $\psi F_B q_2$，直接汇到 2 断面，但是，A 面积上产生的流量为 $\psi F_A q_1$，则是通过管段 1～2 汇流到 2 断面的，因而，管段 2～3 的流量为：

$$Q_{2-3} = \psi F_A q_1 + \psi F_B q_2$$

式中符号含义同上。

如果按 $Q_{2-3} = \psi F_A q_1 + \psi F_B q_2$ 计算，即面积叠加法，把 A 面积上产生的流量通过管道汇集，看成了通过地面汇集，其相应的暴雨强度采用 q_2，由于暴雨强度随降雨历时而降低，q_2 小于 q_1，计算所得流量 $\psi F_A q_2$ 小于该面积的最大流量 $\psi F_A q_1$，设计流量偏小，设计管道偏于不安全。

3）管段 3～4 的雨水设计流量

同理得到：

$$Q_{3-4} = \psi F_A q_1 + \psi F_B q_2 + \psi F_C q_3$$

式中符号含义同上。

这样，流量叠加法雨水设计流量公式的一般形式为：

$$Q_K = \sum_{i=1}^{k}(F_i \psi_i q_i)$$

由上可知，各设计管段的雨水设计流量等于其上游管段转输流量加上本管段产生的流量之和，即流量叠加，而各管段的设计暴雨强度则是相应于该管段设计断面的集水时间的暴雨强度。由于各管段的集水时间不同，所以各管段的设计暴雨强度亦不同。

面积叠加法计算雨水设计流量，方法简便，但其所得的设计流量偏小，一般用于雨水管渠的规划设计计算。流量叠加法计算雨水设计流量，须逐段计算叠加，过程较繁复，但其所得的设计流量比面积叠加法大，偏于安全，一般用于雨水管渠的工程设计计算。

8.2.2　径流系数的确定

降落在地面上的雨水，部分被地面上的植物、洼地、土壤或地面缝隙截留，剩余的雨水沿地面坡度流动，形成地面径流。地面径流的流量称为雨水地面径流量。雨水管渠系统的功能就是排除雨水地面径流量。地面径流量与总降雨量的比值称为径流系数，用 ψ 表

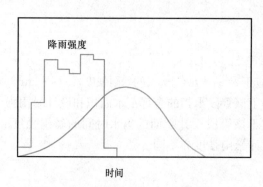

图 8-6　降雨强度与地面径流量关系图

示，径流系数一般小于1。图 8-6 表示降雨强度与地面径流量的示意关系。图中的直方图形表示降雨强度，曲线表示地面径流量。

影响径流系数的因素很多，如汇水面积的地面覆盖情况、地面坡度、地貌、建筑密度的分布、路面铺砌、降雨历时、暴雨强度、暴雨雨型等。其中影响 ψ 的主要因素为地面覆盖情况和降雨强度的大小。例如，地面为不透水材料覆盖，ψ 大；沥青路面的 ψ 也大；而非铺砌的土路面 ψ 较小。地形坡度大，雨水流动较快，其 ψ 也大；种植植物的庭园，由于植物本身能截留一部分雨水，其 ψ 就小。降雨历时长，由于地面渗透损失减小，ψ 就大些。暴雨强度大，其 ψ 也大。最大强度发生在降雨前期的雨型，前期雨量大的，ψ 也大。

由于影响因素很多，要精确地确定 ψ 是很困难的。目前在雨水管渠设计中，径流系数通常采用按地面覆盖种类确定的经验数值。各种地面的径流系数 ψ 见表 8-2。

径流系数　　　　　　　　　　　　　　　　　　表 8-2

地面种类	径流系数 ψ
各种屋面、混凝土或沥青路面	0.85～0.95
大块石铺砌路面或沥青表面各种的碎石路面	0.55～0.65
级配碎石路面	0.40～0.50
干砌砖石或碎石路面	0.35～0.40
非铺砌土路面	0.25～0.35
公园或绿地	0.10～0.20

通常汇水面积是由各种性质的地面覆盖所组成，随着它们占有的面积比例变化，ψ 也各异，所以整个汇水面积上的平均径流系数 ψ_{av} 是按各类地面面积用加权平均法计算而得到，即：

$$\psi_{av} = \frac{\sum F_i \cdot \psi_i}{F} \tag{8-10}$$

式中　F_i——汇水面积上各类地面的面积，hm^2；

　　　ψ_i——相应于各类地面的径流系数；

　　　F——全部汇水面积，hm^2。

【例 8-1】某小区内各类地面的面积 F_i 见表 8-3，求该小区内的平均径流系数 ψ_{av}。

【解】按表 8-2 规定的各类 F_i 的 ψ_i，填入表 8-3 中，全部汇水面积 F 为 $4hm^2$。则：

$$\psi_{av} = \frac{\sum F_i \cdot \psi_i}{F} = \frac{1.2 \times 0.9 + 0.6 \times 0.9 + 0.6 \times 0.4 + 0.8 \times 0.3 + 0.8 \times 0.15}{4} = 0.555$$

某小区典型街坊各类地面面积　　　　　　　　　　　　　　表 8-3

地面种类	面积 F_i（hm²）	采用 ψ
屋面	1.2	0.9
沥青道路及人行道	0.6	0.9
圆石路面	0.6	0.4
非铺砌土路面	0.8	0.3
绿地	0.8	0.15
合计	4	0.555

在设计中，也可采用综合径流系数法确定，不同区域的综合径流系数见表 8-4。

综合径流系数　　　　　　　　　　　　　　表 8-4

区域情况	综合径流系数 ψ
城镇建筑密集区	0.60～0.70
城镇建筑较密集区	0.45～0.60
城镇建筑稀疏区	0.20～0.45

一般市区的综合径流系数 $\psi=0.5～0.8$，郊区的 $\psi=0.4～0.6$。我国一些地区采用的综合径流系数 ψ 见表 8-5，《日本指南》推荐的综合径流系数参见表 8-6。随着城市化的进程，不透水面积相应增加，为适应这种变化对径流系数值产生的影响，设计时径流系数 ψ 可取较大值。

国内一些地区采用的综合径流系数　　　　　　　　　　　　　　表 8-5

城市	综合径流系数 ψ	城市	综合径流系数 ψ
北京	0.5～0.7	扬州	0.5～0.8
上海	0.5～0.8	宜昌	0.65～0.8
天津	0.45～0.6	南宁	0.5～0.75
乌兰浩特	0.5	柳州	0.4～0.8
南京	0.5～0.7	深圳	旧城区：0.7～0.8
杭州	0.6～0.8		新城区：0.6～0.7

《日本指南》推荐的综合径流系数　　　　　　　　　　　　　　表 8-6

区域情况	综合径流系数 ψ
空地非常少的商业区或类似的住宅区	0.80
有若干室外作业场等透水地面的工厂或有若干庭院的住宅区	0.65
房产公司住宅区之类的中等住宅区或单户住宅多的地区	0.50

小区的开发，应体现低影响开发的理念，应在小区内进行源头控制，应严格执行规划控制的综合径流系数，综合径流系数高于 0.7 的地区应采用渗透、调蓄等措施。

8.2.3 设计重现期的确定

由暴雨强度公式可知，暴雨强度 q 随着重现期 P 的不同而不同。若选用较高的设计重现期，则所得设计暴雨强度大，相应的雨水设计流量大，管渠的断面相应变大，这有利于防止地面积水，安全性高，但增加了工程造价；反之，管渠断面可相应减小，可降低工程造价，但可能会经常发生排水不畅、地面积水而影响交通，甚至给城市人民的生活及工业生产造成危害。因此，暴雨设计重现期的选择必须结合我国国情，从技术和经济两方面综合考虑。

《室外排水设计标准》GB 50014—2021 规定，雨水管渠设计重现期，应根据汇水地区性质、城镇类型、地形特点和气候特征等因素，经技术经济比较后按表 8-7 的规定取值，且应符合下列规定：

（1）人口密集、内涝易发且经济条件较好的城镇，应采用规定的设计重现期上限；

（2）新建地区应按规定的设计重现期执行，既有地区应结合海绵城市、地区改建、道路建设等校核、更新雨水系统，并按规定设计重现期执行；

（3）同一排水系统可采用不同的设计重现期；

（4）中心城区下穿立交道路的雨水管渠设计重现期应按表 8-7 中"中心城区地下通道和下沉式广场等"的规定执行，非中心城区下穿立交道路的雨水管渠设计重现期不应小于10a，高架道路雨水管渠设计重现期不应小于5a。

雨水管渠设计重现期（a） 表 8-7

城镇类型	城区类型			
	中心城区	非中心城区	中心城区的重要地区	中心城区地下通道和下沉式广场等
超大城市和特大城市	3～5	2～3	5～10	30～50
大城市	2～5	2～3	5～10	20～30
中等城市和小城市	2～3	2～3	3～5	10～20

注：1. 表中所列设计重现期适用于采用年最大值法确定的暴雨强度公式。

2. 雨水管渠按重力流、满管流计算。

3. 超大城市指城区常住人口在 1000 万人以上的城市；特大城市指城区常住人口在 500 万人以上 1000 万人以下的城市；大城市指城区常住人口在 100 万人以上 500 万人以下的城市；中等城市指城区常住人口在 50 万人以上 100 万人以下的城市；小城市指城区常住人口在 50 万人以下的城市（以上包括本数，以下不包括本数）。

美国、日本等国在城镇内涝防治设施上投入较大，城镇雨水管渠设计重现期一般采用 5～10a。美国各州还将排水干管系统的设计重现期规定为 100a，排水系统的其他设施分别具有不同的设计重现期。日本也将设计重现期不断提高，《日本指南》中规定，排水系统设计重现期在 10 年内应提高到 10～15a。所以《室外排水设计标准》GB 50014—2021 提出按照地区性质和城镇类型，并结合地形特点和气候特征等因素，经技术经济比较后，适当提高我国雨水管渠的设计重现期，并与发达国家标准基本一致。

8.2.4 集水时间的确定

根据极限强度理论，只有当降雨历时等于集水时间时，集流点的雨水径流量最大。因此，设计时通常用汇水面积最远点的雨水流到设计断面的时间 τ 作为设计降雨历时 t。为了与设计降雨历时的表示符号 t 相一致，在下文叙述中集水时间的符号也用 t 表示。

对管道的某一设计断面来说，集水时间 t 由地面集水时间 t_1 和管渠内雨水流行时间 t_2 两部分组成，可用式（8-11）表述：

$$t = t_1 + t_2 \tag{8-11}$$

式中　t_1——地面集水时间，min；

　　　t_2——管渠内雨水流行时间，min。

（1）地面集水时间 t_1 的确定

地面集水时间是指雨水从汇水面积上最远点流到第 1 个雨水口 a 的时间，如图 8-7 所示。

以图 8-7 为例，图中→表示水流方向。雨水从汇水面积上最远点的房屋屋面分水线 A 点流到雨水口 a 的地面集水时间 t_1 通常由下列流行路程的时间所组成：从屋面 A 点沿屋面坡度经屋檐下落到地面散水坡的时间，通常为 $0.3 \sim 0.5$min；从散水坡沿地面坡度流入附近道路边沟的时间；沿道路边沟到雨水口 a 的时间。

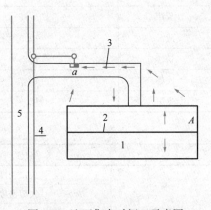

图 8-7　地面集水时间 t_1 示意图
1—房屋；2—屋面分水线；3—道路边沟；
4—雨水管；5—道路

地面集水时间受地形坡度、地面铺砌、地面植被情况、雨水流行距离、道路纵坡和宽度等因素的影响，这些因素直接决定着水流沿地面或边沟的速度。此外，也与暴雨强度有关，因为暴雨强度大，水流时间就短。其中，雨水流行距离的长短和地面坡度是决定地面集水时间的主要因素。

在实际的设计工作中，要准确地计算 t_1 是困难的，故一般不进行计算，而采用经验数值。《室外排水设计标准》GB 50014—2021 规定：地面集水时间应根据汇水距离、地形坡度和地面种类通过计算确定，宜采用 $5 \sim 15$min。根据经验，一般在汇水面积较小、地形较陡、建筑密度较大、雨水口分布较密的地区，宜采用较小的 t_1，可取 $5 \sim 8$min；而在汇水面积较大、地形较平坦、建筑密度较小、雨水口分布稀疏的地区，t_1 宜采用较大值，可取 $10 \sim 15$min，起点检查井上游地面雨水流行距离以不超过 $120 \sim 150$m 为宜。

在实际设计中，应结合设计地区的具体情况，合理选择 t_1。若 t_1 选得过大，相应的管渠断面尺寸小，可节约工程造价，但将会造成排水不畅，使管道上游地面经常积水；反过来，有利于防止地面积水，但会因管渠断面尺寸的加大而增加工程造价。

国内外采用的 t_1 分别见表 8-8 和表 8-9。

国内一些城市采用的 t_1　　　　　　　　　　　　　　　表 8-8

城市	t_1（min）	城市	t_1（min）
北京	$5 \sim 15$	重庆	5
上海	$5 \sim 15$，某工业区 25	哈尔滨	10
无锡	23	吉林	10
常州	$10 \sim 15$	营口	$10 \sim 30$
南京	$10 \sim 15$	白城	$20 \sim 40$
杭州	$5 \sim 10$	兰州	10
宁波	$5 \sim 15$	西宁	15

城市	t_1（min）	城市	t_1（min）
广州	15~20	西安	<100m，5；100~200m，8
天津	10~15		200~300m，10；300~400m，13
武汉	10	太原	10
长沙	10	唐山	15
成都	10	保定	10
贵阳	12	昆明	12

国外采用的 t_1　　　　　　　　　　　　　　　　　　　　表 8-9

资料来源	工程情况	t_1（min）
《日本指南》	人口密度大的地区	5
	人口密度小的地区	10
	平均	7
	干线	5
	支线	7~10
美国土木工程学会	全部铺装，下水道完备的密集地区	5
	地面坡度较小的发展区	10~15
	平坦的住宅区	20~30

（2）管渠内雨水流行时间 t_2 的确定

管渠内雨水流行时间 t_2 是指雨水在管渠内从第一个雨水口流到设计断面的时间，可用式（8-12）计算：

$$t_2 = \Sigma \frac{L}{60v}(\min) \tag{8-12}$$

式中　　L——各管段的长度，m；

　　　　v——各管段满流时的水流速度，m/s。

8.3　雨水管渠系统的设计计算

8.3.1　雨水管渠系统的布置

城镇雨水管渠系统的布置与污水管道系统类似，但有其特点。为保证能及时通畅地排走城镇或工厂汇水面积内的暴雨径流量，雨水管渠系统在平面布置上应满足以下要求。

（1）充分利用地形，就近排入水体

除初期雨水外，雨水水质较好，在水质符合排放水质标准的前提下，雨水管渠应尽量利用自然地形坡度以最短的距离靠重力流将雨水排入附近的池塘、河流、湖泊等水体中，以降低管渠的工程造价。

一般情况下，当地形坡度变化较大时，雨水干管宜布置在地形较低处或溪谷线上；当地形平坦时，雨水干管宜布置在排水流域的中间，以便于支管接入，尽可能扩大重力流排除雨水的范围。

充分利用附近的河湖、池塘等作为调蓄池，以降低下游管段设计流量，减少泵站的设置数量，必要时可建造人工调蓄池。

（2）合理选择管道布置形式

当管道排入池塘或小河时，出水口的构造比较简单，造价不高，雨水干管的平面布置宜采用分散出水口式的管道布置形式，且就近排放，这样管线较短，管径也较小，这在技术上、经济上都是合理的。分散出水口式雨水管布置形式如图8-8所示。

但当河流的水位变化很大，管道出口离水体较远时，出水口的构造比较复杂，造价较高，不宜采用过多的出水口，这时宜采用集中出水口式的管道布置形式，如图8-9所示。当地形平坦，且地面平均标高低于河流常年的洪水位标高，或管道埋设过深而造成技术经济上不合理时，需将管道出口适当集中，在出水口前设雨水泵站，暴雨期间雨水经抽升后排入水体。这时，为尽可能使通过雨水泵站的流量减少到最小，以节省泵站的工程造价和运转费用，宜在雨水进泵站前的适当地点设置调节池。

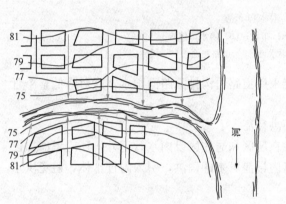

图 8-8　分散出水口式雨水管布置

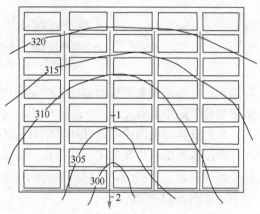

图 8-9　集中出水口式雨水管布置

（3）根据街区及道路规划布置雨水管道

通常，应根据建筑物的分布、道路布置及街区内部的地形等布置雨水管道，使街区内绝大部分雨水以最短距离排入街道低侧的雨水管道。

雨水管道应平行道路布设，且宜布置在人行道或草地带下，而不宜布置在快车道下，以免积水时影响交通或维修管道时破坏路面，若道路宽度大于40m时，可考虑在道路两侧分别设置雨水管道。在有池塘、坑洼的地方，可考虑雨水的调蓄。在有连接条件的地方，应考虑两个管道系统之间的连接，起到相互调节的作用。

（4）合理布置雨水口，以保证路面雨水排除通畅

地面雨水径流通过雨水口汇集到雨水管渠，为保证路面雨水排除通畅，应根据地形及汇水面积进行雨水口的布置。雨水口间距宜为25～50m，在道路交叉口的汇水点，低洼地段均应设置雨水口，以拦截地面雨水径流。道路交叉口处雨水口的布置可参见图8-10。

（5）雨水管道采用明渠或暗管应结合具体条件确定

为节约工程造价，有条件时，可考虑采用雨水明渠或盖板渠。在城市市区或工厂内，由于建筑密度较高，交通量较大，雨水管道一般应采用暗管，雨水暗管造价高，但卫生条件好，不影响交通；在城市郊区，建筑密度较低、交通量较小的地方，可考虑采用明渠，以降低工程造价；在地形平坦地区，埋设深度或出水口深度受限制地区，可采用盖板渠排

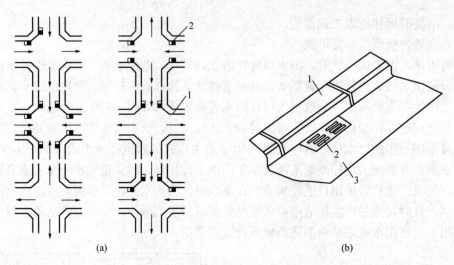

(a)　　　　　　　　　　　　　　(b)

图 8-10　雨水口布置

(a) 道路交叉路口雨水口布置；(b) 雨水口位置

1—路边石；2—雨水口；3—道路路面

除雨水。在每条雨水干管的起端，应尽可能采用道路边沟排除路面雨水，这对降低整个管渠工程造价是很有意义的。

（6）设置排洪沟排除设计地区以外的雨洪径流

对于靠近山麓建设的工厂和居住区，除在厂区和居住区设雨水管道外，还应考虑在设计地区周围设置排洪沟，以拦截从分水岭以内排泄下来的雨洪，引入附近水体，避免洪水灾害，如图 8-11 所示。

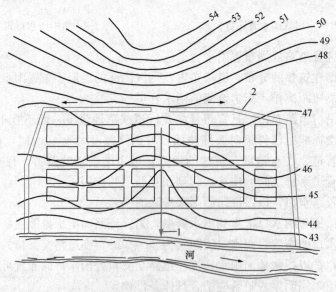

图 8-11　某居住区雨水管及排洪沟布置

1—雨水管；2—排洪沟

（7）以径流量作为地区改建的控制指标

地区开发应充分体现低影响开发理念，当地区整体改建时，对于相同的设计重现期，除应执行规划控制的综合径流系数指标外，还应执行径流量控制指标。《室外排水设计标准》GB 50014—2021 规定整体改建地区应采取措施，确保改建后的径流量不超过原有径流量。可采取的综合措施包括建设下凹式绿地，设置植草沟、渗透池等，人行道、停车场、广场和小区道路等可采用渗透性路面，促进雨水下渗，既达到雨水资源综合利用的目的，又不增加径流量。

8.3.2　雨水管渠的水力计算

1. 设计参数

为使雨水管渠正常工作，避免发生淤积、冲刷等现象，《室外排水设计标准》GB 50014—2021 对雨水管渠水力计算的基本数据作如下规定：

（1）设计充满度

雨水较污水清洁得多，对环境的污染较小，加上暴雨径流量大，而相应的较高设计重现期的暴雨强度的降雨历时一般不会很长，且从减少工程投资的角度来讲，雨水管渠允许溢流；雨水管渠雨后自然排空，故雨水管渠的充满度按满管流设计，即 $h/D=1$，明渠则应有等于或大于 0.2m 的超高，街道边沟应有等于或大于 0.03m 的超高。

（2）设计流速

由于雨水中夹带的泥砂量比污水大得多，为避免杂质在管渠内沉淀堵塞管道，雨水管渠的最小设计流速应大于污水管道。雨水管和合流管在满流时管道内最小设计流速为 0.75m/s。而明渠由于便于清除疏通，可采用较低的设计流速，一般明渠内最小设计流速为 0.40m/s。

为了防止管壁和渠壁的冲刷损坏，影响及时排水，雨水管道的设计流速不得超过一定的限度。雨水管渠的最大设计流速规定为：金属管最大流速为 10m/s；非金属管最大流速为 5m/s；明渠最大设计流速则根据其内壁建筑材料的耐冲刷性质，按设计规范规定选用，见表 8-10。

雨水明渠的最大设计流速（m/s）　　　　　　　　　表 8-10

明渠类别	最大设计流速（m/s）
粗砂或低塑性粉质黏土	0.8
粉质黏土	1.0
黏土	1.2
草皮护面	1.6
干砌块石	2.0
浆砌块石或浆砌砖	3.0
石灰岩和中砂岩	4.0
混凝土	4.0

注：1. 表中数据适用于明渠水深 $h=0.4\sim1.0$m 范围内。
　　2. 如 h 在 0.4～1.0m 范围以外时，本表规定的最大设计流速应乘以下系数：
　　　　$h<0.4$m，系数 0.85；
　　　　1.0m$<h<2.0$m，系数 1.25；
　　　　$h\geqslant2.0$m，系数 1.40。

（3）最小管径和最小设计坡度

为了便于管道养护时清除阻塞，雨水管道的管径不能太小，因此规定了最小管径。街道下的雨水管最小管径为 300mm，相应的最小设计坡度为塑料管 0.002，其他管 0.003；雨水口连接管最小管径为 200mm，相应的最小设计坡度为 0.01。

（4）最小埋深与最大埋深

具体规定同污水管道。

（5）雨水管渠的断面形式

雨水管渠一般采用圆形断面，当直径超过 2000mm 时也可采用矩形、半椭圆形或马蹄形断面，明渠一般采用梯形断面。

2. 水力计算方法

雨水管渠水力计算仍按均匀流考虑，其水力计算公式与污水管道相同，见式（7-9）和式（7-10），但按满流即 $h/D=1$ 计算。在实际计算中，通常采用根据公式制成的钢筋混凝土圆管水力计算图（附录6-2）或水力计算表（表8-11）。

钢筋混凝土圆管水力计算表（满流，$D=300$mm，$n=0.013$） 表8-11

I（%）	v（m/s）	Q（L/s）	I（%）	v（m/s）	Q（L/s）	I（%）	v（m/s）	Q（L/s）
0.6	0.335	23.68	3.6	0.821	58.04	6.6	1.111	78.54
0.7	0.362	25.59	3.7	0.832	58.81	6.7	1.120	79.17
0.8	0.387	27.36	3.8	0.843	59.59	6.8	1.128	79.74
0.9	0.410	28.98	3.9	0.854	60.37	6.9	1.136	80.30
1.0	0.433	30.61	4.0	0.865	61.15	7.0	1.145	80.94
1.1	0.454	32.09	4.1	0.876	61.92	7.1	1.153	81.51
1.2	0.474	33.51	4.2	0.887	62.70	7.2	1.161	82.07
1.3	0.493	34.85	4.3	0.897	63.41	7.3	1.169	82.64
1.4	0.512	36.19	4.4	0.907	64.12	7.4	1.177	83.20
1.5	0.530	37.47	4.5	0.918	64.89	7.5	1.185	88.77
1.6	0.547	38.67	4.6	0.928	66.60	7.6	1.193	84.33
1.7	0.564	39.87	4.7	0.938	66.31	7.7	1.200	84.88
1.8	0.580	41.00	4.8	0.948	67.01	7.8	1.208	85.39
1.9	0.596	42.13	4.9	0.958	67.72	7.9	1.216	85.96
2.0	0.612	43.26	5.0	0.967	68.36	8.0	1.224	86.52
2.1	0.627	44.32	5.1	0.977	69.06	8.1	1.231	87.02
2.2	0.642	45.38	5.2	0.987	69.77	8.2	1.239	87.58
2.3	0.656	46.37	5.3	0.996	70.41	8.3	1.246	88.08
2.4	0.670	47.36	5.4	1.005	71.04	8.4	1.254	88.65
2.5	0.684	48.35	5.5	1.015	71.75	8.5	1.261	89.14
2.6	0.698	49.34	5.6	1.024	72.39	8.6	1.269	89.71
2.7	0.711	50.26	5.7	1.033	73.02	8.7	1.276	90.20
2.8	0.724	51.18	5.8	1.042	73.66	8.8	1.283	90.70
2.9	0.737	52.10	5.9	1.051	74.30	8.9	1.291	91.26
3.0	0.749	52.95	6.0	1.060	74.93	9.0	1.298	91.76
3.1	0.762	53.87	6.1	1.068	75.50	9.1	1.305	92.25
3.2	0.774	54.71	6.2	1.077	76.13	9.2	1.312	92.75
3.3	0.786	55.56	6.3	1.086	76.77	9.3	1.319	93.24
3.4	0.798	56.41	6.4	1.094	77.33	9.4	1.326	93.37
3.5	0.809	57.19	6.5	1.103	77.97	9.5	1.333	94.23

在工程设计中，通常在选定管材之后，n即为已知数值。而设计流量Q也是经计算后求得的已知数。所以剩下的只有3个未知数D、v及I。在实际应用中，可参照地面坡度i，假定管底坡度I，然后从水力计算图或表中求得D及v，并使所求得的D、v、I各值符合水力计算基本数据的技术规定。所选的管道断面尺寸必须保证在规定的设计流速下能够排泄设计流量。

【例8-2】已知：$n=0.013$，设计流量Q经计算为200L/s，该管段地面坡度$I=0.004$，试计算该管段的管径D、管底坡度I及流速v。

【解】设计采用$n=0.013$的钢筋混凝土圆管水力计算图，如图8-12所示。

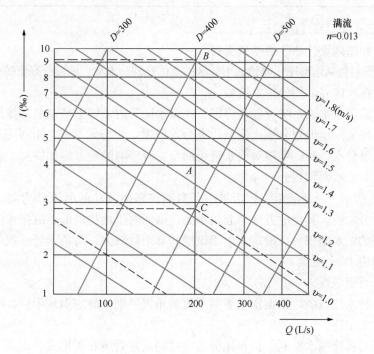

图8-12 钢筋混凝土圆管水力计算图（图中D以mm计）

先在横坐标轴上找到$Q=200$L/s，做竖线；在纵坐标轴上找到$I=4‰$值，做横线。两线相交于A点，该点所对应的v为1.17m/s，符合水力计算的设计数据规定；而D则介于$D=400\sim500$mm两斜线之间，不符合管材统一规格的规定，需调整管径D。当采用$D=400$mm时，则$Q=200$L/s的竖线与$D=400$mm的斜线相交于B点，B点处的$v=1.60$m/s，符合规定，但$I=9.2‰$，与地面坡度$I=4‰$相差很大，势必增大管道的埋深，不宜采用。如果采用$D=500$mm，则$Q=200$L/s的竖线与$D=500$mm的斜线相交于C点，C点处的$v=1.02$m/s，$I=0.0028$。此结果既符合水力计算要求，又不会增大管道埋深，因此，选$D=500$mm合理。

明渠和盖板渠的底宽，不宜小于0.3m。无铺砌的明渠边坡，应根据不同的地质按表8-12采用；用砖石或混凝土块铺砌的明渠可采用$1:1\sim1:0.75$的边坡。

无铺砌的明渠边坡值	表 8-12

地质	边坡值
粉砂	1:3.5～1:3
松散的细砂、中砂和粗砂	1:2.5～1:2
密实的细砂、中砂、粗砂或黏质粉土	1:2～1:1.5
粉质黏土或黏土砾石或卵石	1:1.5～1:1.25
半岩性土	1:1～1:0.5
风化岩石	1:0.5～1:0.25
岩石	1:0.25～1:0.1

8.3.3 雨水管渠系统的设计步骤

（1）收集和整理设计地区的基础资料

设计原始资料包括地形图、城镇或工业区的总体规划、水文、地质、暴雨等基本资料。

（2）确定排水区界，划分排水流域

排水区界是雨水排水系统设置的界限。在排水区界内，根据城镇的总体规划图或工厂的总平面图，按实际地形划分排水流域，有分水线时，以分水线作为排水流域的分界线；地面平坦无明显分水线时，可按对雨水管渠的布置有影响的地方，如铁路、公路、河流或城镇主要街道的汇水面积划分。

如图 8-13 所示一沿江城市，该市被一条自西向东南流动的河流分为南、北两区。南区可见一明显分水线，其余地方地形起伏不大，沿河两岸地势最低，故排水流域的划分基本按主要街道的汇水面积大小确定。由于该地的暴雨量较大，每条干管承担的排水面积不宜太大，故划为 12 个流域。

（3）进行管道定线

在每一个排水流域内，根据雨水管渠系统的布置原则，确定雨水干管、雨水支管的具体位置和雨水的出路。

由于地形对排除雨水有利，拟采用分散出口的雨水管道布置形式。雨水干管基本垂直于等高线，布置在排水流域地势较低一侧，这样雨水能以最短距离靠重力流分散就近排入水体。为了充分利用街道边沟的排水能力，每条干管起端 100m 左右可视具体情况不设雨水暗管。雨水支管一般设在街坊较低侧的道路下。

（4）划分设计管段

根据雨水管道的具体位置，在管道转弯处、管径或坡度改变处、有支管接入处或两条以上管道交会处以及超过一定距离的直线管段上都应设置检查井。把两个检查井之间流量没有变化且预计管径和坡度也没有变化的管段定为设计管段。雨水管渠设计管段的划分应使设计管段范围内地形变化不大，管段起终端流量变化不多，无大流量交汇。一般以 100～200m 为一段，如果管段划分得过短，则计算工作量增大，设计管段划得过长，则设计方案不经济。将设计管段上下游端点的检查井作为节点，自上游向下游依次进行设计管段编号。

（5）划分并计算各设计管段的汇水面积

各设计管段汇水面积的划分应结合地形坡度、汇水面积的大小以及雨水管道布置等情

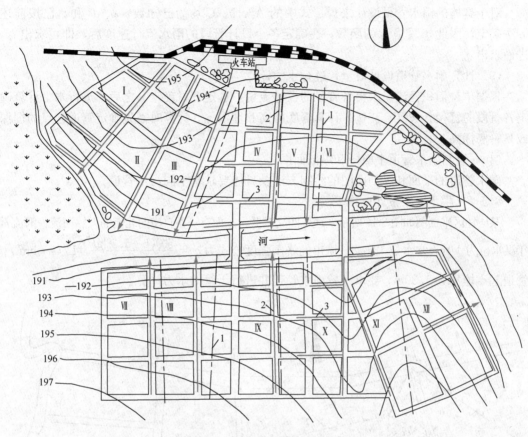

图 8-13 某地雨水管道平面布置
1—流域分界线；2—雨水干管；3—雨水支管

况而划定。地形较平坦时，可按就近排入附近雨水管道的原则，根据周围管渠的布置情况，将汇水面积用等角线划分；地形坡度较大时，应按地面雨水径流的水流方向划分汇水面积。将划分好的汇水面积进行编号，并计算其面积，将数值注明在图中，如图 8-14所示。

（6）确定各排水流域的平均径流系数值 ψ

通常根据排水流域内各类地面的面积或所占比例，计算出该排水流域的平均径流系数；也可根据规划的地区类别，采用区域综合径流系数。

（7）确定设计重现期 P 和地面集水时间 t_1

结合设计地区的性质、城镇类型、地形特点和气候特征等确定设计重现期 P。各个排水流域雨水管道的设计重现期可选用同一值，也可选用不同的值。

根据汇水面积的大小、地形坡度、建筑密度情况和雨水口分布情况等，确定雨水管道的地面集水时间 t_1。

（8）计算单位面积径流量 q_0

q_0 是暴雨强度 q 与径流系数 ψ 的乘积，称单位面积径流量，即：

$$q_0 = q \cdot \psi = \frac{167 A_1 (1 + C \lg P) \psi}{(t+b)^n} = \frac{167 A_1 (1 + C \lg P) \cdot \psi}{(t_1 + t_2 + b)^n} [\text{L}/(\text{s} \cdot \text{hm}^2)] \quad (8\text{-}13)$$

对于具体的雨水管渠设计来说，式中的 A_1、b、C 均为已知数，ψ、P 和 t_1 已按前述方法确定，因此 q_0 只是 t_2 的函数，在确定各个设计管段的雨水流行速度后，即可求出 t_2，进而求出 q_0。

（9）计算雨水管道设计流量，进行水力计算

根据单位面积径流量求得各管段的设计流量，选定管材确定 n 之后，进行水力计算确定各管段的管径、坡度、流速，计算管底标高和埋深等。计算时需先确定管道起点的埋深或是管底标高。

（10）绘制雨水管道平面图和纵剖面图

雨水管道的平面和纵剖面图的绘制方法及具体要求基本同污水管道。

8.3.4　雨水管渠设计计算举例

某居住区平面图如图 8-14 所示，地形西高东低，东面有一条自南向北流的天然河流，河流常年洪水位为 14m，常水位 12m。该城市的暴雨强度公式为 $q = \dfrac{500(1 + 1.38 \lg P)}{t^{0.65}} [\mathrm{L/(s \cdot hm^2)}]$。

管道起点埋深为 1.30m。要求布置雨水管道并进行干管的水力计算。

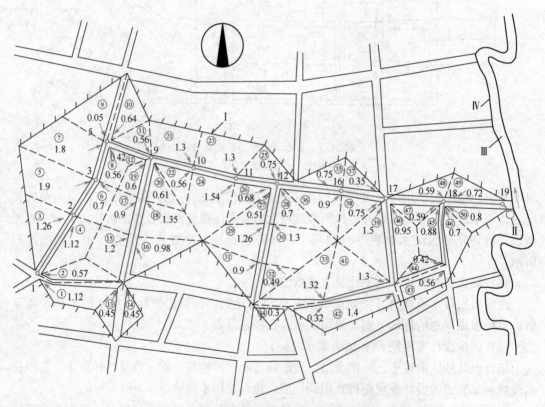

图 8-14　设有雨水泵站的雨水管布置

Ⅰ—排水分界线；Ⅱ—雨水泵站；Ⅲ—河流；Ⅳ—河堤岸

注：图中圆圈内数字为汇水面积编号；其旁数字为面积数值；以 $10^4 \mathrm{m^2}$ 计。

【解】（1）划分排水流域

从居住区平面图和资料知，该地区地形平坦，无明显分水线，故排水流域按城市主要

街道的汇水面积划分，流域分界线见图 8-14 中 I 。

（2）进行管道定线

雨水就近排入附近水体，因此，河流的位置决定了雨水出水口的位置，雨水出水口位于河岸边，故雨水干管的走向为自西向东。考虑河流的洪水位高于该地区地面平均标高，造成雨水在河流洪水位甚至常水位时不能靠重力排入河流，因此在干管的终端设置雨水泵站。

（3）划分设计管段

根据管道的具体位置，划分设计管段，将设计管段上下游端点的检查井作为节点，从上游到下游依次编上号码，并确定出各检查井的地面标高，填入表 8-13。量出每一设计管段的长度，填入表 8-14。

检查井地面标高 表 8-13

检查井编号	地面标高（m）	检查井编号	地面标高（m）
1	14.030	11	13.600
2	14.060	12	13.600
3	14.060	16	13.580
5	14.060	17	13.570
9	13.600	18	13.570
10	13.600	19（泵站前）	13.550

设计管段长度 表 8-14

管道编号	管道长度（m）	管道编号	管道长度（m）
1～2	150	11～12	120
2～3	100	12～16	150
3～5	100	16～17	120
5～9	140	17～18	150
9～10	100	18～19	150
10～11	100	19～泵站	

（4）划分并计算各设计管段的汇水面积

按就近排入附近雨水管道的原则，划分每一设计管段的汇水面积。对汇水面积进行编号，计算其面积数。将面积的编号、面积数及雨水流向标注在图 8-14 中。计算各设计管段的汇水面积，填入表 8-15。

汇水面积计算表 表 8-15

管道段编号	本段汇水面积编号	本段汇水面积（hm²）	转输汇水面积（hm²）	总汇水面积（hm²）
1～2	1、2	1.69	0.00	1.69
2～3	3、4	2.38	1.69	4.07
3～5	5、6	2.60	4.07	6.67

设计管段编号	本段汇水面积编号	本段汇水面积 (hm²)	转输汇水面积 (hm²)	总汇水面积 (hm²)
5~9	7~10	4.05	6.67	10.72
9~10	11~20	7.52	10.72	18.24
10~11	21、22	1.86	18.24	20.10
11~12	23、24	2.84	20.10	22.94
12~16	25~32、34	6.89	22.94	29.83
16~17	35、36	1.39	29.83	31.22
17~18	33、37~42	7.90	31.22	39.12
18~19	43~50	5.19	39.12	44.31

(5) 确定各排水流域的平均径流系数 ψ

由于市区内建筑分布情况差异不大，可采用统一的平均径流系数。经计算 $\psi = 0.50$。

(6) 确定设计重现期 P 和地面集水时间 t_1

设计重现期选用 $P = 2a$。

本例中地形平坦，建筑密度较稀，地面集水时间采用 $t_1 = 10\mathrm{min}$。

(7) 求单位面积径流量 q_0

$$q_0 = \psi q = 0.5 \times \frac{500(1 + 1.38\lg P)}{(10 + t_2)^{0.65}}$$
$$= \frac{353.86}{(10 + t_2)^{0.65}}[\mathrm{L/(s \cdot hm^2)}] \tag{8-14}$$

(8) 列表进行雨水干管设计流量计算和水力计算

设计流量的计算分别采用面积叠加法和流量叠加法，现分别说明如下：

1) 面积叠加法水力计算说明

表 8-16 中第 1 项为需要计算的设计管段，从上游至下游依次写出。第 2、3、14、15 项从表 8-14、表 8-15、表 8-13 中取得。其余各项经计算后得到。

① 计算中假定管段的设计流量均从管段的起点进入，即各管段的起点为设计断面。因此，各管段的设计流量是按该管段起点，即上游管段终点的设计降雨历时（集水时间）进行计算的。也就是说在计算各设计管段的暴雨强度时，用的 t_2 应由上游各管段的管内雨水流行时间之和 $\sum t_2$ 求得。如管段 1~2 的起始管段，故 $\sum t_2 = 0$，将此值列入表 8-17 中第 4 项。

② 求各管段的单位面积径流量 q_0 及设计流量。

$$q_0 = \psi q = \frac{353.86}{(10 + \sum t_2)^{0.65}}[\mathrm{L/(s \cdot hm^2)}] \tag{8-15}$$

q_0 为管内雨水流行时间 $\sum t_2$ 的函数，求得各设计管段内雨水流行时间 $\sum t_2$ 即可求出该设计管段的单位面积径流量 q_0。如管段 1~2 的 $\sum t_2 = 0$，代入式 (8-15) 得 $q_{01\sim2} = 79.22\mathrm{L/(s \cdot hm^2)}$；而管段 5~9 的 $\sum t_2 = t_{1-2} + t_{2-3} + t_{3-5} = 2.91 + 1.72 + 1.55 = 6.18\mathrm{min}$，代入得 $q_{05\sim9} = 57.94\mathrm{L/(s \cdot hm^2)}$。将 q_0 列入表 8-16 中第 6 项。

用各设计管段的 q_0 乘以该管段的总汇水面积 F 得该管段的设计流量,如管段 1～2 的设计流量 $Q = 79.22 \times 1.69 = 133.88 \text{L/s}$,列入表 8-16 中第 7 项。

③ 根据设计流量,进行水力计算,确定所需要的管径 D、管道坡度 I 和流速 v。

根据设计流量,参照地面坡度,查水力计算图或表,确定 D、I 和 v。查水力计算表或图时,Q、v、I、D 4 个水力因素可以相互适当调整,使计算结果既要符合水力计算设计数据的规定,又应经济合理。计算时采用钢筋混凝土圆管(满流,$n = 0.013$)水力计算表。

本例地面坡度较小,甚至地面坡向与管道坡向正好相反,为不使管道埋深增加过多,管道坡度宜取小值,但所取坡度应能使管内水流速度不小于最小设计流速。例如,管段 1～2 处的地面坡度为 0.2‰,该管段的设计流量为 133.88L/s,查水力计算表得,若管径采用 400mm,则相应的管道坡度、流速及对应的设计流量分别为 4.2‰、1.074m/s、134.96L/s;若管径采用 450mm,则相应的管道坡度、流速及对应的设计流量分别为 2.3‰、0.860m/s、136.77L/s。两组设计数据均符合规定,但管径若采用 400mm,则管道埋深将增加较多。因此,管径采用 450mm。

按照此方法,确定各管段的管径、坡度、流速各值后,列入表 8-16 中第 8、9、10 项。第 11 项管道的输水能力 Q' 是指在水力计算中管段在确定的管径、坡度、流速的条件下,雨水管道的实际输水能力,该值应等于或略大于设计流量 Q。

④ 根据设计管段的设计流速求本管段的管内雨水流行时间 t_2。例如管段 1～2 的管内雨水流行时间 $t_2 = \dfrac{L_{1-2}}{v_{1-2}} = \dfrac{150}{0.86 \times 60} = 2.91 \text{min}$。将该值列入表 8-16 中第 5 项。此值便是下一个管段 2～3 的 $\sum t_2$ 值。

⑤ 求降落量。管段长度乘以管道坡度得到该管段起点与终点之间的高差,即降落量。如管段 1～2 的降落量 $I \cdot l = 0.0023 \times 150 = 0.345 \text{m}$。列入表 8-16 中第 12 项。

⑥ 求管内底标高和埋深。

起始管段的管内底标高和埋深:根据冰冻情况、雨水管道衔接要求及承受荷载的要求,确定管道起点的埋深或管内底标高。本例起点埋深定为 1.300m,将该值列入表 8-16 中第 18 项。用起点地面标高减去该点管道埋深得到该点管内底标高,即 $14.030 - 1.30 = 12.730 \text{m}$。列入表 8-16 中第 16 项。用该值减去 1、2 两点的降落量得到终点 2 的管内底标高,即 $12.730 - 0.345 = 12.385 \text{m}$。列入表 8-16 中第 17 项。用 2 点的地面标高减去该点的管内底标高得该点的埋设深度,即 $14.060 - 12.385 = 1.675 \text{m}$。列入表 8-16 中第 19 项。

其他管段的管内底标高和埋深:雨水管道各设计管段在高程上采用管顶平接。因此 2～3 管段起端管内底标高应为 $[12.385 - (600 - 450)/1000] = 12.235 \text{m}$。求出 2～3 管段起端的管内底标高后,按照前述方法求出该点的埋深及 2～3 管段终端的管内底标高及埋深。其余各管段的计算方法与此相同,计算完成表 8-16 的所有项目,水力计算结束。

2)流量叠加法水力计算说明

流量叠加法水力计算在程序上与面积叠加法基本相同,但有以下两点不同:

① 计算设计流量时采用的汇水面积不同。每一个设计管段汇水面积的取值,面积叠加法采用的是该段之前所有管段汇水面积的累加值(表 8-16 中第 3 项);而流量叠加法采用的是本段汇水面积(表 8-17 中第 3 项)。

② 设计流量计算方法不同。面积叠加法计算设计流量为表 8-16 中第 3 项×第 6 项，得到该管段设计流量（表 8-16 中第 7 项）；而流量叠加法计算设计流量为表 8-17 中第 3 项×第 6 项，得到该管段本段设计流量（表 8-17 中第 7 项）后，再累加前一段的设计流量，得到该管段的设计流量（表 8-17 中第 8 项）。

（9）绘制雨水管道平面图和纵剖面图

水力计算结束后，可按照污水管道平面图和纵剖面图的方法绘制雨水管道的平面图和纵剖面图，图 8-15 和图 8-16 为初步设计的雨水干管平面图和纵剖面图。

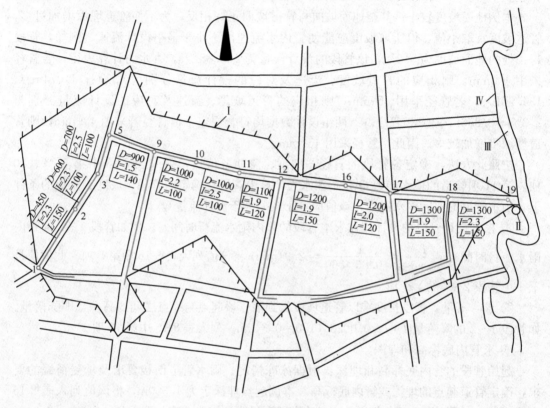

图 8-15　雨水干管平面图

Ⅰ—排水分界线；Ⅱ—雨水泵站；Ⅲ—河流；Ⅳ—河堤岸

注：图中尺寸管径 D 以 mm 计，坡度 I 以‰计，长度 L 以 m 计。

（10）水力计算注意事项

在进行雨水管道的水力计算时，应注意以下几方面的问题：

① 在划分各设计管段的汇水面积时，应尽可能使各设计管段的汇水面积均匀增加，否则采用面积叠加法计算管段设计流量时会出现下游管段的设计流量小于上一管段设计流量的情况，如管段 12～16 的设计流量。这是因为下游管段的集水时间大于上一管段的集水时间，故下游管段的设计暴雨强度小于上一管段的暴雨强度，而总汇水面积增加较少。若出现了这种情况，应取上一管段的设计流量作为下游管段的设计流量。

② 本例只进行了干管的水力计算，在实际的工程设计中，干管与支管是同时进行计算的。在支管与干管相接的检查井处，会出现两个不同的集水时间 $\sum t_2$ 和管底标高。在继续计算相交后的下一个管段时，应采用较大的 $\sum t_2$ 和较小的管底标高。

表 8-16

雨水干管水力计算表（面积叠加法）

雨水干管水力计算表（面积叠加法）

设计管段编号	管长L (m)	汇水面积F (hm²)	管内雨水流行时间		单位面积径流量q₀ [L/(s·hm²)]	设计流量Q (L/s)	管径D (mm)	管道坡度I (‰)	流速v (m/s)	管道输水能力Q (L/s)	降落HL (m)	地面坡度 (‰)	设计地面标高 (m)		设计管内底标高 (m)		埋深 (m)	
			$\sum t_1=\frac{\sum L}{v}$	$t_2=\frac{L}{v}$									起端	终端	起端	终端	起端	终端
1	2	3	4	5	6	7	8	9	10	11	12	13	14	15	16	17	18	19
1～2	150	1.69	0.00	2.91	79.22	133.88	450	2.3	0.860	136.77	0.345	−0.20	14.030	14.060	12.730	12.385	1.300	1.675
2～3	100	4.07	2.91	1.72	67.10	273.10	600	2.0	0.971	274.54	0.200	0.00	14.060	14.060	12.235	12.035	1.825	2.025
3～5	100	6.67	4.63	1.55	61.86	412.61	700	2.0	1.076	414.09	0.200	0.00	14.060	14.060	11.935	11.735	2.125	2.325
5～9	140	10.72	6.18	1.85	57.94	621.12	800	2.3	1.262	634.34	0.322	3.29	14.060	13.600	11.635	11.313	2.425	2.287
9～10	100	18.24	8.03	1.32	54.00	984.96	1000	1.7	1.259	988.82	0.170	0.00	13.600	13.600	11.113	10.943	2.487	2.657
10～11	100	20.10	9.35	1.25	51.58	1036.76	1000	1.9	1.331	1045.37	0.190	0.00	13.600	13.600	10.943	10.753	2.657	2.847
11～12	120	22.94	10.60	1.37	49.52	1135.99	1000	2.3	1.464	1149.83	0.276	0.00	13.600	13.600	10.753	10.477	2.847	3.123
12～16	150	29.83	11.97	1.64	47.49	1416.63	1100	2.2	1.526	1450.20	0.330	0.13	13.600	13.580	10.477	10.047	3.123	3.533
16～17	120	31.22	13.61	1.31	45.32	1414.89	1100	2.2	1.526	1450.20	0.264	0.08	13.580	13.570	10.047	9.783	3.533	3.787
17～18	150	39.12	14.92	1.62	43.76	1711.89	1200	2.0	1.542	1743.96	0.300	0.00	13.570	13.570	9.683	9.383	3.887	4.187
18～19	150	44.31	16.54	1.51	42.00	1861.02	1200	2.3	1.653	1869.49	0.345	0.13	13.570	13.550	9.383	9.038	4.187	4.512

181

表 8-17

雨水干管水力计算表（流量叠加法）

设计管段编号	管长 L (m)	汇水面积 F (hm²)	管内雨水流行时间 ∑t₀=∑L/v	t₀=L/v	单位面积径流量 q₀ [L/(s·hm²)]	本段流量 Q₀ (L/s)	设计流量 Q (L/s)	管径 D (mm)	管道坡度 I (%)	流速 v (m/s)	管道输水能力 Q' (L/s)	坡降 IL (m)	地面坡度 (%)	设计地面标高 (m) 起端	设计地面标高 (m) 终端	设计管内底标高 (m) 起端	设计管内底标高 (m) 终端	埋深 (m) 起端	埋深 (m) 终端
1	2	3	4	5	6	7	8	9	10	11	12	13	14	15	16	17	18	19	20
1～2	150	1.69	0.00	2.91	79.22	133.88	133.88	450	2.3	0.860	136.77	0.345	−0.20	14.030	14.060	12.730	12.385	1.300	1.675
2～3	100	2.38	2.91	1.60	67.11	159.72	293.60	600	2.3	1.041	294.33	0.230	0.00	14.060	14.060	12.235	12.005	1.825	2.055
3～5	100	2.60	4.51	1.39	62.20	161.72	455.32	700	2.5	1.203	462.96	0.250	0.00	14.060	14.060	11.905	11.655	2.155	2.405
5～9	140	4.05	5.89	2.12	58.62	237.40	692.72	900	1.5	1.102	701.06	0.210	3.29	14.060	13.600	11.455	11.245	2.605	2.355
9～10	100	7.52	8.01	1.16	54.04	406.39	1099.12	1000	2.2	1.432	1124.69	0.220	0.00	13.600	13.600	11.145	10.925	2.455	2.675
10～11	100	1.86	9.17	1.09	51.89	96.51	1195.63	1000	2.5	1.526	1198.52	0.250	0.00	13.600	13.600	10.925	10.675	2.675	2.925
11～12	120	2.84	10.27	1.41	50.05	142.15	1337.77	1100	1.9	1.418	1347.57	0.228	0.00	13.600	13.600	10.575	10.347	3.025	3.253
12～16	150	6.89	11.68	1.66	47.91	330.10	1667.87	1200	1.9	1.503	1699.85	0.285	0.13	13.600	13.580	10.247	9.962	3.353	3.618
16～17	120	1.39	13.34	1.30	45.66	63.47	1731.34	1200	2.0	1.542	1743.96	0.240	0.08	13.580	13.570	9.962	9.722	3.618	3.848
17～18	150	7.90	14.64	1.58	44.08	348.27	2079.61	1300	1.9	1.585	2103.80	0.285	0.00	13.570	13.570	9.622	9.337	3.948	4.233
18～19	150	5.19	16.21	1.43	42.34	219.75	2299.36	1300	2.3	1.744	2314.85	0.345	0.13	13.570	13.550	9.337	8.992	4.233	4.558

雨水干管水力计算表（流量叠加法）

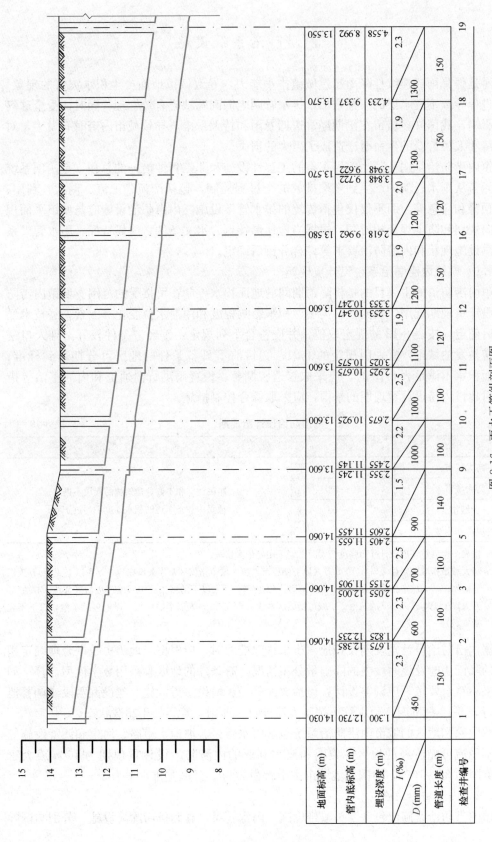

图 8-16 雨水干管纵剖面图

注：圆形钢筋混凝土管水泥砂浆抹带接口，带型基础。

8.4 内涝防治系统设施

内涝是强降雨或连续性降雨超过城镇排水能力，导致城镇地面产生积水灾害的现象。城市化进程导致不透水层的大幅增加，排水管网老旧问题缺乏有效管理，同时，受全球气候变化影响，我国许多城市在汛期经常遭遇暴雨和特大暴雨，导致城市内涝时有发生，对社会经济和人民群众的生命财产造成了巨大的损失。

城镇内涝防治是用于防治内涝灾害的工程性设施和非工程性措施的总和，是一项系统工程，涵盖从雨水径流的产生到末端排放的全过程控制，包括产流、汇流、调蓄、利用、排放、预警和应急等，而不仅仅包括传统的排水管渠设施。内涝防治设施应与城镇平面规划、竖向规划和防洪规划相协调，根据当地地形特点、水文条件、气候特征、雨水管渠系统、防洪设施现状和内涝防治要求等综合分析后确定。

8.4.1 城镇内涝防治系统设计重现期

城镇内涝防治的主要目的是将降雨期间的地面积水控制在可接受的范围。城镇内涝防治系统设计重现期选用应根据城镇类型、积水影响程度和内河水位变化等因素，经技术经济比较后确定，按表 8-18 的规定取值，并应符合下列规定：①经济条件较好，且人口密集、内涝易发的城市，宜采用规定的上限；②目前不具备条件的地区可分期达到标准；③当地面积水不满足表 8-18 时，应采取渗透、调蓄、设置雨洪行泄通道和内河整治等措施；④对超过内涝设计重现期的暴雨，应采取综合控制措施。

内涝防治设计重现期   表 8-18

城镇类型	重现期（a）	地面积水设计标准
超大城市	100	
特大城市	50～100	1. 居民住宅和工商业建筑物的底层不进水；
大城市	30～50	2. 道路中一条车道的积水深度不超过 15cm
中等城市和小城市	20～30	

注：1. 按表中所列重现期设计暴雨强度公式时，均采用年最大值法。

2. 超大城市指城区常住人口在 1000 万人以上的城市；特大城市指城区常住人口在 500 万人以上 1000 万人以下的城市；大城市指城区常住人口在 100 万人以上 500 万人以下的城市；中等城市指城区常住人口在 50 万人以上 100 万人以下的城市；小城市指城区常住人口在 50 万人以下的城市（以上包括本数，以下不包括本数）。

根据内涝防治设计重现期校核地面积水排除能力时，应根据当地历史数据合理确定用于校核的降雨历时及该时段内的降雨量分布情况，有条件的地区宜采用数学模型计算。如校核结果不符合要求，应调整设计，包括放大管径、增设渗透设施、建设调蓄段或调蓄池等。执行表 8-18 标准时，雨水管渠按压力流计算，即雨水管渠处于超载状态。

发达国家和地区的城市内涝防治系统包含雨水管渠、坡地、道路、河道和调蓄设施等所有雨水径流可能流经的地区。美国和澳大利亚的内涝防治设计重现期为 100a 或大于 100a，英国为 30～100a，中国香港城市主干管为 200a，郊区主排水渠为 50a。

8.4.2 内涝防治设施

城镇内涝防治设施应包含源头减排设施、雨水管渠设施和排涝除险设施，分别与国际上常用的微排水系统或低影响开发设施、小排水系统和大排水系统基本对应。通过灰绿结合建立蓄排结合的内涝防治系统，保证内涝防治中雨水峰值流量、总量和污染总量的控制。

1. 源头减排设施

源头减排设施又称为低影响开发设施或分散式雨水管理设施等，主要通过绿色屋顶、生物滞留设施、植草沟、调蓄设施和透水铺装等控制降雨期间的水量和水质，维持场地开发前后水文特征不变。源头减排设施主要应对大概率低强度降雨，在雨水进入城镇排水管渠系统前，通过截流、渗透、过滤和调蓄等措施或将其组合，降低雨水径流总量和峰值流量，控制径流污染，减轻排水压力。源头减排设施应有利于雨水就近入渗、调蓄或收集利用。

2. 排水管渠设施

排水管渠设施主要包括分流制雨水管渠、合流制排水管渠、雨水口、泵站等附属设施和管渠调蓄设施等，主要功能是及时排除中低重现期降雨形成的地表径流，主要应对短历时强降雨的大概率事件。排水管渠设施应确保雨水管渠设计重现期下雨水的转输、调蓄和排放，应考虑受纳水体水位的最不利情况，以避免下游顶托造成雨水无法正常排除。

3. 排涝除险设施

排涝除险设施用于排除内涝防治重现期下超过源头减排设施和排水管渠承载能力的雨水径流，主要应对长历时降雨的小概率事件，其建设应以城镇总体规划和内涝防治专项规划为依据，结合地区降雨规律和暴雨内涝风险等因素，统筹规划，合理确定建设规模。

排涝除险设施包含道路、河道、城镇水体、绿地、广场、调蓄隧道、地下大型排水管渠、雨水调蓄池和排水泵站等设施，其承担着在暴雨期间调蓄雨水径流、为雨水提供行泄通道和最终出路等重要任务，是满足城镇内涝防治设计重现期标准的重要保障。排涝除险设施的建设，应遵循低影响开发的理念，充分利用自然蓄排水设施，发挥河道行洪能力和水库、洼地、湖泊调蓄洪水的功能，合理确定排水出路。排涝除险设施具有多种功能时，应在规划和设计阶段对各项功能加以明确并相互协调，优先保障降雨和内涝发生时人民的生命和财产安全，维持城镇安全运行。

源头减排设施、排水管渠设施和排涝除险设施应作为整体系统校核，满足内涝防治设计重现期的设计要求。

8.5 雨水综合利用

全球气候的改变、城镇化进程的加快和经济的高速发展，使我国水资源不足、城市内涝和城市生态安全等问题日益突出，雨水利用逐渐受到关注，因此，水资源缺乏、水质性缺水、地下水位下降严重、内涝风险较大的城市和新建开发区等应优先进行雨水利用。

雨水利用包括直接利用和间接利用。雨水直接利用是指雨水经收集、贮存、就地处理等过程后用于冲洗、灌溉、绿化和景观等；雨水间接利用是指通过雨水渗透设施把雨水转化为土壤水，其设施主要有地面渗透、埋地渗透管渠和渗透池等。雨水利用、污染控制和内涝防治是城镇雨水综合管理的组成部分，在源头雨水径流削减、过程蓄排控制等阶段的不少工程措施是具有多种功能的，如源头渗透、回用设施，既能控制雨水径流量和污染负荷，起到内涝防治和控制污染的作用，又能实现雨水利用。

8.5.1 雨水综合利用的原则

雨水综合利用应根据当地水资源情况和经济发展水平合理确定，综合利用的原则是：

（1）水资源缺乏、水质性缺水、地下水位下降严重、内涝风险较大的城市和新建开发区等宜进行雨水综合利用；

（2）雨水经收集、贮存、就地处理后可作为冲洗、灌溉、绿化和景观用水等，也可经过自然或人工渗透设施渗入地下，补充地下水资源；

（3）雨水利用设施的设计、运行和管理应与城镇内涝防治相协调。

8.5.2 雨水收集利用系统汇水面的选择

选择污染较轻的汇水面的目的是减少雨水渗透和净化处理设施的难度和造价，因此应选择屋面、广场、人行道等作为汇水面，对屋面雨水进行收集时，宜优先收集绿化屋面和采用环保型材料屋面的雨水；不应选择工业污染场地和垃圾堆场、厕所等区域作为汇水面，不宜选择有机污染和重金属污染较为严重的机动车道路的雨水径流。当不同汇水面的雨水径流水质差异较大时，可分别收集和贮存。

8.5.3 初期雨水的弃流

由于降雨初期的雨水污染程度高，处理难度大，因此应弃流。对屋面、场地雨水进行收集利用时，应将降雨初期的雨水弃流。弃流的雨水可排入雨水管道，条件允许时，也可就近排入绿地。弃流装置有多种设计形式，可采用分散式处理，如在单个落水管下安装分离设备；也可采用在调蓄池前设置专用弃流池的方式。一般情况下，弃流雨水可排入市政雨水管道，当弃流雨水污染物浓度不高，绿地土壤的渗透能力和植物品种在耐淹方面条件允许时，弃流雨水也可排入绿地。

8.5.4 雨水的利用方式

雨水利用应根据雨水的收集利用量和相关指标要求综合考虑，在确定雨水利用方式时，应首先考虑雨水调蓄设施应对城镇内涝的要求，不应干扰和妨碍其防治城镇内涝的基本功能。应根据收集量、利用量和卫生要求等综合分析后确定。雨水受大气和汇水面的影响，含有一定量的有机物、悬浮物、营养物质和重金属等，可按污水系统设计方法，采取防腐、防堵措施。

8.6 排洪沟的设计计算

位于山坡或山脚下的工厂和城镇，在暴雨时将受到山洪的威胁。由于山区地形坡度大，集水时间短，洪水历时也不长，所以水流急，流势猛，且水流中还夹带着砂石等杂质，冲刷力大，容易使山坡下的工厂和城镇受到破坏而造成严重损失。因此，为保护人民生命和财产安全，受山洪威胁的工厂和城镇除了应及时排除建成区内的暴雨径流外，还须在外围设置防洪设施以拦截并排除建成区以外、分水线以内沿山坡倾泻而下的山洪流量，将洪水引出保护区排入附近水体。排洪沟设计的任务就在于开沟引洪，整治河道，修建防洪排洪构筑物等，以便及时地拦截并排除山洪径流，保护山区的工厂和城镇的安全。

8.6.1 设计防洪标准

在进行防洪工程设计时，首先要确定洪峰设计流量，然后根据该流量拟定工程规模。

为了准确、合理地拟定某项工程规模，需要根据该工程的性质、范围以及重要性等因素，选定某一降雨频率作为计算洪峰流量的标准，称为防洪设计标准。为了尽量减少洪水造成的危害，保护城市、工厂的工业生产和生命财产安全，必须根据城市或工厂的总体规划和流域防洪规划，合理选用防洪标准，建设好城市或工厂的防洪设施，提高城市或工厂的抗洪能力。

在实际工程设计中，常用重现期衡量设计标准的高低，即重现期越小，则设计标准就越低，工程规模也就越小；反之，设计标准越高，工程规模越大。根据我国现有山洪防治标准及工程运行情况，山洪防治标准见表8-19。

山洪防治标准 表8-19

工程类别	防护对象	防洪标准	
		频率（%）	重现期（a）
二	大型工业企业、重要中型工业企业	2～1	50～100
三	中小型工业企业	5～2	20～50
四	工业企业生活区	10～5	10～20

我国《城市防洪工程设计规范》GB/T 50805—2012规定，有防洪任务的城市，其防洪工程的等别应根据防洪保护对象的重要程度和人口数量按表8-20的规定划分为四等。并根据防洪工程的等别和灾害类型规定了城市防洪工程设计标准，见表8-21。

此外，我国的水利电力、铁路、公路等部门，根据所承担的工程性质、范围和重要性，制定了部门的防洪标准。

城市防洪工程等别 表8-20

城市防洪工程等别	分等指标	
	防洪保护对象的重要程度	防洪保护区人口（万人）
Ⅰ	特别重要	≥150
Ⅱ	重要	≥50且<150
Ⅲ	比较重要	>20且<50
Ⅳ	一般重要	≤20

注：防洪保护区人口指城市防洪保护区内的常住人口。

城市防洪工程设计标准 表8-21

城市防洪工程等别	设计标准（a）		
	洪水	涝水	山洪
Ⅰ	≥200	≥20	≥50
Ⅱ	≥100且<200	≥10且<20	≥30且<50
Ⅲ	≥50且<100	≥10且<20	≥20且<30
Ⅳ	≥20且<50	≥5且<10	≥10且<20

注：1. 根据受灾后的影响、造成的经济损失、抢险难易程度以及资金筹措条件等因素合理确定。

2. 洪水、山洪的设计标准指洪水、山洪的重现期。

3. 涝水的设计标准指相应暴雨的重现期。

8.6.2 设计洪峰流量计算

设计洪峰流量是指相应于防洪设计标准的洪水流量。排洪沟属于小汇水面积上的排水构筑物。一般情况下，小汇水面积没有实测的流量资料，往往采用实测暴雨资料记录，间接推求设计洪峰流量和洪水频率。并假定暴雨与其所形成的洪水流量同频率。同时考虑山区河流流域面积一般只有几平方千米至几十平方千米，平时流量小，河道干枯；汛期水量急增，集流快，几十分钟内即可形成洪水。因此，在排洪沟设计计算中，以推求洪峰流量为主，忽略洪水总量及其径流过程。

目前我国各地区计算小汇水面积的山洪洪峰流量一般有 3 种方法。

（1）洪水调查法

洪水调查法主要是指对河流、山溪历史曾出现的特大洪水流量的调查和推算，调查的主要内容是历史上洪水的概况及洪水痕迹标高。调查的方法主要是深入现场，勘察洪水位的痕迹，推导洪水位发生的频率，选择和测量河道过水断面，按公式 $v = \dfrac{1}{n} R^{\frac{2}{3}} I^{\frac{1}{2}}$ 计算流速，然后按公式 $Q = Av$ 计算出洪峰流量。式中，n 为河槽的粗糙系数；R 为河槽的过水断面与湿周之比，即水力半径；I 为水面比降，可用河底平均比降代替。最后通过流量变差系数和模比系数法，将调查得到的某一频率的流量换算成该设计频率的洪峰流量。

（2）推理公式法

中国水利水电科学研究院水资源研究所提出的推理公式已得到了广泛的应用，公式形式为：

$$Q = 0.278 \frac{\psi S}{\tau^n} F \tag{8-16}$$

式中　Q——设计洪峰流量，m^3/s；

　　　ψ——洪峰径流系数；

　　　S——暴雨雨力，即与设计重现期相应的最大一小时降雨量，mm/h；

　　　τ——流域的集流时间，h；

　　　n——暴雨强度衰减指数；

　　　F——流域面积，km^2。

用该公式求设计洪峰流量时，需要较多的基础资料，计算过程也比较烦琐。此公式在流域面积为 $40\sim50km^2$ 时的适用效果最好。公式中各参数的确定方法，可参考《给水排水设计手册》第 5 册有关章节。

（3）经验公式法

我国应用比较普遍的是以流域面积 F 为参数的一般地区性经验公式，形式如下：

$$Q = KF^n \tag{8-17}$$

式中　Q——设计洪峰流量，m^3/s；

　　　F——流域面积，km^2；

　　　K、n——随地区及洪水频率变化的系数和指数。

该法使用方便，计算简单，但地区性很强，相邻地区采用时，必须注意各地区的具体条件是否一致，否则不宜套用。地区经验公式可参阅各省（区）水文手册。

对于以上 3 种方法，应特别重视洪水调查法。在此法的基础上，再结合其他方法进行洪峰流量计算。

8.6.3 排洪沟的设计计算

1. 设计要点

在设计排洪沟时，要根据城镇或工厂总体规划布置，并对设计地区周围的地形地貌、原有天然排洪沟情况、洪水走向、洪水冲刷情况、当地工程地质及水文地质条件、当地气象条件等影响因素进行充分细致的调查研究，为排洪沟的设计及计算提供可靠的依据。排洪沟包括明渠、暗渠、截洪沟等。

(1) 排洪沟布置应与城镇和工业企业总体规划密切配合，统一考虑

在城镇和工业企业建设规划设计中，必须重视防洪和排洪问题。在选择厂区或居住区用地时，避免把厂房建筑或居住建筑设在山洪口上，让开山洪，不与洪水主流顶冲。

排洪沟布置还应与铁路、公路、排水等工程以及厂房建筑、居住区等相协调，尽量避免穿越铁路、公路，以减少交叉构筑物。排洪沟应布置在厂区、居住区外围靠山坡一侧，避免穿绕建筑群，以免因排洪沟转折过多造成排水不畅，或增加桥涵，加大工程投资。排洪沟与建筑物之间应留有 3m 以上的距离，以防水流冲刷建筑物基础。

(2) 排洪沟应尽可能利用设计地区原有天然山洪沟

原有山洪沟是洪水多年来冲刷形成的天然沟道，其形状、底板都比较稳定，设计时应尽可能利用，充分发挥其排洪能力，节约工程造价。当利用原有沟道不能满足设计要求时，可进行必要的整修，但应注意不宜大改大动，尽量不要改变原有沟道的水力条件，而要因势利导，畅通下泄。

(3) 排洪沟应尽量利用自然地形坡度

排洪沟的走向，应沿大部分地面水流的垂直方向，因此应充分利用地形坡度，使截流的山洪水能以最短距离重力流排入受纳水体。一般情况下，排洪沟不设中途泵站，对洪峰流量以分散形式排放比集中排放更有利。

(4) 排洪沟采用明渠或暗渠应根据设计地区的具体条件确定

排洪沟一般采用明渠，但当排洪沟通过市区或厂区时，由于建筑密度较高、交通量大，应采用暗渠。

(5) 排洪沟平面布置的基本要求

1) 进口段

进口段洪水冲刷力很强，因此应将进口段设置在地形和地质条件良好的地段。为使衔接良好，水流通畅，且具有较好的水流条件，通常在进口段上段一定范围内进行必要的整治。进口段的长度一般不小于 3m。

进口段应保证洪水能顺利进入排洪沟，常用的进口形式有：①排洪沟的进口直接插入山洪沟，衔接点的高程为原山洪沟的高程。这种形式适用于排洪沟与山沟夹角小的情况，也适用于高速排洪沟。②以侧流堰形式作为进口，将截流坝的顶面作为侧流堰渠与排洪沟直接相接。此形式适用于排洪沟与山洪沟夹角较大且进口高程高于原山洪沟沟底高程的情况。进口段的形式应根据地形、地质及水力条件进行合理的选择。

2) 连接段

当排洪沟受地形限制无法布置成直线时，应保证转弯处有良好的水流条件，不应使弯道处受到冲刷。平面上转弯处的弯曲半径一般不应小于 5～10 倍的设计水面宽度。

由于弯道处水流因离心力作用，使排洪沟外侧水面高于内侧，故设计时外侧沟高应大于内侧沟高，即弯道外侧沟高除考虑沟内水深及安全超高外，还应增加水位差 h 值的 $1/2$。h 按式（8-18）计算：

$$h = \frac{v^2 B}{Rg} (\text{m}) \tag{8-18}$$

式中　　v——排洪沟水流平均流速，m/s；

B——弯道处水面宽度，m；

R——弯道半径，m；

g——重力加速度，m/s^2。

排洪沟的安全超高一般采用 $0.3\sim0.5$m。为避免转弯处发生冲刷，同时应加强弯道处的护砌。

当排洪沟的宽度发生变化，应设渐变段。渐变段的长度为 $5\sim10$ 倍两段沟底宽度之差。

3）出口段

排洪沟的出口段布置应不致冲刷排放地点的岸坡，应选在河流、山谷等地质条件良好的地段，并应采取护砌措施。此外，为减少单宽流量，降低流速，缓解洪水对出口段的冲刷，出口段宜设置渐变段，逐渐增大宽度，或采用消能、加固等措施。为保证暴雨期间洪水能顺利排出，出口标高宜在相应的排洪设计重现期的河流洪水位以上，一般应在河流常水位以上。

（6）排洪沟穿越道路时应设桥涵，涵洞的断面尺寸应保证设计洪水量能顺利通过，并应考虑养护方便。

（7）排洪沟纵坡的确定

排洪沟的纵坡应根据地形、地质、护砌材料、原有天然排洪沟坡度以及冲淤情况等条件确定，一般不小于 1%。设计纵坡时，应使沟内水流速度均匀增加，以防止沟内产生淤积。当纵坡很大时，应考虑设置跌水或陡槽等消能措施，但不得设在转弯处。一次跌水高度通常为 $0.2\sim1.5$m。工程实践证明，采用条石砌筑的梯级渠道时，每级高 $0.3\sim0.6$m，级数 $20\sim30$ 级，消能效果很好。

陡槽也称急流槽，纵坡一般为 $20\%\sim60\%$，多采用片石、块石或条石砌筑或钢筋混凝土浇筑。陡槽终端应设消力设备。

（8）排洪沟的断面形式、材料及其选择

排洪明渠常用矩形或梯形的断面形式，最小断面 $B\times H=0.4\text{m}\times0.4\text{m}$。考虑施工与维护要求，排洪沟的底宽一般不小于 $0.4\sim0.5$m。排洪沟的材料及加固形式应根据沟内最大流速、当地地形及地质条件、当地材料供应情况确定。一般常用片石、块石铺砌。

由于土明渠边坡不稳定，很容易被山洪冲毁，排洪沟不宜采用土明渠。

图 8-17 为常用排洪明渠断面及其加固形式。

图 8-18 为设在较大坡度山坡上截洪沟断面及使用的铺砌材料。

（9）排洪沟设计流速的规定

为避免排洪沟沟底发生淤积，排洪沟的设计流速一般不小于 0.4m/s；为了防止山洪冲刷，应根据不同铺砌的加固形式选择确定排洪沟的最大设计流速。表 8-22 为不同铺砌排洪沟的最大设计流速的规定。

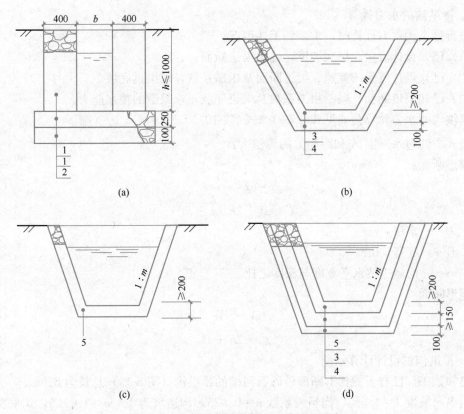

图 8-17 常用排洪明渠断面及其加固形式

（a）矩形片石沟；（b）梯形单层干砌片石沟；（c）梯形单层浆砌片石沟；（d）梯形双层浆砌片石沟

1—M5 砂浆砌块石；2—三七灰土或碎（卵）石层；3—单层干砌片石；4—碎石垫层；5—M5 水泥砂浆砌片（卵）石

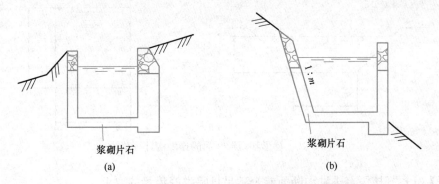

图 8-18 设在较大坡度山坡上截洪沟断面及使用的铺砌材料

（a）坡度不太大时；（b）坡度较大时

不同铺砌排洪沟最大设计流速   表 8-22

沟渠护砌条件	最大设计流速（m/s）	沟渠护砌条件	最大设计流速（m/s）
浆砌块石	2.0～4.5	混凝土浇筑	10.0～20.0
坚硬块石浆砌	6.5～12.0	草皮护面	0.9～2.2
混凝土护面	5.0～10.0		

2. 排洪沟的水力计算

进行排洪沟水力计算时，常遇到下述情况：

（1）已知设计流量、渠底坡度，确定渠道断面。

（2）已知设计流量或流速、渠道断面及粗糙系数，求渠道底坡。

（3）已知渠道断面、渠壁粗糙系数及渠道底坡，求渠道的输水能力。

排洪沟的水力计算公式见式（7-9）、式（7-10）。

公式中的过水断面 A 和湿周 χ 的算法为：

梯形断面：

$$A = Bh + mh^2 \tag{8-19}$$

$$\chi = B + 2h\sqrt{1+m^2} \tag{8-20}$$

式中　h——水深，m；

　　　B——底宽，m；

　　　m——沟侧边坡水平宽度与深度之比。

矩形断面：

$$A = Bh \tag{8-21}$$

$$\chi = 2h + B \tag{8-22}$$

3. 排洪沟的设计计算示例

已知某工厂已有天然梯形断面砂砾石河槽的排洪沟（图 8-19）总长为 620m。

沟纵向坡度 $I = 4.5‰$，沟粗糙系数 $n = 0.025$，沟边坡为 $1:m = 1:1.5$，沟底宽度 $b = 2$m，沟顶宽度 $B = 6.5$m，沟深 $H = 1.5$m。当采用重现期 $P = 50$a 时，洪峰流量为 $Q = 15$m³/s。试复核已有排洪沟的通过能力。

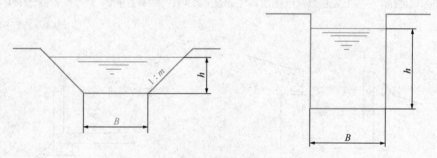

图 8-19　梯形和矩形断面的排洪沟计算草图

【解】（1）复核原有排洪沟断面能否满足排除洪峰流量的要求

按公式　　　　　$$Q = A \cdot v = A \cdot C\sqrt{RI}$$

$$C = \frac{1}{n} \cdot R^{1/6}$$

对于梯形断面　　　$$A = Bh + mh^2 \ (\text{m}^2)$$

其水力半径　　　　$$R = \frac{bh + mh^2}{b + 2h\sqrt{1+m^2}} \ (\text{m})$$

设原有排洪沟的有效水深 $h = 1.3$m，安全超高为 0.2m，则：

$$R = \frac{bh + mh^2}{b + 2h\sqrt{1 + m^2}} = \frac{2 \times 1.3 + 1.5 \times 1.3^2}{2 + 2 \times 1.3\sqrt{1 + 1.5^2}} = 0.77\text{m}$$

当 $R = 0.77\text{m}$，$n = 0.025$ 时：

$$C = \frac{1}{n} \cdot R^{1/6} = \frac{1}{0.025} \times 0.77^{1/6} = 38.29$$

而原有排洪沟的水流断面积为：

$$A = bh + mh^2 = 2 \times 1.3 + 1.5 \times 1.3^2 = 5.14\text{m}^2$$

因此原有排洪沟的通过能力为：

$$Q' = A \cdot C\sqrt{RI} = 5.14 \times 38.29\sqrt{0.77 \times 0.0045} = 11.59\text{m}^3/\text{s}$$

显然，Q' 小于洪峰流量 $Q = 15\text{m}^3/\text{s}$，故原沟断面略小，不符合要求，需适当加以整修后予以利用。

（2）原有排洪沟的整修改造方案

① 第一方案

在原沟断面充分利用的基础上，增加排洪沟的深度至 $H = 2\text{m}$，其有效水深 $h = 1.7\text{m}$，如图 8-20 所示。这时

$$A = bh + mh^2 = 0.5 \times 1.7 + 1.5 \times 1.7^2 = 5.2\text{m}^2$$

$$R = \frac{5.2}{0.5 + 2 \times 1.7\sqrt{1 + 1.5^2}} = 0.784\text{m}$$

当 $R = 0.784\text{m}$，$n = 0.025$ 时，

$$C = \frac{1}{0.025} \times 0.784^{1/6} = 38.41$$

则 $\quad Q' = A \cdot C\sqrt{RI} = 5.2 \times 38.41\sqrt{0.784 \times 0.0045} = 11.86\text{m}^3/\text{s}$

显然，加深后仍不能满足洪峰流量的要求。若再增加深度，由于底宽过小，不便维护；且增加的排洪能力极为有限，故此方案不予采用。

② 第二方案

为满足排除洪峰流量的要求，在原有沟道断面的基础上增加排洪沟的深度并扩大过水断面面积，扩大后的断面采用浆砌片石铺砌，加固沟壁沟底，以保证沟壁的稳定，如图 8-21所示。

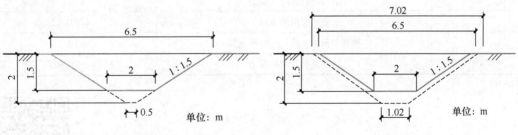

图 8-20　排洪沟改建（一）　　　　　图 8-21　排洪沟改建（二）

按水力最佳断面进行设计，其梯形断面的宽深比为：

$$\beta = \frac{b}{h} = 2(\sqrt{1 + m^2} - m) = 2(\sqrt{1 + 1.5^2} - 1.5) = 0.6$$

$$b = \beta \cdot h = 0.6 \times 1.7 = 1.02\text{m}$$
$$A = bh + mh^2 = 1.02 \times 1.7 + 1.5 \times 1.7^2 = 6.07\text{m}^2$$
$$R = \frac{A}{b + 2h\sqrt{1 + m^2}} = \frac{6.07}{1.02 + 2 \times 1.7\sqrt{1 + 1.5^2}} = 0.85\text{m}$$

采用浆砌碎石铺砌时，查表 8-23 得人工渠道粗糙系数 $n = 0.02$，因此

$$C = \frac{1}{0.02} \times 0.85^{1/6} = 48.66$$

$$Q' = A \cdot C\sqrt{RI} = 6.07 \times 48.66\sqrt{0.85 \times 0.0045} = 18.27\text{m}^3/\text{s}$$

此结果可满足排除洪峰流量 $15\text{m}^3/\text{s}$ 的要求。

（3）复核沟内水流速度 v

$$v = C\sqrt{RI} = 48.66\sqrt{0.85 \times 0.0045} = 3.01\text{m/s}$$

通过表 8-22 查得加固后的沟底沟壁最大设计流速为 $2.0 \sim 4.5\text{m/s}$，因此排洪沟不会受到冲刷，决定采用。

人工渠道的粗糙系数 n 表 8-23

序号	渠道表面的性质	粗糙系数 n
1	细砾石（$d = 10 \sim 30\text{mm}$）渠道	0.022
2	粗砾石（$d = 20 \sim 60\text{mm}$）渠道	0.025
3	粗砾石（$d = 50 \sim 150\text{mm}$）渠道	0.03
4	中等粗糙的凿岩渠	0.033 ~ 0.04
5	细致开爆的凿岩渠	0.04 ~ 0.05
6	粗糙的极不规则的凿岩渠	0.05 ~ 0.065
7	细致浆砌的碎石渠	0.013
8	一般的浆砌碎石渠	0.017
9	粗糙的浆砌碎石渠	0.02
10	表面较光的夯打混凝土	0.0155 ~ 0.0165
11	表面干净的旧混凝土	0.0165
12	粗糙的混凝土衬砌	0.018
13	表面不整齐的混凝土	0.02
14	坚实光滑的土渠	0.017
15	掺有少量黏土或石砾的砂土渠	0.02
16	砂砾底砌石坡的渠道	0.02 ~ 0.022

8.7 "海绵城市"的设计

8.7.1 概述

城镇化进程的不断加快，在提高社会发展水平和人们的生活品质的同时，带来一系列城市雨水问题。

思政案例6：
海绵城市

（1）水安全问题。一方面，传统的城市化建设使得土地利用方式发生了结构性改变，硬化路面大幅增加，耕地、林地大量减少，湿地、水域衰减或破碎化，导致蓄、滞、渗水能力减退，产流系数增大，产汇流时间缩短，洪峰流量也随之增大。另一方面，城市下水管道开发建设缺乏长期规划，排水标准过低，城区原来标准较低的排水系统，随着城市大规模的扩张建设，其排涝能力可能进一步降低，再加上排水系统维护不到位及不重视等，容易发生城市内涝。

（2）水生态问题。一方面，传统城市建设造成大量河湖水系、湿地等城市蓝线受到侵蚀，土壤、气候等生态环境质量下降。另一方面，城市河、湖、海等水岸被大量水泥硬化，甚至这种城市化水岸修筑模式已向乡村田园蔓延，人为阻断和割裂了水与土壤、水与水之间的自然联系，导致水的自然循环规律被干扰，水生物多样性减少，水生态系统被破坏。

（3）水污染问题。雨水在降落的过程中挟带空气中的杂质，形成地表径流之后又对城市地面进行冲刷。初期雨水含有大量的污染物，部分污染物浓度接近甚至超过城市污水。初期雨水面源污染和合流制溢流污染成为城市水体的重要污染源。

（4）水短缺问题。降雨量在时间、空间上分布不均衡，传统的雨水排水模式追求快速排除，而填湖造地导致原有自然调蓄空间大量被挤占，人工蓄水设施又不足，导致水无家可归，大量雨水白白流走。据调查，我国有300多个属于联合国人居署评价标准的"严重缺水"和"缺水"城市，这些城市往往面临逢雨必涝，旱涝急转的局面。

为解决这些城市雨水问题，海绵城市建设应运而生。"海绵城市"是新一代城市雨洪管理概念，是指城市能够像海绵一样，在适应环境变化和应对自然灾害等方面有良好的"弹性"，通过下雨时吸水、蓄水、渗水、净水，需要时将蓄存的水"释放"并加以利用，可实现"自然积存、自然渗透、自然净化"三大功能，让城市回归自然。"海绵城市"建设可有效地解决城市水安全、水污染、水短缺、生态退化等问题。

8.7.2 "海绵城市"的建设理念

住房和城乡建设部于2014年10月发布了《海绵城市建设技术指南——低影响开发雨水系统构建（试行）》，"海绵城市"的建设理念如下：

（1）海绵城市的本质——解决城镇化与资源环境的协调和谐

海绵城市的本质是改变传统城市建设理念，实现与资源环境的协调发展。传统城市化是通过土地的高强度开发得到的，而海绵城市建设要求合理利用土地资源，维持良好的水循环，实现人与自然的和谐相处；传统粗放式的城市开发方式使原有的水生态系统遭到严重破坏，海绵城市对周边水生态环境则是低影响的；传统城市建成后，地表径流量大幅增加，海绵城市建成后地表径流量能保持不变。因此，海绵城市建设又被称为低影响设计和低影响开发。

（2）海绵城市的目标——让城市"弹性适应"环境变化与自然灾害

一是保护原有水生态系统。通过科学合理划定城市的蓝线、绿线等开发边界和保护区域，最大限度地保护原有河流、湖泊、湿地、坑塘、沟渠、树林、公园草地等生态体系，维持城市开发前的自然水文特征。

二是修复已受损的水生态。综合运用物理、生物和生态等技术手段，对传统粗放城市化开发方式下已经受到破坏的城市绿地、水体、湿地公园等进行修复，使其水文循环特征和生态功能逐步得以恢复和修复，并保留相当数量的城市生态空间，促进城市环境的改善。

三是推行低影响开发。在城市开发建设过程中，合理控制开发强度，减少对城市原有水生态环境的破坏。合理规划生态用地，适当修建河湖沟渠，增加水域面积。此外，从设计方面，充分利用屋顶绿化、可渗透路面、人工湿地等促进雨水积存净化。

四是采取各种措施减少雨水地表径流量，减轻暴雨对城市的不利影响。

（3）改变传统的排水模式

传统排水模式的规划设计理念是快速排除、末端集中，雨水排除得越多、越快、越通畅越好，主要依靠管渠、泵站等"灰色"设施来排水，这种"快排式"的传统模式没有考虑水的循环利用，往往造成逢雨必涝，旱涝急转。而海绵城市则以"慢排缓释"和"源头分散"控制为主要规划设计理念，遵循"渗、滞、蓄、净、用、排"的六字方针，把雨水的渗透、滞留、集蓄、净化、循环使用和排水密切结合，统筹考虑内涝防治、径流污染控制、城市基础设施规划、设计及其空间布局、雨水资源化利用和水生态修复等多个项目。

（4）保持水文特征基本稳定

通过海绵城市的建设，可以实现开发前后径流量总量和峰值流量保持不变，在渗透、调节、储存等方面的作用下，径流峰值的出现时间也可以基本保持不变。可以通过对源头削减、过程控制和末端处理来实现城市化前后水文特征的基本稳定。

总之，通过建立尊重自然、顺应自然的低影响开发模式，系统地解决城市水安全、水资源、水环境问题。通过"自然积存"，来实现削峰调蓄，控制径流量；通过"自然渗透"，来恢复水生态，修复水的自然循环；通过"自然净化"，来减少污染，实现水质的改善，为水的循环利用奠定坚实的基础。

8.7.3 "海绵城市"建设的规划控制目标

海绵城市以构建低影响开发雨水系统为目的，其规划控制目标一般包括径流总量控制、径流峰值控制、径流污染控制、雨水资源化利用等。

（1）径流总量控制

年径流总量控制率是海绵城市建设的核心指标之一，反映的是源头低影响开发设施能够控制的降雨量水平。年径流总量控制率与设计降雨量为一一对应关系，理想状态下，径流总量控制目标应以开发建设后径流排放量接近开发建设前自然地貌时的径流排放量为标准。借鉴发达国家实践经验，年径流总量控制率最佳为80%～85%，这一目标主要通过控制频率较高的中、小降雨事件来实现。以北京市为例，当年径流总量控制率为80%和85%时，对应的设计降雨量为27.3mm和33.6mm，分别对应约0.5年一遇和1年一遇的1小时降雨量。

在确定年径流总量控制率时，需要综合考虑多方面因素。一方面，应通过综合分析开发前的地表类型、土壤性质、地形地貌、植被覆盖率等因素确定开发前的径流排放量，并据此确定适宜的年径流总量控制率。另一方面，要考虑当地水资源禀赋情况、降雨规律、开发强度、低影响开发设施的利用效率以及经济发展水平等因素；具体到某个地块或建设项目的开发，要结合本区域建筑密度、绿地率及土地利用布局等因素确定。因此，综合考虑以上因素，当不具备径流控制的空间条件或者经济成本过高时，可选择较低的年径流总量控制目标。

径流总量控制目标不是越高越好，雨水的过量收集、减排会导致原有水体的萎缩或影响水系统的良性循环；从经济性角度出发，当年径流总量控制率超过一定值时，投资效益会急剧下降，造成设施规模过大、投资浪费的问题。

（2）径流峰值控制

低影响开发设施对中、小降雨事件的峰值削减效果较好，对特大暴雨事件，可起到一定的错峰、延峰作用，但其峰值削减幅度往往较低。因此，为保障城市安全，在低影响开发设施的建设区域，城市雨水管渠和泵站的设计重现期、径流系数等设计参数仍然应当按照《室外排水设计标准》GB 50014—2021 中的有关规定执行。同时，低影响开发雨水系统是城市内涝防治系统的重要组成部分，应与城市雨水管渠系统及超标雨水径流排放系统相衔接，建立从源头到末端的全过程雨水控制与管理体系，共同达到内涝防治要求。

（3）径流污染控制

径流污染控制包括分流制径流污染物总量和合流制溢流的频次或污染物总量控制。各地应结合城市水环境质量要求、径流污染特征等确定径流污染综合控制目标和污染物指标，污染物指标可采用悬浮物（SS）、化学需氧量（COD）、总氮（TN）、总磷（TP）等。城市径流污染物中，SS 往往与其他污染物指标具有一定的相关性，因此，一般可采用 SS 作为径流污染物控制指标，低影响开发雨水系统的年 SS 总量去除率一般可达到40%～60%。年 SS 总量去除率可用下述方法进行计算：

年 SS 总量去除率＝年径流总量控制率×低影响开发设施对 SS 的平均去除率

城市或开发区域年 SS 总量去除率，可通过不同区域、地块的年 SS 总量去除率经年径流总量（年均降雨量×综合雨量径流系数×汇水面积）加权平均计算得出。考虑径流污染物变化的随机性和复杂性，径流污染控制目标一般也通过径流总量控制来实现，并结合径流雨水中污染物的平均浓度和低影响开发设施的污染物去除率确定。

（4）控制目标的选择

各地应根据当地降雨特征、水文地质条件、径流污染状况、内涝风险控制要求和雨水资源化利用需求等，并结合当地水环境突出问题、经济合理性等因素，有所侧重地确定低影响开发径流控制目标。

1）水资源缺乏的城市或地区，可采用水量平衡分析等方法确定雨水资源化利用的目标，雨水资源化利用一般应作为径流总量控制目标的一部分。

2）水资源丰沛的城市或地区，可侧重径流污染及径流峰值控制目标。

3）径流污染问题较严重的城市或地区，可结合当地水环境容量及径流污染控制要求，确定年 SS 总量去除率等径流污染物控制目标，实践中，一般转换为年径流总量控制率目标。

4）对于水土流失严重和水生态敏感地区，宜选取年径流总量控制率作为规划控制目标，尽量减小地块开发对水文循环的破坏。

5）易涝城市或地区可侧重径流峰值控制，并达到《室外排水设计标准》GB 50014—2021 中内涝防治设计重现期标准。

6）面临内涝与径流污染防治、雨水资源化利用等有多种需求的城市或地区，可根据当地经济情况、空间条件等，选取年径流总量控制率作为首要规划控制目标，综合实现径流污染和峰值控制及雨水资源化利用目标。

8.7.4 低影响开发设施

低影响开发技术的功能主要有渗透、贮存、调节、转输、截污净化等几类，通过各类技术的组合应用，可实现径流总量控制、径流峰值控制、径流污染控制、雨水资源化利用等目标。低影响开发设施主要有透水铺装、绿色屋顶、下沉式绿地、植草沟、渗管（渠）、生物滞留设施、渗透塘、渗井、湿塘、雨水湿地、蓄水池、雨水罐、调节塘、植被缓冲带、初期雨水弃流设施、人工土壤渗滤等，现就其中的几种设施举例进行介绍，各类低影响开发设施的概念、构造、设计要求、适用条件及优缺点详见《海绵城市建设技术指南——低影响开发雨水系统构建（试行）》。

（1）透水铺装

透水铺装按照面层材料不同可分为透水砖铺装、透水水泥混凝土铺装和透水沥青混凝土铺装，嵌草砖、园林铺装中的鹅卵石、碎石铺装等。透水砖铺装典型构造如图 8-22 所示。透水铺装对道路路基强度和稳定性的潜在风险较大时，可采用半透水铺装。土地透水能力有限时，应在透水铺装的透水基层内设置排水管或排水板。当透水铺装设置在地下室顶板上时，顶板覆土深度不应小于 600mm，并应设置排水层。

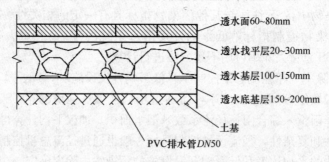

图 8-22　透水砖铺装典型构造示意图

透水砖铺装和透水水泥混凝土铺装主要适用于广场、停车场、人行道以及车流量和荷载较小的道路，如建筑与小区道路、市政道路的非机动车道等。透水沥青混凝土铺装还可用于机动车道。

透水铺装适用区域广、施工方便，可补充地下水并具有一定的峰值流量削减和雨水净化作用，但易堵塞，寒冷地区有被冻融破坏的风险。

（2）绿色屋顶

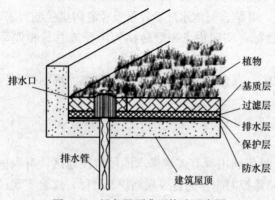

图 8-23　绿色屋顶典型构造示意图

绿色屋顶也称种植屋面、屋顶绿化等。根据种植基质的深度和景观的复杂程度，又分为简单式和花园式，基质深度根据种植植物需求和屋面荷载确定，简单式绿色屋顶的基质深度一般不大于 150mm，花园式绿色屋顶的基质深度一般不大于 600mm，典型构造如图 8-23 所示。

绿色屋顶适用于符合屋顶荷载、防水等条件的平屋顶建筑和坡度小于等于

15°的坡屋顶建筑。

绿色屋顶可有效减少屋面径流总量和径流污染负荷，具有节能减排的作用，但对屋顶荷载、防水、坡度、空间条件等有严格要求。

（3）下沉式绿地

下沉式绿地有狭义和广义之分，狭义的下沉式绿地指低于周边铺砌地面或道路在200mm以内的绿地；广义的下沉式绿地泛指具有一定的调蓄容积，且可用于调蓄和净化径流雨水的绿地，包括生物滞留设施、渗透塘、湿塘、雨水湿地、调节塘等。狭义的下沉式绿地应满足以下要求：①下沉式绿地的下凹深度应根据植物耐淹性能和土壤渗透性能确定，一般为100~200mm。②下沉式绿地内一般应设置溢流口（如雨水口），保证暴雨时径流的溢流排放，溢流口顶部标高一般应高于绿地50~100mm。下沉式绿地典型构造如图8-24所示。

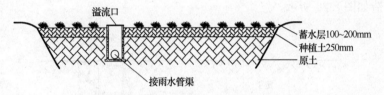

图8-24 狭义的下沉式绿地典型构造示意图

下沉式绿地可广泛应用于城市建筑与小区、道路、绿地和广场内。对径流污染严重、设施底部渗透面距离季节性最高地下水位或岩石层小于1m及距离建筑物基础水平距离小于3m的区域，应采取必要的措施防止次生灾害的发生。

狭义的下沉式绿地适用区域广，其建筑费用和维护费用均较低，但大面积应用时，易受地形等条件的影响，实际调蓄容积较小。

（4）植草沟

植草沟指种有植被的地表沟渠，可收集、输送和排放径流雨水，并具有一定的雨水净化作用，可用于衔接其他各单项设施、城市雨水管渠系统和超标雨水径流排放系统。植草沟分为转输型植草沟、渗透型植草沟、生物滞留型植草沟3类。断面形式宜采用倒抛物线形、三角形或梯形。植草沟的边坡坡度（垂直：水平）不宜大于1∶3，纵坡不应大于4%。纵坡较大时宜设置为阶梯形植草沟或在中途设置消能坎。植草沟最大流速应小于0.8m/s，曼宁系数宜为0.2~0.3。转输型植草沟内植被高度宜控制在100~200mm。转输型三角形断面植草沟的典型构造如图8-25所示。

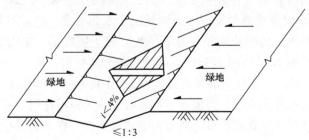

图8-25 转输型三角形断面植草沟的典型构造示意图

植草沟适用于建筑与小区内道路、广场、停车场等不透水面的周边，城市道路及城市绿地等区域，也可作为生物滞留设施、湿塘等低影响开发设施的预处理设施。植草沟也可与雨水管渠联合应用，场地竖向允许且不影响安全的情况下可代替雨水管渠。

植草沟具有建设及维护费用低，易与景观结合的优点，但已建成区及开发强度大的新建城区等区域易受场地条件制约。

（5）渗管/渠

渗管/渠指具有渗透功能的雨水管/渠，可采用穿孔塑料管、无砂混凝土管/渠和砾（碎）石等材料组合而成。渗管/渠应设置植草沟、沉淀（砂）池等预处理设施；渗管/渠开孔率应控制在 1%～3%，无砂混凝土管的孔隙率应大于 20%。渗管/渠的敷设坡度应满足排水的要求。渗管/渠四周应填充砾石或其他多孔材料，砾石层外包透水土工布，土工布搭接宽度不应少于 200mm。渗管/渠设在行车路面下时覆土深度不应小于 700mm。渗管/渠典型构造如图 8-26 所示。

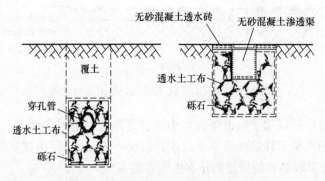

图 8-26　渗管/渠典型构造示意图

渗管/渠适用于建筑与小区及公共绿地内转输流量较小的区域，不适用于地下水位较高、径流污染严重及易出现结构坍塌等不宜进行雨水渗透的区域。

渗管/渠对场地空间要求小，但建设费用较高，易堵塞，维护较困难。

（6）生物滞留设施

生物滞留设施指在地势较低的区域，通过植物、土壤和微生物系统蓄渗、净化径流雨水的设施，分为简易型生物滞留设施和复杂型生物滞留设施，按应用位置不同又称作雨水花园、生物滞留带、高位花坛、生态树池等。生物滞留设施内应设置溢流设施，可采用溢流竖管、盖箅溢流井或雨水口等，溢流设施顶一般应低于汇水面 100mm。生物滞留设施的蓄水层深度应根据植物耐淹性能和土壤渗透性能确定，一般为 200～300mm，并应设100mm 的超高；换土层介质类型及深度应满足出水水质要求，还应符合植物种植及园林绿化养护管理技术要求；为防止换土层介质流失，换土层底部一般设置透水土工布隔离层，也可采用厚度不小于 100mm 的砂层（细砂和粗砂）代替；砾石层起到排水作用，厚度一般为 250～300mm，可在其底部埋置管径为 100～150mm 的穿孔排水管，砾石应洗净且粒径不小于穿孔管的开孔孔径；为提高生物滞留设施的调蓄作用，在穿孔管底部可增设一定厚度的砾石调蓄层。生物滞留设施典型构造如图 8-27、图 8-28 所示。

生物滞留设施主要适用于小区内建筑、道路及停车场的周边绿地，以及城市道路绿化带等城市绿地内。对于径流污染严重、设施底部渗透面距离季节性最高地下水位或岩石层

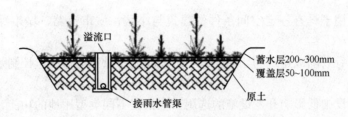

图 8-27　简易型生物滞留设施典型构造示意图

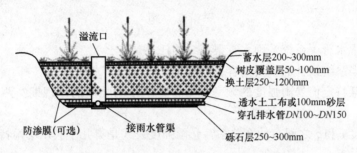

图 8-28　复杂型生物滞留设施典型构造示意图

小于 1m 及距离建筑物基础水平距离小于 3m 的区域，可采用底部防渗的复杂型生物滞留设施。

生物滞留设施形式多样、适用区域广、易与景观结合，径流控制效果好，建设费用与维护费用低；但地下水位与岩石层较高、土壤渗透性能差、地形较陡的地区，应采用必要的取土、防渗、设置阶梯等措施避免次生灾害的发生，将增加建设费用。

（7）雨水湿地

雨水湿地利用物理、水生植物及微生物等作用净化雨水，是一种高效的径流污染控制设施，雨水湿地分为雨水表流湿地和雨水潜流湿地，一般设计成防渗型以便维持雨水湿地植物所需的水量，雨水湿地常与湿塘合建并设计一定的调蓄容积。雨水湿地与湿塘的构造相似，一般由进水口、前置塘、沼泽区、出水池、溢流出水口、护坡及驳岸、维护通道等构成。雨水湿地进水口和溢流出水口应设置碎石、消能坎等消能设施，防止水流冲刷和侵蚀。雨水湿地应设置前置塘对径流雨水进行预处理。沼泽区包括浅沼泽区和深沼泽区，是雨水湿地主要的净化区，其中浅沼泽区水深范围一般为 0～0.3m，深沼泽区水深范围一般为 0.3～0.5m，根据水深不同种植不同类型的水生植物。雨水湿地的调节容积应在 24h 内排空。出水池主要起防止沉淀物的再悬浮和降低温度的作用，水深一般为 0.8～1.2m，出水池容积约为总容积的 10%。雨水湿地典型构造如图 8-29 所示。

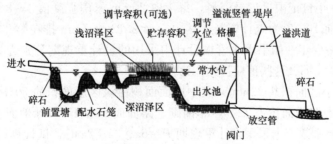

图 8-29　雨水湿地典型构造示意图

雨水湿地适用于具有一定空间条件的建筑与小区、城市道路、城市绿地、滨水带等区域。

雨水湿地可有效削减建筑物，并具有一定的径流总量和峰值流量控制效果，但建设及维护费用较高。

海绵城市建设中低影响开发设施的选用，应根据不同类型用地的功能、用地构成、土地利用布局、水文地质等特点进行。

思 考 题

1. 什么是雨水管渠系统？雨水管渠系统的任务是什么？

2. 雨水管渠系统设计的主要内容有哪些？

3. 什么是某特定值暴雨强度的频率和某特定值暴雨强度的重现期？两者之间有什么关系？

4. 暴雨强度 i 和 q 之间有什么关系？暴雨强度公式是哪几个表示暴雨特征的因素之间的数学表达式？

5. 什么是流域的集流时间？

6. 如何计算雨水管渠设计流量？式中各参数的意义及确定方法分别是什么？

7. 计算雨水管渠的设计流量时，应该用与哪个降雨历时相应的暴雨强度？为什么？

8. 设计降雨历时确定后，设计暴雨强度是否也就确定了？为什么？

9. 雨水管渠设计的极限强度理论有哪些内容？

10. 雨水管渠系统平面布置有哪些特点？

11. 如何划分雨水管渠各设计管段的汇水面积？

12. 简要总结雨水管渠系统的设计计算过程。

13. 进行雨水管道设计计算时，在什么情况下会出现下游管段的设计流量小于上游管段的设计流量的现象？若出现应如何处理？

14. 排洪沟的设计标准为什么比雨水管渠的设计标准高很多？

习 题

1. 从某市一场暴雨自记雨量记录中求得 5min、10min、15min、20min、30min、45min、60min、90min、120min 的最大降雨量分别是 13mm、20.7mm、27.2mm、33.5mm、43.9mm、45.8mm、46.7mm、47.3mm、47.7mm。试计算各历时的最大平均暴雨强度 i（mm/min）及 q [L/(s·hm^2)] 值。

2. 某地有 20 年自记雨量记录资料，每年取 20min 暴雨强度值 4～8 个，不论年次而按大小排列，取前 100 项为统计资料。其中 $i_{20}=2.12$mm/min 排在第 2 项，试问该暴雨强度的重现期为多少年？如果雨水管渠设计中采用的设计重现期分别为 2a、1a、0.5a 的 20min 的暴雨强度，那么这些值应排列在第几项？

3. 北京市某小区面积共 22hm^2，其中屋面面积占该区总面积的 30%，沥青道路面积占 16%，级配碎石路面积占 12%，非铺砌土路面积占 4%，绿地面积占 38%。试计算该区的平均径流系数。当采用设计重现期 $P=5$a、3a、2a 时，试计算：设计降雨历时 $t=20$min 时的雨水设计流量各是多少？

4. 雨水管道平面布置如图 8-30 所示。图中各设计管段的本段汇水面积标注在图上，单位以 hm² 计，假定设计流量均从管段起点进入。已知当重现期 $P=2a$ 时，暴雨强度公式为：

$$i = \frac{20.154}{(t+18.768)^{0.784}} \; (mm/min)$$

经计算，径流系数 $\psi=0.6$。取地面集水时间 $t_1=10min$。各管段的长度以 "m" 计，管内流速以 "m/s" 计。数据如下：$L_{1-2}=120m$，$L_{2-3}=130m$，$L_{4-3}=200m$，$L_{3-5}=200m$；$v_{1-2}=1.0m/s$，$v_{2-3}=1.2m/s$，$v_{4-3}=0.85m/s$，$v_{3-5}=1.2m/s$。

试求各管段的雨水设计流量为多少 L/s？（计算至小数后一位）

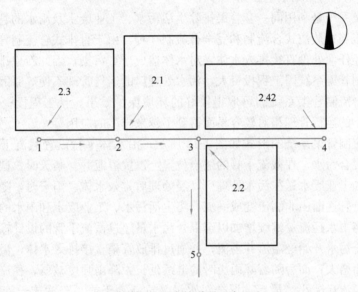

图 8-30　雨水管道平面布置

第9章 合流制管渠系统的设计

9.1 合流制管渠系统的使用条件和布置特点

9.1.1 合流制管渠系统的使用条件

合流制管渠系统是利用同一套管渠排除生活污水、工业废水及雨水的管渠系统，一般分为直排式合流制、截流式合流制和完全合流制 3 种。由于直排式合流制管渠系统所排除的混合污水不经任何处理直接排入水体，对水体造成严重污染，因此新建排水系统不宜采用。完全合流制管渠系统因工程投资大，污水处理厂的运行管理不便等原因在国内采用不多。而截流式合流制管渠系统因可取得较好的环境保护效果，且工程投资较完全合流制小，污水处理厂的运行管理相对较容易而得到了越来越多的应用。

截流式合流制管渠系统的形式如图 1-13 所示，沿水体平行设置截流干管，汇集各合流干管输送的混合污水。在截流干管的适当位置上设置溢流井。晴天时，截流干管以非满流将生活污水和工业废水送往污水处理厂，经处理后排入水体。雨天时，随着雨水径流量的增加，截流干管逐渐由非满流变成满流，将生活污水、工业废水和雨水的混合污水送往污水处理厂。当雨水径流量继续增加以至混合污水量超过截流干管的设计输水能力时，超出的那部分混合污水开始经溢流井溢流，并通过排放管渠直接排入水体，溢流量随着雨水径流量的增加而增大；而后随着降雨历时的继续延长，降雨强度减弱，径流量减少，混合污水量减少，溢流量减小。最后，混合污水量又重新等于或小于截流干管的设计输水能力，溢流停止，混合污水又全部输送到污水处理厂。

从截流式合流制管渠系统的形式和工作情况可知，所有污水在同一套管渠内排出，所以与分流制相比，其管线单一，管渠总长度减少；同时可消除晴天时城市污水及初期雨水对水体的污染，在一定程度上满足了环境保护的要求。但合流制管渠系统的截流管、提升泵站和污水处理厂的规模都较分流制大，管道的埋深也因需同时排除生活污水、工业废水和雨水而比单设的雨水管的埋深大。在暴雨期间，一部分含有生活污水和工业废水的混合污水溢入水体，会对水体造成一定程度的污染。合流制排水管渠的过水断面大，而晴天时管渠内流量小，流速低，往往在管渠底造成淤积。降雨时，雨水将沉积在管渠底的大量污物冲刷起来带入水体，形成合流制溢流污染。

因此，在选择排水体制时，首先应满足环境保护的要求，即保证水体所受的污染程度在允许的范围内，另外还要根据水体综合利用情况、地形条件以及城市发展远景，通过技术经济比较后综合考虑确定。在下列情形下可考虑采用截流式合流制排水系统：

（1）排水区域内有充沛的水体，并且具有较大的流量和流速，一定量的混合污水溢入水体后，对水体造成的污染危害程度在允许范围内。

（2）街区、街道的建设比较完善，必须采用暗管排除雨水，而街道的横断面又较窄，管渠的设置位置受到限制时。

（3）地面有一定的坡度倾向水体，当水体高水位时，岸边不被淹没。

（4）污水能以自流方式排入水体，在中途不需要泵站提升。

（5）降雨量少的干旱地区。

（6）雨水、污水均需要处理的地方。

显然，对于某个地区或城镇来说，上述条件不一定能同时满足，但可根据具体情况，酌情选用合流制排水系统。若在水体距离排水区域较远，水体流量、流速都较小，城市污水中的有害物质经溢流井排入水体的浓度超过水体允许的卫生标准等情况下，则不宜采用。

我国许多城市的旧城区多采用合流制，而在新建城区及工矿区一般应采用分流制，特别是当生产污水中含有有毒物质，其浓度又超过允许的卫生标准时，必须采用分流制，或者必须先进行单独处理达到排放的水质标准后，才能排入合流制管渠系统。

9.1.2 合流制管渠系统的布置特点

当合流制管渠系统采用截流式时，其布置特点如下：

（1）管渠的布置应使服务面积上的所有生活污水、工业废水和雨水都能合理地排入管渠，并能以可能的最短距离坡向水体。

（2）沿水体岸边布置与水体平行的截流干管，在截流干管的适当位置上设置溢流井，使超过截流干管设计输水能力的那部分混合污水能顺利地通过溢流井就近排入水体。

（3）在合流制管渠系统的上游排水区域内，如果雨水可沿地面的街道边沟排泄，则该区域可只设置污水管道。只有当雨水不能沿地面排泄时，才考虑布置合流管渠。

（4）须合理地确定溢流井的数目和位置，以便尽可能地减少对水体的污染、减小截流干管的尺寸和缩短排放渠道的长度。

从对水体的污染情况看，合流制管渠系统中的初期雨水虽被截流处理，但溢流的混合污水由于含有部分生活污水和工业废水，仍会使水体受到污染。为改善水体环境卫生，需要将混合污水溢流对水体造成的污染程度降到最低，因此，溢流井的数目宜少，且其位置应尽可能设置在水体下游。从经济上讲，溢流井的数目多一些，可使混合污水尽早溢入水体，降低下游截流干管的设计流量，从而减小截流干管的尺寸。但是，溢流井的数目过多，会增加溢流井和排放管渠的造价，特别在溢流井离水体较远、施工条件困难时更是如此。此外，当溢流井的溢流堰口标高低于受纳水体最高水位时，需在排放渠道上设置防潮门、闸门等防倒灌设施或排涝泵站，为降低泵站造价并便于管理，此时溢流井应适当集中，不宜过多。溢流井通常设置在合流干管与截流干管的交会处，但为节约投资和减少对水体的污染，往往不在每条合流管渠与截流干管的交会处都设置溢流井。

（5）为了彻底解决溢流混合污水对水体的污染问题，又能充分利用截流干管的输水能力及污水处理厂的处理能力，可考虑在溢流出水口附近设置调蓄池，在降雨时，利用调蓄池积蓄溢流的混合污水，待雨后再将贮存的混合污水送往污水处理厂处理。此外，调蓄池还可起到沉淀池的作用，可改善溢流污水的水质。但一般所需调蓄池容积较大，另外，需设泵站将蓄积的混合污水提升至截流管。

9.2　合流制排水管渠的设计流量

在截流式合流制管渠系统中，由于溢流井的溢流作用，溢流井上游和下游的排水管渠的设计流量计算方法是不同的。

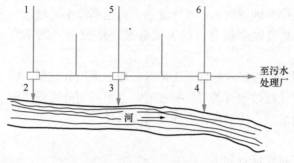

图 9-1　截流式合流制管渠系统

9.2.1　溢流井上游合流管渠的设计流量

如图 9-1 所示的截流式合流制管渠系统，在 2、3、4 处设溢流井，溢流井上游合流管渠（管段 1～2、5～3、6～4）的设计流量为其服务面积上的设计综合生活污水量（Q_d）、设计工业废水量（Q_m）与雨水设计流量（Q_s）之和：

$$Q_h = Q_d + Q_m + Q_s \qquad (9-1)$$

式中　Q_h——溢流井上游合流管渠的设计流量，L/s；

　　　Q_d——设计综合生活污水量，L/s；

　　　Q_m——设计工业废水量，L/s；

　　　Q_s——雨水设计流量，L/s。

其中，$Q_d + Q_m$ 为晴天时的城镇污水量，称旱流污水量，用 Q_{dr} 表示。

根据合流管渠的工作特点，在无雨时，无论是合流管渠还是截流管渠，其输送的污水均为旱流污水。因此在无雨时，合流管渠或截流管渠中的流量变化必定为旱流流量的变化。这个变化范围对管渠的工程设计意义不大，因为在一般情况下，合流管渠和截流管渠中的雨水量的变化幅度较旱流流量的变化幅度大得多，故设计雨水量的影响总会覆盖旱流流量的变化，因而在确定合流管渠和截流管渠的断面尺寸时，一般忽略旱流流量变化的影响。因此，在式（9-1）中，Q_d 和 Q_m 均以平均日流量计。

9.2.2　溢流井下游管渠的设计流量

采用截流式合流制排水管渠时，当合流污水的流量超过一定的数值时，就有部分混合污水经溢流井直接排入受纳水体。合流污水的截流量应根据受纳水体的环境容量，由溢流污染控制目标确定。被截流的雨水量，通常按旱流污水量 Q_{dr} 的指定倍数计算，该倍数称为截流倍数 n_0。因此，被截流的混合污水量为 $(n_0+1)Q_{dr}$。如果流到溢流井的混合污水量超过 $(n_0+1)Q_{dr}$，则超出的混合污水从溢流井溢出，并经排放渠道泄入水体。因此，溢流井后截流管渠（如图 9-1 所示的管段 2～3、3～4）的设计流量 Q_j 可按式（9-2）计算：

$$Q_j = (n_0 + 1)Q_{dr} + Q'_s + Q'_{dr} \qquad (9-2)$$

式中　Q_j——溢流井下游截流管渠的设计流量，L/s；

　　　n_0——溢流井的截流倍数；

　　　Q_{dr}——溢流井上游的旱流污水量，L/s；

　　　Q'_s——溢流井下游排水面积上的雨水设计流量，L/s，按相当于此面积的集水时间计算，与上游管渠的排水面积无关；

　　　Q'_{dr}——溢流井下游排水面积上的旱流污水量，L/s。

通过溢流井溢流的混合污水量，为流入溢流井的混合污水量与溢流井截流的混合污水量的差值。

9.3 合流制排水管渠的水力计算

9.3.1 合流制排水管渠的水力计算要点

合流制排水管道一般按满流设计。水力计算的设计数据，包括设计流速、最小坡度、最小管径、覆土深度及雨水口布置要求等与分流制中雨水管道的设计基本相同。但合流制管渠雨水口设计时应考虑防臭、防蚊蝇滋生等措施。

合流制排水管渠的水力计算内容包括：

（1）溢流井上游合流管渠的计算

溢流井上游合流管渠的计算与雨水管渠的计算基本相同，只是其设计流量包括雨水、生活污水和工业废水。合流管渠的雨水设计重现期一般应较同一情况下雨水管渠的设计重现期适当提高，有人认为可提高 10%～25%，因为虽然合流管渠中混合污水从检查井溢出的可能性不大，但一旦溢出，溢出的混合污水比从雨水管渠溢出的雨水所造成的污染要严重得多，为了防止出现这种情况，应从严掌握合流管渠的设计重现期和允许的积水程度。

（2）截流干管和溢流井的计算

截流干管和溢流井的计算主要是要合理地确定所采用的截流倍数 n_0。根据 n_0，可确定需截流的混合污水量和截流干管的设计流量，然后即可进行截流干管和溢流井的水力计算。从环境保护、减少水体污染的角度讲，应采用较大的截流倍数；但从经济上考虑，截流倍数过大，将会增加截流干管、提升泵站以及污水处理厂的设计规模和工程造价，同时造成晴天和雨天时污水处理厂进水的水质和水量差别过大，给运行管理造成较大的困难。为使整个合流制排水系统的造价合理，并便于运行管理，不宜采用过大的截流倍数。

《室外排水设计标准》GB 50014—2021 中规定：截流倍数 n_0 应根据旱流污水的水质、水量，受纳水体的环境容量和排水区域的大小等因素经计算确定，宜采用 2～5，并宜采取调蓄等措施，提高截流标准，减少合流制溢流污染对河道的影响。同一排水系统可采用不同的截流倍数。

在工程实践中，我国多数城市一般都采用截流倍数 $n_0 = 3$。美国、日本及西欧各国，多数采用截流倍数 $n_0 = 3～5$。目前，由于人们越来越重视水环境的保护，采用的 n_0 有逐渐增大的趋势，例如美国，对于供游泳和游览的河段，采用的 n_0 甚至高达 30。

（3）晴天旱流情况校核

由于 Q_{dr} 相对雨水设计流量较小，按截流管渠设计流量 Q_j 确定的管渠断面尺寸和坡度，应按旱流流量 Q_{dr} 进行校核，校核时应使管渠在输送旱流流量时的流速能满足污水管道最小流速的要求，一般不小于 0.2～0.5m/s，当不能满足这一要求时，可修改设计管段的断面尺寸和坡度。值得注意的是，由于合流管渠中旱流流量相对较小，特别是在上游管段，旱流校核时往往不易满足最小流速的要求，此时可在管渠底设缩小断面的流槽以保证旱流时的流速，或者加强养护管理，利用雨天流量刷洗管渠，以防淤塞。

9.3.2 合流制排水管渠的水力计算示例

某市一区域截流式合流管道平面布置图如图 9-2 所示，在 5 处设溢流井。已知该市的暴

雨强度公式为 $q = \dfrac{167 \times (47.17 + 41.66 \lg P)}{t + 33 + 9 \lg(P - 0.4)}$，设计重现期采用 3a，地面集水时间 $t_1 = 10\text{min}$，平均径流系数 ψ 取 0.45，设计人口密度为 300 人/hm²，生活污水定额采用 100L/(人·d)，溢流井的截流倍数 $n_0 = 3$，管道起点埋深为 1.70m，河流的平均洪水位为 17.00m，各设计管段的管长、排水面积和工业废水最大班平均流量见表 9-1，各检查井处的地面标高见表 9-2。试进行管渠的水力计算，并校核河水是否会倒灌。

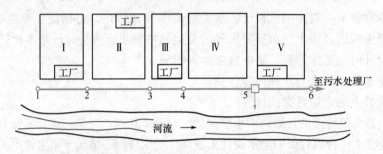

图 9-2 某市一区域截流式合流管道平面布置图

各设计管段的管长、排水面积和工业废水最大班平均流量   表 9-1

管段编号	管长 (m)	排水面积		本段工业废水最大班平均流量 (L/s)
		面积编号	本段面积	
1~2	85	I	1.20	3
2~3	128	II	1.79	5
3~4	59	III	0.78	10
4~5	138	IV	1.94	0
5~6	165.5	V	1.53	20

各检查井处的地面标高   表 9-2

检查井编号	地面标高 (m)	检查井编号	地面标高 (m)
1	20.20	4	19.55
2	20.00	5	19.50
3	19.70	6	19.45

【解】 计算过程如下：

（1）计算各设计管段汇水面积，填入表 9-3 的第 3~5 项。

（2）计算生活污水比流量：

$$q_s = \frac{np}{86400} = \frac{100 \times 300}{86400}\text{L/(s·hm}^2) = 0.347\text{L/(s·hm}^2)$$

则生活污水设计流量为：

$$Q_d = 0.347F(\text{L/s})$$

（3）确定单位面积径流量 q_0，计算雨水设计流量

单位面积径流量为：

$$q_0 = \psi q = 0.45 \times \frac{167 \times (47.17 + 41.66 \lg P)}{t_1 + \sum t_2 + 33 + 9 \lg(P - 0.4)} \text{L/(s} \cdot \text{hm}^2)$$

$$= 0.45 \times \frac{167 \times (47.17 + 41.66 \lg 3)}{10 + \sum t_2 + 33 + 9 \lg(3 - 0.4)} \text{L/(s} \cdot \text{hm}^2)$$

$$= \frac{5038.572}{46.735 + \sum t_2} \text{L/(s} \cdot \text{hm}^2)$$

则雨水设计流量 Q_s 为：

$$Q_s = q_0 F = \frac{5038.572}{46.735 + \sum t_2} F \text{(L/s)}$$

（4）计算各设计管段的设计流量

如设计管段 1~2 的设计流量为：

$$Q_{1\sim2} = Q_{d1\sim2} + Q_{m1\sim2} + Q_{s1\sim2}$$

$$= 0.347 \times 1.20 + 3.0 + \frac{5038.572}{46.735 + \sum t_2} \times 1.20 \text{(L/s)}$$

管段 1~2 为起始管段，所以 $\sum t_2 = 0$，代入上式得 $Q_{1\sim2} = 132.79 \text{L/s}$。

将此结果填入表 9-3 第 13 项。

（5）根据设计管段设计流量和设计数据的一般规定，查钢筋混凝土圆管（满流，$n = 0.013$）的水力计算图或水力计算表，确定设计管段的设计管径、坡度和流速，并计算管内底标高和埋深，计算结果分别填入表 9-3 中第 14、15、17、22~25 项。

（6）进行旱流流量校核

计算结果填入表 9-3 中 26~28 项。

现对其中部分计算说明如下：

（1）表中第 18 项设计管道输水能力是设计管径在设计坡度条件下的实际输水能力，该值应接近或略大于第 13 项的设计总流量。

（2）在 5 点设有溢流井，在截流倍数 $n_0 = 3$ 时，溢流井截流即经溢流井转输的混合污水量为：

$$Q = (n_0 + 1)Q_{dr} = (3 + 1) \times 19.98 = 79.92 \text{L/s}$$

通过溢流井溢入河流的混合污水量为：

$$Q_0 = 573.96 - 79.92 = 494.04 \text{L/s}$$

（3）截流管 5~6 的设计流量

$$Q_{5\sim6} = (n_0 + 1)Q_{dr} + Q_{s(5\sim6)} + Q_{d(5\sim6)} + Q_{m(5\sim6)}$$

$$= 79.92 + 142.90 + 0.53 + 20$$

$$= 243.35 \text{L/s}$$

（4）溢流井的堰顶标高计算

采用堰式溢流井时，溢流井的堰高为：

$$H = (0.202 + 0.003 \times 79.92) \times 0.6 \times 1.2 = 0.32 \text{m}$$

则溢流堰的堰顶标高为：$17.44 + 0.32 = 17.76 \text{m}$，高于河流的平均洪水位（17.00m），故河水不会倒灌。

截流式合流管道水力计算表　　表9-3

管段编号	管长(m)	排水面积(hm²)			管内流行时间(min)		设计流量(L/s)						设计管径(mm)
		本段	转输	总计	累计Σt	本段t	雨水 单位面积径流量 q_0 [L/(s·hm²)]	雨水 设计流量 (L/s)	生活污水(L/s)	工业废水(L/s)	溢流井转输水量(L/s)	总计(L/s)	
1	2	3	4	5	6	7	8	9	10	11	12	13	14
1~2	85	1.20	0.00	1.20	0.00	1.68	107.81	129.37	0.42	3.00	0.00	132.79	450
2~3	128	1.79	1.20	2.99	1.68	2.56	104.07	311.17	1.04	8.00	0.00	320.21	700
3~4	59	0.78	2.99	3.77	4.24	0.96	98.84	372.63	1.31	18.00	0.00	391.94	700
4~5	138	1.94	3.77	5.71	5.20	2.01	97.02	553.98	1.98	18.00	0.00	573.96	800
5~6	165.5	1.53	0.00	1.53	7.21	3.17	93.40	142.90	0.53	20.00	79.92	243.35	600

管段编号	设计坡度(‰)	管道坡降H(m)	设计流速(m/s)	设计管道输水能力(L/s)	地面坡度(‰)	地面标高(m)		管内底标高(m)		埋深(m)		旱流校核			备注
						起端	终端	起端	终端	起端	终端	旱流流量(L/s)	充满度	流速(m/s)	
1	15	16	17	18	19	20	21	22	23	24	25	26	27	28	29
1~2	2.2	0.19	0.841	133.75	2.4	20.20	20.00	18.500	18.310	1.700	1.690	3.42			
2~3	1.2	0.15	0.834	320.96	2.3	20.00	19.70	18.060	17.910	1.940	1.790	9.04	0.12	0.35	5点设溢流井
3~4	1.8	0.11	1.021	392.92	2.5	19.70	19.55	17.910	17.800	1.790	1.750	19.31	0.16	0.51	
4~5	1.9	0.26	1.147	576.54	0.4	19.55	19.50	17.700	17.440	1.850	2.060	19.98	0.13	0.52	
5~6	1.6	0.26	0.869	245.70	0.3	19.50	19.45	17.440	17.180	2.060	2.270	20.53	0.20	0.51	

9.4　城市旧合流制排水管渠系统的改造

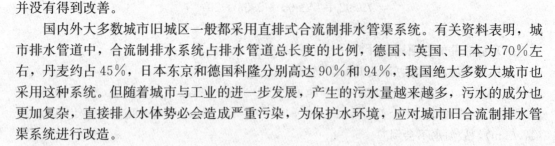

截流式合流管道
水力计算表

城市排水管渠系统一般随城市的发展而不断扩展和完善，在城市建设初期，一般用合流明渠直接将雨水和少量污水排至附近水体。随着工业的发展和人口的增加与集中，产生的污水量相应增加，成分也更加复杂，为保证市区的卫生条件，便把明渠改为暗管渠，但污水仍直接排入附近水体，对水体的污染并没有得到改善。

国内外大多数城市旧城区一般都采用直排式合流制排水管渠系统。有关资料表明，城市排水管道中，合流制排水系统占排水管道总长度的比例，德国、英国、日本为70%左右，丹麦约占45%，日本东京和德国科隆分别高达90%和94%，我国绝大多数大城市也采用这种系统。但随着城市与工业的进一步发展，产生的污水量越来越多，污水的成分也更加复杂，直接排入水体势必会造成严重污染，为保护水环境，应对城市旧合流制排水管渠系统进行改造。

目前，对城市旧合流制排水管渠系统的改造，通常有如下几种途径：

（1）将合流制改造为分流制

将合流制改为分流制可完全解决城市污水对水体的污染，由于雨水、污水分流，需处理的污水量将相对减少，污水在成分上的变化也相对较小，所以有利于污水处理厂的运行管理。现有合流制排水系统，应按城镇排水规划的要求，经方案比较后实施雨污分流改造。通常，在具备下列条件时，可考虑将合流制改造为分流制：

1）住房内部有完善的卫生设备，便于将生活污水与雨水分流；

2）工厂内部可清浊分流，可以将符合要求的生产污水排入城市污水管道系统，将较清洁的生产废水排入城市雨水管渠系统，或可将其循环使用；

3）城市街道的横断面有足够的位置，允许设置由于改造成分流制而增建的污水管道，并且在施工过程中不对城市的交通造成很大影响；

4）旧排水管渠输水能力基本上已不能满足需要，或管渠损坏渗漏已十分严重，需要彻底改建而设置新管渠。

一般地说，住房内部的卫生设备目前已日趋完善，将生活污水与雨水分流比较容易做到；但工厂内的清浊分流，因已建车间内工艺设备的平面位置与竖向布置比较固定而不太容易做到；旧城区的街道比较窄，而城市交通流量大，地下管线较多，使改建工程不仅耗资巨大，而且影响面广，工期相当长，在某种程度上甚至比新建的排水工程更为复杂，难度更大。

（2）保留合流制，改造为截流式合流制排水系统

将合流制改为分流制往往因投资大、施工困难等原因而较难在短期内做到，所以目前旧合流制排水系统的改造多采用保留合流制，修建合流管渠截流干管，即改造成截流式合流制排水系统。但是，截流式合流制排水系统并没有杜绝污水对水体的污染。溢流的混合污水不仅含有部分旱流污水，而且夹带有晴天沉积在管底的污染物。据调查，有些城市的截流式合流制排水系统溢流混合污水的 5 日生化需氧量浓度平均达 200mg/L，而进入污水处理厂的污水的 5 日生化需氧量也只为 350mg/L 左右。可见，溢流混合污水的污染程度仍然相当严重，足以对水体造成局部或全部污染。

（3）对溢流的混合污水进行适当处理

截流式合流制管渠系统的溢流混合污水中含有的大量有机物、病原微生物以及其他有毒有害物质，特别是晴天时形成的腐烂的管道沉积物，对受纳水体构成了严重威胁，合流制溢流污染已成为城市水环境污染的主要来源之一。为保护水环境，可对溢流的混合污水进行适当处理。处理措施包括人工湿地技术、调蓄沉淀技术、强化沉淀技术、水力旋流分离技术、高效过滤技术、消毒技术等。

（4）对溢流的混合污水量进行控制

为减少溢流的混合污水对水体的污染，在土壤有足够渗透性且地下水位较低（至少低于排水管底标高）的地区，可采用提高地表持水能力和地表渗透能力的措施来减少暴雨径流，从而减少溢流的混合污水量。例如，采用透水性路面或没有细料的沥青混合料路面，可削减 80% 以上的高峰径流量，且载重运输工具或冰冻不会破坏透水性路面的完整结构，但需定期清理路面以防阻塞。也可采用屋面、街道、停车场或公园作为限制暴雨进入管道的暂时性连续蓄水塘等表面蓄水措施，还可将这些表面的蓄水引入干井或者渗透沟来削减

高峰径流量。

城市旧合流制排水系统的改造是一项很复杂的工作，必须根据当地的具体情况，与城镇规划相结合，在确保水体免受污染的条件下，充分发挥原有排水系统的功能，使改造方案既有利于保护环境，又经济合理，切实可行。

同一城市根据不同的情况可能采用不同的排水体制。这样，在一个城市中就可能有分流制与合流制并存的情况。因此，存在两种管渠系统的连接方式问题。当合流制排水管渠系统中雨天的混合污水能全部经污水处理厂进行二级处理时，这两种管渠系统的连接方式比较灵活。而当污水处理厂的二级处理设备的能力有限，合流管渠中雨天的混合污水不能全部经污水处理厂进行二级处理时，或者合流管渠系统中没有贮存雨天混合污水的设施，而在雨天必须在污水处理厂二级处理设备之前溢流部分混合污水入水体时，两种管渠系统之间就必须采用图9-3(a)、(b) 方式连接，而不能采用图9-3(c)、(d) 方式连接。图9-3(a)、(b) 连接方式是合流管渠中的混合污水先溢流，然后再与分流制的污水管道系统连接，两种管渠系统一经汇流后，汇流的全部污水都将通过污水处理厂二级处理后再行排放。图9-3 (c)、(d) 连接方式则或是在管道上，或是在初次沉淀池中，两种管渠系统先汇流，然后再从管道上或从初次沉淀池后溢流出部分混合污水入水体。这无疑会对溢流的混合污水造成更严重的污染，因为在合流管渠中已被生活污水和工业废水污染了的混合污水，又进一步受到分流制排水管渠系统中生活污水和工业废水的污染。为了保护水体，这样的连接方式是不允许的。

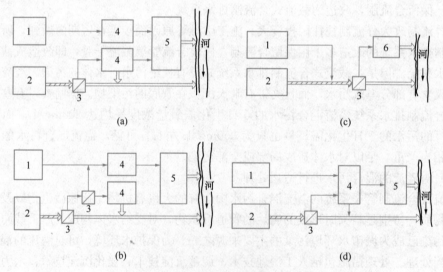

图9-3　合流制与分流制排水系统的连接方式
1—分流区域；2—合流区域；3—溢流井；4—初次沉淀池；
5—曝气池与二次沉淀池；6—污水处理厂

9.5　调蓄池的设计

雨水管渠系统的设计流量包含了雨峰时段的降雨径流量，设计流量较大，使管渠系统的工程造价昂贵，且随着城镇化进程的加快，不透水地面面积增加，雨水径流量大大增加，需要排除的雨水量也显著增加。为节约造价，在条件允许的情况下，可考虑降低雨峰设计流量。调节管渠高峰径流量可利用管道本身的空隙容量或设置调蓄池，前者调节最大流量的能力是有限的，而如果在雨水管渠系统上设置容积较大的调蓄池，暂存雨水径流的高峰流量，待雨峰流量过后，再将贮存在池内的雨水逐渐排出，则可削减排水管渠高峰排水流量，从而减小下游管渠的断面尺寸，降低工程造价，同时还可起到提高区域的排水标准和防洪能力，减少内涝灾害的作用。

调蓄池除可用于削减排水管道峰值流量外，还可用于控制面源污染和提高雨水利用程度。有些城镇地区合流制排水系统溢流污染或分流制排水系统排放的初期雨水已成为内河的主要污染源，在排水系统排放口附近设置调蓄池，可将污染物浓度较高的溢流污水或初期雨水暂时贮存在调蓄池中，待降雨结束后，再将贮存的雨污水通过污水管道输送至污水处理厂进行处理，从而达到控制面源污染、保护水环境的目的。典型合流制调蓄池工作原理如图 9-4 所示。在雨水利用工程中，为满足雨水利用的要求而设置调蓄池贮存雨水，贮存的雨水净化后可综合利用。如果调蓄池后设有泵站，则可减少装机容量，降低工程造价。

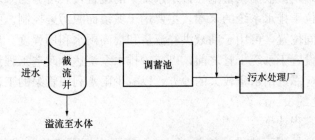

图 9-4　典型合流制调蓄池工作原理示意图

调蓄池既可是专用人工构筑物如地上蓄水池、地下混凝土池，也可是天然场所或已有设施如河道、池塘、人工湖、景观水池等。由于调蓄池一般占地面积较大，应尽量利用现有设施或天然场所建设调蓄池，从而降低建设费用，取得良好的社会效益和经济效益。有条件的地方可根据地形、地貌等条件，结合停车场、运动场、公园等建设集雨水调蓄、防洪、城市景观、休闲娱乐等于一体的多功能调蓄池。

9.5.1　调蓄池的形式

雨水调蓄池按构造分为 3 种形式：溢流堰式、底部流槽式和中部侧堰式。

（1）溢流堰式

如图 9-5（a）所示，溢流堰式调蓄池是在雨水管道上设置溢流堰，当管道中雨水的流量增大到设定流量时，由于溢流堰下游管道变小，管道中水位升高产生溢流，进入调蓄池。当雨水径流量减小时，调蓄池中蓄存的雨水开始外流，经下游管道排出。这种调蓄池适用于地形坡度较大的地段。

（2）底部流槽式

如图 9-5（b）所示，底部流槽式调蓄池是雨水管道流经调蓄池中央，在调蓄池中变成池底的一道流槽。当雨水在上游管道中的流量增大到设定流量时，由于调蓄池下游管道变小，雨水不能及时全部排出，即在调蓄池中淹没流槽，调蓄池开始蓄存雨水，当雨水量减小到小于下游管道排水能力时，调蓄池中的蓄存雨水开始外流，经下游管道排出。这种调蓄池适用于地形坡度较小，而管道埋深较大的地区。

（3）中部侧堰式

中部侧堰式调蓄池的构造如图 9-5（c）所示，在调蓄池和下游管渠之间设置提升泵站，由泵站将调蓄池中蓄存的雨水排入下游雨水管道。该方式适用于地形坡度较小，而管道埋深不大的情况，其调节水量需用泵抽升排除。

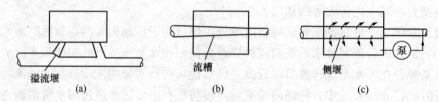

图 9-5　雨水调蓄池的形式
(a) 溢流堰式；(b) 底部流槽式；(c) 中部侧堰式

调蓄池的位置，应根据调蓄目的、排水体制、管网布置、溢流管下游水位高程和周围环境等综合考虑后确定。根据调蓄池在排水系统中的位置，其可分为末端调蓄池和中间调蓄池。末端调蓄池位于排水系统的末端，主要用于城镇面源污染控制。中间调蓄池位于排水系统的起端或中间位置，可用于削减洪峰流量和提高雨水利用程度。当用于削减洪峰流量时，调蓄池一般设置于系统干管之前，以减少排水系统达标改造工程量；当用于雨水利用贮存时，调蓄池应靠近用水量较大的地方，以减少雨水利用管渠的工程量。

9.5.2　调蓄池的设计计算

（1）调蓄池的容积计算

调蓄池容积计算是调蓄池设计的关键，《城镇雨水调蓄工程技术规范》GB 51174—2017 关于雨水调蓄池容积计算，推荐了以下方法。

1）当用于合流制排水系统的径流污染控制时，调蓄池的有效容积可按式（9-3）计算：

$$V = 3600t_i(n - n_0)Q_{dr}\beta \tag{9-3}$$

式中　V——调蓄池有效容积，m^3；

　　　t_i——调蓄池进水时间，h，宜采用 0.5～1h，当合流制排水系统雨天溢流污水水质在单次降雨事件中无明显初期效应时，宜取上限；反之，可取下限；

　　　n——调蓄池建成运行后的截流倍数，由要求的污染负荷目标削减率、下游排水系统运行负荷、系统原截流倍数和截流量占降雨量比例之间的关系确定；

　　　n_0——系统原截流倍数；

　　　Q_{dr}——截流井以前的旱流污水量，m^3/s；

　　　β——调蓄池容积计算安全系数，可取 1.1～1.5。

2）当用于分流制排水系统的径流污染控制时，调蓄池的有效容积可按式（9-4）计算：

$$V = 10DF\psi\beta \tag{9-4}$$

式中　V——调蓄池有效容积，m^3；

　　　D——单位面积调蓄深度，mm，源头雨水调蓄工程可按年径流总量控制率对应的单位面积调蓄深度进行计算；分流制排水系统径流污染控制的雨水调蓄工可取 4~8mm；

  F——汇水面积，hm^2；

  ψ——径流系数；

  β——安全系数，可取 1.1~1.5。

  3）当用于削减排水管道洪峰流量时，调蓄池的有效容积可按式（9-5）计算：

$$V = \int_0^T \left[Q_i(t) - Q_0(t) \right] \mathrm{d}t \tag{9-5}$$

式中 V——调蓄池有效容积，m^3；

  Q_i——调蓄池上游设计流量，m^3/s；

  Q_0——调蓄池下游设计流量，m^3/s；

  t——降雨历时，min。

  当缺乏上下游流量过程线资料时，可采用脱过系数法，按式（9-6）计算：

$$V = \left[-\left(\frac{0.65}{n^{1.2}} + \frac{b}{t} \cdot \frac{0.5}{n+0.2} + 1.10 \right) \lg(\alpha + 0.3) + \frac{n^{0.215}}{n^{0.15}} \right] Qt \tag{9-6}$$

式中 V——调蓄池有效容积，m^3；

  α——脱过系数，取值为调蓄池下游设计流量和调蓄池上游设计流量之比；

  Q——调蓄池上游设计流量，m^3/min；

  b、n——暴雨强度公式参数；

  t——降雨历时，min。

  4）当用于雨水综合利用时，调蓄池的有效容积应根据降雨特征、用水需求和经济效益等确定。

  （2）调蓄池的放空

  调蓄池应在降雨前放空，放空时间一般不应超过12h。调蓄池的放空方式包括重力放空、水泵压力放空两种。有条件时，应采用重力放空。对于地下封闭式调蓄池，可采用重力放空和水泵压力放空相结合的方式，以降低能耗。当采用重力放空和水泵压力放空相结合的放空方式时，应合理确定放空水泵启动的设计水位，避免在重力放空的后半段因放空速度过小，影响调蓄池的放空时间。

  调蓄池的放空时间直接影响调蓄池的使用效率，是调蓄池设计中必须考虑的一个重要参数。放空时间与放空方式密切相关，同时取决于下游管道的排水能力和雨水利用设施的流量。

  依靠重力排放的调蓄设施，其出口流量随设施上下游水位的变化而变化，出流过程线也随之改变。因此，确定调蓄设施的容积时，应考虑出流过程线的变化。采用管道重力就近出流的调蓄池，出口流量应按式（9-7）计算：

$$Q = C_d A \sqrt{2g\Delta H} \tag{9-7}$$

式中 Q——调蓄设施出口流量，m^3/s；

  C_d——出口管道流量系数，取 0.62；

  A——调蓄设施出口截面积，m^2；

  g——重力加速度，m^2/s；

  ΔH——调蓄设施上下游的水力高差，m。

采用管道重力就近出流的调蓄池，放空时间应按式（9-8）计算：

$$t_0 = \frac{1}{3600} \int_{h_1}^{h_2} \frac{A_t}{C_d A \sqrt{2gh}} dh \qquad (9\text{-}8)$$

式中 t_0——放空时间，h；

h_1——放空前调蓄设施水深，m；

h_2——放空后调蓄设施水深，m；

A_t——t 时刻调蓄设施表面积，m²。

采用式（9-8）时，还需事先确定调蓄设施表面积 A_t 随水位 h 变化的关系。

当采用水泵压力放空时，调蓄池的放空时间可按式（9-9）计算：

$$t_0 = \frac{V}{3600Q'\eta} \qquad (9\text{-}9)$$

式中 t_0——放空时间，h；

V——调蓄池有效容积，m³；

Q'——下游排水管道或设施的受纳能力，m³/s；

η——排水效率，一般可取 0.3～0.9。

当采用水泵放空时，应综合考虑下游管道和相关设施的受纳能力的变化、水泵能耗、水泵启闭次数等因素，设置排放效率 η。当排放至受纳水体时，相关的影响因素较少，η 可取大值；当排放至下游污水管网时，其实际受纳能力可能由于地区开发状况和系统运行方式的变化而改变，η 宜取较小值。

（3）调蓄池的冲洗

调蓄池在使用后底部不可避免地滞留有沉积杂物，如果不及时进行清理，不但会造成污染物缺氧变质、发黑变臭，散发有毒有害气体，影响环境和人体健康，而且会影响调蓄池的功效。因此，在设计调蓄池时须考虑对池底污物进行冲洗和清除。调蓄池的冲洗宜采用水力自冲洗和设备冲洗方式，可采用人工冲洗作为辅助手段。采用水力自冲洗时，可采用连续沟槽自冲洗等方式；采用设备冲洗时，可采用门式自冲洗、水力翻斗冲洗、移动冲洗设备冲洗、水射器冲洗和潜水搅拌器冲洗等方式。矩形池宜采用门式自冲洗、水力翻斗冲洗、连续沟槽自冲洗、移动冲洗设备冲洗和水射器冲洗等方式。圆形池应结合底部结构设计，宜采用潜水搅拌器冲洗和径向门式自冲洗等方式。调蓄池各冲洗方式对比见表 9-4。

调蓄池各冲洗方式对比 表 9-4

冲洗方式	适合池型	优点	缺点
人工冲洗	敞开式调蓄池	无需机械设备、成本较低	危险性高、劳动强度大
水射器冲洗	任何池型	可自动冲洗，冲洗时有曝气过程，可减少异味和有害气体的产生，投资省	需建造冲洗水贮水池，运行成本较高，设备位于池底易被污染和磨损
潜水搅拌器冲洗	任何池型	自动冲洗，投资省	冲洗范围小，冲洗效果差，设备易被缠绕和磨损
连续沟槽自冲洗	圆形，小型矩形调蓄池	无需电力或机械驱动，无需外部水源、运行成本低、排砂灵活、受外界环境条件影响小、可重复性强、效率高	依赖晴天污水作为冲洗水源，利用其自清流速进行冲洗，难以实现彻底清洗，易产生二次沉积；连续沟槽的结构形式加大了泵站的建造深度和投资成本

冲洗方式	适合池型	优点	缺点
水力翻斗冲洗	矩形调蓄池	实现自动冲洗，设备位于水面上方，无需电力或机械驱动，控制简单	翻斗容量有限，冲洗范围受到限制，需要外部水源，运行成本较高
门式自冲洗	矩形调蓄池	无需外部供水，运行成本低，单个冲洗波的冲洗距离长，可以分廊道冲洗	设备初期投资较高
移动冲洗设备冲洗	敞开式平底大型调蓄池	投资省，劳动强度低、维护方便	因进入地下调蓄池通道复杂而未得到广泛应用

9.6 截流井的设计

截流井是设于合流制排水系统中，用于将旱流污水和初期雨水截至污水管道且保证雨水排泄水体的特殊构筑物。截流井的设计既要使截流的旱流污水和初期雨水进入截污系统，达到整治水环境的目的，又要保证在大雨时不让超过截流量的雨水进入截污系统，以防止下游截污管道的实际流量超过设计流量，发生污水反冒，并给污水处理厂带来冲击。

截流井一般设在合流管渠的入河口前，也有设在城区内，将旧有合流支线接入新建分流制系统。溢流管出口的下游水位包括受纳水体的水位或受纳管渠的水位。截流井的位置，应根据污水截流干管位置、合流管渠位置、溢流管下游水位高程和周围环境等因素确定。

9.6.1 常用的截流井形式

国内常用的截流井有槽式、堰式和槽堰结合式，如图 9-6 所示。据调查，北京市的槽

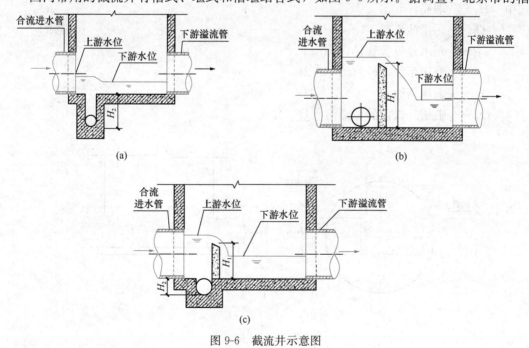

图 9-6　截流井示意图

（a）槽式；（b）堰式；（c）槽堰结合式

式和堰式截流井占截流井总数的 80.4%，槽堰结合式截流井兼有槽式和堰式的优点。槽式截流井的截流效果好，不影响合流管渠的排水能力，当高程允许时，应选用槽式截流井，也可采用堰式或槽堰结合式。

截流井溢流水位，应在设计洪水位或受纳管道设计水位以上，以防止下游水倒灌，当不能满足要求时，应设置闸门等防倒灌设施，并应保证上游管渠在雨水设计流量下的排水安全。

截流井内宜设流量控制设施，可采用浮球控制调流阀控制截流量，从而保障系统每个截流井的截流效能得到发挥，避免大量外来水通过截流井进入污水系统。

9.6.2　截流井的水力计算

（1）堰式截流井

当污水截流管管径为 $300\sim600\mathrm{mm}$ 时，堰式截流井内各类堰（正堰、斜堰、曲堰）的堰高，如图 9-7～图 9-9 所示，可按式（9-10）～式（9-14）计算：

① $d=300\mathrm{mm}$

$$H_1 = (0.233 + 0.013Q_j)dk \qquad (9\text{-}10)$$

② $d=400\mathrm{mm}$

$$H_1 = (0.226 + 0.007Q_j)dk \qquad (9\text{-}11)$$

③ $d=500\mathrm{mm}$

$$H_1 = (0.219 + 0.004Q_j)dk \qquad (9\text{-}12)$$

④ $d=600\mathrm{mm}$

$$H_1 = (0.202 + 0.003Q_j)dk \qquad (9\text{-}13)$$

$$Q_j = (n_0 + 1)Q_{dr} \qquad (9\text{-}14)$$

式中　　H_1——堰高，mm；

　　　　Q_j——污水截流量，L/s；

　　　　d——污水截流管管径，mm；

　　　　k——修正系数，$k=1.1\sim1.3$；

　　　　n_0——截流倍数；

　　　　Q_{dr}——截流井以前的旱流污水量，L/s。

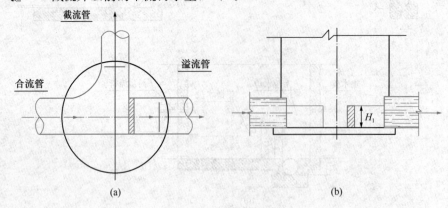

图 9-7　正堰式截流井
(a) 平面图；(b) 剖面图

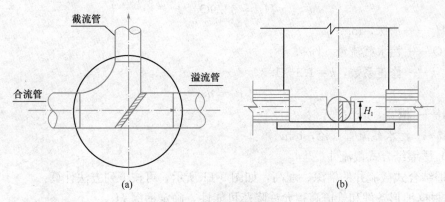

图 9-8 斜堰式截流井

(a) 平面图；(b) 剖面图

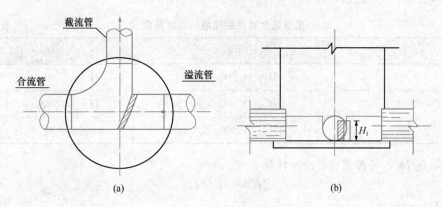

图 9-9 曲堰式截流井

(a) 平面图；(b) 剖面图

（2）槽式截流井

当污水截流管管径为 $300 \sim 600 \mathrm{mm}$ 时，槽式截流井的槽深、槽宽，如图 9-10 所示，可按式（9-15）、式（9-16）计算：

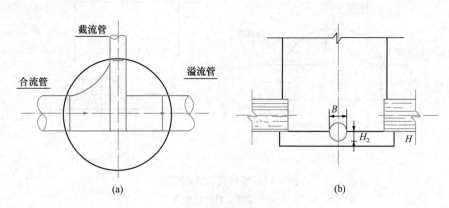

图 9-10 槽式截流井

(a) 平面图；(b) 剖面图

$$H_2 = 63.9Q_j^{0.43}k \qquad (9\text{-}15)$$

式中 H_2——槽深，mm；

Q_j——污水截流量，L/s；

k——修正系数，$k = 1.1 \sim 1.3$。

$$B = d \qquad (9\text{-}16)$$

式中 B——槽宽，mm；

d——污水截流管管径，mm。

（3）槽堰结合式截流井

槽堰结合式截流井的槽深、堰高，如图 9-11 所示，可按下列方法计算：

① 根据地形条件和管道高程允许降落可能性，确定槽深 H_2。

② 根据截流量，计算确定截流管管径 d。

③ 假设 H_1/H_2 比值，按表 9-5 计算确定槽堰总高 H。

槽堰结合式井的槽堰总高计算表 表 9-5

D（mm）	$H_1/H_2 \leqslant 1.3$	$H_1/H_2 > 1.3$
300	$H = (4.22Q_j + 94.3)k$	$H = (4.08Q_j + 69.9)k$
400	$H = (3.43Q_j + 96.4)k$	$H = (3.08Q_j + 72.3)k$
500	$H = (2.22Q_j + 136.34)k$	$H = (2.42Q_j + 124.0)k$

④ 堰高 H_1，可按式（9-17）计算：

$$H_1 = H - H_2 \qquad (9\text{-}17)$$

式中 H_1——堰高，mm；

H——槽堰总高，mm；

H_2——槽深，mm。

⑤ 校核 H_1/H_2 是否符合表 9-5 的假设条件，否则改用相应公式重复上述计算。

⑥ 槽宽计算同式（9-16）。

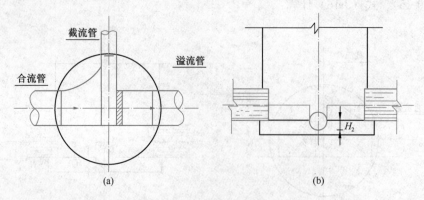

图 9-11 槽堰结合式截流井
（a）平面图；（b）剖面图

1. 在哪些情形下可考虑采用合流制排水管渠系统? 截流式合流制排水管渠系统的布置特点是什么?

2. 溢流井上游合流管渠和下游截流管渠的设计流量计算有何不同? 分别如何计算? 如何计算从溢流井溢出的混合污水量?

3. 为什么重力流污水管道按非满流设计, 而雨水管道和合流管道按满流设计?

4. 城市旧合流制排水管渠系统的改造方法有哪些?

5. 试比较分流制与合流制的优缺点。

6. 设置调蓄池的目的有哪些? 其相应的容积计算方法是什么?

7. 截流井的作用是什么? 常用形式有哪些?

第 10 章 给水排水管网优化设计

10.1 给水排水工程优化设计方法

给水排水工程规划方案的科学性和合理性是技术与经济可行性的综合体现，需要通过技术经济分析，也就是优化设计计算来确定最佳规划方案。在技术上可行的方案，可能在经济上不符合当时当地的投资能力，而投资最省的规划方案在技术上可能不合理。通常情况下，给水排水工程规划是在多个方案中进行技术经济分析计算和比较，选择其中经济上最节省、技术上最可靠的最佳方案。

思政案例7：管网优化设计

（1）数学分析法

数学分析法是将工程项目方案构成工程建设投资费用最小化数学模型，将工程建设投资费用作为目标函数，将工程技术要求作为约束条件，通过数学最优化求解计算，使目标函数达到最优解。

（2）方案比较法

一般情况下，给水排水工程规划是一个复杂的系统工程，建立数学模型往往比较困难，即可通过多个方案的比较，从有限个方案中寻求经济效果最佳者，称为方案比较法，或称对比分析法。

对于用数学模型可以完整表达的给水或排水管网系统，数学分析法的应用也已日益普及，而对给水或排水工程整体系统由于水质安全性不容易定量地进行评价，正常时和损坏时用水量会发生变化、二级泵房的运行和流量分配等有不同方案，所有这些因素都难以用数学式表达，因此仍经常采用方案比较法。

10.2 给水管网年费用折算值计算方法

如第 6 章所述，给水管网年费用折算值包括管网建设投资费用 C 和年运行管理费用 M 两部分，年运行管理费用 M 包括年运行费 M_1 和年折旧大修费 M_2，年折旧大修费可表示为 pC，则年费用折算值如式（6-20）所示。

10.2.1 给水管网建设投资费用的计算

管网建设投资费用为管网中所有管网设施的建设费用之和，包括管道、阀门、泵站、水塔和水池等造价。由于泵站、水塔和水池等设施的造价占总造价的比例较小，同时为了简化优化计算的复杂性，在管网优化设计计算中仅考虑管道系统和与之直接配套的管道配件和阀门等的综合造价，称为管网建设投资费用或管网造价。

管道的造价按管道单位长度造价乘以管道长度计算。管道单位长度造价是指单位长度管道的建设费用，包括管材、配件和附件等的材料费和施工费（含直接费和间接费）。管

222

道单位长度造价 c 与管道直径 D 有关，可以表示为：

$$c = a + bD^\alpha \tag{10-1}$$

式中　c——管道单位长度造价，元/m；

　　　D——管道直径，m；

a、b、α——随水管材料及施工条件而变化的管道单位长度造价公式中的统计参数。

根据《市政工程投资估算指标》第三册给水工程（HGZ 47—103—2007），不同材料给水管道单位长度投资估算指标基价见表 10-1。

给水管道单位长度投资估算指标基价（元/m）　　　　　　表 10-1

管径 D (m)	0.10	0.15	0.20	0.30	0.40	0.50	0.60	0.70	0.80	0.90	1.00	1.20
承插球墨铸铁管	336.91	372.99	455.10	742.55	986.16	1212.34	1567.22	1909.33	2288.70	2606.90	3036.99	4021.49
钢管	—	—	529.57	717.08	952.94	1272.44	1541.44	1781.60	2014.66	2394.19	2676.56	3199.80
预应力钢筋混凝土管	—	—	—	537.22	736.47	850.57	1055.17	1210.96	1406.48	1489.02	1712.55	2186.34

管道单位长度造价公式统计参数 a、b、α 可以用曲线拟合法对当地管道单位长度造价统计数据进行计算求得。有作图法和最小二乘法两种方法，以下通过例题说明。

【例 10-1】 某城市根据当地市场管道价格和施工费用定价，制订该市承插球墨铸铁给水管单位长度投资估算指标基价见表 10-2 数据，试确定该管道单位长度造价公式中的统计参数 a、b 和 α。

某市承插球墨铸铁给水管单位长度投资估算指标基价（元/m）　　　表 10-2

管径 D (m)	0.10	0.15	0.20	0.30	0.40	0.50	0.60	0.70	0.80	0.90	1.00	1.20
估算指标 (元/m)	560	670	850	1190	1650	2190	2850	3530	4310	5170	6100	8150

【解】（1）作图法

作图法分为两个步骤，第一步确定参数 a，第二步确定参数 b 和 α。

① 以管径 D 为横坐标，管道单位长度造价 c 为纵坐标，建立坐标系。根据表 10-2 中承插球墨铸铁给水管的数据，将管径和管道单位长度造价的对应关系（D，c）点绘在方格坐标纸上，将各点连成光滑曲线，并延伸到与纵坐标相交，交点处的 $D=0$，$c=a$，即截距值为 a，如图 10-1 所示，得 a 值为 450。

② 将公式改写为对数形式，得：

$$\lg(c-a) = \lg b + \alpha \lg D \tag{10-2}$$

当 $D=1$ 时，$\lg D=0$，得 $\lg(c-a)=\lg b$，$b=c-a$。

以 $\lg D$ 为横坐标，$\lg(c-a)$ 为纵坐标，建立坐标系。将对应的 $\lg D$ 和 $\lg(c-a)$ 值点绘在方格坐标纸上，并连接成一条直线。该直线与 $D=1$ 的相交点所对应的 $c-a$ 值即为 b

值；直线的斜率即为 α，如图 10-2 所示，得 $b=5650$，$\alpha=1.698$。

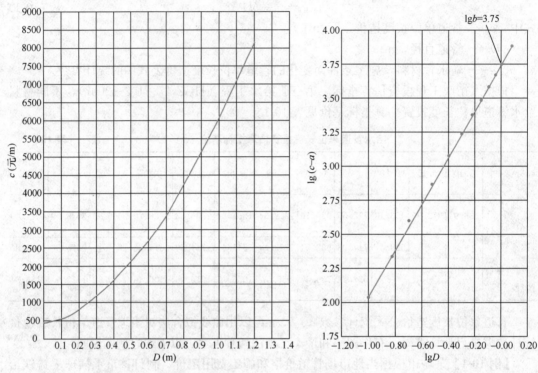

图 10-1　求管道单位长度造价公式参数 a　　　图 10-2　求管道单位长度造价公式参数 b 和 α

该城市承插球墨铸铁给水管单位长度造价公式为：

$$c = 450 + 5650D^{1.698} \tag{10-3}$$

（2）黄金分割最小二乘法

按最小二乘法线性拟合原理，假设 α 已知，则有：

$$a = \frac{\sum c_i \sum D_i^{2\alpha} - \sum c_i D_i^{\alpha} \sum D_i^{\alpha}}{N \sum D_i^{2\alpha} - (\sum D_i^{\alpha})^2} \tag{10-4}$$

$$b = \frac{\sum c_i - aN}{\sum D_i^{\alpha}} \tag{10-5}$$

$$\sigma = \sqrt{\frac{\sum (a + bD_i^{\alpha} - c_i)^2}{N}} \tag{10-6}$$

式中　N——数据点数；

　　　σ——线性拟合均方差，元。

因为 α 一般在 $1.0 \sim 2.0$ 之间，在此区间用黄金分割法（或其他搜索最小值的方法）取不同的 α，代入式（10-4）～式（10-6）分别求得参数 a、b 和均方差 σ，搜索最小均方差 σ，直到 α 步距小于要求值（手工计算可取 0.05，用计算机程序计算可取 0.01）为止，均方差 σ 为最小值时的 a、b 和 α 值为最终结果。

对于本例承插球墨铸铁给水管造价指标数据，可以计算得表 10-3，最后得 $a =$ 455.43、$b = 5643.72$、$\alpha = 1.695$，即承插球墨铸铁给水管单位长度造价公式为：

$$c = 455.43 + 5643.72D^{1.695} \tag{10-7}$$

承插球墨铸铁给水管单位长度造价公式参数计算 表 10-3

计算序号	α	a	b	σ
1	1.000	−706.12	6670.57	418.28
2	2.000	739.76	5335.12	157.19
3	1.382	60.89	6013.97	180.13
4	1.618	370.23	5727.95	45.27
5	1.764	526.38	5571.07	37.64
6	1.854	612.90	5478.87	83.90
7	1.708	469.35	5629.66	13.14
8	1.674	432.54	5666.64	17.47
9	1.730	491.48	5607.12	20.95
10	1.695	455.43	5643.72	11.84
11	1.687	446.74	5652.45	13.08

得到管道单位长度造价公式后，管网建设投资费用为：

$$C = \sum_{ij=1}^{P} c_{ij} l_{ij} = \sum_{ij=1}^{P} (a + bD_{ij}^{\alpha}) l_{ij} \tag{10-8}$$

式中　c_{ij}——管段 ij 的管道单位长度造价，元/m；

　　　l_{ij}——管段 ij 的长度，m；

　　　P——管网管段总数；

　　　D_{ij}——管段 ij 的管径，m。

10.2.2　给水管网年运行管理费用的计算

管网年运行管理费用 M 包括年运行费 M_1 和年折旧大修费 M_2，分别表示为：

$$M_1 = 24 \times 365\beta E \frac{\gamma Q H_p}{\eta} = 8760\beta E \frac{\gamma Q (H_0 + \Sigma h_{ij})}{\eta} = PQ(H_0 + \Sigma h_{ij}) \tag{10-9}$$

$$M_2 = p\Sigma(a + bD_{ij}^{\alpha}) l_{ij} \tag{10-10}$$

式中　β——供水能量变化系数。无水塔的管网或网前水塔管网的输水管为 0.1～0.4，网中水塔管网的输水管为 0.5～0.75；

　　　E——电价，元/kWh；

　　　γ——水的重度，9.81kN/m³；

　　　η——泵站效率，一般为 0.55～0.85，水泵功率小的泵站，效率较低；

P——抽水费用系数，$P = \dfrac{8760\beta E\gamma}{\eta}$，表示流量 $Q = 1\text{m}^3/\text{s}$，水泵扬程 $H_\text{p} = 1\text{m}$ 时的

每年电费，元。

10.2.3　给水管网年费用折算值的计算

将 C、M_1 和 M_2 代入式（6-20）中，得到水泵供水时的管网年费用折算值 W 为：

$$W = \left(\frac{1}{t} + p\right)\Sigma (a + bD_{ij}^{\alpha})l_{ij} + PQ(H_0 + \Sigma h_{ij}) \tag{10-11}$$

重力供水时，无需抽水动力费用，式（10-11）的等号右边第二项为零，经济管径仅由充分利用位置水头使管网建造费用为最低的条件确定，因此重力供水时的管网年费用折算值 W 为：

$$W = \left(\frac{1}{t} + p\right)\Sigma (a + bD_{ij}^{\alpha})l_{ij} \tag{10-12}$$

10.3　给水管网优化设计数学模型

10.3.1　给水管网优化设计数学模型的目标函数

给水管网优化设计的目标是在满足约束条件的前提下，使得年费用折算值 W 为最小，因此管网优化设计的目标函数为：

$$W_{\min} = \sum_{ij=1}^{P} w_{ij} = \sum_{ij=1}^{P}\left[\left(\frac{1}{t} + p\right)\Sigma (a + bD_{ij}^{\alpha})l_{ij} + P_{ij}q_{ij}h_{ij}\right] \tag{10-13}$$

式中　w_{ij}——管段 ij 的年费用折算值，元/a；

　　　P_{ij}——管段 ij 上泵站的单位运行电费指标，元/[（m^3/s）·m·a]。

10.3.2　给水管网优化设计数学模型的约束条件

给水管网优化设计计算必须满足管网水力条件和设计标准等的要求，在管网优化设计数学模型中称为约束条件，包括水力约束条件、可靠性约束条件和非负约束条件等。

（1）水力约束条件

① $J-1$ 个连续性方程，可表达为矩阵形式：

$$Aq_{ij} + q_j = 0 \quad 管段\ ij = 1、2、\cdots、P，节点\ j = 1、2、\cdots、J-1 \tag{10-14}$$

式中　A——衔接矩阵，$(J-1)\times P$。

② L 个能量方程，可表达为矩阵形式：

$$Lh_k = 0 \quad 环\ k = 1、2、\cdots、L \tag{10-15}$$

式中　A——回路矩阵，$L\times P$。

（2）可靠性约束条件

① 任一管段流量 q_{ij} 应不小于最小允许设计流量 $q_{\min}$，可表达为：

$$q_{ij} \geqslant q_{\min} \quad 管段\ ij = 1、2、\cdots、P \tag{10-16}$$

② 任一节点的自由水头 H_{ja} 应不小于最小服务水头 $H_{\min}$，且不大于最大允许水头 $H_{\max}$，可表达为：

$$H_{\min} \leqslant H_{ja} \leqslant H_{\max} \quad 节点 \ j = 1、2、\cdots、J \tag{10-17}$$

（3）非负约束条件

任一管段直径 D_{ij} 不能为负值，可表达为：

$$D_{ij} \geqslant 0 \quad 管段 \ ij = 1、2、\cdots、P \tag{10-18}$$

10.3.3 给水管网优化设计计算中的变量关系

给水管网优化设计计算中，未知量为管段流量 q_{ij} 和管径 D_{ij}。

当管段流量 q_{ij} 和管径 D_{ij} 已定时，根据式（6-30），水头损失 h_{ij} 可表达为：

$$h_{ij} = \frac{k l_{ij} q_{ij}^n}{D_{ij}^m} \tag{10-19}$$

式中 k——比例常数。

如用管段流量 q_{ij} 和水头损失 h_{ij} 表示管径 D_{ij}，则管径 D_{ij} 可表达为：

$$D_{ij} = \left(\frac{k l_{ij} q_{ij}^n}{h_{ij}} \right)^{\frac{1}{m}} \tag{10-20}$$

将式（10-19）和式（10-20）分别代入式（10-13），则水泵供水时管网优化设计的目标函数改写为管段流量 q_{ij} 与管径 D_{ij} 的函数和管段流量 q_{ij} 与水头损失 h_{ij} 的函数，分别表示为：

$$W_{\min} = \sum_{ij=1}^{P} w_{ij} = \sum_{ij=1}^{P} \left[\left(\frac{1}{t} + p \right) \Sigma (a + b D_{ij}^{\alpha}) l_{ij} + P_{ij} q_{ij} \frac{k l_{ij} q_{ij}^n}{D_{ij}^m} \right] \tag{10-21}$$

$$W_{\min} = \sum_{ij=1}^{P} \left[\left(\frac{1}{t} + p \right) \Sigma \left(a + b k^{\frac{\alpha}{m}} l_{ij}^{\frac{\alpha}{m}} q_{ij}^{\frac{\alpha n}{m}} h_{ij}^{-\frac{\alpha}{m}} \right) l_{ij} + P_{ij} q_{ij} h_{ij} \right] \tag{10-22}$$

式（10-21）和式（10-22）是管网优化设计计算的基础公式。至于目标函数是否有极值？何时取得极值？如有极值，是最大值还是最小值？这都需要进行分析。下面分 3 种情况研究目标函数的极值问题。

（1）h_{ij} 为常数，q_{ij} 为变量

将式（10-22）表达的目标函数对管段流量 q_{ij} 求导，其一阶导数和二阶导数分别为：

$$\frac{\partial W}{\partial q_{ij}} = \left(\frac{1}{t} + p \right) \frac{\alpha n}{m} b k^{\frac{\alpha}{m}} l_{ij}^{\frac{\alpha+m}{m}} h_{ij}^{-\frac{\alpha}{m}} q_{ij}^{\frac{\alpha n-m}{m}} + P_{ij} h_{ij} \tag{10-23}$$

$$\frac{\partial^2 W}{\partial q_{ij}^2} = \left(\frac{1}{t} + p \right) \frac{\alpha n}{m} \frac{\alpha n - m}{m} b k^{\frac{\alpha}{m}} l_{ij}^{\frac{\alpha+m}{m}} h_{ij}^{-\frac{\alpha}{m}} q_{ij}^{\frac{\alpha n-2m}{m}} \tag{10-24}$$

根据各参数的一般取值范围，取 $\alpha = 1.8$，$n = 1.852$，$m = 4.87$，则得：

$$\frac{\alpha n - m}{m} = \frac{1.8 \times 1.852 - 4.87}{4.87} = -0.32 < 0$$

由此可见，$\frac{\partial^2 W}{\partial q_{ij}^2} < 0$，所以通过 $\frac{\partial W}{\partial q_{ij}} = 0$ 求得的极值为最大值，而不是最小值，也就是说流量未分配时不能求得经济管径；或者说，已知管段的水头损失，所得的流量是相应

于目标函数为最大值时的流量，也就是最不经济的流量分配。

（2）q_{ij} 为常数，h_{ij} 为变量

将式（10-22）表达的目标函数对管段水头损失 h_{ij} 求导，其一阶导数和二阶导数分别为：

$$\frac{\partial W}{\partial h_{ij}} = -\left(\frac{1}{t}+p\right)\frac{\alpha}{m}bk^{\frac{a}{m}}l_{ij}^{\frac{\alpha+m}{m}}q_{ij}^{\frac{\alpha n}{m}}h_{ij}^{-\frac{\alpha+m}{m}} + P_{ij}q_{ij} \tag{10-25}$$

$$\frac{\partial^2 W}{\partial h_{ij}^2} = \left(\frac{1}{t}+p\right)\frac{n}{m}\frac{\alpha+m}{m}bk^{\frac{a}{m}}l_{ij}^{\frac{\alpha+m}{m}}q_{ij}^{\frac{\alpha n}{m}}h_{ij}^{-\frac{\alpha+2m}{m}} \tag{10-26}$$

α、n 和 m 的取值同前，得：

$$\frac{\alpha+m}{m} = \frac{1.8+4.87}{4.87} = 1.37 > 0$$

由此可见，$\frac{\partial^2 W}{\partial h_{ij}^2} > 0$，所以通过 $\frac{\partial W}{\partial h_{ij}} = 0$ 求得的极值为最小值，也就是说当已知管段流量 q_{ij}，或者说流量已分配时，由 $\frac{\partial W}{\partial h_{ij}} = 0$ 所得的流量是相对于目标函数为最小值时的经济水头损失，即可得到经济管径；或者说，已知管段流量 q_{ij} 时，可由目标函数的最小值求得经济管径。

（3）q_{ij} 为常数，D_{ij} 为变量

将式（10-21）表达的目标函数对管径 D_{ij} 求导，其一阶导数和二阶导数分别为：

$$\frac{\partial W}{\partial D_{ij}} = \left(\frac{1}{t}+p\right)\alpha bl_{ij}D_{ij}^{\alpha-1} - mkl_{ij}P_{ij}q_{ij}^{n+1}D_{ij}^{-m-1} \tag{10-27}$$

$$\frac{\partial^2 W}{\partial D_{ij}^2} = \left(\frac{1}{t}+p\right)(\alpha-1)\alpha bl_{ij}D_{ij}^{\alpha-2} + (m+1)mkl_{ij}P_{ij}q_{ij}^{n+1}D_{ij}^{-m-2} \tag{10-28}$$

α、n 和 m 的取值同前，得 $\frac{\partial^2 W}{\partial D_{ij}^2} > 0$，所以通过 $\frac{\partial W}{\partial D_{ij}} = 0$ 求得的极值为最小值，也就是说当已知管段流量 q_{ij}，或者说流量已分配时，可由目标函数的最小值求得经济管径。

10.4 输水管优化设计

10.4.1 压力输水管优化设计

压力输水管线由多条管段串联组成，管段之间允许有节点流量流出，一般在其起始管段的起端设置泵站提供压力。

根据 $\frac{\partial W}{\partial D_{ij}} = 0$，可得：

$$\frac{\partial W}{\partial D_{ij}} = \left(\frac{1}{t}+p\right)\alpha bl_{ij}D_{ij}^{\alpha-1} - mkl_{ij}P_{ij}q_{ij}^{n+1}D_{ij}^{-m-1} = 0 \tag{10-29}$$

解得压力输水管线的经济管径为：

$$D_{ij} = \left[\frac{mkP}{\alpha b \left(\frac{1}{t} + p \right)} \right]^{\frac{1}{\alpha+m}} Q^{\frac{1}{\alpha+m}} q_{ij}^{\frac{n}{\alpha+m}} = (fQq_{ij}^n)^{\frac{1}{\alpha+m}} \qquad (10\text{-}30)$$

式中 f——经济因素，是包括多个管网技术和经济指标的综合参数，可表示为：

$$f = \frac{mkP}{\alpha b \left(\frac{1}{t} + p \right)} \qquad (10\text{-}31)$$

当输水管无沿线流量或全程流量不变时，式（10-30）变为：

$$D_{ij} = (fQ^{n+1})^{\frac{1}{\alpha+m}} \qquad (10\text{-}32)$$

根据当地各项技术和经济指标，算出经济因素 f 值，即可由管段流量按式（10-30）求出压力输水管线各管段的经济管径。

【**例 10-2**】如图 10-3 所示的压力输水管线，由管段 1—2、2—3 和 3—4 组成，泵站设在输水管线起端 1，节点 2、3 和 4 的设计流量分别为 55L/s、80L/s 和 40L/s。管材采用水泥砂浆内衬的球墨铸铁管。有关技术和经济指标为：投资偿还期 $t=10$ 年，折旧大修费率 $p=2.8\%$，供水能量变化系数 $\beta=0.4$，电价 $E=0.62$ 元/kWh，泵站效率 $\eta=0.7$，$m=4.87$，$n=1.852$，$k=\frac{10.67}{C_h^{1.852}}$，$a=120$，$b=3072$，$\alpha=1.52$。求各管段经济管径 D_{ij}。

图 10-3　压力输水管线优化设计计算图

【**解**】根据式（10-31），可得经济因素 f 为：

$$f = \frac{mkP}{\alpha b \left(\frac{1}{t} + p \right)} = \frac{4.87 \times \dfrac{10.67}{130^{1.852}} \times \dfrac{8760 \times 0.4 \times 0.62 \times 9.81}{0.7}}{1.52 \times 3072 \times \left(\dfrac{1}{10} + \dfrac{2.8}{100} \right)} = 0.32$$

根据式（10-30），可得输水管各管段的经济管径如下：

$D_{1-2} = (fQq_{1-2}^n)^{\frac{1}{\alpha+m}} = (0.32 \times 0.175 \times 0.175^{1.852})^{\frac{1}{1.52+4.87}} = 0.384\text{m}$，选用 400mm 管径；

$D_{2-3} = (fQq_{2-3}^n)^{\frac{1}{\alpha+m}} = (0.32 \times 0.175 \times 0.135^{1.852})^{\frac{1}{1.52+4.87}} = 0.356\text{m}$，选用 400mm 管径；

$D_{3-4} = (fQq_{3-4}^n)^{\frac{1}{\alpha+m}} = (0.32 \times 0.175 \times 0.055^{1.852})^{\frac{1}{1.52+4.87}} = 0.275\text{m}$，选用 300mm 管径。

10.4.2　重力输水管优化设计

重力输水时，依靠输水管两端的水源和管网控制点之间的地形高差 H 所产生的重力克服管线水头损失进行供水，无需抽水动力费用，因此重力输水管线优化设计计算是求出

利用现有水压 H（位置水头）使管线建设投资费用为最低时的管径。

由式（10-22）可得重力供水时管网优化设计的目标函数为：

$$W_{\min} = \sum_{ij=1}^{P} \left[\left(\frac{1}{t} + p \right) \sum (a + bk^{\frac{\alpha}{m}} l_{ij}^{\frac{\alpha}{m}} q_{ij}^{\frac{\alpha n}{m}} h_{ij}^{-\frac{\alpha}{m}}) l_{ij} \right] \tag{10-33}$$

充分利用现有水压 H 条件下，使目标函数为最小值时的水头损失或管径，这是一个条件极值问题，可应用拉格朗日条件极值法求解，于是问题转化为求下列拉格朗日函数的最小值：

$$F(h) = W + \lambda(H - \textstyle\sum h_{ij})$$

$$= \sum_{ij=1}^{P} \left[\left(\frac{1}{t} + p \right) \sum (a + bk^{\frac{\alpha}{m}} l_{ij}^{\frac{\alpha}{m}} q_{ij}^{\frac{\alpha n}{m}} h_{ij}^{-\frac{\alpha}{m}}) l_{ij} \right] + \lambda(H - \textstyle\sum h_{ij}) \tag{10-34}$$

求拉格朗日函数 $F(h)$ 对 h_{ij} 的偏导数，并令其等于零，得：

$$\frac{\partial F(h)}{\partial h_{ij}} = -\left(\frac{1}{t} + p \right) \frac{\alpha}{m} bk^{\frac{\alpha}{m}} l_{ij}^{\frac{\alpha+m}{m}} q_{ij}^{\frac{\alpha n}{m}} h_{ij}^{-\frac{\alpha+m}{m}} - \lambda = 0 \tag{10-35}$$

解得：

$$\lambda = \left(\frac{1}{t} + p \right) \frac{\alpha}{m} bk^{\frac{\alpha}{m}} l_{ij}^{\frac{\alpha}{m}} q_{ij}^{\frac{\alpha+m}{m}} h_{ij}^{\frac{\alpha+m}{m}} \tag{10-36}$$

一般情况下，输水管各管段的 t、p、α、b、k 和 m 值相同，则有：

$$\frac{q_{ij}^{\frac{\alpha n}{m}}}{\dfrac{h_{ij}^{\frac{\alpha+m}{m}}}{l_{ij}^{\frac{\alpha+m}{m}}}} = \frac{q_{ij}^{\frac{\alpha n}{m}}}{i_{ij}^{\frac{\alpha+m}{m}}} = \frac{q_{ij}^{\frac{\alpha n}{\alpha+m}}}{i_{ij}} = 常数 \tag{10-37}$$

式中　i_{ij}——管段 ij 的水力坡度，$i_{ij} = \dfrac{h_{ij}}{l_{ij}}$。

根据式（10-37）可选定重力输水时各管段的经济管径。

【例 10-3】将例 10-2 中的压力输水管改为重力输水管，起点 1 为水库，起点 1 和终点 4 的水头差为 12m，$l_{1-2} = 600\text{m}$，$l_{2-3} = 1000\text{m}$，$l_{3-4} = 750\text{m}$。确定输水管各管段的经济管径。

【解】由式（10-37）可得：

$$\frac{q_{1-2}^{\frac{\alpha n}{\alpha+m}}}{i_{1-2}} = \frac{q_{2-3}^{\frac{\alpha n}{\alpha+m}}}{i_{2-3}} = \frac{q_{3-4}^{\frac{\alpha n}{\alpha+m}}}{i_{3-4}} = 常数$$

联立　　　　$\sum h_{ij} = \sum i_{ij} l_{ij} = i_{1-2} l_{1-2} + i_{2-3} l_{2-3} + i_{3-4} l_{3-4} = H$

求解，取 $\alpha = 1.8$，$n = 1.852$，$m = 4.87$，则 $\dfrac{\alpha n}{\alpha + m} = 0.50$，可得：

$$i_{1-2} l_{1-2} + \sqrt{\frac{q_{2-3}}{q_{1-2}}} i_{1-2} l_{2-3} + \sqrt{\frac{q_{3-4}}{q_{1-2}}} i_{1-2} l_{3-4} = H$$

将已知值代入，得：

$$i_{1-2} \times 600 + \sqrt{\frac{135}{180}} \times i_{1-2} \times 1000 + \sqrt{\frac{55}{180}} \times i_{1-2} \times 750 = 12$$

解得　　　　　　　　　　　　$i_{1-2} = 0.0063$

$$i_{2-3} = 0.0056$$

$$i_{3-4} = 0.0035$$

根据各管段流量，结合各管段水力坡度，综合考虑各管段情况，选用的各管段直径和实际水力坡度如下：

$$D_{1-2} = 400mm, \ i_{1-2} = 0.00517$$
$$D_{2-3} = 400mm, \ i_{2-3} = 0.00320$$
$$D_{3-4} = 250mm, \ i_{3-4} = 0.00610$$

输水管总水头损失为 $\sum h_{ij} = 0.00517 \times 600 + 0.00320 \times 1000 + 0.00610 \times 750 = 10.88m$，小于现有可利用的水压 12m，符合要求。

因市售的标准管径分档不多，故在选择管径时，应选取相近而较大的标准管径，以免控制点的水压不足，但为了有效利用现有水压，整条输水管中的某几段可以采用相近而较小的标准管径，目的在于充分利用现有水压，也就是使输水管的总水头损失尽量接近于可利用的水头差。

10.5 给水管网优化设计

给水管网优化设计计算原理与输水管优化设计基本相同，不同之处在于求目标函数的最小值时除任一节点应满足连续性方程以外，任一环还应满足能量方程的条件。

10.5.1 起点水压未知的压力式给水管网优化设计

起点水压未知的压力式给水管网优化设计与压力输水管优化设计相类似。如图 10-4 所示的环状给水管网，已知进入管网的总流量 Q、节点流量 q_j、管段中水流方向和管网控制点 9 的节点水压 H_9。

管网的管段数 $P=12$，节点数 $J=9$，环数 $L=4$。未知的管段流量 q_{ij} 和水头损失 h_{ij} 个数各为 12 个，共有 24 个未知量。

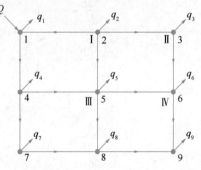

管网起点 1 的节点水压 H_1 与控制点的节点水压 H_9 存在下列关系：

$$H_1 - H_9 = \sum h_{1-9} \tag{10-38}$$

式中 $\sum h_{1-9}$——从管网起点 1 到控制点 9 的任一条管线的水头损失总和。

图 10-4 压力式给水管网优化设计计算图

如选择管线 1-2-3-6-9 计算 $\sum h_{1-9}$，式（10-38）可表示为：

$$H_1 = h_{1-2} + h_{2-3} + h_{3-6} + h_{6-9} + H_9 \tag{10-39}$$

应用拉格朗日未定乘数法构建拉格朗日函数：

$$F(h) = W + \lambda_1 f_1 + \lambda_2 f_2 + \cdots \tag{10-40}$$

式中 $f_1, f_2, \cdots$——已知的约束条件；

$\lambda_1, \lambda_2, \cdots$——拉格朗日未定乘数。

据此写出经济水头损失的拉格朗日函数式，将式(10-22)和式(10-39)代入式(10-40)，得：

$$F(h) = \left(\frac{1}{t} + p\right) \sum_{ij=1}^{12} (bk^{\frac{\alpha}{m}} l_{ij}^{\frac{\alpha+m}{m}} q_{ij}^{\frac{\alpha}{m}} h_{ij}^{-\frac{\alpha}{m}}) + PQH_1 + \lambda_{\mathrm{I}} (h_{1-2} + h_{2-5} - h_{5-4} - h_{4-1})$$
$$+ \lambda_{\mathrm{II}} (h_{2-3} + h_{3-6} - h_{6-5} - h_{5-2}) + \lambda_{\mathrm{III}} (h_{4-5} + h_{5-8} - h_{8-7} - h_{7-4})$$
$$+ \lambda_{\mathrm{IV}} (h_{5-6} + h_{6-9} - h_{9-8} - h_{8-5}) + \lambda_{\mathrm{H}} (H_1 - h_{1-2} - h_{2-3} - h_{3-6} - h_{6-9} - H_9)$$

$$\tag{10-41}$$

求函数 $F(h)$ 对管网起点水压 H_1 和管段水头损失 h_{ij} 的偏导数，并令其等于零，得：

$$\frac{\partial F}{\partial H_1} = PQ + \lambda_{\mathrm{H}} = 0 \tag{10-42}$$

$$\frac{\partial F}{\partial h_{1-2}} = -\left(\frac{1}{t} + p\right)\frac{\alpha}{m} bk^{\frac{\alpha}{m}} l_{1-2}^{\frac{\alpha+m}{m}} q_{1-2}^{\frac{\alpha}{m}} h_{1-2}^{-\frac{\alpha+m}{m}} + \lambda_{\mathrm{I}} - \lambda_{\mathrm{H}} = 0 \tag{10-43}$$

$$\frac{\partial F}{\partial h_{2-3}} = -\left(\frac{1}{t} + p\right)\frac{\alpha}{m} bk^{\frac{\alpha}{m}} l_{2-3}^{\frac{\alpha+m}{m}} q_{2-3}^{\frac{\alpha}{m}} h_{2-3}^{-\frac{\alpha+m}{m}} + \lambda_{\mathrm{II}} - \lambda_{\mathrm{H}} = 0 \tag{10-44}$$

$$\frac{\partial F}{\partial h_{1-4}} = -\left(\frac{1}{t} + p\right)\frac{\alpha}{m} bk^{\frac{\alpha}{m}} l_{1-4}^{\frac{\alpha+m}{m}} q_{1-4}^{\frac{\alpha}{m}} h_{1-4}^{-\frac{\alpha+m}{m}} - \lambda_{\mathrm{I}} = 0 \tag{10-45}$$

$$\frac{\partial F}{\partial h_{2-5}} = -\left(\frac{1}{t} + p\right)\frac{\alpha}{m} bk^{\frac{\alpha}{m}} l_{2-5}^{\frac{\alpha+m}{m}} q_{2-5}^{\frac{\alpha}{m}} h_{2-5}^{-\frac{\alpha+m}{m}} + \lambda_{\mathrm{I}} - \lambda_{\mathrm{II}} = 0 \tag{10-46}$$

$$\frac{\partial F}{\partial h_{3-6}} = -\left(\frac{1}{t} + p\right)\frac{\alpha}{m} bk^{\frac{\alpha}{m}} l_{3-6}^{\frac{\alpha+m}{m}} q_{3-6}^{\frac{\alpha}{m}} h_{3-6}^{-\frac{\alpha+m}{m}} + \lambda_{\mathrm{II}} - \lambda_{\mathrm{H}} = 0 \tag{10-47}$$

$$\frac{\partial F}{\partial h_{4-5}} = -\left(\frac{1}{t} + p\right)\frac{\alpha}{m} bk^{\frac{\alpha}{m}} l_{4-5}^{\frac{\alpha+m}{m}} q_{4-5}^{\frac{\alpha}{m}} h_{4-5}^{-\frac{\alpha+m}{m}} - \lambda_{\mathrm{I}} + \lambda_{\mathrm{III}} = 0 \tag{10-48}$$

$$\frac{\partial F}{\partial h_{5-6}} = -\left(\frac{1}{t} + p\right)\frac{\alpha}{m} bk^{\frac{\alpha}{m}} l_{5-6}^{\frac{\alpha+m}{m}} q_{5-6}^{\frac{\alpha}{m}} h_{5-6}^{-\frac{\alpha+m}{m}} - \lambda_{\mathrm{II}} + \lambda_{\mathrm{IV}} = 0 \tag{10-49}$$

$$\frac{\partial F}{\partial h_{4-7}} = -\left(\frac{1}{t} + p\right)\frac{\alpha}{m} bk^{\frac{\alpha}{m}} l_{4-7}^{\frac{\alpha+m}{m}} q_{4-7}^{\frac{\alpha}{m}} h_{4-7}^{-\frac{\alpha+m}{m}} - \lambda_{\mathrm{III}} = 0 \tag{10-50}$$

$$\frac{\partial F}{\partial h_{5-8}} = -\left(\frac{1}{t} + p\right)\frac{\alpha}{m} bk^{\frac{\alpha}{m}} l_{5-8}^{\frac{\alpha+m}{m}} q_{5-8}^{\frac{\alpha}{m}} h_{5-8}^{-\frac{\alpha+m}{m}} + \lambda_{\mathrm{III}} - \lambda_{\mathrm{IV}} = 0 \tag{10-51}$$

$$\frac{\partial F}{\partial h_{6-9}} = -\left(\frac{1}{t} + p\right)\frac{\alpha}{m} bk^{\frac{\alpha}{m}} l_{6-9}^{\frac{\alpha+m}{m}} q_{6-9}^{\frac{\alpha}{m}} h_{6-9}^{-\frac{\alpha+m}{m}} + \lambda_{\mathrm{IV}} - \lambda_{\mathrm{H}} = 0 \tag{10-52}$$

$$\frac{\partial F}{\partial h_{7-8}} = -\left(\frac{1}{t} + p\right)\frac{\alpha}{m} bk^{\frac{\alpha}{m}} l_{7-8}^{\frac{\alpha+m}{m}} q_{7-8}^{\frac{\alpha}{m}} h_{7-8}^{-\frac{\alpha+m}{m}} - \lambda_{\mathrm{III}} = 0 \tag{10-53}$$

$$\frac{\partial F}{\partial h_{8-9}} = -\left(\frac{1}{t} + p\right)\frac{\alpha}{m} bk^{\frac{\alpha}{m}} l_{8-9}^{\frac{\alpha+m}{m}} q_{8-9}^{\frac{\alpha}{m}} h_{8-9}^{-\frac{\alpha+m}{m}} - \lambda_{\mathrm{IV}} = 0 \tag{10-54}$$

以节点为统计单元，将与该节点相连的管段的偏导数相加减，消去拉格朗日未定乘数，得到 8 个独立的方程：

节点 1：
$$\frac{\partial F}{\partial H_1}+\frac{\partial F}{\partial h_{1-2}}+\frac{\partial F}{\partial h_{1-4}}$$
$$=PQ-\left(\frac{1}{t}+p\right)\frac{\alpha}{m}bk^{\frac{\alpha}{m}}l_{1-2}^{\frac{\alpha+m}{m}}q_{1-2}^{\frac{\alpha n}{m}}h_{1-2}^{-\frac{\alpha+m}{m}}$$
$$-\left(\frac{1}{t}+p\right)\frac{\alpha}{m}bk^{\frac{\alpha}{m}}l_{1-4}^{\frac{\alpha+m}{m}}q_{1-4}^{\frac{\alpha n}{m}}h_{1-4}^{-\frac{\alpha+m}{m}}$$
$$=0$$

节点 2：
$$-\frac{\partial F}{\partial h_{1-2}}+\frac{\partial F}{\partial h_{2-3}}+\frac{\partial F}{\partial h_{2-5}}$$
$$=\left(\frac{1}{t}+p\right)\frac{\alpha}{m}bk^{\frac{\alpha}{m}}l_{1-2}^{\frac{\alpha+m}{m}}q_{1-2}^{\frac{\alpha n}{m}}h_{1-2}^{-\frac{\alpha+m}{m}}-\left(\frac{1}{t}+p\right)\frac{\alpha}{m}bk^{\frac{\alpha}{m}}l_{2-3}^{\frac{\alpha+m}{m}}q_{2-3}^{\frac{\alpha n}{m}}h_{2-3}^{-\frac{\alpha+m}{m}}$$
$$-\left(\frac{1}{t}+p\right)\frac{\alpha}{m}bk^{\frac{\alpha}{m}}l_{2-5}^{\frac{\alpha+m}{m}}q_{2-5}^{\frac{\alpha n}{m}}h_{2-5}^{-\frac{\alpha+m}{m}}$$
$$=0$$

节点 3：
$$-\frac{\partial F}{\partial h_{2-3}}+\frac{\partial F}{\partial h_{3-6}}$$
$$=\left(\frac{1}{t}+p\right)\frac{\alpha}{m}bk^{\frac{\alpha}{m}}l_{2-3}^{\frac{\alpha+m}{m}}q_{2-3}^{\frac{\alpha n}{m}}h_{2-3}^{-\frac{\alpha+m}{m}}-\left(\frac{1}{t}+p\right)\frac{\alpha}{m}bk^{\frac{\alpha}{m}}l_{3-6}^{\frac{\alpha+m}{m}}q_{3-6}^{\frac{\alpha n}{m}}h_{3-6}^{-\frac{\alpha+m}{m}}$$
$$=0$$

节点 4：
$$-\frac{\partial F}{\partial h_{1-4}}+\frac{\partial F}{\partial h_{4-5}}+\frac{\partial F}{\partial h_{4-7}}$$
$$=\left(\frac{1}{t}+p\right)\frac{\alpha}{m}bk^{\frac{\alpha}{m}}l_{1-4}^{\frac{\alpha+m}{m}}q_{1-4}^{\frac{\alpha n}{m}}h_{1-4}^{-\frac{\alpha+m}{m}}-\left(\frac{1}{t}+p\right)\frac{\alpha}{m}bk^{\frac{\alpha}{m}}l_{4-5}^{\frac{\alpha+m}{m}}q_{4-5}^{\frac{\alpha n}{m}}h_{4-5}^{-\frac{\alpha+m}{m}}$$
$$-\left(\frac{1}{t}+p\right)\frac{\alpha}{m}bk^{\frac{\alpha}{m}}l_{4-7}^{\frac{\alpha+m}{m}}q_{4-7}^{\frac{\alpha n}{m}}h_{4-7}^{-\frac{\alpha+m}{m}}$$
$$=0$$

节点 5：
$$-\frac{\partial F}{\partial h_{2-5}}-\frac{\partial F}{\partial h_{4-5}}+\frac{\partial F}{\partial h_{5-6}}+\frac{\partial F}{\partial h_{5-8}}$$
$$=\left(\frac{1}{t}+p\right)\frac{\alpha}{m}bk^{\frac{\alpha}{m}}l_{2-5}^{\frac{\alpha+m}{m}}q_{2-5}^{\frac{\alpha n}{m}}h_{2-5}^{-\frac{\alpha+m}{m}}+\left(\frac{1}{t}+p\right)\frac{\alpha}{m}bk^{\frac{\alpha}{m}}l_{4-5}^{\frac{\alpha+m}{m}}q_{4-5}^{\frac{\alpha n}{m}}h_{4-5}^{-\frac{\alpha+m}{m}}$$
$$-\left(\frac{1}{t}+p\right)\frac{\alpha}{m}bk^{\frac{\alpha}{m}}l_{5-6}^{\frac{\alpha+m}{m}}q_{5-6}^{\frac{\alpha n}{m}}h_{5-6}^{-\frac{\alpha+m}{m}}-\left(\frac{1}{t}+p\right)\frac{\alpha}{m}bk^{\frac{\alpha}{m}}l_{5-8}^{\frac{\alpha+m}{m}}q_{5-8}^{\frac{\alpha n}{m}}h_{5-8}^{-\frac{\alpha+m}{m}}$$
$$=0$$

节点 6：
$$-\frac{\partial F}{\partial h_{3-6}}-\frac{\partial F}{\partial h_{5-6}}+\frac{\partial F}{\partial h_{6-9}}$$
$$=\left(\frac{1}{t}+p\right)\frac{\alpha}{m}bk^{\frac{\alpha}{m}}l_{3-6}^{\frac{\alpha+m}{m}}q_{3-6}^{\frac{\alpha n}{m}}h_{3-6}^{-\frac{\alpha+m}{m}}+\left(\frac{1}{t}+p\right)\frac{\alpha}{m}bk^{\frac{\alpha}{m}}l_{5-6}^{\frac{\alpha+m}{m}}q_{5-6}^{\frac{\alpha n}{m}}h_{5-6}^{-\frac{\alpha+m}{m}}$$
$$-\left(\frac{1}{t}+p\right)\frac{\alpha}{m}bk^{\frac{\alpha}{m}}l_{6-9}^{\frac{\alpha+m}{m}}q_{6-9}^{\frac{\alpha n}{m}}h_{6-9}^{-\frac{\alpha+m}{m}}$$
$$=0$$

节点 7：
$$-\frac{\partial F}{\partial h_{4-7}}+\frac{\partial F}{\partial h_{7-8}}$$
$$=\left(\frac{1}{t}+p\right)\frac{\alpha}{m}bk^{\frac{\alpha}{m}}l_{4-7}^{\frac{\alpha+m}{m}}q_{4-7}^{\frac{\alpha n}{m}}h_{4-7}^{-\frac{\alpha+m}{m}}-\left(\frac{1}{t}+p\right)\frac{\alpha}{m}bk^{\frac{\alpha}{m}}l_{7-8}^{\frac{\alpha+m}{m}}q_{7-8}^{\frac{\alpha n}{m}}h_{7-8}^{-\frac{\alpha+m}{m}}$$
$$=0$$

节点 8：
$$-\frac{\partial F}{\partial h_{5-8}}-\frac{\partial F}{\partial h_{7-8}}+\frac{\partial F}{\partial h_{8-9}}$$
$$=\left(\frac{1}{t}+p\right)\frac{\alpha}{m}bk^{\frac{\alpha}{m}}l_{5-8}^{\frac{\alpha+m}{m}}q_{5-8}^{\frac{\alpha n}{m}}h_{5-8}^{-\frac{\alpha+m}{m}}+\left(\frac{1}{t}+p\right)\frac{\alpha}{m}bk^{\frac{\alpha}{m}}l_{7-8}^{\frac{\alpha+m}{m}}q_{7-8}^{\frac{\alpha n}{m}}h_{7-8}^{-\frac{\alpha+m}{m}}$$
$$-\left(\frac{1}{t}+p\right)\frac{\alpha}{m}bk^{\frac{\alpha}{m}}l_{8-9}^{\frac{\alpha+m}{m}}q_{8-9}^{\frac{\alpha n}{m}}h_{8-9}^{-\frac{\alpha+m}{m}}$$
$$=0$$

$$(10\text{-}55)$$

令

$$A = \frac{mP}{\left(\frac{1}{t} + p\right)\alpha b k^{\frac{a}{m}}}$$ 　(10-56)

$$a_{ij} = l_{ij}^{\frac{a+m}{m}} q_{ij}^{\frac{an}{m}}$$ 　(10-57)

则方程组简化为：

节点 1： $a_{1-2}h_{1-2}^{-\frac{a+m}{m}} + a_{1-4}h_{1-4}^{-\frac{a+m}{m}} - AQ = 0$

节点 2： $a_{2-3}h_{2-3}^{-\frac{a+m}{m}} + a_{2-5}h_{2-5}^{-\frac{a+m}{m}} - a_{1-2}h_{1-2}^{-\frac{a+m}{m}} = 0$

节点 3： $a_{3-6}h_{3-6}^{-\frac{a+m}{m}} - a_{2-3}h_{2-3}^{-\frac{a+m}{m}} = 0$

节点 4： $a_{4-5}h_{4-5}^{-\frac{a+m}{m}} - a_{4-7}h_{4-7}^{-\frac{a+m}{m}} - a_{1-4}h_{1-4}^{-\frac{a+m}{m}} = 0$

节点 5： $a_{5-6}h_{5-6}^{-\frac{a+m}{m}} + a_{5-8}h_{5-8}^{-\frac{a+m}{m}} - a_{2-5}h_{2-5}^{-\frac{a+m}{m}} - a_{4-5}h_{4-5}^{-\frac{a+m}{m}} = 0$ 　　(10-58)

节点 6： $a_{6-9}h_{6-9}^{-\frac{a+m}{m}} - a_{3-6}h_{3-6}^{-\frac{a+m}{m}} - a_{5-6}h_{5-6}^{-\frac{a+m}{m}} = 0$

节点 7： $a_{7-8}h_{7-8}^{-\frac{a+m}{m}} - a_{4-7}h_{4-7}^{-\frac{a+m}{m}} = 0$

节点 8： $a_{8-9}h_{8-9}^{-\frac{a+m}{m}} - a_{5-8}h_{5-8}^{-\frac{a+m}{m}} - a_{7-8}h_{7-8}^{-\frac{a+m}{m}} = 0$

由式（10-58）可知，每个方程表示与某一节点相连的所有管段的关系，方程形式类似于节点流量平衡的条件，并且在流出该节点的管段标以正号，流入该节点的管段标以负号，因此称为节点方程。

节点方程共有 $J-1$ 个，加上 L 个能量方程，共计 $J+L-1$ 个方程，可以求出 P 个管段的水头损失 h_{ij}。

为求各管段的经济水头损失 h_{ij} 值，须解非线性方程，即式（10-58），需用计算机求解。下面介绍一种可以人工求解的近似简化方法，说明如下。

设 x_{ij} 为某管段流量占总流量 Q 的比例，称为管段虚流量，表示为：

$$x_{ij} = \frac{a_{ij}h_{ij}^{-\frac{a+m}{m}}}{AQ} = \frac{l_{ij}^{\frac{a+m}{m}} q_{ij}^{\frac{an}{m}} h_{ij}^{-\frac{a+m}{m}}}{AQ}$$ 　(10-59)

当通过管网的总流量 Q 为 1 时，各管段的 x_{ij} 值为 0～1。

将式（10-58）两边同除以 AQ，并代入 x_{ij}，得：

$$\begin{aligned}
x_{1-2} + x_{1-4} &= 1 \\
x_{2-3} + x_{2-5} - x_{1-2} &= 0 \\
x_{3-6} - x_{2-3} &= 0 \\
x_{4-5} - x_{4-7} - x_{1-4} &= 0 \\
x_{5-6} + x_{5-8} - x_{2-5} - x_{4-5} &= 0 \\
x_{6-9} - x_{3-6} - x_{5-6} &= 0 \\
x_{7-8} - x_{4-7} &= 0 \\
x_{8-9} - x_{5-8} - x_{7-8} &= 0
\end{aligned}$$ 　　(10-60)

由式 (10-59) 得：

$$h_{ij} = \frac{l_{ij} q_{ij}^{\frac{an}{a+m}} x_{ij}^{\frac{m}{a+m}}}{(AQ)^{\frac{m}{a+m}}} \tag{10-61}$$

将水头损失表达式 (10-19) 代入式 (10-61)，得：

$$D_{ij} = k^{\frac{1}{m}} A^{\frac{1}{a+m}} (x_{ij} Q q_{ij}^{n})^{\frac{1}{a+m}} \tag{10-62}$$

将式 (10-56) 改写为：

$$A = \frac{mPk}{\left(\frac{1}{t} + p\right)ab} k^{\frac{a+m}{m}} = fk^{\frac{a+m}{m}} \tag{10-63}$$

得经济因素 f 为：

$$f = Ak^{\frac{a+m}{m}} \tag{10-64}$$

将式 (10-64) 代入式 (10-62)，得：

$$D_{ij} = (f x_{ij} Q q_{ij}^{n})^{\frac{1}{a+m}} \tag{10-65}$$

式 (10-62) 即为起点水压未知时或需求出二级泵站扬程时的环状给水管网经济管径公式，适用于如图 10-3 所示的压力输水管，因各管段的 $x_{ij}=1$，沿线有流量输出，$Q \neq q_{ij}$。而压力输水管沿线无流量输出时，因 $Q = q_{ij}$，即可化为式 (10-32)。

由式 (10-61) 或式 (10-65) 可知，因已按照 $q_j + \sum q_{ij} = 0$ 的条件分配流量而得 q_{ij}，f 和 Q 也是已知值，因此在求各管段的经济水头损失或经济管径时，只需求出 x_{ij} 值。

每环中各管段的水头损失应满足能量方程，由式 (10-61) 得：

$$\sum h_{ij} = \sum \frac{l_{ij} q_{ij}^{\frac{an}{a+m}} x_{ij}^{\frac{m}{a+m}}}{(AQ)^{\frac{m}{a+m}}} = 0 \tag{10-66}$$

由于各管段的 $(AQ)^{\frac{m}{a+m}}$ 值相同，因此只需满足以下条件：

$$\sum h_{ij} = \sum (l_{ij} q_{ij}^{\frac{an}{a+m}} x_{ij}^{\frac{m}{a+m}}) = 0 \tag{10-67}$$

各管段的流量 q_{ij} 和长度 l_{ij} 为已知，问题转化为解虚流量 x_{ij} 方程。

如与管网水力计算时须满足连续性方程 $q_j + \sum q_{ij} = 0$ 和能量方程 $\sum h_{ij} = 0$ 的条件相对照，可将管网起始节点 $\sum x_{ij} = 1$，其余节点 $\sum x_{ij} = 0$ 的关系，看成是虚流量的节点流量平衡条件，而将式 (10-67) 看作是虚环内虚水头损失平衡的条件，因此相应地将式 (10-67) 中的数值 $l_{ij} q_{ij}^{\frac{an}{a+m}}$ 称为虚阻力，用 S_{Φ} 表示，数值 $l_{ij} q_{ij}^{\frac{an}{a+m}} x_{ij}^{\frac{m}{a+m}}$ 称为虚水头损失，以 h_{Φ} 表示，得：

$$h_{\Phi ij} = l_{ij} q_{ij}^{\frac{an}{a+m}} x_{ij}^{\frac{m}{a+m}} = S_{\Phi} x_{ij}^{\frac{m}{a+m}} \tag{10-68}$$

比较式 (10-61) 和式 (10-68)，可知虚水头损失 $h_{\Phi ij}$ 为经济水头损失 h_{ij} 的 $(AQ)^{\frac{m}{a+m}}$ 倍，即：

$$h_{\Phi ij} = (AQ)^{\frac{m}{a+m}} h_{ij} \tag{10-69}$$

求虚流量 x_{ij} 时需先进行流量分配，分配时，流入虚流量的节点与虚流量方向和实际流量分配时相同，即除起点外，其余节点应符合 $\sum x_{ij} = 0$ 的条件。按虚流量进行计算时，应同时满足 $\sum x_{ij} = 0$ 和每一虚环的 $\sum h_{\Phi ij} = 0$ 的条件。环 k 的虚流量的校正流量可按式 (10-70) 计算：

$$\Delta x_k = \frac{\sum l_{ij} q_{ij}^{\frac{\alpha n}{\alpha+m}} x_{ij}^{-\frac{m}{\alpha+m}}}{\frac{m}{\alpha+m} \sum |l_{ij} q_{ij}^{\frac{\alpha n}{\alpha+m}} x_{ij}^{-\frac{m}{\alpha+m}}|} \tag{10-70}$$

求得各管段的 x_{ij} 值后，代入式（10-61）或式（10-65），即得该管段的经济水头损失或经济管径。因为管网计算在流量已分配条件下进行，由本章 10.3.3 可知，得到的是经济管径。如求得的经济管径不等于标准管径，需选用规格相近的标准管径。

10.5.2　起点水压已知的重力式给水管网优化设计

水源位于高地（如水库）依靠重力供水的管网，或从现有管网接出的扩建管网，都可以看作是起点水压已知的管网。求经济管径时须满足每环 $\sum h_{ij}=0$ 的水力条件和充分利用现有水压尽量降低管网造价的条件。求重力式管网的经济管径时，可略去供水所需动力费用。如将图 10-4 中的压力式给水管网改为重力式给水管网，则因管网起点 1 和控制点 9 的节点水压已知，所以 1、9 两点之间管线水头损失应小于或等于所能利用的水压 $H=H_1-H_9$，以选定管线 1—2—3—6—9 为例，有下列关系：

$$H = \sum h_{ij} = h_{1-2} + h_{2-3} + h_{3-6} + h_{6-9} \tag{10-71}$$

据此写出函数式如下：

$$F(h) = \left(\frac{1}{t} + p\right) \sum_{ij=1}^{12} \left(bk^{\frac{a}{m}} l_{ij}^{\frac{\alpha+m}{m}} q_{ij}^{\frac{\alpha n}{m}} h_{ij}^{-\frac{a}{m}}\right) + \sum_{k=1}^{\mathrm{IV}} \lambda_{\mathrm{L}} \left(\sum h_{ij}\right)_{\mathrm{L}} \tag{10-72}$$
$$+ \lambda_{\mathrm{H}} (H - h_{1-2} - h_{2-3} - h_{3-6} - h_{6-9})$$

数学推导过程与起点水压未知的管网相同，此处从略。最后得出与式（10-65）形式相似的经济管径公式，差别在于，起点水压已知的管网，经济因素 f 值不同于起点水压未知的管网，说明如下。

将式（10-69）代入式（10-71），得：

$$H = \sum h_{ij} = \frac{\sum h_{\Phi ij}}{(AQ)^{\frac{m}{\alpha+m}}} \tag{10-73}$$

或

$$A = \frac{(\sum h_{\Phi ij})^{\frac{\alpha+m}{m}}}{H^{\frac{\alpha+m}{m}} Q} \tag{10-74}$$

由此得起点水压已知的重力式环状管网的经济因素 f' 为：

$$f' = Ak^{\frac{\alpha+m}{m}} = \frac{(\sum h_{\Phi ij})^{\frac{\alpha+m}{m}}}{H^{\frac{\alpha+m}{m}} Q} k^{\frac{\alpha+m}{m}} = \frac{1}{Q}\left(\frac{k \sum h_{\Phi ij}}{H}\right)^{\frac{\alpha+m}{m}} \tag{10-75}$$

将式（10-75）代入式（10-65），得起点水压已知管网的经济管径公式为：

$$D_{ij} = \left(\frac{k \sum h_{\Phi ij}}{H}\right)^{\frac{1}{m}} (x_{ij} q_{ij}^n)^{\frac{1}{\alpha+m}} = \left[\frac{k \sum(l_{ij} q_{ij}^{\frac{\alpha n}{\alpha+m}} x_{ij}^{-\frac{m}{\alpha+m}})}{H}\right]^{\frac{1}{m}} (x_{ij} q_{ij}^n)^{\frac{1}{\alpha+m}} \tag{10-76}$$

式（10-76）中的 $\sum(l_{ij} q_{ij}^{\frac{\alpha n}{\alpha+m}} x_{ij}^{-\frac{m}{\alpha+m}})$ 是指从管网起点到控制点的选定管线上，各管段虚水头损失总和。

由上可见，无论是起点水压未知还是已知的管网，均可用式（10-65）求经济管径，只是在求经济因素时，前者需计入动力费用而用式（10-31），后者不计动力费用，只需充分利用现有水压而用式（10-75）。

在管网优化计算时，起点水压已知的管网，也需先求出各管段的虚流量 x_{ij}。虚流量的平差方法和起点水压未知的管网相同。然后求出从管网起点到控制点的选定管线上虚水头损失总和 $\sum h_{\Phi ij}$，各管段分配的流量 q_{ij} 以及可以利用的水压 H，代入式（10-76）即得经济管径。

10.6 给水管网近似优化计算

因为管网计算时各管段设计流量本身的精度有限，而且计算所得的经济管径往往不是标准管径，所以可用近似的优化计算方法，在保证应有精度的前提下选择管径，以减轻计算工作量。

压力式管网的近似计算方法仍以经济管径公式（10-62）为依据，分配虚流量时需满足 $\sum x_{ij}=0$ 的条件，但不进行虚流量平差。用近似优化法计算得出的管径，只是个别管段与精确算法的结果不同。为了进一步简化计算，还可使每一管段的 $x_{ij}=1$，就是将它看作是与管网中其他管段无关的单独工作管段，由此算出的管径，对于距离二级泵站较远的管段，误差较大。

为了求出单独工作管段的经济管径，可应用界限流量的概念。

按经济管径公式（10-32）求出的管径，是在某一流量下的经济管径，但不一定等于市售的标准管径。由于市售水管的标准管径分档较少，因此，每种标准管径不仅有相应的最经济流量，并且有其经济的界限流量范围，在此范围内用这一管径都是经济的，如果超出界限流量范围就须采用大一号或小一号的标准管径。

根据相邻两档标准管径 D_{n-1} 和 D_n 的年折算费用相等的条件，可以确定界限流量。将相邻两档标准管径 D_{n-1} 和 D_n 分别代入年费用折算值计算公式（10-11），并取式（6-32）中的 $n=2$，得：

$$W_{n-1} = \left(\frac{1}{t} + p\right)\Sigma(a + bD_{n-1}^{\alpha})l_{n-1} + Pkl_{n-1}q_{n-1}^{3}D_{n-1}^{-m} \tag{10-77}$$

$$W_n = \left(\frac{1}{t} + p\right)\Sigma(a + bD_n^{\alpha})l_n + Pkl_nq_{n-1}^{3}D_n^{-m} \tag{10-78}$$

根据相邻两档标准管径的年费用折算值相等的条件，即 $W_{n-1}=W_n$，可得（管长 l 相等）：

$$b\left(\frac{1}{t} + p\right)(D_n^{\alpha} - D_{n-1}^{\alpha}) = Pkq_{n-1}^{3}(D_{n-1}^{-m} - D_n^{-m}) \tag{10-79}$$

化简后得相邻两档标准管径 D_{n-1} 和 D_n 的界限流量 q_{n-1} 为：

$$q_{n-1} = \left(\frac{m}{f\alpha}\right)^{\frac{1}{3}}\left(\frac{D_n^{\alpha} - D_{n-1}^{\alpha}}{D_{n-1}^{-m} - D_n^{-m}}\right)^{\frac{1}{3}} \tag{10-80}$$

q_{n-1} 既是 D_{n-1} 的上限流量，又是 D_n 的下限流量。流量为 q_{n-1} 时，选用管径 D_{n-1} 和 D_n 都是经济的。用同样方法，可从相邻两档标准管径 D_n 和 D_{n+1} 的年折算费用值 W_n 和 W_{n+1} 相等的条件求出界限流量 q_n。q_n 既是 D_n 的上限流量，又是 D_{n+1} 的下限流量。

对于标准管径 D_n 来说，界限流量在 q_{n-1} 和 q_n 之间，选用管径 D_n 都是经济的。如果流量恰好等于 q_{n-1}，则因相邻两档标准管径 D_{n-1} 和 D_n 的年折算费用值 W_{n-1} 和 W_n 相等，两种管径均可选用。标准管径的分档规格越少，则每种管径的界限流量范围越大。

城市的管网建造费用、电价、用水规律和所用水头损失公式等都有所不同，所以不同城市的界限流量不同，绝不能任意套用。即使同一城市，不同时期的管网建造费用和动力费用等也会有变化，因此，必须根据当地当时的经济指标和所用水头损失公式，求出 f、k、α、m 等值，代入式（10-80）求得界限流量。

设 $x_{ij}=1$，$\alpha=1.8$，$m=5.33$，$f=1$，$D_{n-1}=150mm$ 和 $D_n=200mm$，代入式（10-80），即得界限流量，见表 10-4。如管径 150mm 和 200mm 的界限流量为：

$$q_{150-200}=\left(\frac{5.33}{1\times1.8}\right)^{\frac{1}{3}}\left(\frac{0.2^{1.8}-0.15^{1.8}}{0.15^{-5.33}-0.2^{-5.33}}\right)^{\frac{1}{3}}=0.015m^3/s=15L/s$$

界限流量表 表 10-4

管径（mm）	界限流量（L/s）	管径（mm）	界限流量（L/s）	管径（mm）	界限流量（L/s）
100	<9	350	68～96	700	355～490
150	9～15	400	96～130	800	490～685
200	15～28	450	130～168	900	685～822
250	28～45	500	168～237	1000	822～1120
300	45～68	600	237～355		

如经济因素 f 不等于 1 时，必须将管段流量转化为折算流量，再查表 10-4 得经济管径。计算折算流量的公式为：

$$q_0=\left(f\frac{Qx_{ij}}{q_{ij}}\right)^{\frac{1}{3}}q_{ij} \tag{10-81}$$

对于单独的管段，即不考虑与管网中其他管段的联系时，因 $x_{ij}=1$，$Q=q_{ij}$，折算流量为：

$$q_0=\sqrt[3]{f}q_{ij} \tag{10-82}$$

式（10-81）和式（10-82）的区别在于，前者考虑了管网内各管段之间的相互关系，此时需通过管网优化计算求得管段的 x_{ij} 值；而后者指单独工作的管线，并不考虑该管段与管网中其他管段的关系。根据以上两式求得的折算流量 q_0，查表 10-4 即得经济的标准管径。

10.7 排水管网优化设计

在排水管网设计中，根据设计标准和实践经验进行多种方案的比较和选择，使设计方案达到技术先进、经济合理的目标。但是，技术经济分析和比较都只能考虑有限个不同布置形式的设计方案，因而会造成排水管网的设计方案因人而异，其工程效果和建设投资也会出现很大差异。研究和推广优化设计方法是排水管网设计的重要发展方向。

排水管网优化设计是在满足设计标准要求的条件下，使排水管网的建设投资和运行管理费用最低。应用最优化方法进行排水管网系统的优化设计，可以得出科学合理和安全实用的排水管网优化设计方案。

在排水管网的管线布置形式和管段流量给定的条件下，通过不同管径、坡度的组合和比较可以形成优化设计方案。

排水管网优化设计一般包括 3 个相互关联的内容：

(1) 最优排水分区和最优集水范围的确定；

(2) 排水管网系统平面优化布置；

(3) 排水管线布置和管段流量给定条件下的管径、坡度（埋深）及泵站设置的优化设计方案。

排水管网优化设计通常以建设投资费用为目标函数，以设计标准要求和规定为约束条件，建立优化设计数学模型，进行设计方案最优化求解计算，尽可能降低其工程造价。由于排水管网系统造价的影响因素比较复杂，目前对排水管网优化设计的研究和应用仍有待于更加深入研究和发展。本节内容的目的是建立排水管网工程设计最优化的基本概念和思想方法，不断提高排水管网工程设计的科学性。

10.7.1 排水管道造价指标

排水管道的造价指标是排水管网工程建设投资费用计算的重要依据。根据《市政工程投资估算指标》第四册排水工程（HGZ 47—104—2007），不同材料和不同埋深的排水管道（开槽埋管）单位长度投资估算指标基价见表 10-5。排水管道建设投资估算的指标基价、实际总造价还应包括路面及绿化恢复等其他费用。为了表述方便，这里仅以表中数据作为造价计算的依据。排水管道造价指标与管径、埋深和管道基础设置有关。

排水管道造价指标与前述给水管道造价指标不同，由于排水管道的埋深引起造价的增加十分显著，而且，由地质条件引起的管道基础的不同也增加了管道的造价。这样，就带来了造价费用函数的复杂性和不连续性。在不同的管道施工条件下，需要采用不同的费用函数。

根据不同管径的埋深在实际排水工程中出现的概率分布，可以近似地应用加权平均方法，计算不同管径的埋深平均造价指标，列入表 10-5。

排水管道（开槽埋管）单位长度投资估算指标基价（单位：元/100m）　　表 10-5

管径 D	管道材料	槽深 H (m)					加权平均指标基价
(mm)		1.5	2.5	3.5	4.5	5.5	
300	UPVC 加筋管	42249	52964	144282	—	—	48500
400	UPVC 加筋管	57783	69153	160402	—	—	65800
600	增强聚丙烯	91901	104783	197812			118000
800	增强聚丙烯	153007	167514	261779			196000
1000	增强聚丙烯	—	251443	346743			289500
600	钢筋混凝土		111680	224875	287927		118000
800	钢筋混凝土		136649	253441	317631		196000
1000	钢筋混凝土		169467	288285	357385		289500
1200	钢筋混凝土		204089	325282	394450		335800
1350	钢筋混凝土		269475	401251	481041		426850
1500	钢筋混凝土		—	433414	515953	534486	515000
1650	钢筋混凝土			468832	550571	568835	550500
1800	钢筋混凝土			523438	606286	624448	626200
2000	钢筋混凝土			586786	674014	714452	678500
2200	钢筋混凝土			651657	737425	757005	745500
2400	钢筋混凝土			705821	796128	813555	807500

10.7.2 排水管道造价公式

很多研究文献中，采用管径和管道埋深两个变量表达排水管道单位长度的造价，并提出以下主要代表性造价公式：

$$c = k_1 D^{k_2} H^{k_3} \tag{10-83}$$

$$c = k_1 + k_2 D^{k_3} + k_4 H^{k_5} \tag{10-84}$$

$$c = k_1 + k_2 D^2 + k_3 H^2 \tag{10-85}$$

式中 c——排水管道单位长度造价，元/m；

D——管径，m；

H——管道埋深，m；

k_1、k_2、k_3、k_4、k_5——系数和指数，随地区不同而变化，可通过线性回归法求出各参数值，使所对应的造价公式计算误差最小。

可以看出，排水管道造价费用函数是比较复杂的关于管径和管道埋深的非线性函数。对于不同地区，存在不同的造价指标，应根据当地的造价指标数据选用最合适的造价公式。

为了简化上述造价公式，进一步分析表 10-5 中同一列的造价数据，因为排水管道的埋深一般随着管径的增大而增大，可将管道埋深 H 作为管径 D 的函数，即：

$$H = d + eD^\beta \tag{10-86}$$

式中 d、e、β——曲线拟合常数和指数。

将式（10-86）代入式（10-83）～式（10-85）中任一公式，可以整理得到与给水管道单位长度造价公式形式（式 10-1）相同的公式：

$$c = a + bD^\alpha$$

由表 10-5 可知，排水管道造价具有与给水管道造价数据相同的特征，按照上式进行曲线拟合计算，可以依次得出对应于不同埋深的 6 个排水管道造价公式为：

$$\left.\begin{array}{l} c = 240 + 1989D^2 \\ c = -56 + 1941D^{1.002} \\ c = 1046 + 1893D^{1.335} \\ c = 1864 + 1823D^{1.4} \\ c = 495 + 3213D^{1.002} \\ c = -837 + 3746D^{1.02} \end{array}\right\} \tag{10-87}$$

在排水管网工程设计中，如果所有管道的埋深均在同一个埋深范围内，即可应用上述对应的一个曲线拟合公式作为造价指标公式，具有很好的连续性。在具体的区域排水管网工程设计中，管道的埋深一般比较接近，通常能够使用上述公式中的一个公式。

在城镇排水管网规划设计时，覆盖区域范围较广，地质条件一般不够清晰，管道埋深和管道基础的要求亦不够肯定。这时，应用加权平均法的拟合曲线公式（10-87），具有较好的造价估算参考作用和经济比较依据。

比较上述造价公式，加权平均计算式（10-87）与式（10-83）～式（10-85）具有同等的综合特征，且式（10-87）更加简捷，使用方便，同样具有较好的管道埋深代表意义。

10.7.3 排水管网优化设计数学模型

排水管网优化设计的目标是在满足管网排水能力和设计标准规定的约束条件下，使排水管网造价最低。采用造价费用函数作为目标函数，求解目标函数的极小值。

排水管网造价公式采用式（10-7）形式，造价费用函数即为管网中所有管段的造价之和，可写为：

$$W = \sum_{ij=1}^{P} \left[(a + bD_{ij}^{\alpha}) l_{ij} \right] \tag{10-88}$$

式中　W——排水管道系统总费用，元。

（1）目标函数

基于造价费用函数的排水管网优化设计数学模型是具有线性约束条件的非线性数学最优化模型，目标函数为：

$$W_{\min} = \sum_{ij=1}^{P} \left[(a + bD_{ij}^{\alpha}) l_{ij} \right] \tag{10-89}$$

（2）约束条件

约束条件主要是设计标准中的规定，可写成如下线性约束数学表达式：

$$\left. \begin{array}{c} i_{\min} \leqslant i_{ij} \leqslant i_{\max} \\ v_{\min} \leqslant v_{ij} \leqslant v_{\max} \\ H_{\min} \leqslant H_{ijS} \leqslant H_{\max} \\ H_{\min} \leqslant H_{ijF} \leqslant H_{\max} \\ \left(\dfrac{h}{D} \right)_{\min} \leqslant \left(\dfrac{h}{D} \right)_{ij} \leqslant \left(\dfrac{h}{D} \right)_{\max} \\ v_{ij} \geqslant v_{ij\,\mathrm{umax}} \\ D_{ij} \geqslant D_{ij\,\mathrm{umax}} \\ D_{ij} \in D_{标} \end{array} \right\} \tag{10-90}$$

式中　　　　i_{ij}——管段 ij 的设计坡度；

$i_{\min}$、$i_{\max}$——分别为最小允许设计坡度和最大允许设计坡度；

v_{ij}——管段 ij 的设计流速，m/s；

$v_{\min}$、$v_{\max}$——分别为最小允许设计流速和最大允许设计流速，m/s；

H_{ijS}、H_{ijF}——分别为管段 ij 的起端和终端埋深，m；

$H_{\min}$、$H_{\max}$——分别为最小允许埋深和最大允许埋深，m；

$\left(\dfrac{h}{D} \right)_{ij}$——管段 ij 的设计充满度，m/s；

$\left(\dfrac{h}{D} \right)_{\min}$、$\left(\dfrac{h}{D} \right)_{\max}$——分别为最小允许设计充满度和最大允许设计充满度，m/s；

$v_{ij\,\mathrm{umax}}$——与管段 ij 相邻的上游管段流速中的最大值，m/s；

$D_{ij\,\mathrm{umax}}$——与管段 ij 相邻的上游管段管径中的最大值，m；

$D_{标}$——标准规格管径集。

10.7.4　管段优化坡度计算方法

排水管网具有两个主要特征，一是枝状网络结构，二是依靠重力输水。一般情况下，排水管网设计中应尽量避免设置提升泵站，所以，需要尽量利用最大可能的埋深。决定管道埋深的因素是充分利用地形高差，管道流向尽可能保持与地面坡度一致，同时尽量利用技术条件增大埋深。目前排水管网的最大埋深可以达到8m。因此，排水管网设计的重要已知设计参数是各管道的排水流量 q 和从管网起端到管网末端之间可以利用的水位高差 ΔH。在充分利用已知的水位高差和满足约束条件下，求解管网中各管道的优化坡度，使管网造价最低。可以采用与给水管网中的重力输水管道优化设计相同的方法，构成优化设计简化数学模型。

目标函数如式（10-91）所示，即：

$$W_{\min} = \sum_{ij=1}^{P} \left[(a + bD_{ij}^{\alpha}) l_{ij} \right] \tag{10-91}$$

约束条件为：

$$\sum_{ij=1}^{MP} h_{ij} = \sum_{ij=1}^{MP} (H_{ijS} - H_{ijF}) = \Delta H \tag{10-92}$$

式中 h_{ij}——管段 ij 的水位落差，m；

MP——选定管线上的管段数；

H_{ijS}、H_{ijF}——分别为管段 ij 的起端和终端的水面标高，m；

ΔH——选定管线上的可利用水位高差，m。

优化数学模型的约束表达式（10-92）中的其他条件，在优化计算过程中作为边界条件予以应用。

所谓选定管线，是指水力高程上相互衔接的一组管段，共同利用一个 ΔH。排水管网中的主干管、干管和支管可能各自构成独立的重力输水条件，可利用水位高差 ΔH 不同，即构成不同的选定管线。

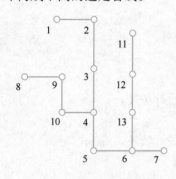

图 10-5 排水管网选定管线

如图 10-5 所示的排水管网，主干管 1-2-3-4-5-6-7 由管段 1-2、2-3、3-4、4-5、5-6 和 6-7 组成，而管线 8-9-10-4 和管线 11-12-13-6 为两条独立的干管。节点 1 到节点 7 的选定管线利用该两节点间最大的水位落差，而其他两条选定管线则可能分别利用它们的起始节点 8 和节点 11 与主干管连接节点 4 和节点 6 处存在的水位差。因此，该系统可以分为 3 条选定管线，分别利用它们的可利用水位差进行管线的优化设计。

假定各选定管线的可利用高差为 ΔH_i，各选定管线的管段数为 MP_i（$i=1$、2、3），则各选定管线中的管段上下游水位差分别为：

选定管线 1-2-3-4-5-6-7　$\displaystyle\sum_{ij=1}^{MP_1} (H_{ijS} - H_{ijF}) = \Delta H_1$

选定管线 8-9-10-4　$\displaystyle\sum_{ij=1}^{MP_2} (H_{ijS} - H_{ijF}) = \Delta H_2$

选定管线 11-12-13-6　$\displaystyle\sum_{ij=1}^{MP_3} (H_{ijS} - H_{ijF}) = \Delta H_3 \tag{10-93}$

假定选定管线上各管道衔接方式为水面平接，可以构成与给水管网重力输水管类似的优化数学模型，求解各管段的优化水力坡度。

思 考 题

1. 给水排水工程优化设计方法有哪些?

2. 什么是年费用折算值? 年费用折算值由哪几部分组成?

3. 给水管网优化设计的目标函数和约束条件分别是什么?

4. 压力输水管和重力输水管的经济管径公式分别是根据什么概念导出的?

5. 经济因素 f 与哪些技术经济指标有关? 各城市的 f 值可否任意套用?

6. 起点水压已知和未知的两种管网, 求经济管径的公式有何不同?

7. 如何应用界限流量表?

8. 排水管网优化设计的目标函数和约束条件分别是什么?

第11章 管线综合设计

11.1 概 述

在城市范围内，为满足生活、生产需要，需布置给水、排水（雨、污水）、再生水、天然气、热力、电力、通信等市政公用管线，为避免工程管线之间以及工程管线与邻近建筑物、构筑物相互产生干扰，解决工程管线在设计阶段的平面走向、立体交叉时的矛盾，以及施工阶段建设顺序上的矛盾，在城市基础设施规划中必须进行工程管线综合设计工作。

11.1.1 城市管线综合设计定义

管线综合设计是指在确定的道路红线内（含红线外有绿化带的情况）结合道路断面形式进行各种管线平面和竖向位置的布置工作。管线综合设计根据道路及工程管线专业设计进行，应符合《城市工程管线综合规划规范》GB 50289—2016 和国家现行有关标准的规定。

管线综合工作要做到统筹安排工程管线在城市地上和地下的空间位置，协调工程管线之间以及城市工程管线与其他各项工程之间的关系。所谓统筹安排，指要采用城市统一坐标系统和标高系统，总体上安排各类工程管线的空间位置，以免发生互不衔接和混乱的现象。所谓综合协调，就是要综合考虑地形、地质条件、城市道路走向，相邻工程管线平行时的水平距离和相互交叉时的垂直距离，工程管线与其他工程设施之间所要求的距离，城市设施的安全以及环境的美观等要求，协调解决工程管线之间以及与城市其他各项工程之间的矛盾，使其各得其所。

思政案例8：
管线综合设计

11.1.2 城市管线的分类

（1）按管线的功能分类

① 给水管道。给水管道包括生活给水、工业给水、消防给水等管道。

② 排水管渠。排水管渠包括城市污水、雨水、工业废水，城市周边的排洪、截洪等管渠。

③ 再生水管道。再生水是指废水或雨水经适当处理后，达到一定的水质指标，满足某种使用要求，可以进行有益使用的水。再生水可用作农林牧渔业、城市杂用水、工业用水、环境用水、补充水源水等。输送再生水的管道，称为再生水管道。

④ 电力线路。电力线路包括高压输电、生产用电、生活用电、电车用电等线路。

⑤ 通信线路。通信线路是用于传输信息数据电信号或光信号的各种导线的总称，包括通信光缆、通信电缆以及智能弱电系统的信号传输线缆，又称弱电线路。

⑥ 热力管道。热力管道包括热水、蒸汽等管道，又称供热管道。

⑦ 燃气管道。燃气管道包括人工煤气、天然气、液化石油气等管道。

⑧其他管道。其他管道主要是工业生产上用的管道，如空气管道、氧气管道、石油管道、灰渣排除管道等。

（2）按敷设方式分类

按敷设方式，可将城市管线分为地下埋设和架空敷设两类。地下埋设又可分为沟内埋设和地下直埋等；架空管线又分为高架、中架和低架等。

（3）按埋设深度分类

按埋设深度，可将城市管线分为浅埋和深埋两类。所谓浅埋，是指覆土深度小于1.5m的管道。我国南方土壤的冰冻线较浅，对给水管、排水管、燃气管等没有影响，尤其是热力管，电力电缆等不受冰冻的影响，均可浅埋。而北方的土壤冰冻线较深，在寒冷情况下对水管和含水分的管道将形成冰冻威胁，因此增加覆土深度以避免土壤冰冻的影响，使管道覆土深度大于1.5m，成为深埋管道。

（4）按管道内压力情况分类

按管道内压力情况，可将城市管线分为压力管道和重力管道两类。给水管、燃气管、热力管等一般为压力输送，属于压力管道；排水管道大多采用重力自流方式，属于重力管道。

11.2 管线综合设计内容

各种工程管线从规划、设计到建成使用，需要一个过程，在这个过程中，各个阶段设计的内容和深度是不同的，管线综合一般分为3个阶段：规划阶段、初步设计阶段和施工图阶段。

11.2.1 规划阶段管线综合

工程管线规划综合是城市总体规划的一个组成部分，它是以各项工程管线的规划资料为依据而进行总体布置并编制综合示意图。规划综合的主要任务是要解决各项工程管线的主干管线在系统布置上存在的问题，并确定主干管线的走向。对于管线的具体位置，除有条件的以及必须定出的个别控制点外，一般不作肯定。因为单项工程在下阶段设计中，根据测量选线，管线的位置将会有若干的变动和调整（沿道路敷设的管线，则可在道路横断面图中定出）。

工程管线规划综合一般包括编制城市工程管线综合规划平面图、道路标准横断面图和城市工程管线综合规划说明书。

（1）城市工程管线综合规划平面图

图纸比例通常采用1∶10000～1∶5000。比例尺的大小随城市的大小、管线的复杂程度等情况而有所变动，但应尽可能和城市总体规划图的比例尺一致。图中包括下列主要内容：

① 自然地形：主要的地物、地貌以及表明地势的等高线；

② 现状：现有的工厂、建筑物、铁路、道路，给水、排水等各种管线以及它们的主要设备和构筑物（如铁路站场、自来水厂、污水处理厂、泵房等）；

③ 规划的工业企业厂址、居住区、道路网、铁路等；

④ 各种规划管线的布置和它们的主要设备及构筑物，有关的工程措施，如防洪堤、

防洪沟等；

⑤ 标明道路横断面的所在地段等。

（2）道路标准横断面图

图纸比例通常采用1：200。它的内容包括：

① 道路的各组成部分，如机动车道、非机动车道（自行车道、大车道）、人行道、分车带、绿化带等；

② 现状和规划设计的管线在道路中的位置，并注有各种管线和建筑线之间的距离，目前还没有规划而将来要修建的管线，在道路横断面中为它们预留出位置；

③ 道路横断面的编号。

（3）城市工程管线综合规划说明书

在编制管线综合规划图纸的同时，应编写城市工程管线综合规划说明书，其内容如下：

① 规划设计依据：包括上级主管部门对工程项目的审批文件、与规划设计部门的规划设计合同、建设部门的规划设计委托书、有关管线的规划设计规范等。

② 规划设计范围及内容：说明城市工程管线布置范围；规划设计的城市工程管线种类、名称等。

③ 城市概况、规模及区域划分等。

④ 按管线分类说明现状管线及相关厂站（如电厂、水厂等）的名称、规模（或管径）、走向、埋深及完好程度、利用价值等。

⑤ 按管线分类说明规划设计管线的名称；物流源（水源、气源、电源等）；负荷标准、有关参数及计算负荷、用量等；管网布置、管道材料；有关厂站规模、位置等。

⑥ 工程管线协调、综合。各种工程管线规划设计图纸、资料汇总与叠合后如产生矛盾或有违反有关规范规定的情况出现，必须对有关管线进行协商、调整，直到解决矛盾，符合规范规定为止。说明书中说明出现的矛盾、解决的原则、解决的措施及结果。

11. 2. 2　初步设计阶段管线综合

按照城市规划工作阶段划分，初步设计综合相当于详细规划阶段的工作，它根据各项工程管线的初步设计资料来进行综合。设计综合不但要确定各项工程管线具体的平面位置，而且还应检查管线在立面上有无问题，并解决不同管线在交叉处所发生的矛盾。这是它和规划综合在工作深度上的主要区别。

工程管线初步设计综合在规划综合的基础上，一般编制工程管线初步设计综合平面图、管线交叉点标高图和修订道路标准横断面图等。在没有进入规划综合阶段的城市和建筑小区，还要编制工程管线初步设计综合说明书，其内容与规划综合说明书基本相同。

（1）城市工程管线初步设计综合平面图：综合平面图中的内容和编制方法，基本上和综合规划图相同，而在内容的深度上比综合规划图更深入。

（2）工程管线交叉点标高图：管线交叉点标高图的作用主要是检查和控制交叉管线的高程，即竖向位置。

（3）修订道路标准横断面图：编制设计综合时，有时由于管线的增加或调整规划综合时所做的布置，需根据综合平面图，对原来配置在道路横断面中的管线位置进行补充修订。道路标准横断面的数量较多，通常是分别绘制，汇订成册。

11.2.3 施工图阶段管线综合

工程管线经过初步设计综合后，对管线的平面和竖向位置都已作了安排，设计中的矛盾也已解决，一般来说，各单位工程的施工详图之间不致再发生问题。但是，单项工程设计单位在编制施工详图过程中，由于设计进一步深入，或者由于客观情况变化，施工详图中的管线位置可能有若干变动。因此，需对单项工程的施工详图进行核对检查、调整以解决由于改变设计后所产生的新矛盾。

11.3 管线综合设计方法

11.3.1 工程管线布置的一般原则

（1）城市工程管线综合规划应能够指导各工程管线的工程设计，并应满足工程管线的施工、运行和维护的要求。

（2）城市工程管线宜地下敷设，当架空敷设可能危及人身财产安全或对城市景观造成严重影响时应采取直埋、保护管、管沟或综合管廊等方式敷设。

（3）工程管线的平面位置和竖向位置均应采用城市统一的坐标系统和高程系统。

（4）工程管线综合规划应符合下列规定：

① 工程管线应按城市规划道路网布置；

② 各工程管线应结合用地规划优化布局；

③ 工程管线综合规划应充分利用现状管线及线位；

④ 工程管线应避开地震断裂带、沉陷区以及滑坡危险地带等不良地质条件区。

（5）区域工程管线应避开城市建成区，且应与城市空间布局和交通廊道相协调，在城市用地规划中控制管线廊道。

（6）编制工程管线综合规划设计时，应减少管线在道路交叉口处交叉。当工程管线竖向位置发生矛盾时，宜按以下规定处理：

① 压力管线宜避让重力管线；

② 易弯曲管线宜避让不易弯曲管线；

③ 分支管线宜避让主干管线；

④ 小管径管线宜避让大管径管线；

⑤ 临时管线宜避让永久管线。

11.3.2 地下敷设一般要求

管线敷设方式有地下敷设和架空敷设两种，地下敷设又分直埋、保护管及管沟敷设和综合管廊敷设几种方式。

1. 直埋、保护管及管沟敷设

（1）严寒或寒冷地区给水、排水、再生水、直埋电力及湿燃气等工程管线应根据土壤冰冻深度确定管线覆土深度；非直埋电力、通信、热力及干燃气等工程管线以及严寒或寒冷地区以外的工程管线应根据土壤性质和地面承受荷载的大小确定管线的覆土深度。

工程管线的最小覆土深度应符合表 11-1 的规定。当受条件限制不能满足要求时，可采取安全措施减少其最小覆土深度，如增加管材强度、加设保护管、适当安装截断闸阀及增加管理措施等。

工程管线的最小覆土深度（m） 表 11-1

序号		1	2	3	4		5		6	7	8
管线名称		给水管线	排水管线	再生水管线	电力管线		电信管线		直埋热力管线	燃气管线	管沟
					直埋	保护管	直埋及塑料、混凝土保护管	钢保护管			
最小覆土深度	非机动车道（含人行道）	0.60	0.60	0.60	0.70	0.50	0.60	0.50	0.70	0.60	—
	机动车道	0.70	0.70	0.70	1.00	0.50	0.90	0.60	1.00	0.90	0.50

注：聚乙烯给水管线机动车道下的覆土深度不宜小于 1.00m。

（2）工程管线应根据道路的规划横断面布置在人行道或非机动车道下面。位置受限制时，可布置在机动车道或绿化带下面。

（3）工程管线在道路下面的规划位置宜相对固定，分支线少、埋深大、检修周期短和损坏时对建筑物基础安全有影响的工程管线应远离建筑物。工程管线从道路红线向道路中心线方向平行布置的次序宜为：电力、通信、给水（配水）、燃气（配气）、热力、燃气（输气）、给水（输水）、再生水、污水、雨水。

（4）沿城市道路规划的工程管线应与道路中心线平行，其主干线应靠近分支管线多的一侧。工程管线不宜从道路一侧转到另一侧。

道路红线宽度超过 40m 的城市干道宜在两侧布置配水、配气、通信、电力和排水管线。

（5）各种工程管线不应在垂直方向上重叠敷设。

（6）沿铁路、公路敷设的工程管线应与铁路、公路线路平行。工程管线与铁路、公路交叉时宜采用垂直交叉方式布置；受条件限制时，其交叉角宜大于 60°。

（7）河底敷设的工程管线应选择在稳定河段，管线高程应按不妨碍河道的整治和管线安全的原则确定，并应符合下列规定：

① 在Ⅰ级～Ⅴ级航道下面敷设，其顶部高程应在远期规划航道底标高 2.0m 以下；

② 在Ⅵ级、Ⅶ级航道下面敷设，其顶部高程应在远期规划航道底标高 1.0m 以下；

③ 在其他河道下面敷设，其顶部高程应在河道底设计高程 0.5m 以下。

（8）工程管线之间及其与建（构）筑物之间的最小水平净距应符合附录 9 的规定。当受道路宽度、断面以及现状工程管线位置等因素限制难以满足要求时，应根据实际情况采取安全措施后减少其最小水平净距。输送压力大于 1.6MPa 的燃气管线与其他管线的水平净距应按《城镇燃气设计规范（2020 年版）》GB 50028—2006 执行。

（9）工程管线与综合管廊最小水平净距应按《城市综合管廊工程技术规范》GB 50838—2015 执行。

（10）对埋深大于建（构）筑物基础的工程管线，其与建（构）筑物之间的最小水平距离，应按式（11-1）计算，并折算成水平净距后与附录 9 中的数值比较，采用较大值。

$$L = \frac{(H-h)}{\tan\alpha} + \frac{b}{2} \tag{11-1}$$

式中 L——管线中心至建（构）筑物基础边水平距离，m；

H——管线埋设深度，m；

h——建（构）筑物基础底砌置深度，m；

b——沟槽开挖宽度，m；

α——土壤内摩擦角，°。

（11）当工程管线交叉敷设时，管线自地表面向下的排列顺序宜为：通信、电力、燃气、热力、给水、再生水、雨水、污水。给水、再生水和排水管线应按自上而下的顺序敷设。

（12）工程管线交叉点高程应根据排水等重力流管线的高程确定。

（13）工程管线交叉时的最小垂直净距，应符合附录 10 的规定。当受现状工程管线等因素限制难以满足要求时，应根据实际情况采取安全措施后减少其最小垂直净距。

2. 综合管廊敷设

近年来，为了解决地下敷设的工程管线因维护和检修带来的城市交通拥堵问题，同时也为集约利用城市建设用地，提高城市工程管线建设安全与标准，国内外城市均统筹安排工程管线在综合管廊内敷设。综合管廊敷设是工程管线地下敷设的方式之一，属于管线综合中的特殊管线。

（1）综合管廊适用情况

① 交通运输繁忙或地下管线较多的城市主干道以及配合轨道交通、地下道路、城市地下综合体等建设工程地段；

② 城市核心区、中央商务区、地下空间高强度成片集中开发区、重要广场、主要道路的交叉口、道路与铁路或河流的交叉处、过江隧道等；

③ 道路宽度难以满足直埋敷设多种管线的路段；

④ 重要的公共空间；

⑤ 不宜开挖路面的路段。

（2）综合管廊的相关术语

① 综合管廊：建于城市地下用于容纳两类及以上城市工程管线的构筑物及附属设施。

② 干线综合管廊：用于容纳城市主干工程管线，采用独立分舱方式建设的综合管廊。

③ 支线综合管廊：用于容纳城市配给工程管线，采用单舱或双舱方式建设的综合管廊。

④ 缆线管廊：采用浅埋沟道方式建设，设有可开启盖板但其内部空间不能满足人员正常通行要求，用于容纳电力电缆和通信线缆的管廊。

⑤ 现浇混凝土综合管廊结构：采用现场整体浇筑混凝土的综合管廊。

⑥ 预制拼装综合管廊结构：在工厂内分节段浇筑成型，现场采用拼装工艺施工成为整体的综合管廊。

⑦ 管线分支口：综合管廊内部管线和外部直埋管线相衔接的部位。

⑧ 集水坑：用来收集综合管廊内部渗漏水或管道排空水等的构筑物。

⑨ 安全标识：为便于综合管廊内部管线分类管理、安全引导、警告警示等而设置的铭牌或颜色标识。

⑩ 舱室：由结构本体或防火墙分割的用于敷设管线的封闭空间。

（3）综合管廊规划设计的基本要求

① 一般规定

给水、雨水、污水、再生水、天然气、热力、电力、通信等城市工程管线可纳入综合管廊。

综合管廊工程建设应以综合管廊工程规划为依据。应结合新区建设、旧城改造、道路新（扩、改）建，在城市重要地段和管线密集区规划建设。城市新区主干路下的管线宜纳入综合管廊，综合管廊应与主干路同步建设。城市老（旧）城区综合管廊建设宜结合地下空间开发、旧城改造、道路改造、地下主要管线改造等项目同步进行。

综合管廊工程规划与建设应与地下空间、环境景观等相关城市基础设施衔接、协调。应统一规划、设计、施工和维护，并应满足管线的使用和运营维护要求。并应同步建设消防、供电、照明、监控与报警、通风、排水、标识等设施。综合管廊工程规划、设计、施工和维护应与各类工程管线统筹协调。

综合管廊工程设计应包含总体设计、结构设计、附属设施设计等，纳入综合管廊的管线应进行专项管线设计。纳入综合管廊的工程管线设计应符合综合管廊总体设计的规定及国家现行相应管线设计标准的规定。

综合管廊的规划设计应符合《城市综合管廊工程技术规范》GB 50838—2015 的有关规定并满足各专业的规范、规定和技术标准。

② 平面布局

综合管廊布局应与城市功能分区、建设用地布局和道路网规划相适应。综合管廊工程规划应结合城市地下管线现状，在城市道路、轨道交通、给水、雨水、污水、再生水、天然气、热力、电力、通信等专项规划以及地下管线综合规划的基础上，确定综合管廊的布局。综合管廊应与地下交通、地下商业开发、地下人防设施及其他相关建设项目协调。综合管廊宜分为干线综合管廊、支线综合管廊及缆线管廊。综合管廊应设置监控中心，监控中心宜与邻近公共建筑合建，建筑面积应满足使用要求。

③ 断面

综合管廊断面形式应根据纳入管线的种类及规模、建设方式、预留空间等确定。应满足管线安装、检修、维护作业所需要的空间要求。

综合管廊内的管线布置应根据纳入管线的种类、规模及周边用地功能确定。天然气管道应在独立舱室内敷设。热力管道采用蒸汽介质时应在独立舱室内敷设。热力管道不应与电力电缆同舱敷设。110kV 及以上电力电缆，不应与通信电缆同侧布置。给水管道与热力管道同侧布置时，给水管道宜布置在热力管道下方。进入综合管廊的排水管道应采用分流制，雨水纳入综合管廊可利用结构本体或采用管道方式。污水纳入综合管廊应采用管道排水方式，污水管道宜设置在综合管廊的底部。

④ 位置

综合管廊位置应根据道路横断面、地下管线和地下空间利用情况等确定。干线综合管廊宜设置在机动车道、道路绿化带下。支线综合管廊宜设置在道路绿化带、人行道或非机动车道下。缆线管廊宜设置在人行道下。

综合管廊的覆土深度应根据地下设施竖向规划、行车荷载、绿化种植及设计冻深等因素综合确定。

11.3.3 架空敷设一般要求

经经济、技术论证分析后，工程管线需采取架空敷设方式的，应满足以下要求：

（1）沿城市道路架空敷设的工程管线，其线位应根据规划道路的横断面确定，并不应影响道路交通、居民安全以及工程管线的正常运行。

（2）架空敷设的工程管线应与相关规划结合，节约用地并减小对城市景观的影响。

（3）架空线线杆宜设置在人行道上距路缘石不大于 1.0m 的位置，有分隔带的道路，架空线线杆可布置在分隔带内，并应满足道路建筑限界要求。

（4）架空电力线与架空通信线宜分别架设在道路两侧。

（5）架空电力线及通信线同杆架设应符合下列规定：

① 高压电力线可采用多回线同杆架设；

② 中、低压配电线可同杆架设；

③ 高压与中、低压配电线同杆架设时，应进行绝缘配合的论证；

④ 中、低压电力线与通信线同杆架设应采取绝缘、屏蔽等安全措施。

（6）架空金属管线与架空输电线、电气化铁路的馈电线交叉时，应采取接地保护措施。

（7）工程管线跨越河流时，宜采用管道桥或利用交通桥梁进行架设，并应符合下列规定：

① 利用交通桥梁跨越河流的燃气管线压力不应大于 0.4MPa；

② 工程管线利用桥梁跨越河流时，其规划设计应与桥梁设计相结合。

（8）架空管线之间及其与建（构）筑物之间的最小水平净距应符合《城市工程管线综合规划规范》GB 50289—2016 的有关规定。

（9）架空管线之间及其与建（构）筑物之间的最小垂直净距应符合《城市工程管线综合规划规范》GB 50289—2016 的有关规定。

（10）高压架空电力线路规划走廊宽度应符合《城市工程管线综合规划规范》GB 50289—2016 的有关规定。

（11）架空燃气管线敷设应符合《城市工程管线综合规划规范》GB 50289—2016 和《城镇燃气设计规范（2020 年版）》GB 50028—2006 的有关规定。

（12）架空电力线敷设应符合《城市工程管线综合规划规范》GB 50289—2016、《66kV 及以下架空电力线路设计规范》GB 50061—2010 和《110kV～750kV 架空输电线路设计规范》GB 50545—2010 的有关规定。

11.4 管线综合设计案例分析

11.4.1 管线综合规划设计步骤

（1）绘制道路工程规划图

一般包括道路红线规划、道路竖向规划、道路横断面规划、道路平面图设计。该步骤由道路工程专业完成，是管线综合规划设计的前序工作。

（2）确定管线种类及规格

搜集现状资料和踏勘现场，分析工程现状情况，并依据相关市政专项规划，确定管线种类及规格，同时结合管线实施单位意见及周边用户需求，摸清近远期管线实施情况。

（3）绘制管线综合规划横断面图

依据道路规划断面布置管线，并绘制管线规划横断面图，横断面图上应包含管线的位置和管道规格，并应符合《城市工程管线综合规划规范》GB 50289—2016 及其他专业相关规范的有关要求。

（4）绘制管线综合规划平面图

根据已确定的管线规划横断面，同时结合地形信息、现状管线信息、规划道路平面信息和道路竖向信息等内容，将各管线对应布置到管线综合规划平面图上，平面图应对管线的种类、规格、控制点高程（一般仅控制重力流管线）、管道平面位置等内容进行详细标注。

（5）校核管线平面、竖向位置

通过平面图进一步检查、校核管线平面位置，处理好道路渠化段及道路交叉口的管线布置。

进一步校核重力流管线的控制点高程，确保重力流管线控制点高程与区域排水系统规划相匹配，保证排水系统的连续性和安全性。

（6）编制管线综合规划设计说明

管线综合规划设计说明应对项目区位、项目概况、规划依据、各管线工程规划概述及设计标准、说明出现的矛盾、解决的原则、解决的措施及结果、注意事项、采用的坐标系及高程基准等进行详细阐述。

11.4.2 管线综合规划设计项目实例

纬二路为某市规划的东西向城市主干路，道路红线宽 45m，道路横断面采用机非分离、人非分离的四幅路形式，具体断面形式为：45m（红线）−5.0m（人行道）−3.5m（非机动车道）−1.5m（侧分带）−11.0m（机动车道）−3.0m（中分带）−11.0m（机动车道）−1.5m（侧分带）−3.5m（非机动车道）−5.0m（人行道）。

纬二路分别与经一路、经二路平面交叉，与经二路交叉时拓宽渠化，两路口均采用信号灯控制，交叉口地面高程分别为 88.50m 和 88.20m，道路自西向东纵坡为 0.1%，道路断面横坡为 1.5%。

根据相关市政专项规划，该道路承载的市政管线包含给水（$DN600$）、雨水（$2 \times d600 \sim 2 \times d800$）、污水（$d600$）、再生水（$DN400$）、中压电力（21 位）、高压电力（4 回）、通信（24 孔）、燃气（$DN300$）、热力（$2 \times DN800$）等管线。经与电力部门和再生水管理单位对接，高压电力和再生水管线近期不实施。

根据道路断面布置管线，照明电缆采用直埋方式布置在 1.5m 侧分带内，其他管线按照管线综合的排布原则，从道路红线向道路中心线方向平行布置，按照《城市工程管线综合规划规范》GB 50289—2016 规定次序宜为电力、通信、给水、燃气、热力、给水、再生水、污水、雨水。考虑再生水管线和高压电力管线近期不实施，且红线外有 30m 绿化带，本次规划将再生水管线和高压电力管线布置在红线外，避免后期实施时破除道路，影响交通通行。本道路承载市政管线种类较多，考虑地下空间的集约性和经济性，除雨水管线外其他管线暂不考虑双侧布置。结合热力管道输送介质的特殊性，将其与通信管线（弱电）同侧布置，电力管线（强电）与燃气管线同侧布置。给水管线、污水管线分开布置，雨水管线宜靠近道路低点布置。最终形成的管线综合规划横断面如图 11-1 所示。受道路断面限制及考虑道路通行需求，管线尽量不在快车道上布置，对无法满足最小净距要求的情况，应采取相应措施，如增加管材强度、加设保护管、适当安装截断闸阀及增加管理措施等。

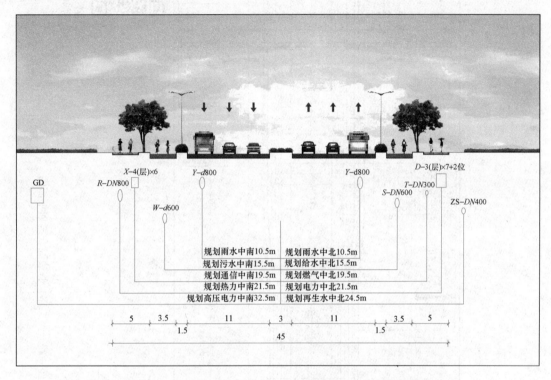

规划雨水中南10.5m　规划雨水中北10.5m
规划污水中南15.5m　规划给水中北15.5m
规划通信中南19.5m　规划燃气中北19.5m
规划热力中南21.5m　规划电力中北21.5m
规划高压电力中南32.5m　规划再生水中北24.5m

图 11-1　纬二路（经一路—经二路）管线综合规划横断面图

根据确定的管线横断面，结合道路平面图，将管线对应布置在平面图上，平面图上应包含地形、道路平面、指北针、比例尺，以及相关的管线标注等信息。对道路渠化段管线应同步渠化，在快车道上的管线宜顺直敷设。

结合排水专项规划，纬二路（经一路—经二路）规划 2×d600～2×d800 雨水管向东顺坡排入经二路规划 1.2m×1.2m 雨水涵中，规划 d600 污水管向东顺坡排入经二路规划 d600 污水管。共形成两个交叉口规划设计，两交叉口处的重力流管线严格按照排水专项规划中管径和高程进行平面设计。其中，经一路与纬二路：道路地面标高为 88.50m，雨水管内底标高为 86.13m，埋深为 2.37m；污水管内底标高为 84.71m，埋深为 3.79m。经二路与纬二路：道路地面标高为 88.20m，雨水管内底标高为 86.30m，埋深为 1.90m；污水管内底标高为 84.41m，埋深为 3.79m。两交叉口处雨污水管道垂直净距较大，可满足其他非重力流管线穿越需求。

最终形成管线综合规划平面图，如图 11-2 所示。

最后编制管线综合规划设计说明，形成完整成果。

后期当地政府考虑该道路为城市主干管，交通繁忙，且地下管线种类较多，不宜直埋敷设，同时结合该区域综合管廊专项规划，经综合论证，决定该道路采用综合管廊形式敷设市政管线。

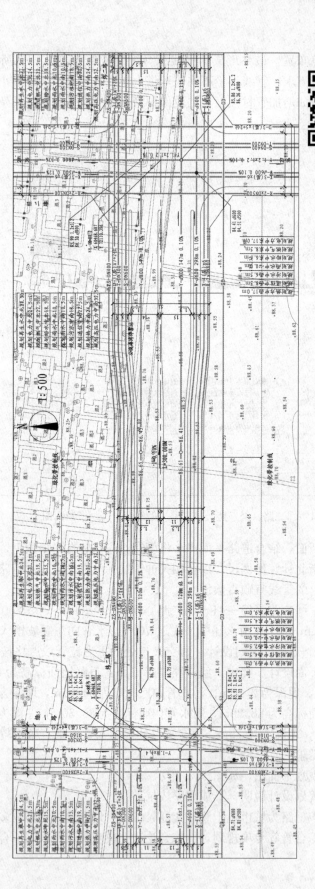

图 11-2　纬二路（经一路~经二路）管线综合规划平面图

根据《城市综合管廊工程技术规范》GB 50838—2015 具体要求：

① 综合管廊断面形式应根据纳入管线的种类及规模、建设方式、预留空间等确定；

② 综合管廊断面应满足管线安装、检修、维护作业所需要的空间要求；

③ 天然气管道应在独立舱室内敷设；

④ 热力管道不应与电力电缆管同舱敷设；

⑤ 110kV 及以上电力电缆，不应与通信电缆同侧布置；

⑥污水纳入综合管廊应采用管道排水方式。

结合以上要求，纬二路主线管廊共设 5 舱：天然气舱、污水舱、综合舱、电力电信舱、高压电力舱，净宽分别为 1.9m、2.3m、6.9m、2.5m、1.75m，结构尺寸总长为 17.25m，雨水不入廊。主廊共 1 层，净高 3.0m，顶板覆土约 4.0m。

确定了管廊主体结构布置形式后，对原管线综合规划进行更新，首先将管廊放置在道路主路面下，便于道路地下空间的综合利用。在断面形式上，仍考虑将雨水管线双侧布置。考虑支管廊与主管廊的衔接形式，将与管廊同侧布置的雨水管线沿人行道敷设，与管廊异侧的雨水管线沿非机动车道敷设，最终形成管廊版管线综合规划横断面图如图 11-3 所示，图 11-4 为综合管廊断面详图。根据确定的最终断面绘制管廊版管线综合规划平面图如图 11-5 所示，管廊用轮廓线表示，重力流管线仍标注控制点高程，严格与区域排水系统相匹配，保证排水系统的连续性和安全性。

综合管廊在交叉路口以支廊形式出线，如图 11-6 和图 11-7 所示，综合管廊在地块接入口位置以直埋套管形式出线，管廊侧墙预埋专业套管。

思 考 题

1. 什么是城市管线综合设计？

2. 管线综合设计分几个阶段？

3. 工程管线的敷设方式有哪些？

4. 综合管廊的适用情况有哪些？

5. 管线综合设计涉及的管线种类和规格如何确定？

天然气舱　污水舱　综合舱　电力电信舱　高压电力舱

单位:mm

单位:m

图 11-3　纬二路（经一路—经二路）管廊版管线综合规划横断面图

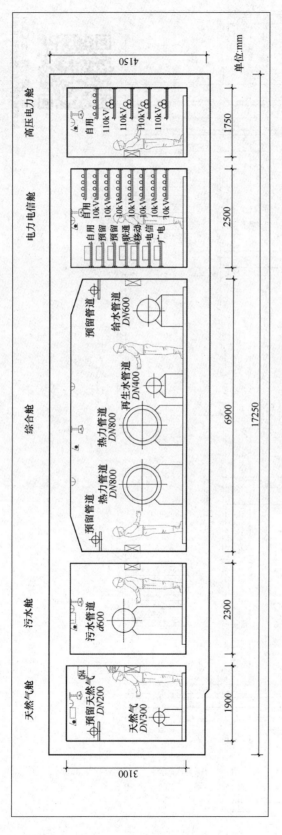

图 11-4 综合管廊断面详图

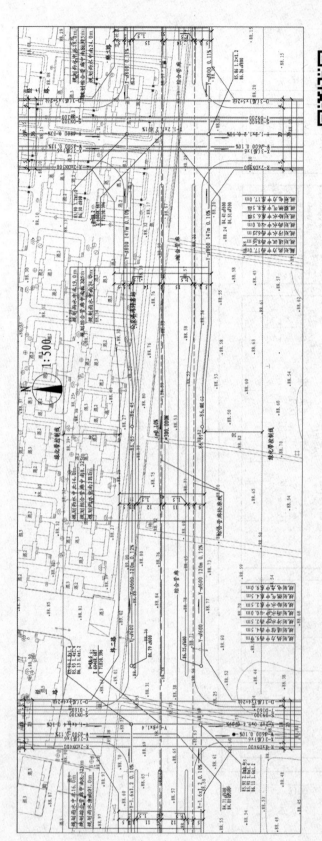

纬二路（经一路—经二路）
管廊版管线综合规划平面图

图 11-5　纬二路（经一路—经二路）管廊版管线综合规划平面图

图 11-6 交叉路口支管廊出线形式

单位:m

259

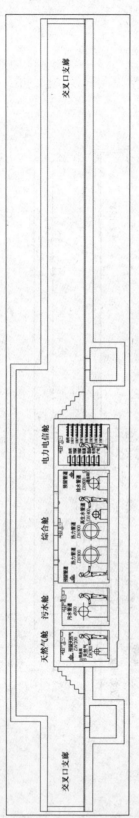

图 11-7 交叉路口支管廊出线详图

第 12 章　给水排水管道材料及附属构筑物

给水排水管网系统由不同材料的管道（渠道）以及配套的附件、附属构筑物共同组成，完成对水的收集、输送以及调节功能。

12.1　给水排水管道材料

如前所述，给水管道一般是有压管道，处于满管流状态；排水管道一般是无压管道，污水管道按照非满流设计，雨水管道按照满流设计。给水排水管道材料根据所输送的水的水质、水压、管道充满度等，以及各地地质、施工、经济条件进行选择。

给水排水管道应该有足够的强度以承受内外载荷，严密性好而不漏损，内壁光滑以减少水头损失，价格低廉以控制工程造价。给水管道还应符合饮用水卫生安全相关标准要求。

按照主体材质不同，给水排水管道可分为金属管道和非金属管道。

12.1.1　金属管道

金属管道在供水工程和排水工程中都有使用，具有强度高、耐磨耐热性能好、管径规格范围广、配套管件齐全等优点。金属管道按照材料可分为钢管、铸铁管、不锈钢管、铜管等；按照制作工艺，金属管道可分为无缝管材和焊接管材。

1. 钢管

钢管具有耐高压、耐振动、韧性好、重量较轻、单管长度长以及接口方便等优点，但是承受外荷载的稳定性差、耐腐蚀性差，造价相对较高。在城市给水输配水管道中，通常用在管径大和压力高的地方，以及因为地质地形条件限制或者穿越铁路和河谷、地震地区时。室外重力流排水管道一般情况下不使用钢管，但当排水管道需要承受高压（内高压或外高压）或对渗漏要求特别高的场合下，如穿过铁路、高速公路以及邻近给水管道或房屋基础时，可以考虑使用钢管。

（1）钢管的分类

按照使用口径和制作方法，钢管可分为适用于大口径管道的钢板直缝焊管和钢板螺旋焊管、适用于中小口径管道的无缝钢管以及小口径管道的镀锌钢管。其中镀锌钢管已逐渐退出市政供水管网的应用。

（2）钢管的腐蚀防护

钢管耐腐蚀性差，因此需要进行内外防腐，必要时还需进行阴极保护。

钢管的内衬材料不能对水质造成不良影响，应有优越的防腐蚀性能、附着力强，长时间使用后附着力不下降，内衬层不宜受到损伤，即使局部受损，也不会因此引起周围内衬层的劣化。钢管内衬常用的材料有水泥砂浆、环氧树脂、聚氨酯、环氧陶瓷等。

水泥砂浆是使用历史最悠久的管道内衬，在供水行业中大量应用，但使用中存在一些问题，如水泥砂浆收缩后易开裂导致表面缺陷较多。输送水质的不稳定性也会影响水泥砂浆内衬的质量，如当水中二氧化碳含量较高时会导致砂浆受损，砂粒流失，脱落的砂浆甚至会堵塞阀门。通过采用高强度水泥砂浆衬里能一定程度改善上述问题。在采用环氧树脂、聚氨酯作为生活饮用水供水钢管内衬材料时，应获得卫生部门许可。

市政给水排水钢管大多敷设在地面以下，土壤对钢管有腐蚀作用。引起钢管金属腐蚀的主要原因有化学腐蚀和电化学腐蚀。对于埋在土壤里的钢管而言，化学腐蚀的危险性较小，土壤腐蚀基本上属于电化学腐蚀，因此要进行管道的外防腐。钢管的外防腐方法可分为覆盖式防腐蚀法和电化学防腐蚀法。

覆盖式防腐蚀法是在金属管道外表面采用防腐绝缘层，使埋地金属管道与土壤间的过渡电阻增大，阻止电流流入或流出管道，以防止电化学腐蚀的发生。管道防腐材料要取得良好的保护效果，应具备如下的性能：良好的绝缘性、良好的稳定性、耐老化、耐水、耐温度变化；较好的耐阴极剥离性；足够的机械强度；抗植物根茎穿透能力；原料来源广泛，质量可靠，价格低廉；能机械化连续生产，满足工程建设的需要；易于现场补口补伤等。国内外常用的埋地管道防腐涂层主要有石油沥青、煤焦油瓷漆、熔结环氧粉末、三层聚乙烯结构和聚氨酯弹性体等。

金属管道作覆盖式防腐处理是必要的，但在强腐蚀性土壤中埋设金属管道，在进行覆盖式防腐处理的基础上，通常还需采取电化学防腐措施。阴极保护法是最常用的一种电化学防腐措施。阴极保护法包括牺牲阳极法和外加电流法。牺牲阳极法是用比被保护金属电位更低的金属材料做阳极，与被保护的金属管道连在一起，利用金属之间固有的电位差，产生防腐蚀电流的一种防腐蚀法，因阳极随着电流的流出而逐渐消耗，故为牺牲阳极法。通常在土壤电阻率高的地区采用锌合金阳极，否则用镁合金阳极。外加电流法是通过外部的直流电源装置，把必要的防腐电流通过地下水或埋设在水中的电极，流入金属管道的一种方法。阴极保护措施应根据具体情况选用。通常，外加电流法增大管道综合造价仅1%，但存在长期运行管理费用；牺牲阳极法增大管道综合造价达2%。在城市供水管网中为防止对其他管线的影响，一般采用牺牲阳极的阴极保护法。

2. 铸铁管

铸铁管在市政给水排水管道中广泛应用。目前我国市政供水管道大部分使用的是铸铁管。由于铸铁管具有较高的强度以及一定的抗腐蚀性能，在某些地面荷载较大或情况复杂的污水和雨水管道工程中会使用铸铁管。

（1）铸铁管分类

铸铁管材质分为普通灰口铸铁管和球墨铸铁管。灰口铸铁中所含的碳具有片状石墨的微观结构，由于片状石墨的存在，其形成的断口呈现灰色，因此得名。灰口铸铁是最常见的铸铁和最广泛使用的铸造材料，一般用于更看重部件的刚度而非其抗拉强度的场合。球墨铸铁经过球化和孕育处理，其中所含的碳呈球状，故称为球墨铸铁。球墨铸铁的塑性和韧性相对于普通铸铁都得到了大幅度提高，其综合性能接近于钢，用于铸造一些受力复杂，对强度、韧性、耐磨性要求较高的零件。

灰口铸铁管质地较脆，抗冲击和抗振能力较差，重量较大，且经常发生接口漏水，水管断裂和爆管事故，给生产带来很大的损失。近年来，我国市政供水管网中，已逐渐停止使用灰口铸铁管，广泛使用材料性能优越的球墨铸铁管。

球墨铸铁管的主要优点是耐压力高，管壁比灰口铸铁管薄 30％～40％，因而质量较灰口铸铁管轻，同时，耐腐蚀能力优于钢管，球墨铸铁管的使用寿命可达灰口铸铁管的 1.5～2.0 倍，是钢管的 3～4 倍，已成为我国市政供水的推荐使用管材。

目前市售离心铸造球墨铸铁管公称直径范围从 $DN40$ 到 $DN2600$ 不等。

（2）铸铁管的腐蚀防护

铸铁管的内防腐主要采用水泥砂浆内衬、环氧煤沥青涂层、环氧陶瓷内衬、硅酸盐水泥涂层、硫酸盐水泥涂层、聚氨酯涂层等。其中，给水管道采用水泥砂浆内衬较多，适用于污水管道铸铁管的内防腐方式有环氧煤沥青涂层、环氧陶瓷内衬、硅酸盐水泥涂层、硫酸盐水泥涂层、聚氨酯涂层等。

球墨铸铁管的外表面防腐蚀涂层一般采用喷锌加喷涂沥青漆或环氧树脂漆。为了提高球墨铸铁管的使用寿命和对特殊环境的适应性，出现了加厚金属锌、聚乙烯（PE）外套、聚氨酯涂层、喷涂铝合金等外防腐方式。

球墨铸铁管电阻较大，故不易产生电化学腐蚀。而球墨铸铁管的连接以承插方式为主，由于管道在接口处都是用橡胶圈密封，所以一般情况下不需要做阴极防护。即使对于一些需要做阴极保护的地区，只要使用了聚乙烯套保护，也不需要做阴极防腐保护。

12.1.2 非金属管道与渠道

非金属管道可分为混凝土管、塑料管、玻璃钢管、渠道等。

1. 混凝土管

按照制作方式，混凝土管可分为预制混凝土管、自应力钢筋混凝土管、预应力钢筋混凝土管、预应力钢筒混凝土管。一般预制混凝土管直径小于 400mm。按照是否承受压力，混凝土管可分为有压管和重力排水管。

（1）钢筋混凝土压力管

钢筋混凝土压力管常用的有预应力钢筒混凝土管（PCCP）和钢制承插口预应力混凝土管（SPCP）。

预应力钢筒混凝土管是指在带有钢筒的混凝土管芯外侧缠绕预应力钢丝并制作水泥砂浆保护层而制成的复合管。按管芯结构形式不同可分为内衬式预应力钢筒混凝土管（PC-CPL）和埋置式预应力钢筒混凝土管（PCCPE），如图 12-1 所示，其管材接口有单胶圈柔性接口和双胶圈柔性接口两种。此外，还有薄壁预应力钢筒混凝土管（BPCCP），其采用高强度钢纤维混凝土代替普通管芯混凝土，管芯厚度为管径的 1/32～1/16，与常规预应力钢筒混凝土管相比，管质量减轻。

预应力钢筒混凝土管（PCCP）适用于城市给水排水干管、长距离输水干管、工业输水管、农田灌溉、工厂管网及冷却水循环系统、倒虹吸管、压力隧道管线及深覆土涵管等。工作压力一般不超过 2.0MPa。目前预应力钢筒混凝土管主要应用于大管径（直径 2200～4000mm）有压输水工程。预应力钢筒混凝土管（PCCP）对制造和维护都有较高的要求。

钢制承插口预应力混凝土管是在钢筋混凝土管芯外壁缠绕预应力钢丝，喷以水泥砂浆保护层的复合管，采用钢制承插口配滑动式橡胶密封圈的柔性接口。钢制承插口预应力混凝土管可用于城市给水排水干管、工业输水管线、农田灌溉、冷却水循环系统、倒虹吸管、压力隧道管线及深覆土涵管等，工作压力不超过 0.6MPa。

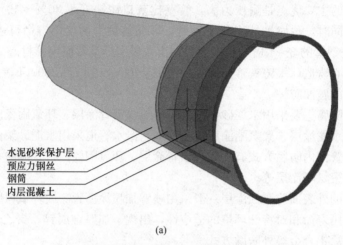

水泥砂浆保护层
预应力钢丝
钢筒
内层混凝土

(a)

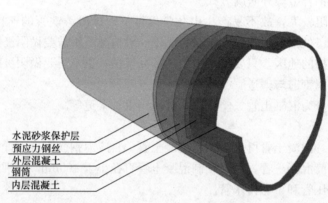

水泥砂浆保护层
预应力钢丝
外层混凝土
钢筒
内层混凝土

(b)

图 12-1　预应力钢筒混凝土管构造示意图

（a）内衬式预应力钢筒混凝土管；（b）埋置式预应力钢筒混凝土管

（2）钢筋混凝土排水管

常用的钢筋混凝土排水管有钢制承插口钢筋混凝土排水管和 F 形钢承口钢筋混凝土顶管。钢制承插口钢筋混凝土排水管适用于雨水、污水、引水及农田灌溉等重力管道，其工作压力不超过 0.1MPa。F 形钢承口钢筋混凝土顶管适用于顶管施工的重力排水管道。

2. 塑料管

与金属管、混凝土管相比，塑料管材具有质量轻、耐腐蚀、水流阻力小、运输安装方便等优点。塑料是以树脂为主要成分，适当加入添加剂，可在加工中塑化成型的一类高分子材料。按树脂的受热变化，塑料可分为热固性塑料和热塑性塑料。热固性塑料是成型后不能再加热软化而重复加工的一类塑料，具有不溶、不熔的特点。热塑性塑料是成型后再加热可重新软化加工而化学组成不变的一类塑料，其树脂在加工前后都为线性结构，加工中不发生化学变化，具有可熔、可溶的特点。聚乙烯、聚丙烯、聚氯乙烯、聚苯乙烯、聚酰胺类、聚碳酸酯、聚甲醛等都属于热塑性塑料。

（1）聚氯乙烯管

在给水排水管道上主要使用的是不增塑的硬聚氯乙烯（PVC-U）管，通常用于冷水管道上。另外，氯化聚氯乙烯（PVC-C）管是通过氯乙烯树脂加工而得的一种耐热性好的塑料管，具有较好的耐热、耐老化、耐化学腐蚀性能，它特别适用于输送热水、污水、废液等介质。

（2）聚乙烯管

聚乙烯（PE）管具有水力性能优越、密度低、韧性好、耐腐蚀、绝缘性能好、易于施工和安装等特点。按照产品密度的使用习惯，可把聚乙烯（PE）管主要划分为低密度PE（LDPE）管和线性低密度PE（LLDPE）管、中密度PE（MDPE）管以及高密度PE（HDPE）管。用作水管的PE材料须加入炭黑以保证管材的老化速度在管材寿命设计范围内。考虑温度对聚乙烯（PE）的形变影响较大，其使用温度一般需要低于45℃。

目前在排水工程中，双壁波纹管应用较多。双壁波纹管是内壁光滑平整、外壁为梯形或弧形波纹状肋、内外壁波纹间为中空、采用挤出成型工艺制成的管材。双壁波纹管多采用聚氯乙烯（PVC）或聚乙烯（PE）材质。

（3）改性聚丙烯管

聚丙烯（PP）管虽然无毒，价廉，但抗冲击强度差，作为供水管材不理想，通过共聚合的方式使聚丙烯改性，可提高管材的抗冲击强度等性能。改性聚丙烯管有三种，即均聚共聚聚丙烯（PP-H）管、嵌段共聚聚丙烯（PP-B）管、无规共聚聚丙烯（PP-R）管。PP-R管是第三代改性聚丙烯管，是用无规共聚法使PE在PP分子链中随机地均匀聚合，比PP-B具有更好的抗冲击性能、耐温度变化性能和抗蠕变性能，此类管材柔软、易于安装、密封性好、耐腐蚀，主要用于室内冷热水管道及地面辐射供暖系统。

3. 玻璃钢管

玻璃钢是纤维增强复合塑料（FRP）的简称，是一种复合材料。玻璃钢管具有强度大、质量轻、耐腐蚀、工艺性能优良的特点。玻璃钢管在高压输水、城市排水和工业给水排水中都有应用。

4. 渠道

渠道常用建材有砖、石、混凝土块或现浇混凝土等，一般多采用矩形、倒拱形等断面。

从水源到水厂的原水输送可以采用渠道，一般在重力输水情况下考虑选用。当排水需要较大口径管道，且预制管管径不满足要求时，可建造大型排水渠道。在地形平坦地区、埋设深度或出水口深度受限制的地区可采用渠道（明渠或盖板渠）排除雨水，盖板渠宜就地取材，构造宜方便维护，渠壁可与道路侧石联合砌筑。

渠道和涵洞连接时，应进行全面考虑。渠道接入涵洞时，应考虑断面收缩、流速变化等因素造成渠道壅水的影响。涵洞断面应按渠道水面达到设计超高时的泄水量计算。涵洞两端应设置挡土墙，并护坡和护底。涵洞宜采用矩形，当为圆管时，管底可适当低于渠底，其降低部分不计入过水断面。渠道和管道连接处应设置挡土墙等衔接设施。渠道接入管道处应设格栅。

12.1.3　给水排水管道接口与基础

由于加工、运输和安装的需要，给水排水管道工程中的给（排）水管制成品长度一般小于 10m，这远小于管道工程的数千米甚至数十千米以上的总长度，因此需要将给（排）水管在现场进行连接。管道接口数量巨大，接口的质量在很大程度上决定了管道工程的质量。给水排水管道的基础对管道运行有重大影响。

1. 给水排水管道接口

根据弹性的不同，管道接口可分为刚性接口和柔性接口。刚性接口施工完毕后，不允许管道在连接处有轴向位移或转角变化。柔性接口允许管道在连接处有很小幅度的轴向交错或转角变化。

按照施工方式，给水排水管道接口又可分为焊接接口、承插接口、法兰接口、胶粘接口、热熔接口等。焊接接口、法兰接口、胶粘接口和热熔接口属于刚性接口。承插接口根据接口材料性质与施工方式，可分为刚性接口和柔性接口。

焊接接口通过焊接将两节金属给（排）水管连接成为一个整体，适用于钢管、铸铁管、不锈钢管、铜管等金属管材。

承插接口的给（排）水管两端分别称为承口和插口，承口内径稍大于插口外径；承插接口的方式是将给（排）水管的插口插入另一管段的承口内（图 12-2）。两口之间环形空隙用接口材料填实。接口材料使用橡胶圈等弹性材料时为柔性接口，接口材料使用石棉水泥等凝固后不变形的材料时为刚性接口。钢管、铸铁管、混凝土管、玻璃钢管以及陶土管的连接都可使用承插接口。

法兰接口是两节给（排）水管通过法兰、垫片和紧固件进行连接（图12-3）。法兰接口适用于各种管材的连接，既可以作为不同材质的给（排）水管之间的连接方式，也可以作为给（排）水管与附件、设备之间的连接方式。

胶粘接口是 PVC、ABS 等材质塑料管的一种连接方式，胶粘接口也可视为一种特殊的承插接口。它使用胶粘剂作为接口填充材料，使承口与插口粘接为一体。

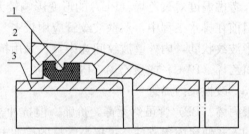

DN40～DN1200球墨铸铁管的T形接口形式
1—密封圈；2—承口；3—插口

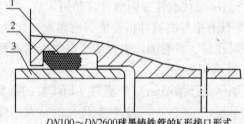

DN100～DN2600球墨铸铁管的K形接口形式
1—胶圈；2—承口；3—插口

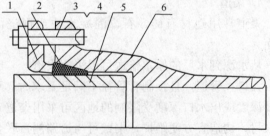

DN100～DN2600球墨铸铁管的K形接口形式
1—压兰；2—胶圈；3—螺栓；4—螺母；5—插口；6—承口

图 12-2　球墨铸铁管道的承插接口

热熔接口是 PP、PE 等材质塑料管的连接方式，分为热熔对接接口和热熔承插接口两种。

2. 给水排水管道基础

给水排水管道大多是埋地敷设。管道的基础一般由地基、基础和管座三部分组成，如

图 12-4 所示。管道系统能安全正常运行，管道的地基与基础要有足够的承受荷载的能力和可靠的稳定性，否则可能产生不均匀沉陷，造成管道错口、断裂渗漏等现象，导致给水管道水被污染或排水管道附近地下水污染，甚至影响管道附近建筑物的基础。

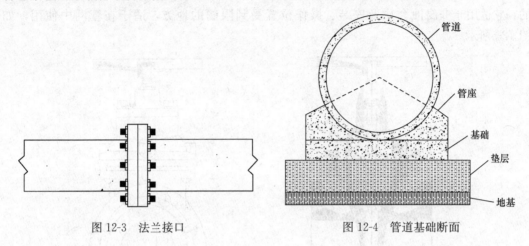

图 12-3　法兰接口　　　　　　　　　　图 12-4　管道基础断面

常用的管道基础有沙土基础、混凝土枕基、混凝土带形基础等。埋地塑料管道不应采用刚性基础。

3. 支墩

承插式接口的管线，在弯管处、三通处、水管尽端的盖板上以及缩管处，都会产生拉力，接口可能因此松动脱节而使管线漏水，因此在这些部位须设置支墩以承受拉力和防止事故。但当管径小于 300mm 或转弯角度小于 10°，且水压力不超过 980kPa 时，因接口本身足以承受拉力，可不设支墩。

12.2　给水管道附件及附属构筑物

给水管网的正常运行维护需要具备流量调节、压力调节、排气进气以及消防供水等功能，这些功能是通过给水管网附件实现的。给水管材、管件以及附件共同构成了给水管网。给水管网中常用的附件有启闭控制性阀门、调流阀、减压阀、空气阀、止回阀和倒流防止器、水锤消除设备、消火栓等。

12.2.1　启闭控制性阀门

启闭控制性阀门在管道事故维修、新接管道、管道排空等场合下发挥作用，在正常使用时分为全开或关闭两种状态。按照功能及在管网中的位置区分，启闭控制性阀门包括主控阀、分支阀、冲排阀、放空阀等。从结构上，启闭控制性阀门主要有闸阀、蝶阀、球阀等。

1. 闸阀

闸阀又称闸门，闸阀阀门的闸板启闭方向和闸板的平面方向平行，是管网中最广泛使用的一种阀门形式。闸阀水阻力小、启闭力较小，水可反向流动；但其有体积大、高度大、笨重、密封面容易擦伤而又难以修复的缺点。闸阀适用于管道的开启、关闭控制，不宜长期用于半启闭状态来调节管道的流量。因闸板与阀杆是一端相连，在半启闭时闸板受到的冲击负荷较大，影响启闭部件的使用寿命。

闸阀就其阀杆运行状况分明杆及暗杆两种。明杆闸阀是指闸阀开启时，阀杆是上行式的，适用于输送腐蚀性介质；由于阀杆露出可以表明闸阀的开启程度，适用于水泵站及水厂内部的明设管道上，但需经常向阀杆刷油保护。暗杆闸阀在闸阀开启时，阀杆是不上行的，它适用于非腐蚀介质及安装、操作位置受到限制的地方，适于在管网中使用，如图 12-5所示。

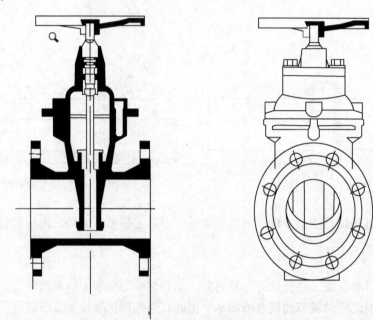

图 12-5　暗杆型弹性座封闸阀

　　根据安装方式，闸阀也可分立式闸阀及卧式闸阀两种。立式闸阀是用闸板上下移动来启闭的，卧式闸阀是用闸板水平移动来启闭的。由于立式闸阀的闸板质量由阀杆承担，闸板两侧的导向轮，在结构上不承担闸板的质量。卧式闸阀的闸板质量，要由下方的导向轮支承，下方的导向轮在结构上就要有所加固，阀体上的导轨亦有所不同。在安装闸阀时，应注意立式闸阀不可卧装，卧式闸阀不可立装。因大闸阀卧装可减少管道的埋深，所以一般用在大口径的管道上。但在城市街道的下面，地下设施及管道布局稠密的地段，使用卧式闸阀往往要占用其他管道的位置，所以设置卧式闸阀的地点要慎重选择。

　　2. 蝶阀

　　蝶阀的阀板利用偏心轴或同心轴旋转的方式达到启闭的作用。在大口径管道上，这种阀门具有体小轻巧、拆装容易、结构简单等优点，适应管道埋深较浅及管道间距较小的需要。蝶阀的阀轴分垂直与水平两类设置，阀轴垂直设置的为立式蝶阀，阀轴水平设置的为卧式蝶阀。蝶阀结构简单，短系列蝶阀的阀体长度可缩短至极限，因此较多使用。蝶阀如图 12-6所示。

　　3. 球阀

　　球阀中，连接阀杆的是一个开设孔道的球体芯，靠旋转球体芯达到开启或关闭阀门的目的。球阀具有结构简单、流阻小、密封可靠、动作灵活、维修及操作方便等优点。球体形式目前有浮动球体和刚性支承球体两种。浮动球体适用于小口径及低压场合，刚性支承球体适用于大口径及高、中压场合。

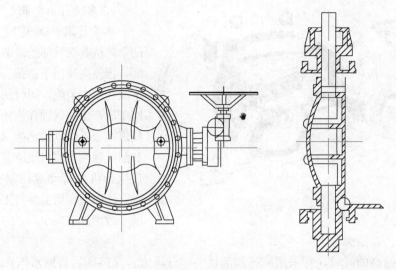

图 12-6　蝶阀

在供水系统中，浮动球体的球阀适用于小口径的管道。近年国内多个阀门厂家研制出扇形偏心旋塞阀、偏心球阀，它们都是刚性支承球体的球阀。偏心半球阀如图 12-7 所示。

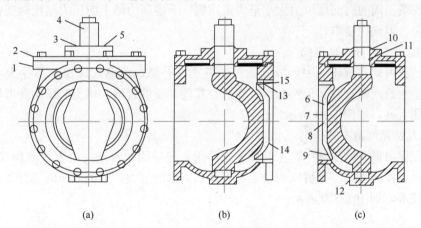

(a)　　　　　　　　　(b)　　　　　　　　　(c)

图 12-7　偏心半球阀

（a）偏心半球阀外形；（b）硬密封偏心半球阀；（c）软密封偏心半球阀

1—阀体；2—阀盖；3—平垫；4—偏心轴；5—卡环；6—内六角螺栓；7—球冠；8—定位销；
9—阀座；10—密封组件；11、12—轴套；13—阀座；14—金属球冠；15—紧固圈

12.2.2　调流阀

调流阀用于调节流量，可变动开启度，不影响阀门的寿命，不对管内水流造成负面影响，调流阀的形式多样，通常有活塞阀、多喷孔调节阀、固定锥形阀、疏齿阀等。

1. 活塞阀

活塞阀以活塞作为轴向运动，它的行程与管内水流方向是一致的。活塞运动到任何位置，水流都成环状，因此它是一种轴向对称流型的直通阀。阀上游管道内的流水断面，在阀内变成环状断面，活塞向闭合位置运动中，水流的过水断面逐渐缩小，但水流仍保持轴向对称流型，直至闭合断流。活塞阀如图 12-8 所示。

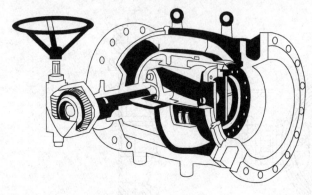

图 12-8　活塞阀

2. 多喷孔调节阀

多喷孔调节阀阀门上游侧管道中的水,从套筒外部经过节流孔喷向内部,再流向阀门下游侧。由于喷出的水流在水中消能,同时使流体在离开阀壁后产生的气蚀在水中消除,从而使该阀兼备优良的消能(减压)效果和耐气蚀性。流量或压差的调节是通过执行机构带动套筒闸在喷管上滑动,从而使套筒上参与工作的节流孔的个数增加或减少。

12.2.3　减压阀

在水压偏高的区域,常采用减压阀消耗一部分压力,保持阀后管网水压在可控的范围内,保证管网的安全运行。减压阀的作用是通过消耗水的机械能降低阀后压力。减压阀有比例式、直接动作可调式、水力先导可调式等多种形式。

1. 比例式减压阀

比例式减压阀的阀前后压力大小呈固定比例,下游压力随上游压力呈比例变化,下游压力波动大,但结构简单。

2. 直接动作可调式减压阀

直接动作可调式减压阀中,隔膜通过弹簧实施补偿,此形式减压阀部件少,故障率低,适宜供水管网的支管、干管减压,亦适合其他水质的管网。该类减压阀外形偏大,出口压力不能太高,如图 12-9 所示。

3. 水力先导可调式减压阀

水力先导可调式减压阀中,主阀外接先导阀,先导阀本身是一个直接动作式减压阀,小阀通过水力控制大阀。下游压力稳定且可调节,过流量大。该类减压阀部件多,故障率高,调试较难,如图 12-10 所示。

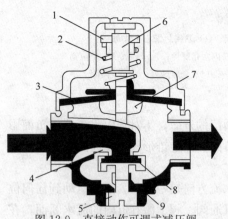

图 12-9　直接动作可调式减压阀
1—弹簧压盖;2—弹簧;3—隔膜;4—阀座;
5—压力表接口;6—调节螺栓;7—镫形连钩
(与隔膜相连);8—阀瓣;9—排水栓

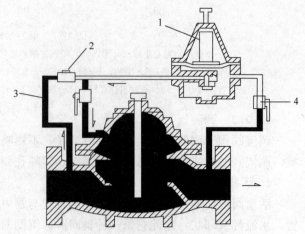

图 12-10　水力先导可调式减压阀
1—先导阀;2—进水流量调节阀(控制关阀速度);
3—Y形过滤器;4—出水流量调节阀(控制开阀速度)

12.2.4 空气阀

空气阀是管道的呼吸器，通常称排气阀，但它包含了进气、大排气、微排气等多种功能。空气阀包括单排气功能的空气阀，具有进、排气双重功能的空气阀（包括带缓冲功能的进、排气空气阀），单进气的空气阀（又称吸气阀、真空破坏阀）。

在长距离输水的管道上，每隔一段距离以及在管径变化、管道坡顶、坡度拐点等部位都应布置排气阀，以避免空气积累。在输配水管道中易出现真空的部位，应布置吸气阀，以破坏真空。

12.2.5 止回阀和倒流防止器

止回阀又称单流阀、单向阀、逆止阀、背压阀。止回阀按其启闭件的位移方式可分为升降式、旋启式、球式、蝶式、管道式、缓闭式、隔膜式、静音式等。止回阀属于自动阀门类，其主要作用是防止介质倒流、防止泵及驱动电动机反转、防止水从管道或容器泄放。止回阀主要用于水单向流动的管道上，只允许一个方向流动，以防止发生事故。止回阀的开启压力和止回阀关闭状态的性能有关，关闭时密封性能好的，开启压力就大，开启压力大于开启后水流导致的局部水头损失。止回阀如图 12-11 所示。

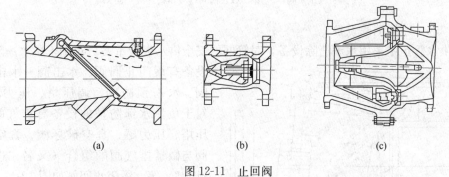

(a)　　　　　　　　　　(b)　　　　　　　　　　(c)

图 12-11　止回阀

（a）橡胶板旋启止回阀；（b）Z 形静音止回阀；（c）G 形静音止回阀

有些给水管道中，只允许水向前流动，不允许水倒流，以避免倒流污染。消除倒流的装置就是倒流防止器。倒流防止器是由两个止回阀和一个安全泄水阀组成的阀门装置。当管网压力正常时，水由管道进口，经由两个止回阀流向用水设施。由于第一止回阀的局部阻力使阀腔内的压力略低于进口处压力，而膜片下的水压则为进口处的压力，所以膜片下方的水压大于膜片上的压力，安全泄水阀保持关闭状态，这时管道内的水正常流动。当倒流防止器后面管路上的所有阀门都关闭时，水流处于静止状态。若进口处压力不变，阀腔内的水压仍比进口处水压略低，安全泄水阀仍处于关闭状态。当倒流防止器后面的管道压力升高，并超过供水压力，即所谓背压，这时如果第二止回阀没有渗漏，则高压水不会倒流至阀腔内，阀腔内仍保持正常流动时的压力，所以安全泄水阀不动作排水；如果第二止回阀渗漏，阀腔内的压力就因渗漏而提高，安全泄水阀就动作排水，这样就减少了高压水流对第一止回阀的压力，从而有效防止了后面的水再从第一止回阀倒流至前段管道。如果供水管网压力不断下降时，则控制安全泄水阀动作的膜片下部的压力也随之下降，当进口压力降至 0.02MPa 时，安全泄水阀的控制弹簧就伸长，将安全泄水阀打开排水；当进口压力降至零或负压时，安全泄水阀就会完全打开，空气进入阀腔，使阀腔内形成一个比进口直径大两倍的空气间隔，从而不会产生虹吸倒流，这时管道内的水停止流动。倒流防止器如图 12-12 所示。

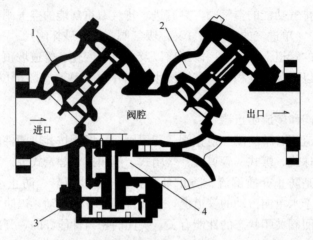

图 12-12 倒流防止器
1—第一级止回阀；2—第二级止回阀；3—隔膜；4—泄水阀

12.2.6 水锤消除设备

在供水管道中采用水锤消除设备，对管网的安全供水极为重要。对于正压水锤防护的设备有缓闭止回阀、水击阀、水击泄放阀、水击预防阀、调压塔、压力罐等；对于负压水锤防护的设备有空气阀、调压塔、压力罐、真空破坏阀、真空破坏阀与微量排气阀的组合（又名"进气微排阀"）等。缓闭止回阀如图 12-13 所示。

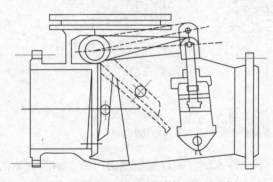

图 12-13 缓闭止回阀

12.2.7 消火栓

消火栓是消防部门在处理火情时从供水管网引取水源的接口。室外消火栓在出现火情时，一方面可接上消防水带直接灭火，另一方面可作为消防车的水源，向消防车充水。因此，室外消火栓上应有 2~3 个出水口。大口径接水口是用来向消防车充水用，小口径接水口是用来接水带直接灭火用。消火栓本身都是一个特制阀门，另外从干管接出分支管也配有一闸阀，以便维修消火栓时使用（若从配水支管上接装消火栓可不另安闸阀）。

市政消火栓宜采用室外地上式消火栓。在严寒、寒冷等冬季结冰地区宜采用干式地上式室外消火栓或地下式室外消火栓，地下式室外消火栓应有明显的永久性标志。地上式消火栓如图 12-14 所示。

12.2.8 阀门井

输配水管道上的阀门一般应设在阀门井内（直埋式阀门除外）。

阀门井的尺寸应满足操作阀门及拆装管道阀件所需的最小空间要求。阀门在井内应留一定的空间，有利于阀门的保养与小修，有利于密封填料的更换，有利于减速齿轮箱的装

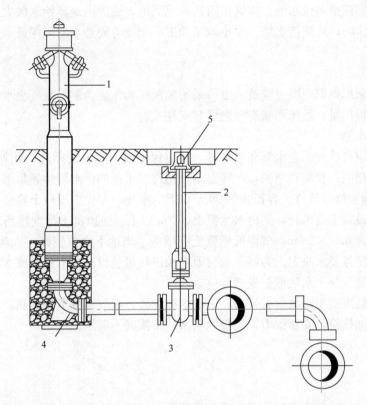

图 12-14 地上式消火栓
1—地上式消火栓；2—阀杆；3—阀门；4—弯头支座；5—阀门套筒

拆及维护，特别是阀门底部空间要有利于法兰盘螺栓的装拆。铺设在道路下的管道，力求一阀一井，减小阀井尺寸，避免影响其他管道的铺设。

阀门井应根据所在位置的地质条件、地下水位以及功能需要进行设置，可现砌、现浇或使用预制装配式。阀门井按材料分类，分为砖砌阀门井和钢筋混凝土阀门井。砖砌阀门井一般用于地下水位较低、地质条件较好和埋深较浅的场合。因阀井与管道沉降速率不一致，为了避免管道承受阀井的剪切力，管道穿越井壁时应四周留有间隙。穿管与井壁洞口的间隙应采用柔性材料封堵。

空气阀存在吸气功能，空气阀不应位于地下，避免井内脏物、脏水及昆虫等吸入管内，导致管网受到二次污染。因此对于在道路下配水干管上的空气阀井，空气阀进排气可用管道接至人行道边，露出地面，必要时用"小品"雕塑装饰，空气中的粉尘等吸进管内亦是污染，引出管上安装三通，两端分别装止回阀，一侧只可排气不可进气，另一侧只可进气不可排气，且装有除尘装置。阀井空气亦可用管道引出，接换风机置换。对于在农田或绿带下配水干管上的空气阀井，空气阀井可高出地面。

阀门井的井盖、井座应采用球墨铸铁材质，也可使用复合井盖。复合井盖包括钢纤维混凝土井盖、菱镁水泥井盖、再生树脂复合材料井盖、玻璃纤维增强复合材料井盖等。

12.2.9 调节构筑物

调节构筑物用来调节管网内的流量，有水塔和高位水池等。建于高地的高位水池的作用和水塔相同，既能调节流量，又可保证管网所需的水压。当城市或工业区靠山或有高地时，可根据地形建造高位水池。如城市附近缺乏高地，或因高地离给水区太远，以致建造高位水池不经济时，可建造水塔。中小城镇和工矿企业等建造水塔以保证水压的情况比较普遍。

（1）水塔

多数水塔采用钢筋混凝土建造。也可采用装配式和预应力钢筋混凝土水塔。装配式水塔可以节约模板用量。塔体形状有圆筒形和支柱式。

（2）高位水池

高位水池应有单独的进水管和出水管，并应保证池内水流的循环。此外应有溢水管，管径和进水管相同，管端有喇叭口，管上不设阀门。水池的排水管接到集水坑内，管径一般按 2h 内将池水放空计算。容积在 1000m³ 以上的水池，至少应设两个检修孔。为使池内自然通风，应设若干通风孔，高出水池覆土 0.7m 以上。池顶覆土深度视当地平均室外气温而定，一般为 0.5～1.0m，气温低则覆土应厚些。当地下水位较高、水池埋深较大时，覆土深度需按抗浮要求决定。为便于观测池内水位，可装设浮标水位尺或水位传示仪。

预应力钢筋混凝土水池可做成圆形或矩形。

装配式钢筋混凝土水池也有采用。水池的柱、梁、板等构件事先预制，各构件拼装完毕后，外面再加钢箍，并加张力，接缝处喷涂砂浆使其不漏水。

12.3　排水管渠附属构筑物

排水管渠系统除了有输送污水、废水的管渠外，还有收集、连接、检修用的附属构筑物。排水管渠系统的附属构筑物主要有检查井、雨水口、跌水井、水封井、截流设施、换气井、倒虹井、防潮门、出水口等。

12.3.1　检查井

检查井是排水管道中连接上下游管道并供养护工人检查、维护或进入管内的构筑物。为便于对排水管渠系统作定期检查和清通，必须设置检查井。检查井如图 12-15 所示。

检查井的位置应设在管道交会处、转弯处、管径或坡度改变处、跌水处以及直线管段上每隔一定距离处。检查井在直线管段的最大间距应根据疏通方法等的具体情况确定。在

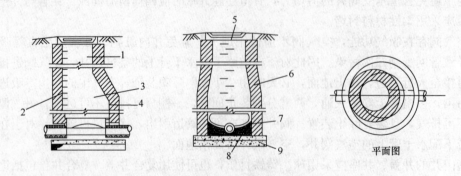

图 12-15　检查井

1—井筒；2—踏步；3—渐缩部；4—工作室；5—井盖及盖座；
6—井身；7—沟肩；8—井底；9—井基

不影响街坊接户管的前提下，宜按表 12-1 的规定取值。无法实施机械养护，需要人工养护的区域，检查井的间距不宜大于 40m。随着养护技术的发展，管道检测、清淤和修复的服务距离增大，检查井的最大间距也可适当增大。随着城镇范围的扩大，排水设施标准的提高，有些城镇出现口径大于 2000mm 的排水管渠。管渠内的净高度可允许养护工人或机械进入管渠内检查养护。大城市干道上的大直径直线管段，检查井最大间距可按养护机械要求确定。对于养护车辆难以进入的道路，如采用透水铺装的步行街等，检查井的最大间距应按照人工养护的要求确定。另外，检查井的位置选择应充分考虑成品管节的长度，尽量避免现场切割成品管道。因为管道被切割后，接口施工很难保证严密，容易造成地下水渗入。

检查井在直线段的最大间距   表 12-1

管径（mm）	300～600	700～1000	1100～1500	1600～2000
最大间距（m）	75	100	150	200

污水管道、雨水管道和合流管道的检查井，井盖应有标识。建筑物和小区内均应采用分流制排水系统。为防止接出管道误接，产生雨污混接现象，应在井盖上分别标识"雨"和"污"，合流污水管应标识"污"。

为防止渗漏，提高工程质量，加快建设进度，检查井宜采用钢筋混凝土等材质的成品井。砖砌和钢筋混凝土检查井应采用钢筋混凝土底板。根据《国务院办公厅关于进一步推进墙体材料革新和推广节能建筑的通知》（国发〔2005〕33 号）的要求，为保护耕地资源，到 2010 年底，所有城市禁止使用实心黏土砖。因此，砖砌检查井不得使用实心黏土砖。

位于车行道的检查井，应采用具有足够承载力和稳定性良好的井盖与井座。设置在主干道上的检查井的井盖、基座和井体应避免不均匀沉降。检查井应采用具有防盗功能的井盖，位于路面上的井盖宜与路面持平。位于绿化带内的井盖不应低于地面，检查井应安装防坠落装置。检查井井口、井筒和井室的尺寸应便于养护和检修，爬梯和脚窝的尺寸、位置应便于检修和上下安全。以往爬梯发生事故较多，因此爬梯设计应牢固、防腐蚀、便于上下操作。砖砌检查井内不宜设置钢筋爬梯。在我国北方和中部地区，冬季检修时，工人操作时多穿棉衣，井口井筒小于 700mm 时出入不便，因此对需要经常检修的井，井口井筒大于 800mm 为宜。检修室高度在管道埋深许可时宜为1.8m，这样工人可直立操作。

为创造良好的水流条件，宜在检查井内设置流槽。污水检查井流槽顶可与大管管径的85% 处相平，雨水（合流）检查井流槽顶可与大管管径的 50% 处相平。流槽顶部宽度应满足检修要求，一般为 0.15～0.2m，随管径、井深增加，宽度还需加大。流槽转弯的弯曲半径不宜太小。

在污水干管中，当流速和流量都较大且检修管道需放空时，采用草袋等措施断流，困难较多。为了便于检修，在污水干管每隔适当距离的检查井内，可根据需要设置闸槽。

为防止街坊支管接入带来的泥砂，在每个街坊接户井内宜设置沉泥槽。设置沉泥槽的目的是便于从检查井中用工具清除管道内的污泥。根据各地情况，在每隔一定距离的检查井和泵站前一检查井宜设置沉泥槽。一般情况下，污水检查井不设沉泥槽。有支管接入处、变径处和转折处等，雨水检查井内也不设置沉泥槽。考虑过浅的沉泥槽深度不利于机械清捞管道淤泥，因此沉泥槽的深度宜为 0.5～0.7m。

检查井接入管径大于 300mm 以上的支管过多，管理工人会操作不便。因此在接入检查井的支管管径大于 300mm 时，支管数不宜超过三条。

检查井和管道接口处应采取防止不均匀沉降的措施，检查井和塑料管道的连接应符合现行国家标准。

12.3.2 雨水口

雨水口是设于地面低洼处，用于收集地面雨水径流的构筑物。

雨水口的构造包括进水箅、井筒和连接管三部分。雨水口的形式，按照进水箅与地面平行或垂直关系，可分为平箅式雨水口和立箅式雨水口，如图 12-16 所示。平箅式雨水口水流通畅，但暴雨时易被树枝等杂物堵塞，影响收水能力。立箅式雨水口不易堵塞，但有的城镇因逐年维修道路路面加高，使立箅断面减小，影响收水能力。可根据具体情况和经验确定雨水口形式。

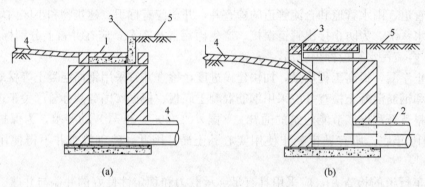

图 12-16 雨水口
(a) 平箅式雨水口；(b) 立箅式雨水口
1—进水箅；2—连接管；3—侧石；4—道路；5—人行道

雨水口的形式、数量和布置应按汇水面积所产生的流量、雨水口的泄水能力和道路形式确定。立箅式雨水口的宽度和平箅式雨水口的开孔长度、开孔方向应根据设计流量、道路纵坡和横坡等参数确定。合流制系统中的雨水口应采取防止臭气外逸的措施。

雨水口和雨水连接管流量应为雨水管渠设计重现期计算流量的 1.5～3.0 倍。

雨水口间距宜为 25～50m，连接管串联雨水口不宜超过 3 个。雨水口连接管长度不宜超过 25m。为保证路面雨水排除通畅、又便于维护，雨水口只宜横向串联，不宜横纵向一起串联。对于低洼和易积水地段，雨水径流面积大、径流量较多，如果有植物落叶，容易造成雨水口的堵塞，为提高收水速度，需根据实际情况适当增加雨水口，或采用侧边进水的联合式多箅雨水口和道路横沟。

道路横坡坡度不应小于 1.5%，平箅式雨水口的地面标高应比周围路面标高低 3～5cm。立箅式雨水口进水处路面标高应比周围路面标高低 5cm。

当考虑道路排水的径流污染控制时，雨水口应设置在源头减排设施中。其箅面标高应根据雨水调蓄设计要求确定，且应高于周围平面标高，通过道路横坡和绿地的高程衔接，尽量将雨水引入绿地，以保证绿地对雨水的渗透和调蓄作用。

当道路纵坡大于2%时，雨水口的间距可大于50m。其形式、数量和布置应根据具体情况和计算确定。坡段较短时，可在最低点处集中收水，其雨水口的数量或面积应适当增加。

雨水口深度指雨水口井盖至连接管管底的距离，不包括沉泥槽深度。雨水口深度不宜大于1m，特殊情况需要浅埋时，应采取加固措施。在交通繁忙、行人稠密的地区，根据各地养护经验，可设置沉泥槽。

成品雨水口比现场施工的雨水口在质量控制和施工便利方面更有优势。因此，雨水口宜采用成品雨水口。

雨水口宜设置防止垃圾进入雨水管渠的装置。路面落叶和其他垃圾往往随雨水流入雨水口，为防止垃圾进入，管渠宜设置网篮等设施。

12.3.3　跌水井

跌水井是设置在管底高程有较大落差处，具有消能作用的特种检查井。管道跌水水头为1.0~2.0m时宜设置跌水井。跌水水头大于2.0m时应设跌水井，管道转弯处不宜设跌水井。跌水井的进水管管径不大于200mm时，一次跌水水头高度不得大于6m；管径为300~600mm时，一次跌水水头高度不宜大于4m。跌水方式可采用竖管或矩形竖槽；管径大于600mm时，其一次跌水水头高度和跌水方式，应按水力计算确定。跌水井如图12-17所示。

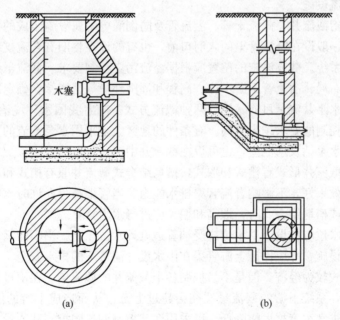

图12-17　跌水井

（a）竖管式跌水井；（b）溢流堰式跌水井

污水和合流管道上的跌水井，宜设排气通风措施，并应在该跌水井和上下游各一个检查井的井室内部及这三个检查井之间的管道内壁采取防腐蚀措施。管道内壁所采用的防腐蚀措施应能抵抗长期水流冲击，不易剥落，以避免运行安全隐患，保证管网系统安全。

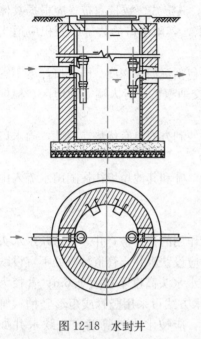

图 12-18　水封井

12.3.4　水封井

水封井是装有水封装置，可防止易燃、易爆、有毒有害气体等进入排水管的检查井。

水封井是一旦废水中产生的气体发生爆炸或火灾时，防止通过管道蔓延的重要安全装置。当工业废水能产生引起爆炸或火灾的气体时，其管道系统中必须设置水封井。国内石油化工厂油品库、油品转运站等含有易燃易爆的工业废水管渠系统中均应设置水封井。水封井位置应设在产生上述废水的排出口处及其干管上适当间隔距离处。当其他管道必须和输送易燃易爆废水的管道连接时，其连接处也必须设置水封井。水封井及同一管道系统中的其他检查井均不应设在车行道和行人众多的地段，并应适当远离产生明火的场地。水封井如图 12-18 所示。

水封井水封深度不应小于 0.25m。井上宜设通风设施。水封井设置通风管可将井内有害气体及时排除，其直径不得小于 100mm。水封井底应设沉泥槽。

12.3.5　截流设施

截流设施是指截流井、截流干管、溢流管及防倒灌等附属设施组成的构筑物和设备的总称。截流设施一般设在合流管渠的入河口前，也有的设在将旧有合流支线截流后接入新建分流制的污水系统。截流设施的位置应根据溢流污染控制要求、截流干管位置、合流管道位置、调蓄池布局、溢流管下游水位、高程和周围环境等因素综合确定。

重力截流和水泵截流是目前常用的两种截流方式。随着我国水环境治理力度的加大，对截流设施定量控制的要求越来越高。有条件的地区大多采用水泵截流的方式，截流水泵可设置在合流污水泵站及水池里，也可设在截流井中。

国内常用的截流井形式有槽式和堰式，槽堰结合式截流井兼有槽式和堰式的优点。槽式截流井的截流效果好，不影响合流管渠排水能力。当管渠高程允许时，应选用槽式截流井；当选用堰式或槽堰结合式时，堰高和堰长应进行水力计算。

截流井溢流水位应在设计洪水位或受纳管道设计水位以上。当不能满足要求时，应设置闸门等防倒灌设施，并应保证上游管渠在雨水设计流量下的排水安全。

重力截流方式较为经济，但是不易控制各个截流井的截流量。在雨量较大或下游污水系统负荷不足时，系统下游的截流量往往会超过上游，从而造成上游的混合污水大量排放，且污水系统进水浓度被大幅降低。可采用浮球控制调流阀控制截流量，从而保障系统每个截流井的截流效能得到发挥，避免大量外来水通过截流井进入污水系统。对截流设施定量控制要求高的地区，可采用水泵截流方式。

典型截流井形式如下：

（1）跳跃式

跳跃式截流井的构造如图 12-19 所示。跳跃式截流井的下游排水管道应为新敷设管道，对于已有的合流制管道，不宜采用跳跃式截流井，只有在能降低下游管道标高的条件下方可采用。该井的中间固定堰高度根据设计手册提供的公式计算得到。

（2）截流槽式

截流槽式截流井的构造如图 12-20 所示，截流槽式截流井的截流效果好，不影响合流管渠排水能力，当高程允许时，应选用。设置这种截流井无需改变下游管道，甚至可由已有合流制管道上的检查井直接改造而成，一般只用于现有合流污水管道。由于截流量难以控制，在雨季时会有大量的雨水进入截流管，从而给污水处理厂的运行带来困难。截流槽式截流井使用时必须满足溢流排水管的管内底标高高于排入水体的水位标高，否则水会倒灌入管网。

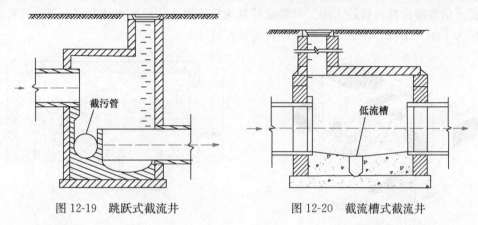

图 12-19　跳跃式截流井　　　　　　　图 12-20　截流槽式截流井

（3）侧堰式

无论是跳跃式还是截流槽式截流井，在大雨期间均不能较好地控制进入截污管道的流量。在合流制截污系统中用得较成熟的各种侧堰式截流井则可以在暴雨期间使进入截污管道的流量控制在一定的范围内。

1）固定堰截流井

固定堰截流井通过堰高控制截流井的水位，保证旱季最大流量时无溢流和雨季时进入截污管道的流量得到控制。同跳跃式截流井一样，固定堰的堰顶标高也可以在竣工之后确定。其结构如图 12-21 所示。

2）可调折板堰截流井

折板堰是德国使用较多的一种截流方式，结构如图 12-22 所示。折板堰的高度可以调节，使之与实际情况相吻合，以保证下游管网运行稳定。但折板堰也存在着维护工作量大、易积存杂物等问题。

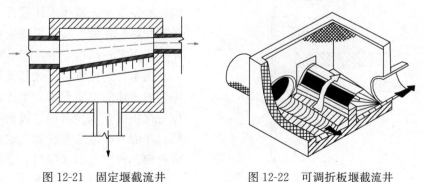

图 12-21　固定堰截流井　　　　　　　图 12-22　可调折板堰截流井

（4）虹吸堰截流井

虹吸堰截流井（图12-23）通过空气调节虹吸，使多余流量通过虹吸堰溢流，以限制雨季的截污量。但由于其技术性强、维修困难、虹吸部分易损坏，在我国的应用还很少。

（5）旋流阀截流井

这是一种新型的截流井，结构如图12-24所示，它将旋流阀进、出水口的压差作为动力来源，依靠水流达到控制流量的目的。在截流井内的截污管道上安装旋流阀能准确控制雨季截污流量，其精确度可达0.1L/s。这样在现场测得旱季污水量之后，就可以依据水量及截流倍数确定截污管的大小。可精确控制流量使得这种截污方式有别于其他的截流方式，但为了便于维护，一般需要单独设置流量控制井。

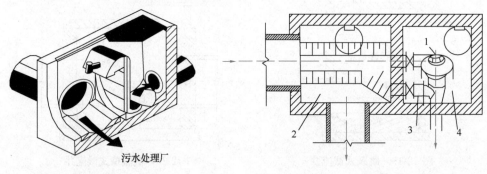

图12-23　虹吸堰截流井　　　　　图12-24　旋流阀截流井

1—旋流阀；2—截流井；3—旁通管；4—流量控制井

（6）闸板截流井

当要截流现状支河或排洪沟渠的污水时，一般采用闸板截流井。闸板的控制可根据实际条件选用手动或电动。同时，为了防止河道淤积和导流管堵塞，应在截流井的上游和下游分别设一道矮堤，以拦截污物。

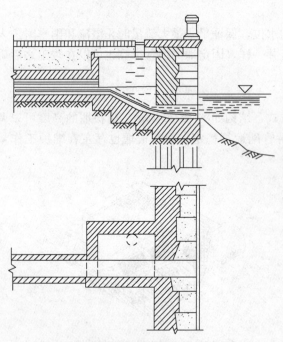

图12-25　淹没式出水口

12.3.6　出水口

出水口也称排放口，是将雨水或处理后的污水排放至水体的构筑物。

雨水排水管渠出水口对航运、给水等水体原有的各种用途不应有不良影响；能使排水迅速和水体混合，不妨碍景观和影响环境；所在岸滩应稳定，河床变化不大；结构安全，施工方便。

出水口的位置、形式和流速，应根据受纳水体的水质要求、水体流量、水位变化幅度、水流方向、波浪状况、稀释自净能力、地形变迁和气候特征等因素确定。淹没式出水口与八字形出水口如图12-25与图12-26所示。由于牵涉

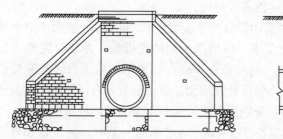
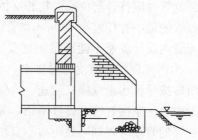

图 12-26　八字形出水口

比较广，出水口的设计应取得规划、卫生、环保、航运等有关部门同意。如原有水体是鱼类通道或重要水产资源基地，还应取得相关部门同意。

出水口应采取防冲刷、消能加固等措施，并设置警示标识。在实际工程中，一般仅设翼墙的出水口，在较大流量和无断流的河道上，易受水流冲刷，致底部掏空，甚至底板折断损坏，并危及岸坡。具体的加固，一般是在出水口底部打桩或加深齿墙。出水口跌水水头较大时，应考虑消能。

受冻胀影响地区的出水口应考虑采用耐冻胀材料砌筑，出水口基础应设在冰冻线以下。

12.3.7　倒虹管

排水管穿过河道、旱沟、洼地或地下构筑物等障碍物不能按原高程径直通过时，应设倒虹吸管道，简称倒虹管。倒虹管尽可能与障碍物轴线垂直，以求缩短长度。通过河道地段的地质条件要求良好，否则要更换倒虹管位置，无选择余地时，也可据以考虑相应处理措施。

常见的倒虹管有多折形（图 12-27）和凹字形两种形式。多折形适用于河面与河滩较宽阔、河床深度较大的情况，需用大开挖施工，所需施工面较大；凹字形适用于河面与河滩较窄，或障碍物面积与深度较小的情况，可用大开挖施工，有条件时还可用顶管法施工。

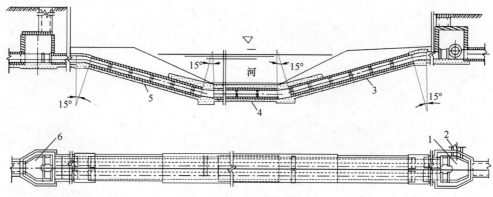

图 12-27　多折形倒虹管

1—进水井；2—事故排出口；3—下行管；4—平行管；5—上行管；6—出水井

通过河道的倒虹管不宜少于两条。以便一条发生故障时，另一条可以继续使用，平时也能逐条清通。通过谷地、旱沟或小河的倒虹管，因维修难度不大，可采用一条。通过障碍物的倒虹管尚应符合与该障碍物相交的有关规定。

倒虹管的最小管径宜为 200mm，管内设计流速应大于 0.9m/s，并应大于进水管内的流速，当管内设计流速不能满足上述要求，应增加定期冲洗措施。冲洗时流速不应小于 1.2m/s。为考虑倒虹管道检修时排水，倒虹管进水端宜设置事故排出口。合流管道设置倒虹管时应按旱流污水量校核流速。为保证合流制倒虹管在旱流和合流情况下均能正常运行，设计中合流制倒虹管可设置两条，分别适用于旱流和雨季河流两种情况。

倒虹管的管顶与规划河底距离不宜小于 1.0m。通过航运河道时，其位置和管顶与规划河底距离应与当地航运管理部门协商确定，并设计标识。遇冲刷河床应考虑防冲措施。

倒虹管采用开槽埋管施工时，应根据管道材质、接口形式和地质条件对管道基础进行加固或保护。刚性管道宜采用钢筋混凝土基础，柔性管道应采用包封措施。由于倒虹管道相对敷设难度大，一次敷设完成后，应尽量确保管道安全性，减少维修工作量。

倒虹管进出水井的检修室，净高宜高于 2.0m。进出水井较深时，井内应设置检修台，其宽度应满足检修要求。当倒虹管为复线时，井盖的中心宜设在各条管道的中心线上。倒虹管进出水井内应设置闸槽或闸门。设计闸槽或闸门时，必须确保在事故发生或维修时能顺利发挥其作用。倒虹管进水井的前一检查井应设置沉泥槽。沉泥槽的作用是沉淀泥土、杂物，保证管道内水流通畅。

思 考 题

1. 给水排水管道常用管材有哪些？
2. 给水管道有哪些附件和附属构筑物？
3. 排水管道有哪些附属构筑物？

第13章　给水排水管网的管理与维护

13.1　给水排水管网技术管理

给水排水管网技术管理主要指档案管理，包括历史档案与现状档案。

13.1.1　给水排水管网历史档案

给水排水管网技术档案是在管网规划、设计、施工、运转、维修和改造等技术活动中形成的技术文献，具有科学管理、科学研究、接续和借鉴、重复利用和技术转让、技术传递及历史利用等多项功能。它由设计、竣工、管网现状3部分内容组成，其日常管理工作包括建档、整理、鉴定、保管、统计、利用6个环节。

建档是档案工作的起点，城市管网的运行可靠性已成为城市发展的一个制约因素，因此它的设计、施工及验收情况，必须要有完整的图纸档案。并且在历次变更后，档案应及时反映它的现状，使它能方便地为相关企业服务，为城市建设服务，这是给水排水管网技术档案的管理目的，也是城市给水排水管网实现安全运行和现代化管理的基础。

给水排水管网技术资料的内容包括以下几部分。

（1）设计资料

设计资料是施工标准又是验收的依据，竣工后则是查询的依据。内容有设计任务书、输配水总体规划、管道设计图、管网水力计算图、建筑物大样图等。

（2）施工前资料

在管网施工时，按照住房和城乡建设部及省市关于建设工程竣工资料归档的有关要求，市政给水管道资料应该按标准及时整理归档。

（3）竣工资料

竣工资料应包括管网的竣工报告、竣工图和竣工记录。管道纵断面上标明管顶竣工高程，管道平面图上标明节点竣工坐标及大样，节点与附近其他设施的距离。竣工情况说明包括：完工日期，施工单位及负责人，材料规格、型号、数量及来源，沟槽土质及地下水情况，同其他管沟、建筑物交叉时的局部处理情况，工程事故处理说明及存在隐患的说明。各管段水压试验记录，隐蔽工程验收记录，全部管线竣工验收记录。工程预、决算说明书以及设计图纸修改凭证等。管道越过河流、铁路等的结构详图。

13.1.2　给水排水管网现状档案

1. 管网现状图

管网现状图是说明管网实际情况的图纸，反映了随时间推移，管道的增减变化，是竣工修改后的管网图。

管网现状图的内容应包括：管道的直径、材质、位置、接口形式及敷设年份；阀门、消火栓、泄水阀等主要配件的位置和特征；用户接水管的位置及直径、用户的主要特征；检漏记录、高峰时流量、阻力系数和管网改造结果等有关资料。

要完全掌握管网的现状，必须将随时间推移所发生的变化、增减及时标明到综合现状图上。现状图主要标明管道材质、直径、位置、安装日期和主要用水户支管的直径、位置，供管道规划设计用，也可供规划、行政主管部门作为参考的详图。

在建立符合现状的技术档案的同时，还要建立节点及用户进水管情况卡片，并附详图。资料专职人员每月要对用户卡片进行校对修改。对事故情况和分析记录，管道变化、阀门、消火栓的增减等，均应整理存档。

2. 管网故障维修档案

管道故障信息的收集过程可分为两个阶段：故障维修现场记录及登记永久性台账。

故障维修现场记录由检修队在每个故障的现场完成。应包括下列情况：

(1) 故障日期（年、月、日）；

(2) 何处发生故障（管段号或作为管段边界的检查井号）；

(3) 何时获得发生故障的信息（时、分）；

(4) 检修队何时（时、分）到达现场并隔断检修管道（当无须隔断管段进行检修时，应说明修理开始与结束时间）；

(5) 检修队何时（时、分）完成检修、冲洗、试验及重新使该管段投入使用；

(6) 检修管段的管材、直径与长度；

(7) 损坏性质（裂缝、破裂、小孔、管壁折断、接头破坏及其数量、装于管段上的管件及阀件的损坏）；

(8) 损坏管段的图片、视频或草图；

(9) 由观测或推测而得的损坏原因（或管壁锈蚀、交通荷载作用、接头填料脱出、接头的填料质量不合要求等）。

同上述情况相对应，由管网运行服务部门的检修队填写管网管段的损坏永久性台账或登记簿。永久性台账内容应按年月次序记录包括前述修理登记卡片中的所有基本情况。其中最好做些检修队的补充说明，例如管段的运行日期等，此外应不仅标出管段隔断（启闭）及修理始末时刻，还应标出相应时间的长短。

故障维修现场记录及永久台账上各次故障（损坏）的情况，经过足够长的观察期限后可作为确定管线可靠性数值指标的资料。

随着信息化技术设备以及数字化管理的推广与普及，纸质的卡片式记录的形式正在被电脑或移动端录入、数据中心管理的形式所替代，且信息也更加丰富。

13.2 给水管网运行调度任务与系统组成

城市供水系统的调度工作主要是掌握各净水厂送水量、配水管网特征点的运行状态，根据预定配水需求计划方案进行生产调度，并且进行供水需求趋势预测、管网压力分布预期估算与调控和水厂运行的宏观调控等。

13.2.1 给水管网运行调度的目标与任务

供水调度的目的是安全可靠地将符合水量、水压和水质要求的水送往每个用户，并最大限度地降低供水系统的运行成本。既要全面保证管网的水量、水压和水质，又要降低漏水损失和节省运行费用；不仅要控制水泵（包括加压泵站的水泵）、水池、水塔、阀门等的协调运行，并且要能够有效地监视、预报和处理事故；当管网服务区域内发生火灾、管道损坏、管网水质突发性污染、阀门等设备失控等意外事件时，能够通过水泵、阀门等的控制，及时改变部分区域的水压，隔离事故区域，或者启动水质净化或消毒等设备。

城市的供水管网往往随着用水量的增长而逐步形成多水源的供水系统，常在管网中设有中间水池和加压泵站。多水源供水系统必须由调度管理部门或调度中心，及时了解整个供水系统的生产运行情况，采取有效的科学方法和强化措施，执行集中调度的任务。通过管网的集中调度，各水厂泵站不再只根据本厂水压的大小来启闭水泵，而是由调度中心按照管网控制点的水压确定各水厂和泵站运行水泵的台数。这样，既能保证管网所需的水压，又可避免因管网水压过高而浪费能量。通过调度管理，可以改善运转效果，降低供水的耗电量和生产运行成本。

调度管理部门是整个管网也是整个供水系统的管理中心，不仅要负责日常的运转管理，还要在管网发生事故时，立即采取措施。要做好调度工作，必须熟悉各水厂和泵站中的设备，掌握管网的特点，了解用户的用水情况。

13.2.2　给水管网运行调度的方式

目前，国内大多数城市供水管网系统仍采用传统的人工经验调度方式，主要依据为区域水压分布，利用增加或减少水泵开启的台数，使管网中各区域水的压力能保持在设定的服务压力范围之内。许多自来水公司在调度中心对各测点的工艺参数集中检测，并用数字显示、连续监测和自动记录，还可发现和记录事故情况。不少城市的水厂已建立城市供水的数据采集和监控系统，即 SCADA 系统，并通过在线的、离线的数据分析与处理系统和水量预测预报系统等，逐渐向优化调度的方向发展。

随着现代科学技术的快速发展，仅凭人工经验调度已不能符合现代化管理的要求。现代城市供水调度系统越来越多地采用四项基础技术：计算机技术（Computer）、通信技术（Communication）、控制技术（Control）和传感技术（Sensor），简称 3C＋S 技术，也统称为信息与控制技术。而建立在这些基础技术之上的应用技术包括：管网水力水质实时模拟和管网运行优化调度与智能控制等，正在逐步得到应用。随着我国供水企业技术资料的积累和完善，管理机制的改革，管理水平的提高，应用条件将逐步具备，应用效益也会逐渐明显地体现出来。

根据技术应用的深度和系统完善程度，可以将管网运行调度系统分为如下 3 个发展阶段：人工经验调度；计算机辅助优化调度；全自动优化调度与控制。

城市供水调度发展的方向是：实现调度与控制的优化、自动化和智能化；实现水厂过程控制系统、供水企业管理系统的一体化进程。充分利用计算机信息化和自动控制技术，包括管网地理信息系统（GIS）、管网压力、流量及水质的遥测和遥信系统等，通过计算机数据库管理系统和管网水力及水质动态模拟软件，实现供水管网的程序逻辑控制和运行调度管理。供水系统的中心调度机构须有遥控、遥测、遥信等成套设备，以便统一调度各水厂的水泵，保持整个系统水量和水压的动态平衡。对管网中有代表性的测压点及测流点进行水压和流量遥测，对所有水库和水塔进行水位遥测，对各水厂和泵站的出水管进行流量遥测。对所有泵站的水泵机组和主要阀门进行遥控。对泵站的电压、电流和运转情况进行遥信。根据传示的情况，结合地理信息管理与专家分析系统，综合考虑水源与制水成本，实现全局优化调度是城市供水调度的最高目标。

13.2.3　给水管网运行调度系统组成

现代城市供水调度系统，就是应用自动检测、现代通信、计算机网络和自动控制等现代信息技术，对影响供水系统全过程各环节的主要设备、运行参数进行实时监测、分析，提出调度控制依据或拟定调度方案，辅助供水调度人员及时掌握供水系统实际运行工况，并实施科学调度控制的自动化信息管理系统。

目前，国内外供水行业应用现代信息技术的调度系统，多数仍为由自动化信息管理系统辅助调度人员实施调度控制工作，属于一种开环信息管理控制系统（即半自动控制系统）。只有当供水调度管理系统满足以下条件时：基础档案资料完备且准确；检测、通信、控制等技术及设备可靠；检测、控制点分布密度合理；与地理信息管理、专家分析系统有机结合后，才有可能实现真正的全自动化计算机调度。

城市供水调度系统由硬件系统和软件系统组成，可分为以下组成部分：

（1）数据采集与通信网络系统：包括检测水压、流量、水质等参数的传感器、变送器；信号隔离、转换、现场显示、防雷、抗干扰等设备；数据传输有线或无线设备与通信网络；数据处理、集中显示、记录、打印等软硬件设备。通信网络应与水厂过程控制系统、供水企业生产调度中心等联通，并建立统一的接口标准与通信协议。

（2）数据库系统：即调度系统的数据中心，与其他三部分具有紧密的数据联系，具有规范的数据格式（数据格式不统一时要配置接口软件或硬件）和完善的数据管理功能。其一般包括：地理信息系统（GIS），存放和处理管网系统所在地区的地形、建筑、地下管线等的图形数据；管网模型数据，存放和处理管网图及其构造和水力属性数据；实时状态数据，如各检测点的压力、流量、水质等数据，包括从水厂过程控制系统获得的水厂运行状态数据；调度决策数据，包括决策标准数据（如控制压力、水质等）、决策依据数据、计算中间数据（如用水量预测数据）、决策指令数据等；管理数据，即通过与供水企业管理系统接口获得的用水抄表、收费、管网维护、故障处理、生产核算成本等数据。

（3）调度决策系统：是系统的指挥中心，又分为生产调度决策系统和事故处理系统。生产调度决策系统具有系统仿真、状态预测、优化等功能；事故处理系统则具有事件预警、侦测、报警、损失预估及最小化、状态恢复等功能，通常包括爆管事故处理和火灾事故处理两个基本模块。

（4）调度执行系统：由各种执行设备或智能控制设备组成，可以分为开关执行系统和调节执行系统。开关执行系统控制设备的开关、启停等，如控制阀门的开闭、水泵机组的启停、消毒设备的运停等；调节执行系统控制阀门的开度、电机转速、消毒剂投加量等，有开环调节和闭环调节两种形式。调度执行系统的核心是供水泵站控制系统，多数情况下，它也是水厂过程控制系统的组成部分。

以上划分是根据城市供水调度系统的功能和逻辑关系进行的，有些部分为硬件，有些则为软件，还有一些既包括硬件也包括软件。初期建设的调度系统不一定包括上述所有部分，根据情况，有些功能被简化或省略，有时不同部分可能共用软件或硬件，如用一台计算机进行调度决策兼数据库管理等。

13.3 给水管网监测、检漏与维护

13.3.1 给水管网水压和流量的测定

管网测压、测流是加强管网管理的具体步骤。通过它系统地观察和了解输配水管道的工作状况，管网各节点自由压力的变化及管道内水的流向、流量的实际情况，有利于城市给水系统的日常调度工作。长期收集、分析管网测压、测流资料，进行管道粗糙系数 n 的测定，可作为改善管网经营管理的依据。通过测压、测流及时发现和解决管网中的疑难问题。

通过对各段管道压力、流量的测定，核定输水管中的阻力变化，能查明管道中结垢严重的管段，从而有效地指导管网养护检修工作。必要时对某些管段进行刮管涂衬的大修工程，使管道恢复到较优的水力条件。在新敷的主要输、配水干管投入使用前后，对全管网或局部管网进行测压、测流，还可推测新管道对管网输配水的影响程度。管网的改建与扩建，也需要以积累的测压、测流数据为依据。

（1）水压的测定

在测定管网水压时首先应挑选有代表性的测压点，在同一时间测读水压值，以便对管网输、配水状况进行分析。测压点的选定既要能真实反映水压情况，又要均匀合理布局，使每一测压点能代表附近地区的水压情况。测压点以设在大中口径的干管线上为主，不宜设在进户支管上或需大量用水的用户附近。测压点一般设立在输配水干管的交叉点附近、大型用水户的分支点附近、水厂、加压站及管网末端等处。当测压、测流同时进行时，测压孔和测流孔可合并设立。

测压时可将压力表安装在消火栓或给水龙头上，定时记录水压，能有自动记录压力仪则更好，可以得出 24h 的水压变化曲线。测定水压，有助于了解管网的工作情况和薄弱环节。根据测定的水压资料，按 $0.5 \sim 1.0m$ 的水压差，在管网平面图上绘出等水压线，由此反映各条管线的负荷。

由等水压线标高减去地面标高，得出各点的自由水压，即可绘出等自由水压线图，据此可了解管网内是否存在低水压区。在城市给水系统的调度中心，为了及时掌握管网控制节点的压力变化，往往采用远传指示的方式把管网各节点压力数据传递到调度中心。

常用的压力测量仪表有单圈弹簧管压力表，电阻式、电感式、电容式、应变式、压阻式、压电式、振频式等远传压力表。单圈弹簧管压力表常用于压力的就地显示，远传压力表可通过压力变送器将压力信号远传至显示控制端。

管网测压孔上的压力远传，首先可通过压力变送器将压力转换成电信息，用有线或无线的方式把信息传递到终端（调度中心）进行显示、记录、报警、自控或数据处理等。压力变送分电位器式（包括常见的滑变电阻式远传压力表）、电感式、应变式、电容式、振频式、差动变压器式、压阻式、压电式等多种方式。

（2）流量的测定

管道的测流就是指测定管段中水的流向、流速和流量。流量的测定仪器主要有需要测流孔的毕托管流量计，以及不需要测流孔的电磁流量计和超声波流量计。

13.3.2 给水管网的检漏

给水管网由于施工、管道老化、水压异常等因素的影响，遭受大量漏水损失。供水漏损量成为管网的无效供水，增加了供水部门取水、净化和输配水的成本，同时加大了净水和输配水的能耗、药耗。供水设施的漏水、爆管和溢流也常常造成积水、淹没道路等次生灾害。漏水、爆管事件发生时大面积道路开挖，给社会和居民生活带来不便，加大了供水部门的责任。多数漏水和蓄水设施的溢流可能进入排水系统，加大污水输送和处理负担。管道漏水部位也是污染物浸入的隐患部位，导致供水水质不良。因此，控制供水管网漏损具有重要的社会、经济和环境意义。

常用检漏方法可分为被动检漏法和主动检漏法。

(1) 被动检漏法

被动检漏法是待地下管道漏水冒出地面后，发现漏水并进行检修的方法。被动检漏法主要依靠专门人员进行巡查查漏和用户报漏两种方式。被动检漏法投资少，但发现的漏损以明漏为主，往往造成大量漏水后才能发现。因此，被动检漏法适合于埋在泥土底下，附近又无河道和下水管的输水管线。

(2) 主动检漏法

主动检漏法是指地下管道漏水冒出地面前，采用各种检漏方法及相应仪器，主动检查地下管道漏水的方法。这些方法中，有实用性较强的，有成本昂贵但技术含量高的。漏损控制中，最重要的是能够利用现有的手段和技术达到比较好的效果。长效管理中可以考虑采用先进的技术手段实现智能化管理。

① 音听检漏法

给水管网漏损检测设备通常是通过检测漏水声从而对漏点进行定位。漏水声的种类可分为漏口摩擦声、水头撞击声和介质摩擦声 3 种。漏口摩擦声是指涌出管道的水与漏口摩擦产生的声音，频率通常为 300～2500Hz，并沿管道向远方传播，传播距离通常与管材、管径、接口、漏口、水压等相关，一定范围内可在阀门、消火栓等可接触点听测到漏水声；水头撞击声是指涌出管道的水与周围介质撞击产生的声音，并以漏斗形式通过土壤向地面扩散，可在地面用听漏仪听测到，频率通常为 100～800Hz；介质摩擦声是指涌出管道的水带动周围粒子（如土粒、沙粒等）相互碰撞摩擦产生的声音，频率较低，当将听音杆插到地下漏口附近时可听测到。

音听检漏法可分为阀栓听音（亦称直接听音）和地面听音（亦称间接听音）两种。前者用于查找漏水的线索和范围，简称漏点预定位；后者用于确定漏水点位置，简称漏点精确定位。

② 最小夜间流量法

最小夜间流量法是借助流量检测记录器，连续自动测量并记录某一时段内的流量值。数据处理方法有两种，一是将夜间测得的最小流量值与日平均用水量比较，如果最小时用水量与日平均时用水量的比值超过某值即认为可能出现漏损；二是按照经验选定数据，据此绘制标准图表，将实际用水量与其比较，即可得出是否存在漏水。第二种方法适合于管网结构简单的中小供水企业。

③ 干管流量分析法

该方法可分为管网运行和停止两种分析方法。停止运行的方法要求阀门能严密关闭，做法为将干管两端及出水支管阀门均关闭，仅留一安装有水表的旁通管。漏水量可由水表精确读出，调整封闭系统可缩小待检漏损区域。具体做法为，将一对电磁流量计放入待测主管线两端，以测定管线中心流速，定时读数，调换两只流量计，调节流量，将各种流量读数运用特定的流量分析，判定管线是否漏水，此法可以将漏损检测缩小到$1\sim1.5km$范围内，准确率极高。

④ 区域测漏法

在生活小区或日夜连续用水户较少地区，测漏时除小区进水总表（此时作测漏表用）外，关闭所有连通该区域的阀门，在用户最少时测定一段时间，其最低流量（扣除连续用水户用水量）大致就是该区的漏损量。如果漏损量未超过允许漏损值，该区基本上无漏水或漏水很少；如果超过允许值，则关闭部分阀门，缩小测漏范围，再比较缩小范围后的最低流量，如果差别大，则说明该段管道有漏水。区域测漏法又分为直接区域测漏和间接区域测漏，两种方法统称为"水量平衡测试"。直接区域测漏法就是在测定时除了关闭所有进入该区域的阀门外，同时关闭所有用户水表前的进水阀门，这样测得的流量就是此时该区内管道的漏水量。间接区域测漏法就是在测定时关闭所有进入该区的阀门，原则上不关闭用户的进水阀门，这时测得的流量为管网漏水量和用户的最少用水量之和，通过分析估算出用户夜间最小流量，从而得出该区漏水量。区域测漏法在实际中较常规方法准确性高，是运用较多也是比较成功的方法，特别对居民小区更为适宜。区域漏损控制和分区计量管理就是在该方法的基础上发展形成的。

⑤ 水质判别法

通常地面存水包括自来水、雨水、地下水和污水。为了确定是否为自来水，也可以根据水质判断，常用的指标有余氯浓度、电导率和pH。

⑥ 相关分析检漏法

在漏水管道两端放置传感器，利用漏水噪声传到两端传感器的时间差，推算漏水点位置。

13.3.3 给水管网的维护

给水管网的维护包含了检漏、阀门及阀门井的管理、水表及流量计的管理，以及管道防腐蚀和修复。

阀门井是地下建筑物，处于长期封闭状态，空气不能流通，造成氧气不足。所以井盖打开后，维修人员不可立即下井工作，以免发生窒息或中毒事故。应首先使其通风半小时以上，待井内有害气体散发后再行下井。阀门井设施要保持清洁、完好。阀门应处于良好状态，为防止水锤的发生，启闭时要缓慢进行。管网中的一般阀门仅作启闭用，为减少损失，应全部打开，关应关严。

对阀门应按规定的巡视计划周期进行巡视，每次巡视时，对阀门的维护、部件的更换、涂油漆时间等均应做好记录。启闭阀门要由专人负责，其他人员不得启闭阀门。管网上的控制阀门的启闭，应在夜间进行，以防影响用户供水。对管道末端，水量较少的管段，要定期排水冲洗，以确保管道内水质良好。要经常检查通气阀的运行状况，以免产生负压和水锤现象。

水表及流量计安装好后应在一段时间内观察其读数是否准确，并定期进行标定，对于走数不准确的水表和流量计应及时更换。水表表壳应经常保持清晰可读，不应在水表上方放置重物。水表不要与酸碱等溶液接触。对于电磁流量计，应注意其不应被外界电磁场干扰。

13.3.4 给水管网的水质控制

给水系统从水源到水龙头的整个流程中，水质是一直在动态变化的。由于进入给水管网的自来水中含有微量营养物质可为微生物提供营养基质，水与管壁长期接触导致的管材中部分物质溶出，以及外来污染等多种原因对给水管网中水质造成威胁，给水管网中水质必须进行监测与控制。

给水管网水质的监测，可在管网中代表性节点取末端水或市政消火栓出水进行水样检测，也可安装在线水质监测设备实现在线监测。

给水管网水质控制的措施包括：新建管道以及抢修管道必须按相应操作规程进行冲洗和消毒；运行中的管道定期进行冲洗和检测；对支状管线末端进行改造，消除产生"死水"的管网条件；市政给水管道与中水、回用水、雨水以及单位自备井供水等不得有物理连接；通过管道布置与运行方式调整等方式，尽量减少自来水在管网中的停留时间；做好给水管道余氯监测与补氯。

13.4 管道防腐蚀和修复

13.4.1 管道外腐蚀

金属管材引起腐蚀的原因大体分为两种：化学腐蚀（包括细菌腐蚀）和电化学腐蚀（包括杂散电流的腐蚀）。

化学腐蚀是由于管材和周围介质直接相互作用发生置换反应而产生的腐蚀。如铁的腐蚀作用，首先是由于空气中的二氧化碳溶解于水，构成碳酸，它们往往也存在于土壤中，使铁生成可溶性的酸式碳酸盐，然后在氧的氧化作用下最终变成氢氧化铁。

电化学腐蚀的特点在于金属溶解损失的同时，还产生腐蚀电池的作用。形成腐蚀电池有两类，一类是微腐蚀电池，另一类是宏腐蚀电池。微腐蚀电池在金属组织不一致的管道和土壤接触时产生，这种组织不均匀的金属管材易形成腐蚀电池。宏腐蚀电池是指长距离（有时达几千米）金属管道沿线的土壤特性不同，因而在土壤和管道间发生电位差而形成腐蚀电池。地下杂散电流对管道的腐蚀，是一种因外界因素引起的电化学腐蚀的特殊情况，其作用类似于电解过程。由于杂散电流来源的电位往往很高，电流也大，故杂散电流所引起的腐蚀远比一般的电腐蚀严重。

管道除使用耐腐蚀的管材外，管道外壁的防腐方法可分为：覆盖防腐蚀法和电化学防腐蚀法。

覆盖防腐蚀方法包括金属表面的处理以及覆盖式防腐处理（如热镀锌、刷沥青等）。

电化学防腐蚀方法是防止电化学腐蚀的排流法和从外部得到防腐蚀电流的阴极保护法的总称。但是从理论上分析，排流法和阴极保护法是类似的，其中排流法是一种经济而有效的方法。阴极保护法原理如图 13-1 所示。

图 13-1　阴极保护法

(a) 不用外加电流的阴极保护法；(b) 应用外加电流的阴极保护法

13.4.2　管道内腐蚀

管道内腐蚀有金属管道内壁侵蚀、水中含铁量过高以及管道内生物性腐蚀等。

金属管道内壁侵蚀既有化学腐蚀也有电化学腐蚀。金属管道输送的水就是一种电解液，所以管道的腐蚀多半带有电化学的性质。

给水的水源一般含有铁盐。生活饮用水的水质标准中规定铁的最大允许浓度不超过 $0.3mg/L$，当铁的含量过大时应予以处理，否则在给水管网中容易形成大量沉淀。水中的铁常以酸式碳酸铁、碳酸铁等形式存在。以酸式碳酸铁形式存在时最不稳定，分解出二氧化碳，而生成的碳酸铁经水解成氢氧化亚铁。这种氢氧化亚铁经水中溶解氧的作用，转为絮状沉淀的氢氧化铁。它主要沉淀在管内底部，当管内水流速度较大时，上述沉淀就难形成；反之，当管内水流速度较小时，就促进了管内沉淀物的形成。

城市给水管网内的水是经过处理和消毒的，在管网中一般没有产生有机物和繁殖生物的可能。虽然饮用水中营养物质含量极低，但给水管网输配水管道系统内具有一些有利于生物膜生长的环境。比如，铁细菌是一种特殊的自养菌类，它依靠铁盐的氧化，利用细菌本身生存过程中所产生的能量而生存。这样，铁细菌附着在管内壁上后，在生存过程中能吸收亚铁盐和排出氢氧化铁，因而形成凸起物。由于铁细菌在生长期间能排出超过其本身体积近 500 倍的氢氧化铁，所以有时能使水管过水截面发生严重的堵塞。

管道内壁的传统防腐处理，通常采用涂料及内衬的措施解决。钢管进行涂塑或衬塑处理，铸铁管和钢管内衬水泥砂浆是通常采用的方法。在循环水系统中，常投加缓蚀剂以进行腐蚀防护。

13.5　排水管道的管理与养护

排水管渠在建成通水后，为保证其正常工作，必须经常进行养护和管理。排水管渠内常见的故障有：污物淤塞管道、过重的外荷载、地基不均匀沉陷或污水的侵蚀作用，使管渠损坏、裂缝或腐蚀等。排水管渠管理养护的主要任务是：验收排水管渠；监督排水管渠使用规则的执行；经常检查、冲洗或清通排水管渠，以维持其通水能力；修理管渠及其构筑物，并处理意外事故等。

13.5.1　排水管渠的日常养护

排水管道应做到"三分建、七分养"，应加强对管辖设施的日常养护，保证排水管道安全、稳定运行。

（1）日常巡查

排水管道巡查包括重力管涵巡查、压力管道巡查、路面巡查，以及截流设施巡查。

重力管涵巡查的内容包括：管道是否畅通，有无壅水、堵塞；是否有地下水或海水进入；有无违章排放；有无其他管线违章接入；有无雨污混接等情况。

压力管道通过泵提供动力促使污水流动，所以淤积情况要好于重力管渠。但压力管道会存在大量气体，影响管道运行，所以常采用透气井、排气阀来解决这个问题。压力管道巡查内容包含：透气井是否有浮渣；排气阀、压力井、透气井是否完好有效；定期检查压力井盖板，检查盖板是否锈蚀、密封垫是否老化、井体是否有裂缝及管内是否淤积等情况。

路面巡查的内容包括：排水管道周边路面与绿化带等是否有下陷、坍塌以及排水外溢等异常情况；检查井盖是否破损、缺失、松动，有无下陷或高出路面，是否存在影响交通、安全及扰民等情况；排水井盖有无与其他类别井盖混盖，机动车道上的井盖型号及材料是否符合要求；有无破坏、覆盖污水管网及附属设备现象，在管道上有无违章建筑。

截流设施巡查内容包含：截流堰等构筑物是否完好；截流闸门等设备是否处于正常运行工况中；垃圾杂物是否及时清理；晴天截流污水是否有溢流等。

（2）井下作业

井下作业属于有限空间作业，是指作业人员进入污水检查井实施的作业活动。若自然通风不良，容易造成有毒有害、易燃易爆物质积聚或氧含量不足，如果作业不当则会引发中毒、缺氧、燃爆及坠落、溺水、电击等危害。

因此应尽可能减少井下作业，尽量利用工具或机械设备代替人工井下的工作。必须进行人工井下作业时，应严格按照井下作业程序进行。

13.5.2 排水管渠的清通

排水管渠系统管理养护经常性的和大量的工作是清通排水管渠。在排水管渠中，往往由于水量不足，坡度较小，污水中污物较多或施工质量不良等原因而发生沉淀、淤积，淤积过多将影响管渠的通水能力，甚至使管渠堵塞。因此，必须定期清通。清通的主要方法有水力方法和机械方法两种。

水力清通方式是用水对管道进行冲洗。可以利用管道内污水自冲，也可利用自来水或河水。用管道内污水自冲时，管道本身必须具有一定的流量，同时管内淤泥不宜过多。用自来水冲洗时，通常从消防龙头或街道集中给水栓取水，或用水车将水送到冲洗现场，一般在街坊内的污水支管，每冲洗一次需水 $2\sim3m^3$。

当管渠淤塞严重，淤泥已粘结密实，水力清通的效果不好时，需要采用机械清通方法。机械清通的工具种类繁多。以采用绞车的机械清通方式为例，它首先用竹片穿过需要清通的管渠段，竹片一端系上钢丝绳，绳上系住清通工具的一端。在清通管渠段两端检查井上各设一架绞车，当竹片穿过管渠后将钢丝绳系在一架绞车上，清通工具的另一端通过钢丝绳系在另一架绞车上。然后利用绞车往复绞动钢丝绳，带动清通工具将淤泥刮至下游检查井内，使管渠得以清通。绞车的动力可以是手动，也可以是机动，例如以汽车发动机作为动力。

13.5.3 排水管渠的修复

系统地检查管渠的淤塞及损坏情况，有计划地安排管渠的修复，是养护工作的重要内容。当发现管渠系统有损坏时，应及时修复，以防损坏处扩大而造成事故。管渠的修复有大修与小修之分，应根据各地的技术和经济条件来划分。修理内容包括检查井、雨水口顶盖等的修理与更换；检查井内踏步的更换，砖块脱落后的修理；局部管渠段损坏后的修补；由于出户管的增加需要添建的检查井及管渠；或由于管渠本身损坏严重、淤塞严重，造成无法清通时所需的整段开挖翻修。

为减少地面开挖，也可采用"翻转内衬法"等非开挖修复工艺。

思 考 题

1. 给水管网调度的目的是什么？调度方式有哪些？
2. 给水管网检漏的方式有哪些？
3. 排水管渠的日常养护内容有哪些？

附　录

附录 1-1　城市单位人口综合用水量指标 [L/(人·d)]

城市类型	超大城市	特大城市	Ⅰ型大城市	Ⅱ型大城市	中等城市	Ⅰ型小城市	Ⅱ型小城市
一区	500~800	500~750	450~750	400~700	350~650	300~600	250~550
二区	400~600	400~600	350~550	300~550	250~500	200~450	150~400
三区	—	—	—	300~500	250~450	200~400	150~350

注：1. 超大城市指城区常住人口 1000 万以上的城市，特大城市指城区常住人口 500 万以上 1000 万以下的城市，Ⅰ型大城市指城区常住人口 300 万以上 500 万以下的城市，Ⅱ型大城市指城区常住人口 100 万以上 300 万以下的城市，中等城市指城区常住人口 50 万以上 100 万以下的城市，Ⅰ型小城市指城区常住人口 20 万以上 50 万以下的城市，Ⅱ型小城市指城区常住人口 20 万以下的城市。以上包括本数，以下不包括本数。

2. 一区包括湖北、湖南、江西、浙江、福建、广东、广西壮族自治区、海南、上海、江苏、安徽，二区包括重庆、四川、贵州、云南、黑龙江、吉林、辽宁、北京、天津、河北、山西、河南、山东、宁夏回族自治区、陕西、内蒙古河套以东和甘肃黄河以东地区，三区包括新疆维吾尔自治区、青海、西藏、内蒙古河套以西和甘肃黄河以西地区。

3. 本指标已包括管网漏损水量。

附录 1-2　不同类别用地用水量指标 [m³/(hm²·d)]

类型代码	类别名称		用水量标准
R	居住用地		50~130
A	公共管理与公共服务设施用地	行政办公用地	50~100
		文化设施用地	50~100
		教育科研用地	40~100
		体育用地	30~50
		医疗卫生用地	70~130
B	商业服务业设施用地	商业用地	50~200
		商务用地	50~120
M	工业用地		30~150
W	物流仓储用地		20~50
S	道路与交通设施用地	道路用地	20~30
		交通设施用地	50~80
U	公共设施用地		25~50
G	绿地与广场用地		10~30

注：1. 类别代码引自《城市用地分类与规划建设用地标准》GB 50137—2011。

2. 本指标已包括管网漏损水量。

3. 超出本表的其他各类建设用地的用水量指标可根据所在城市具体情况确定。

附录 2-1 最高日居民生活用水定额 [L/(人·d)]

城市 类型	超大 城市	特大 城市	I型 大城市	II型 大城市	中等 城市	I型 小城市	II型 小城市
一区	180~320	160~300	140~280	130~260	120~240	110~220	100~200
二区	110~190	100~180	90~170	80~160	70~150	60~140	50~130
三区	—	—	—	80~150	70~140	60~130	50~120

附录 2-2 平均日居民生活用水定额 [L/(人·d)]

城市 类型	超大 城市	特大 城市	I型 大城市	II型 大城市	中等 城市	I型 小城市	II型 小城市
一区	140~280	130~250	120~220	110~200	100~180	90~170	80~160
二区	100~150	90~140	80~130	70~120	60~110	50~100	40~90
三区	—	—	—	70~110	60~100	50~90	40~80

附录 2-3 最高日综合生活用水定额 [L/(人·d)]

城市 类型	超大 城市	特大 城市	I型 大城市	II型 大城市	中等 城市	I型 小城市	II型 小城市
一区	250~480	240~450	230~420	220~400	200~380	190~350	180~320
二区	200~300	170~280	160~270	150~260	130~240	120~230	110~220
三区	—	—	—	150~250	130~230	120~220	110~210

附录 2-4 平均日综合生活用水定额 [L/(人·d)]

城市 类型	超大 城市	特大 城市	I型 大城市	II型 大城市	中等 城市	I型 小城市	II型 小城市
一区	210~400	180~360	150~330	140~300	130~280	120~260	110~240
二区	150~230	130~210	110~190	90~170	80~160	70~150	60~140
三区	—	—	—	90~160	80~150	70~140	60~130

注：1. 超大城市指城区常住人口1000万以上的城市，特大城市指城区常住人口500万以上1000万以下的城市，I型大城市指城区常住人口300万以上500万以下的城市，II型大城市指城区常住人口100万以上300万以下的城市，中等城市指城区常住人口50万以上100万以下的城市，I型小城市指城区常住人口20万以上50万以下的城市，II型小城市指城区常住人口20万以下的城市。以上包括本数，以下不包括本数。

2. 一区包括湖北、湖南、江西、浙江、福建、广东、广西壮族自治区、海南、上海、江苏、安徽，二区包括重庆、四川、贵州、云南、黑龙江、吉林、辽宁、北京、天津、河北、山西、河南、山东、宁夏回族自治区、陕西、内蒙古河套以东和甘肃黄河以东地区，三区包括新疆维吾尔自治区、青海、西藏、内蒙古河套以西和甘肃黄河以西地区。

3. 经济开发区和特区城市，根据用水实际情况，用水定额可酌情增加。

4. 当采用海水或污水再生水等作为冲厕用水时，用水定额相应减少。

附录 3　城镇同一时间内的火灾起数和一起火灾灭火设计流量

人数（万人）	同一时间内火灾起数（起）	一起火灾灭火设计流量（L/s）
$N \leqslant 1.0$	1	15
$1.0 < N \leqslant 2.5$		20
$2.5 < N \leqslant 5.0$		30
$5.0 < N \leqslant 10.0$	2	35
$10.0 < N \leqslant 20.0$		45
$20.0 < N \leqslant 30.0$		60
$30.0 < N \leqslant 40.0$		75
$40.0 < N \leqslant 50.0$		
$50.0 < N \leqslant 70.0$	3	90
$N > 70.0$		100

注：城镇的室外消防用水量包括居住区、工厂、仓库（含堆场、储罐）和民用建筑的室外消火栓用水量，当工厂、仓库和民用建筑的室外消火栓用量按附录5计算，其值与按本表计算不一致时，应取其较大值。

附录 4　工厂、仓库和民用建筑同一时间内的火灾起数

名称	基地面积（hm²）	附有居住区人数（万人）	同一时间内火灾起数（起）	备注
工厂、仓库	≤100	≤1.5	1	按需水量最大的一座建筑物（或堆场）计算
工厂、仓库	≤100	>1.5	2	工厂、居住区各考虑一起
工厂、仓库	>100	不限	2	按需水量最大的两座建筑物（或堆场）计算
仓库、民用建筑	不限	不限	1	按需水量最大的一座建筑物（或堆场）计算

附录 5　建筑物室外消火栓设计流量（L/s）

耐火等级	建筑物名称及类别			建筑体积（m³）					
				$V \leqslant 1500$	$1500 < V \leqslant 3000$	$3000 < V \leqslant 5000$	$5000 < V \leqslant 20000$	$20000 < V \leqslant 50000$	$V > 50000$
一、二级	工业建筑	厂房	甲、乙	15		20	25	30	35
			丙	15		20	25	30	40
			丁、戊	15					20
		仓库	甲、乙	15		25		—	
			丙	15		25		35	45
			丁、戊	15					20

耐火等级	建筑物名称及类别			建筑体积（m³）					
				V≤1500	1500<V≤3000	3000<V≤5000	5000<V≤20000	20000<V≤50000	V>50000
一、二级	民用住宅	住宅		15					
		公共建筑	单层及多层	15			25	30	40
			高层	—			25	30	40
	地下建筑（包括地铁）、平战结合的人防工程			15			20	25	30
三级	工业建筑	乙、丙		15	20	30	40	45	—
		丁、戊		15			20	25	35
	单层及多层民用建筑			15		20	25	30	—
四级	丁、戊类工业建筑			15		20	25	—	
	单层及多层民用建筑			15		20	25	—	

注：1. 成组布置的建筑物应按消火栓设计流量较大的相邻两座建筑物的体积之和确定。

2. 火车站、码头和机场的中转库房，其室外消火栓设计流量应按相应耐火等级的丙类物品库房确定。

3. 国家级文物保护单位的重点砖木、木结构的建筑物室外消火栓设计流量，按三级耐火等级民用建筑物消火栓设计流量确定。

4. 当单座建筑的总建筑面积大于 500000m² 时，建筑物室外消火栓设计流量应按本表规定的最大值增加一倍。

附录 6-1　钢筋混凝土圆管水力计算图（不满流，$n=0.014$）

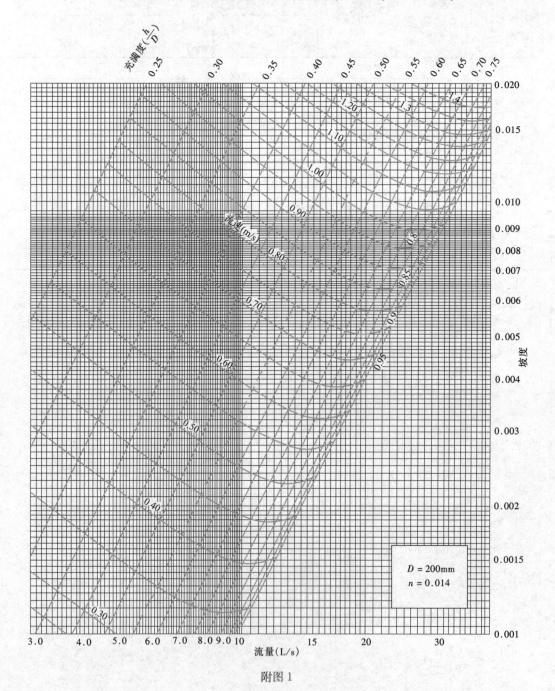

附图 1

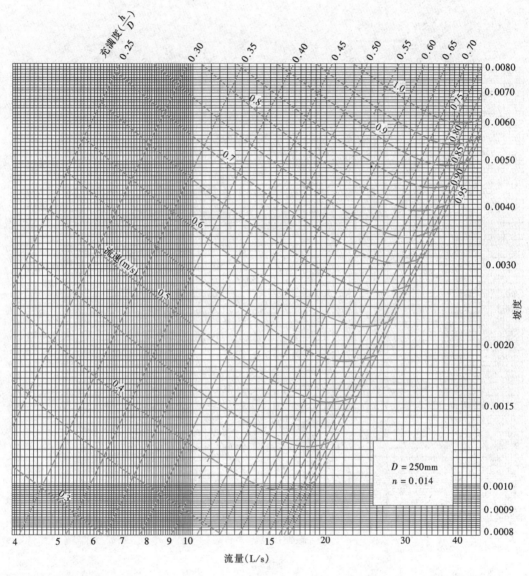

充满度($\frac{h}{D}$)
0.25 0.30 0.35 0.40 0.45 0.50 0.55 0.60 0.65 0.70

1.0
0.8
0.9
0.75
0.80
0.85
0.90
0.95
0.7
0.6
流速(m/s)
0.5
0.4
0.3

0.0080
0.0070
0.0060
0.0050
0.0040
0.0030
0.0020
0.0015
坡度
0.0010
0.0009
0.0008

$D = 250mm$
$n = 0.014$

4   5   6   7   8   9   10   15   20   30   40

流量(L/s)

附图 2

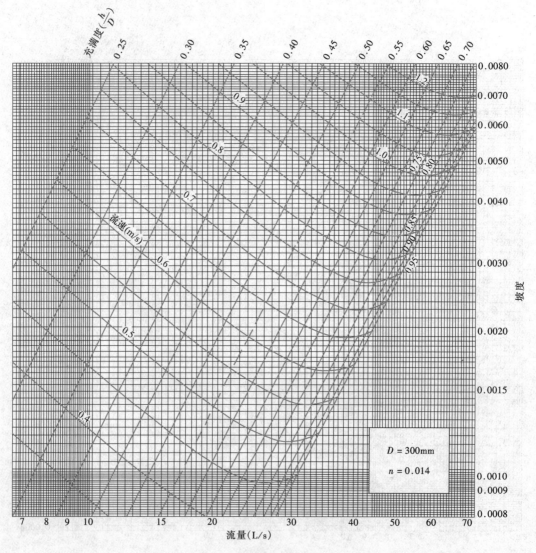

附图 3

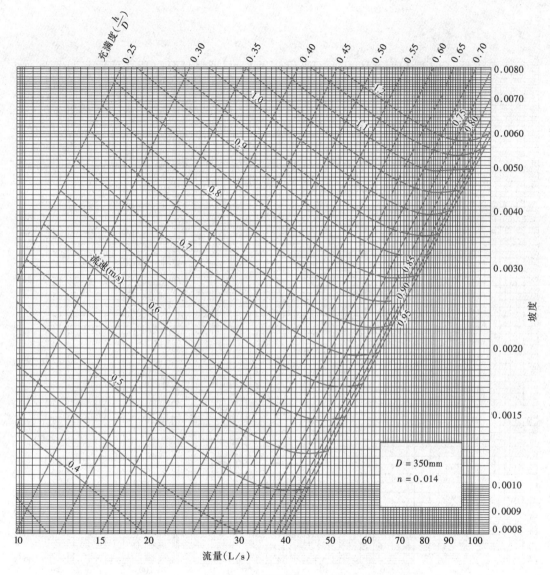

附图 4

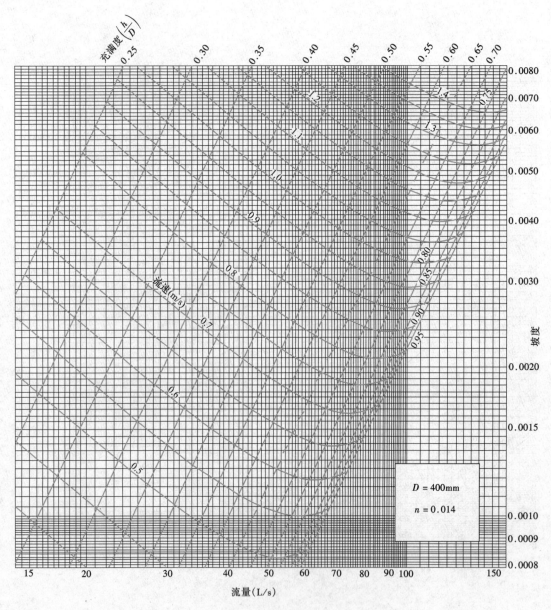

附图 5

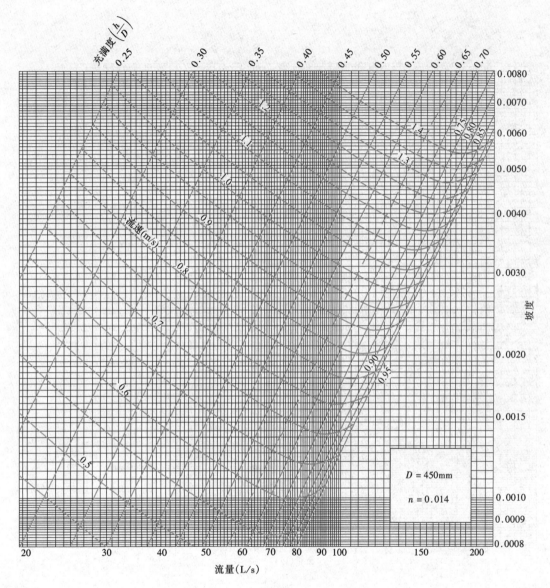

附图 6

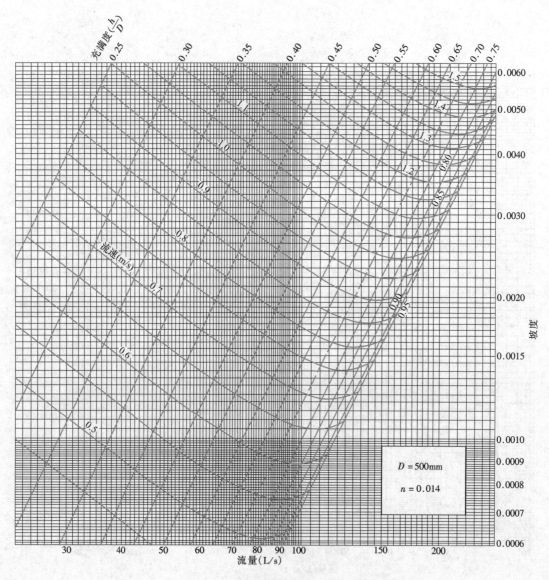

附图 7

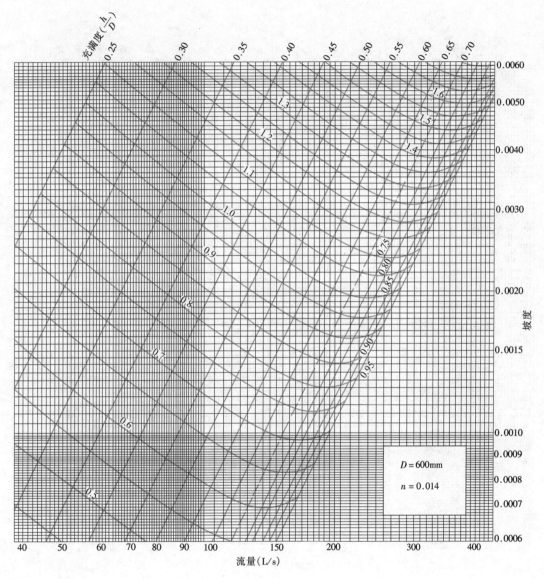

充满度$\left(\dfrac{h}{D}\right)$

0.25　0.30　0.35　0.40　0.45　0.50　0.55　0.60　0.65　0.70

坡度

流量(L/s)

$D = 600\text{mm}$

$n = 0.014$

附图 8

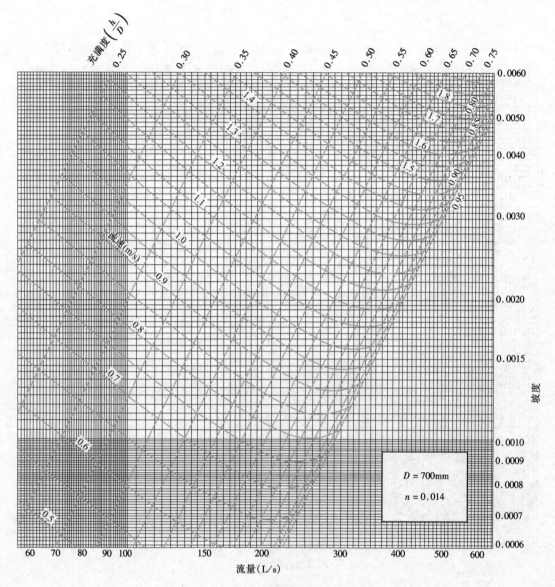

附图 9

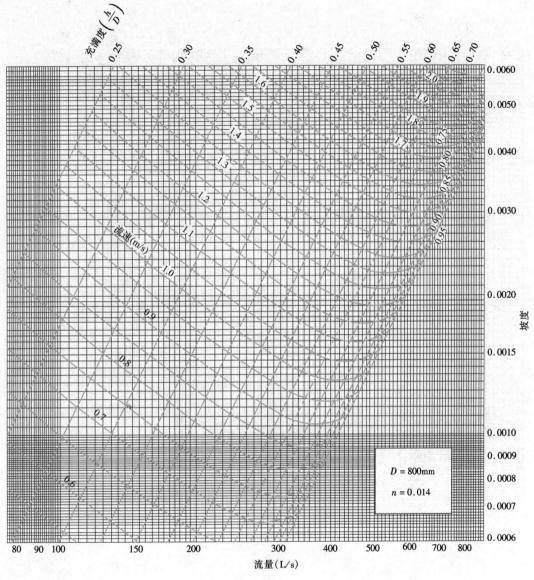

附图 10

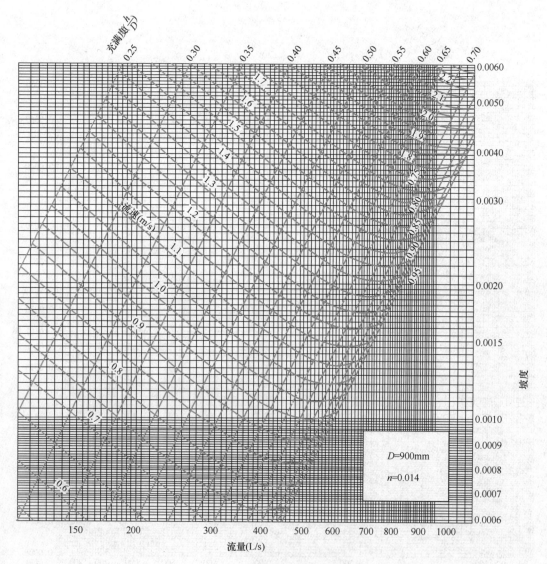

附图 11

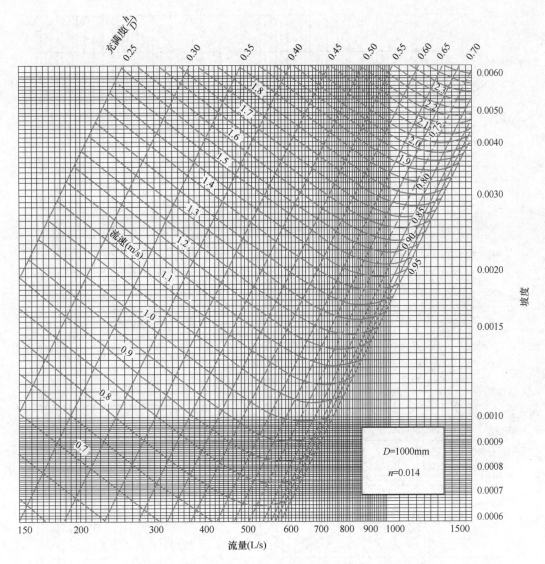

充满度 $\frac{h}{D}$

流速(m/s)

流量(L/s)

坡度

1.8
1.7
1.6
1.5
1.4
1.3
1.2
1.1
1.0
0.9
0.8
0.7

2.3
2.2
2.1
2.0
1.9
0.75
0.80
0.85
0.90
0.95

D=1000mm

n=0.014

附图 12

附录 6-2 钢筋混凝土圆管水力计算图（满流，n=0.013）

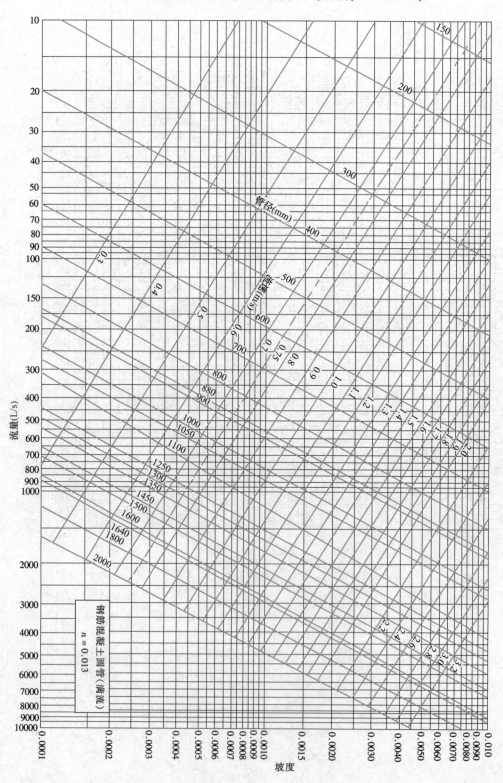

附录7 排水管道和其他地下管线（构筑物）的最小净距

名称			水平间距（m）	垂直间距（m）
建筑物			见注3	—
给水管	$d\leqslant200$mm		1.0	0.4
	$d>200$mm		1.5	
排水管			—	0.15
再生水管			0.5	0.4
燃气管	低压	$P\leqslant0.05$MPa	1.0	0.15
	中压	0.05MPa$<P\leqslant0.4$MPa	1.2	0.15
	高压	0.4MPa$<P\leqslant0.8$MPa	1.5	0.15
		0.8MPa$<P\leqslant1.6$MPa	2.0	0.15
热力管线			1.5	0.15
电力管线			0.5	0.5
电信管线			1.0	直埋 0.5
				管块 0.15
乔木			1.5	—
地上柱杆	通信照明及小于10kV		0.5	—
	高压铁塔基础边		1.5	—
道路侧石边缘			1.5	—
铁路钢轨（或坡脚）			5.0	轨底 1.2
电车（轨底）			2.0	1.0
架空管架基础			2.0	—
油管			1.5	0.25
压缩空气管			1.5	0.15
氧气管			1.5	0.25
乙炔管			1.5	0.25
电车电缆			—	0.5
明渠渠底			—	0.5
涵洞基础底			—	0.15

注：1. 表列数字除注明者外，水平净距均指外壁净距，垂直净距是指下面管道的外顶与上面管道基础底间净距。

2. 采取充分措施（如结构措施）后，表列数字可以减小。

3. 与建筑物水平净距，管道埋深浅于建筑物基础时，不宜小于2.5m，管道埋深深于建筑物基础时，按计算
确定，但不应小于3.0m。

附录 8-1　暴雨强度公式的编制方法

1. 年最大值法取样

(1) 本方法适用于具有 20a 以上自记雨量记录的地区，有条件的地区可采用 30a 以上的雨量系列，暴雨样本选样方法可采用年最大值法。若在时段内任一时段超过历史最大值，宜进行复核修正。

(2) 计算降雨历时宜采用 5min、10min、15min、20min、30min、45min、60min、90min、120min、150min、180min 共 11 个历时。计算降雨重现期宜按 2a、3a、5a、10a、20a、30a、50a、100a 统计。

(3) 选取的各历时降雨资料，应采用经验频率曲线或理论频率曲线进行趋势性拟合调整，可采用理论频率曲线，包括皮尔逊Ⅲ型分布曲线、耿贝尔分布曲线和指数分布曲线。根据确定的频率曲线，得出重现期、降雨强度和降雨历时三者的关系，即 P、i、t 关系值。

(4) 应根据 P、i、t 关系值求得 A_1、b、C、n 各个参数，可采用图解法、解析法、图解与计算结合法等方法进行。为提高暴雨强度公式的精度，可采用高斯—牛顿法。将求得的各个参数按式 (8-6) 计算暴雨强度。

(5) 计算抽样误差和暴雨公式均方差，宜按绝对均方差计算，也可辅以相对均方差计算。计算重现期在 2～20a 时，在一般强度的地方，平均绝对方差不宜大于 0.05mm/min；在强度较大的地方，平均相对方差不宜大于 5％。

2. 年多个样法取样

(1) 本方法适用于具有 10a 以上自记雨量记录的地区。

(2) 计算降雨历时宜采用 5min、10min、15min、20min、30min、45min、60min、90min、120min 共 9 个历时。计算降雨重现期宜按 0.25a、0.33a、0.5a、1a、2a、3a、5a、10a 统计。资料条件较好时（资料年数大于等于 20a、子样点的排列比较规律），也可统计高于 10a 的重现期。

(3) 取样方法宜采用年多个样法，每年每个历时选择 6～8 个最大值，然后不论年次，将每个历时子样按大小次序排列，再从中选择资料年数的 3～4 倍的最大值，作为统计的基础资料。

(4) 选取的各历时降雨资料，可采用频率曲线加以调整。当精度要求不太高时，可采用经验频率曲线；当精度要求较高时，可采用皮尔逊Ⅲ型分布曲线或指数分布曲线等理论频率曲线。根据确定的频率曲线，得出重现期、降雨强度和降雨历时三者的关系，即 P、i、t 关系值。

(5) 根据 P、i、t 关系值求得 b、n、A_1、C 各个参数，可用解析法、图解与计算结合法或图解法等方法进行。将求得的各参数代入式 (8-6) 计算暴雨强度。

(6) 计算抽样误差和暴雨公式均方差，可按绝对均方差计算，也可辅以相对均方差计算。计算重现期在 0.25～10a 时，在一般强度的地方，平均绝对方差不宜大于 0.05mm/min；在强度较大的地方，平均相对方差不宜大于 5％。

附录 8-2 我国若干城市暴雨强度公式

省、自治区、直辖市	城市名称	暴雨强度公式	资料记录年数（a）
北京	Ⅰ区	$q = \dfrac{2719(1+0.96 \lg P)}{(t+11.591)^{0.902}}$	50
	Ⅱ区	$q = \dfrac{1602(1+1.037 \lg P)}{(t+11.593)^{0.681}}$	74
山东	济南	$q = \dfrac{1421.481(1+0.932 \lg P)}{(t+7.347)^{0.617}}$	23
	淄博	$q = \dfrac{15.873(1+0.78 \lg P)}{(t+10)^{0.81}}$	169
	枣庄	$q = \dfrac{1170.206(1+0.919 \lg P)}{(t+5.445)^{0.595}}$	34
	威海	$q = 167 \dfrac{10.924+8.347 \lg P}{(t_1+t_2+10)^{0.685}}$	20
四川	成都	$q = \dfrac{44.594(1+0.651 \lg P)}{(t+27.346)^{0.953(\lg P)-0.017}}$	45
	重庆	$q = \dfrac{2822(1+0.775 \lg P)}{(t+12.8 P^{0.076})^{0.77}}$	8
	自贡	$q = \dfrac{4392(1+0.59 \lg P)}{(t+19.3)^{0.804}}$	5
	泸州	$q = \dfrac{10020(1+0.56 \lg P)}{t+36}$	5
安徽	合肥	汇水面积超过 2km² 时： $q = \dfrac{4850(1+0.846 \lg P)}{(t+19.1)^{0.896}}$ 汇水面积不超过 2km² 时： $q = \dfrac{3600(1+0.76 \lg P)}{(t+14)^{0.84}}$	
	芜湖（芜湖站）	$q = \dfrac{2094.971(1+0.633 \lg P)}{(t+11.731)^{0.710}}$	32
	芜湖（无为站）	$q = \dfrac{1094.977(1+0.906 \lg P)}{(t+3.770)^{0.605}}$	32
	淮南	$q = \dfrac{1693.951(1+0.971854 \lg P)}{(t+7.691)^{0.689}}$	30
	马鞍山	$q = \dfrac{3255.057(1+0.672 \lg P)}{(t+13.105)^{0.808}}$	30
上海		$q = \dfrac{1600(1+0.846 \lg P)}{(t+7.0)^{0.656}}$	

省、自治区、直辖市	城市名称	暴雨强度公式	资料记录年数（a）
天津	第Ⅰ分区（市内六区、北辰区、东丽区、津南区和西青区）	$q=\dfrac{2141(1+0.7562\lg P)}{(t+9.6093)^{0.6893}}$	
	第Ⅱ分区（滨海新区）	$q=\dfrac{2728(1+0.7672\lg P)}{(t+13.4757)^{0.7386}}$	
	第Ⅲ分区（静海区、宁河区、武清区、宝坻区和蓟县的平原区）	$q=\dfrac{3034(1+0.7589\lg P)}{(t+13.2148)^{0.7849}}$	
	第Ⅳ分区［蓟县北部山区（20m 等高线以上）］	$q=\dfrac{2583(1+0.7780\lg P)}{(t+13.7521)^{0.7677}}$	
河北	石家庄	$q=\dfrac{1689(1+0.898\lg P)}{(t+7)^{0.729}}$	20
	衡水	$q=\dfrac{3575(1+\lg P)}{(t+18)^{0.87}}$	20
	廊坊	$i=\dfrac{16.956+13.017\lg T_{E}}{(t+14.085)^{0.785}}$	10
	秦皇岛	$i=\dfrac{7.369+5.589\lg T_{E}}{(t+7.067)^{0.615}}$	21
	邯郸	$i=\dfrac{7.802+7.500\lg T_{E}}{(t+7.767)^{0.602}}$	23
山西	太原（城南）	$q=\dfrac{1808.276(1+173\lg T)}{(t+11.994)^{0.826}}$	
	太原（城北）	$q=\dfrac{10491.942(1+1.627\lg T)}{(t+23.651)^{1.229}}$	
	运城	$q=\dfrac{993.7(1+1.04\lg T)}{(t+10.3)^{0.65}}$	25
山西	朔县	$q=\dfrac{1402.8(1+0.8\lg T)}{(t+6)^{0.81}}$	24
	阳泉	$q=\dfrac{1730.1(1+0.61\lg P)}{(t+9.6)^{0.78}}$	28
内蒙古	包头	$i=\dfrac{9.96(1+0.985\lg P)}{(t+5.40)^{0.85}}$	25
	集宁	$q=\dfrac{534.4(1+\lg P)}{t^{0.63}}$	15
	赤峰	$q=\dfrac{1600(1+1.35\lg P)}{(t+10)^{0.8}}$	24
	海拉尔	$q=\dfrac{2630(1+1.05\lg P)}{(t+10)^{0.99}}$	25

省、自治区、直辖市	城市名称	暴雨强度公式	资料记录年数（a）
黑龙江	哈尔滨	$q = \dfrac{2989.5(1+0.95\lg P)}{(t+11.77)^{0.88}}$	32
	齐齐哈尔	$q = \dfrac{1920(1+0.89\lg P)}{(t+6.4)^{0.86}}$	33
	大庆	$q = \dfrac{1820(1+0.91\lg P)}{(t+8.3)^{0.77}}$	18
	黑河	$q = \dfrac{2608(1+0.83\lg P)}{(t+8.5)^{0.93}}$	22
	漠河	$q = \dfrac{1469.6(1+1.0\lg P)}{(t+6)^{0.86}}$	18
吉林	长春	$q = \dfrac{896(1+0.68\lg P)}{t^{0.6}}$	58
	吉林	$q = \dfrac{2166(1+0.68\lg P)}{(t+7)^{0.831}}$	26
	白城	$q = \dfrac{662(1+0.7\lg P)}{t^{0.6}}$	26
	海龙	$i = \dfrac{16.4(1+0.899\lg P)}{(t+10)^{0.867}}$	30
辽宁	沈阳	$q = \dfrac{1984(1+0.77\lg P)}{(t+9)^{0.77}}$	26
		$i = \dfrac{11.522+9.348\lg P_E}{(t+8.196)^{0.738}}$	26
	大连	$q = \dfrac{1900(1+0.66\lg P)}{(t+8)^{0.8}}$	10
	辽阳	$q = \dfrac{1220(1+0.75\lg P)}{(t+5)^{0.65}}$	22
	绥中	$q = \dfrac{1833(1+0.806\lg P)}{(t+9)^{0.724}}$	17
江苏	南京	$q = \dfrac{2989.3(1+0.671\lg P)}{(t+13.3)^{0.8}}$	40
		$i = \dfrac{16.060+11.914\lg T_E}{(t+13.228)^{0.775}}$	40
	无锡	$q = \dfrac{10579(1+0.828\lg P)}{(t+46.4)^{0.99}}$	18
	苏州	$q = \dfrac{2887.43(1+0.794\lg P)}{(t+18.8)^{0.81}}$	21
	扬州	$q = \dfrac{8248.13(1+0.641\lg P)}{(t+40.3)^{0.95}}$	20

省、自治区、直辖市	城市名称	暴雨强度公式	资料记录年数（a）
浙江	杭州	$q=\dfrac{10174(1+0.844\lg P)}{(t+25)^{1.038}}$	24
		$i=\dfrac{10.600+7.736\lg T_{\mathrm{E}}}{(t+6.403)^{0.686}}$	15
	宁波	$i=\dfrac{18.105+13.901\lg T_{\mathrm{E}}}{(t+13.265)^{0.778}}$	18
	温州	$q=\dfrac{910(1+0.61\lg P)}{t^{0.49}}$	6
	诸暨	$i=\dfrac{20.688+17.734\lg T_{\mathrm{E}}}{(t+6.146)^{0.891}}$	9
江西	南昌	$q=\dfrac{1386(1+0.69\lg P)}{(t+1.4)^{0.64}}$	7
	赣州	$q=\dfrac{3173(1+0.56\lg P)}{(t+10)^{0.79}}$	8
	吉安	$q=\dfrac{5010(1+0.48\lg P)}{(t+10)^{0.92}}$	6
	庐山	$q=\dfrac{2121(1+0.61\lg P)}{(t+8)^{0.73}}$	6
福建	福州	$i=\dfrac{6.162+3.881\lg T_{\mathrm{E}}}{(t+1.774)^{0.567}}$	24
	厦门	$q=\dfrac{6.162+3.881\lg P}{t^{0.514}}$	7
河南	郑州	$q=\dfrac{7650[1+1.15\lg(P+0.143)]}{(t+37.3)^{0.99}}$	27
		$q=\dfrac{3073(1+0.892\lg P)}{(t+15.1)^{0.824}}$	26
	安阳	$q=\dfrac{3680P^{0.4}}{(t+16.7)^{0.858}}$	25
		$q=\dfrac{3605P^{0.405}}{(t+16.9)^{0.858}}$	24
	新乡	$q=\dfrac{1012(1+0.623\lg P)}{(t+3.20)^{0.60}}$	21
湖北	汉口	$q=\dfrac{983(1+0.65\lg P)}{(t+4)^{0.56}}$	
		$i=\dfrac{5.359+3.996\lg T_{\mathrm{E}}}{(t+2.834)^{0.510}}$	12
	老河口	$q=\dfrac{6400(1+0.059\lg P)}{(t+23.36)}$	25
	随州	$q=\dfrac{1190(1+0.9\lg P)}{t^{0.7}}$	7

省、自治区、直辖市	城市名称	暴雨强度公式	资料记录年数(a)
湖南	长沙	$q = \dfrac{3920(1+0.68\lg P)}{(t+17)^{0.86}}$	20
		$i = \dfrac{24.904+18.632\lg T_E}{(t+19.801)^{0.863}}$	29
	常德	$i = \dfrac{6.890+6.251\lg T_E}{(t+4.367)^{0.602}}$	20
	益阳	$q = \dfrac{914(1+0.882\lg P)}{t^{0.584}}$	11
广东	广州	$q = \dfrac{914(1+0.882\lg P)}{t^{0.584}}$	31
		$i = \dfrac{11.163+6.646\lg T_E}{(t+5.033)^{0.625}}$	10
	韶关	$q = \dfrac{958(1+0.63\lg P)}{t^{0.544}}$	8
	汕头	$q = \dfrac{1042(1+0.561\lg P)}{t^{0.488}}$	7
广西	南宁	$q = \dfrac{10500(1+0.707\lg P)}{t+21.1P^{0.119}}$	21
		$i = \dfrac{32.287+18.194\lg T_E}{(t+18.880)^{0.851}}$	21
	钦州	$q = \dfrac{1817(1+0.505\lg P)}{(t+5.7)^{0.58}}$	18
	宁明	$q = \dfrac{4030(1+0.62\lg P)}{(t+12.5)^{0.823}}$	17
陕西	西安	$i = \dfrac{6.041(1+1.475\lg P)}{(t+14.72)^{0.704}}$	22
		$i = \dfrac{37.603+50.124\lg T_E}{(t+30.177)^{1.078}}$	19
	子长	$i = \dfrac{18.612(1+1.04\lg P)}{(t+15)^{0.877}}$	18
	延安	$i = \dfrac{5.582(1+1.292\lg P)}{(t+8.22)^{0.7}}$	22
宁夏	银川	$q = \dfrac{242(1+0.83\lg P)}{t^{0.477}}$	6

省、自治区、直辖市	城市名称	暴雨强度公式	资料记录年数(a)
甘肃	兰州	$q = \dfrac{1140(1+0.96\lg P)}{(t+8)^{0.8}}$	27
		$i = \dfrac{18.260+18.984\lg T_E}{(t+14.317)^{1.066}}$	9
	张掖	$q = \dfrac{88.4P^{0.623}}{t^{0.456}}$	5
	临夏	$q = \dfrac{479(1+0.86\lg P)}{t^{0.621}}$	5
青海	西宁	$q = \dfrac{308(1+1.39\lg P)}{t^{0.58}}$	26
新疆	乌鲁木齐	$q = \dfrac{195(1+0.82\lg P)}{(t+7.8)^{0.63}}$	17
	塔城	$q = \dfrac{750(1+1.1\lg P)}{t^{0.85}}$	5
	乌苏	$q = \dfrac{1135P^{0.583}}{t+4}$	5
四川	泸州	$q = \dfrac{10020(1+0.56\lg P)}{t+36}$	5
	内江	$q = \dfrac{1246(1+0.705\lg P)}{(t+4.73P^{0.0102})^{0.597}}$	7
	自贡	$q = \dfrac{4392(1+0.59\lg P)}{(t+19.3)^{0.804}}$	5
贵州	贵阳	$i = \dfrac{6.583+1.195\lg T_E}{(t+5.168)^{0.601}}$	13
		$q = \dfrac{1887(1+0.707\lg P)}{(t+9.35P^{0.0031})^{0.495}}$	17
	毕节	$q = \dfrac{5055(1+0.473\lg P)}{(t+17)^{0.95}}$	6
	水城	$i = \dfrac{42.25+62.60\lg P}{t+35}$	19
云南	昆明	$i = \dfrac{8.918+6.183\lg T_E}{(t+10.247)^{0.649}}$	16
		$q = \dfrac{700(1+0.775\lg P)}{t^{0.496}}$	10
	丽江	$q = \dfrac{317(1+0.958\lg P)}{t^{0.45}}$	
	下关	$q = \dfrac{1534(1+1.035\lg P)}{(t+9.86)^{0.762}}$	
重庆	重庆	$q = \dfrac{2822(1+0.775\lg P)}{(t+12.8P^{0.076})^{0.77}}$	8

附录 9　工程管线之间及其与建（构）筑物之间的最小水平净距（m）

序号	管线及建（构）筑物名称		1 建（构）筑物	2 给水管线 d≤200mm	2 给水管线 d>200mm	3 污水、雨水管线	4 再生水管线	5 燃气管线 低压 P<0.01MPa	5 中压B 0.01<P≤0.2MPa	5 中压A 0.2<P≤0.4MPa	5 次高压B 0.4<P≤0.8MPa	5 次高压A 0.8<P≤1.6MPa	6 直埋热力管线	7 电力管线 直埋	7 电力管线 保护管	8 通信管线 直埋	8 通信管线 管道	9 管沟	10 乔木	11 灌木	12 通信照明及<10kV	12 高压铁塔基础边 ≤35kV	12 >35kV	13 道路侧石边缘	14 有轨电车钢轨	15 铁路钢轨（或坡脚）
1	建（构）筑物		—	1.0	3.0	2.5	1.0	0.7	1.0	1.5	5.0	13.5	3.0	0.6		1.0	1.5	0.5				3.0				—
2	给水管线	d≤200mm	1.0	—		1.0	0.5	0.5	0.5	0.5	0.5	0.5	1.5	0.5	0.5	1.0	1.0	1.5	1.5	1.0	0.5	3.0		1.5	2.0	5.0
2	给水管线	d>200mm	3.0		—	1.5	0.5	0.5	0.5	0.5	0.5	0.5	1.5	0.5	0.5	1.0	1.0	1.5	1.5	1.0	0.5	1.5		1.5	2.0	5.0
3	污水、雨水管线		2.5	1.0	1.5	—	0.5	1.0	1.2	1.5	1.5	2.0	1.5	0.5	0.5	1.0	1.0	1.5	1.5	1.0	0.5	1.5		1.5	2.0	5.0
4	再生水管线		1.0	0.5	0.5	0.5	—	0.5	0.5	0.5	0.5	0.5	1.0	0.5	0.5	1.0	1.0	1.0	1.0	1.0	0.5	3.0		1.5	2.0	5.0
5	燃气管线	低压 P<0.01MPa	0.7	0.5	0.5	1.0	0.5	0.4（DN≤300mm）0.5（DN>300mm）					1.0	0.5	1.0	0.5	1.0	1.0	0.75	0.75	1.0	1.0	2.0	1.5	2.0	5.0
5	燃气管线	中压 B 0.01<P≤0.2MPa	1.0	0.5	0.5	1.2	0.5						1.5	0.5	1.0	0.5	1.0	1.0	0.75	0.75	1.0	1.0	2.0	1.5	2.0	5.0
5	燃气管线	中压 A 0.2<P≤0.4MPa	1.5	0.5	0.5	1.5	0.5						1.5	0.5	1.0	0.5	1.0	1.5	1.2	1.2	1.0	2.0	5.0	2.5	2.0	5.0
5	燃气管线	次高压 B 0.4<P≤0.8MPa	5.0	1.0	1.0	1.5	0.5						2.0	1.0	1.0	1.0	1.5	2.0	1.2	1.2	1.0	2.0	5.0	2.5	2.0	5.0
5	燃气管线	次高压 A 0.8<P≤1.6MPa	13.5	1.5	1.5	2.0	0.5						4.0	1.5	1.5	1.5	2.0	4.0	1.2	1.2	1.0	2.0	5.0	2.5	2.0	5.0
6	直埋热力管线		3.0	1.5	1.5	1.5	1.0	1.0	1.0	1.5	2.0	4.0	—	2.0	2.0	1.0	1.5	2.0	1.5	1.2	1.0	5.0		1.5	2.0	5.0
7	电力管线	直埋	0.6	0.5	0.5	0.5	0.5	0.5	0.5	1.0	1.0	1.5	2.0	0.25	0.1	0.5（<35kV）2.0（≥35kV）		1.5	1.5	1.5	1.0	3.0（>330kV 5.0）		1.5	2.0	10.0（非电气化 3.0）
7	电力管线	保护管		0.5	0.5	0.5	0.5	1.0	1.0	1.0	1.0	1.5	2.0	0.1	0.1	0.5（<35kV）2.0（≥35kV）		1.0	0.7	0.7	1.0	3.0（>330kV 5.0）		1.5	2.0	10.0（非电气化 3.0）

序号	管线及建(构)筑物名称	1 建(构)筑物	2 给水管线 d≤200mm	3 给水管线 d>200mm	4 污水、雨水排水管线/再生水管线	5 燃气管线 低压	中压 B	中压 A	次高压 B	次高压 A	6 直埋热力管沟	7 电力管线 直埋	保护管	8 通信管线 直埋	管道、通道	9 管沟	10 乔木	11 灌木	12 地上杆柱 通信照明及小于10kV	高压铁塔基础边 ≤35kV	>35kV	13 道路侧石边缘	14 有轨电车钢轨	15 铁路钢轨(或坡脚)
8	通信管线 直埋 / 管道、通道	1.0 / 1.5	1.0	1.0	1.0	0.5	0.5	1.0	1.0	1.5	1.0	0.5(<35kV) 2.0(≥35kV)		0.5	0.5	1.0	1.5	1.0	0.5	0.5	2.5	1.5	2.0	2.0
9	管沟	0.5	1.5	1.5	1.5	1.0	1.5	1.5	2.0	4.0	1.5	1.0		1.0	1.0	—	1.5	1.5	1.0	3.0	3.0	1.5	2.0	5.0
10	乔木	—	1.5	1.5	1.5	0.75	0.75	1.0	1.2	1.2	1.5	0.7		1.5	1.5	1.5	—	—	—	—	—	0.5	—	—
11	灌木	—	1.0	1.0	1.0	1.0	1.0	1.0	1.0	1.0	1.0	1.0		1.0	1.0	1.0	—	—	—	—	—	0.5	—	—
12	地上杆柱 通信照明及小于10kV	—	0.5	0.5	0.5	1.0	1.0	1.0	1.0	1.0	1.0	1.0		0.5	0.5	—	—	—	—	—	—	0.5	—	—
	高压铁塔基础边 ≤35kV	—	3.0	3.0	3.0	2.0	2.0	5.0	5.0	5.0	3.0	2.0		0.5	0.5	3.0	—	—	—	—	—	0.5	—	—
	>35kV	—	3.0	3.0	3.0	2.0	2.0	5.0	5.0	5.0	3.0	2.0		2.5	2.5	3.0	—	—	—	—	—	0.5	—	—
13	道路侧石边缘	—	1.5	1.5	1.5	1.5	1.5	2.5	2.5	2.5	1.5	1.5		1.5	1.5	1.5	0.5	0.5	0.5	0.5	0.5	—	—	—
14	有轨电车钢轨	—	2.0	2.0	2.0	2.0	2.0	2.0	2.0	2.0	2.0	2.0		2.0	2.0	2.0	—	—	—	—	—	—	—	—
15	铁路钢轨(或坡脚)	—	5.0	5.0	5.0	5.0	5.0	5.0	5.0	5.0	5.0	10.0(非电气化3.0)		2.0	2.0	3.0	—	—	—	—	—	—	—	—

注：
1. 地上杆柱与建(构)筑物最小水平净距应符合架空敷设的规定。
2. 管线与建筑物距离，除次高压燃气管道面外均为其至建筑物基础，当次高压燃气管道采用有效的安全防护措施或增加管壁厚度时，管道距建筑物外墙面不应小于3.0m；
3. 地下燃气管线与铁塔基础边距离，应符合《城镇燃气设计规范》(2020年版) GB 50028—2006 地下燃气管道和交流电力线接地体净距的规定；
4. 燃气管线采用聚乙烯管材时，燃气管线与热力管线的最小水平净距应按《聚乙烯燃气管道工程技术标准》CJJ 63—2018 执行；
5. 直埋蒸汽管道与乔木最小水平间距为2.0m。

附录 10　工程管线交叉时的最小垂直净距 （m）

序号	管线名称		给水管线	污水、雨水管线	热力管线	燃气管线	通信管线		电力管线		再生水管线
							保护管、通道		直埋	保护管	
1	给水管线		0.15								
2	污水、雨水管线		0.40	0.15							
3	热力管线		0.15	0.15	0.15						
4	燃气管线		0.15	0.15	0.15	0.15					
5	通信管线	直埋	0.50	0.50	0.25	0.50	0.25				
		保护管、通道	0.15	0.15	0.15	0.15	0.25	0.25			
6	电力管线	直埋	0.50*	0.50*	0.50*	0.50*	0.50*	0.50*			
		保护管	0.25	0.25	0.25	0.25	0.25	0.25			
7	再生水管线		0.50	0.40	0.15	0.15	0.15	0.15	0.50*	0.25	
8	管沟		0.15	0.15	0.15	0.15	0.25	0.25	0.50*	0.25	0.15
9	涵洞（基地）		0.15	0.15	0.15	0.15	0.25	0.25	0.50*	0.25	0.15
10	电车（轨底）		1.00	1.00	1.00	1.00	1.00	1.00	1.00	1.00	1.00
11	铁路（轨底）		1.00	1.20	1.20	1.20	1.50	1.50	1.00	1.00	1.00

注：1.　* 用隔板分隔时不得小于 0.25m；

2.　燃气管线采用聚乙烯管材时，燃气管线与热力管线的最小垂直净距应按《聚乙烯燃气管道工程技术标准》CJJ 63—2018 执行；

3.　铁路为时速大于 200km/h 客运专线时，铁路（轨底）与其他管线最小垂直净距为 1.50m。

参 考 文 献

[1] 严煦世，高乃云. 给水工程（上册）[M]. 5版. 北京：中国建筑工业出版社，2020.

[2] 张智. 排水工程（上册）[M]. 5版. 北京：中国建筑工业出版社，2015.

[3] 刘遂庆. 给水排水管网系统[M]. 4版. 北京：中国建筑工业出版社，2021.

[4] 赵洪宾. 给水管网系统理论与分析[M]. 北京：中国建筑工业出版社，2003.

[5] 李树平，刘遂庆. 城市给水管网系统[M]. 北京：中国建筑工业出版社，2012.

[6] 李树平，刘遂庆. 城市排水管渠系统[M]. 2版. 北京：中国建筑工业出版社，2016.

[7] 冯萃敏，张炯. 给排水管道系统[M]. 2版. 北京：机械工业出版社，2021.

[8] 张奎，张志刚. 给水排水管道系统[M]. 北京：机械工业出版社，2022.

[9] 李东梅. 海绵城市建设与黑臭水体综合治理及工程实例[M]. 北京：中国建筑工业出版社，2017.

[10] 陈卫，张金松. 城市水系统运营与管理[M]. 2版. 北京：中国建筑工业出版社，2010.

[11] 何维华. 城市供水管网运行管理和改造[M]. 北京：中国建筑工业出版社，2017.

[12] 何维华. 供水管网常用管材和阀门[M]. 北京：中国建筑工业出版社，2011.

[13] 刘慧，孙勇，米海荣，等. 给水排水管材使用手册[M]. 北京：化学工业出版社，2005.

[14] 中华人民共和国住房和城乡建设部. 室外给水设计标准：GB 50013—2018[S]. 北京：中国计划出版社，2019.

[15] 中华人民共和国住房和城乡建设部. 室外排水设计标准：GB 50014—2021[S]. 北京：中国计划出版社，2021.

[16] 中华人民共和国住房和城乡建设部. 城市给水工程规划规范：GB 50282—2016[S]. 北京：中国建筑工业出版社，2017.

[17] 中华人民共和国住房和城乡建设部. 城市排水工程规划规范：GB 50318—2017[S]. 北京：中国建筑工业出版社，2017.

[18] 中华人民共和国住房和城乡建设部. 消防给水及消火栓系统技术规范：GB 50974—2014[S]. 北京：中国计划出版社，2014.

[19] 中华人民共和国住房和城乡建设部. 建筑设计防火规范（2018年版）：GB 50016—2014[S]. 北京：中国计划出版社，2018.

[20] 中华人民共和国住房和城乡建设部. 海绵城市建设评价标准：GB/T 51345—2018[S]. 北京：中国建筑工业出版社，2018.

[21] 中华人民共和国住房和城乡建设部. 海绵城市建设技术指南——低影响开发雨水系统构建（试行）[S]. 北京：中国建筑工业出版社，2014.

[22] 中华人民共和国住房和城乡建设部. 城市工程管线综合规划规范：GB 50289—2016[S]. 北京：中国建筑工业出版社，2016.

[23] 中华人民共和国住房和城乡建设部. 城市综合管廊工程技术规范：GB 50838—2015[S]. 北京：中国计划出版社，2015.

[24] 中华人民共和国住房和城乡建设部. 建筑给水排水制图标准：GB/T 50106—2010[S]. 北京：中国计划出版社，2002.

[25] 中国市政工程西南设计研究院. 给水排水设计手册　第1册　常用资料[M]. 2版. 北京：中国建筑工业出版社，2000.

[26]　上海市政工程设计研究总院(集团)有限公司. 给水排水设计手册　第 3 册　城镇给水[M]. 3 版. 北京：中国建筑工业出版社，2017.

[27]　北京市市政工程设计研究总院有限公司. 给水排水设计手册　第 5 册　城镇排水[M]. 3 版. 北京：中国建筑工业出版社，2017.